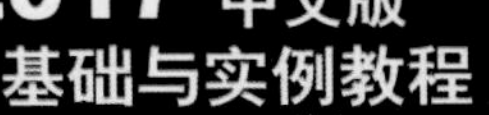

Photoshop CC 2017 中文版 基础与实例教程

颜色匹配原图

颜色匹配效果图

金属字

金属上的浮雕效果

卷页效果

反光标志

猎豹奔跑的动感画面效果

照片拼图效果

怀旧老照片效果

玻璃字效果

风景原稿

天空原稿

图像合成后天空色调的变化

人物彩妆效果

黑白老照片去黄

琥珀图标

梦幻效果

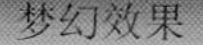

旧画报图像修复效果

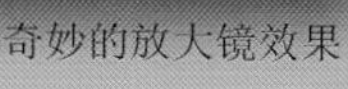

奇妙的放大镜效果

暴风雪

变色的瓜叶菊原图

变色的瓜叶菊效果图1

变色的瓜叶菊效果图2

音乐海报效果

模拟半透明玻璃杯

钞票的褶皱效果

木刻效果

烛光晚餐图像合成

彩色老照片色彩校正

通道抠像

绿掌花变红掌花

画面中的闪电效果

恐龙低头效果

商业插画效果

Lab通道调出明快色彩

光盘效果

高尔夫球

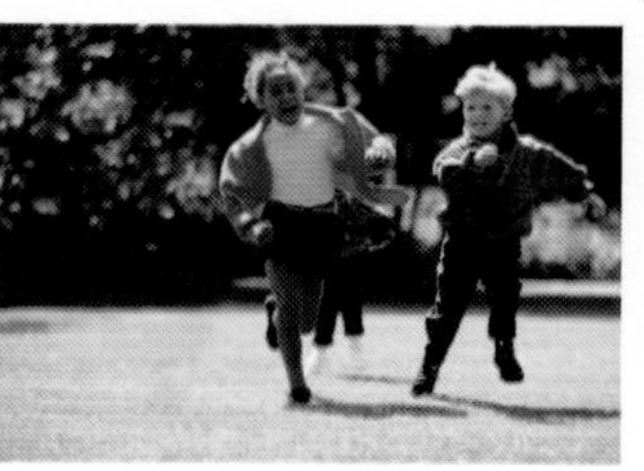

摄影图片局部去除效果

肌理海报效果

北京高等教育精品教材
电脑艺术设计系列教材

Photoshop CC 2017 中文版
基础与实例教程

第 8 版

张　凡　等编著
设计软件教师协会　审

机 械 工 业 出 版 社

本书被评为“北京高等教育精品教材”，属于实例教程类图书。全书分为基础入门、基础实例演练和综合实例演练3部分，主要内容包括：Photoshop CC 2017基础知识，各种工具的使用，以及图层、蒙版、路径和各种滤镜的应用等。

本书内容丰富，实例典型，讲解详尽。本书通过网盘（获取方式请见封底）提供全书基础知识部分的电子课件、全部实例所需素材及结果文件等。

本书既可作为本专科院校相关专业师生或社会培训班的教材，也可作为平面设计爱好者的自学参考用书。

本书配套授课电子课件，需要的教师可登录 www.cmpedu.com 免费注册，审核通过后下载，或联系编辑索取（QQ：2966938356，电话：010-88379739）。

图书在版编目（CIP）数据

Photoshop CC 2017中文版基础与实例教程 / 张凡等编著. —8版.
—北京：机械工业出版社，2019.9（2022.1重印）
电脑艺术设计系列教材
ISBN 978-7-111-63742-4

Ⅰ. ①P… Ⅱ. ①张… Ⅲ. ①图象处理软件－高等学校－教材
Ⅳ. ①TP391.413

中国版本图书馆 CIP 数据核字（2019）第 210016 号

机械工业出版社（北京市百万庄大街 22 号 邮政编码 100037）
策划编辑：郝建伟 责任编辑：郝建伟
责任校对：张艳霞 责任印制：张 博

三河市宏达印刷有限公司印刷

2022 年 1 月第 8 版 • 第 2 次印刷
184mm×260mm • 20.25 印张 • 2 彩插 • 501 千字
标准书号：ISBN 978-7-111-63742-4
定价：65.00 元

电话服务	网络服务
客服电话：010-88361066	机 工 官 网：www.cmpbook.com
010-88379833	机 工 官 博：weibo.com/cmp1952
010-68326294	金 书 网：www.golden-book.com
封底无防伪标均为盗版	机工教育服务网：www.cmpedu.com

前 言

Photoshop 是目前世界上公认的主流图形图像处理软件。Photoshop CC 2017 中文版是其较新的版本。该软件功能完善、性能稳定、使用方便，是平面广告设计、室内装潢、数字照片处理等领域不可或缺的工具。随着个人计算机的普及，使用 Photoshop 的个人用户也在日益增多。

与上一版相比，改版后书中实例与实际应用的结合更加紧密，除了保留上一版的标志设计、电影海报效果等相关实例外，还添加了琥珀图标、商业插画效果、梦幻效果、地面的延伸效果、人物彩妆效果等多个实用性更强、视觉效果更好的设计实例。

本书属于实例教程类图书。全书分为 3 部分，共 9 章，主要内容如下。

第 1 部分：基础入门，包括两章。第 1 章介绍数字图像的相关理论；第 2 章介绍 Photoshop CC 2017 的基础知识。

第 2 部分：基础实例演练，包括 6 章。第 3 章介绍在 Photoshop CC 2017 中创建选区和抠像的多个实例，以及基础工具的使用；第 4 章介绍图层的使用，包括图层与“图层”面板、图层的操作、图层样式编辑和图层蒙版等；第 5 章介绍通道的基础知识及其操作和使用技巧；第 6 章介绍 Photoshop CC 2017 色彩校正方面的知识；第 7 章介绍路径的基础知识和用法；第 8 章介绍 Photoshop CC 2017 滤镜的基础知识、使用方法及效果等。

第 3 部分：综合实例演练，即第 9 章。该章介绍如何综合利用 Photoshop CC 2017 的功能和技巧制作出精美的作品。

为了便于读者学习，本书通过网盘提供基础知识部分的电子课件、全部实例所需素材及结果文件，具体获取方式请见封底。

本书是“设计软件教师协会”推出的系列教材之一，被评为“北京高等教育精品教材”。本书内容丰富、结构清晰、实例典型、讲解详尽、富于启发性。书中所有实例都是由中央美术学院、北京师范大学、清华大学美术学院、北京电影学院、中国传媒大学、天津美术学院、天津师范大学艺术学院、首都师范大学、山东理工大学艺术学院、河北艺术职业学院等院校具有丰富教学经验的知名教师和一线优秀设计人员从长期教学和实际工作中总结出来的。

参与本书编写的人员有张凡、龚声勤、杨洪雷、杨艳丽、曹子其。

本书既可作为本专科院校相关专业师生或社会培训班的教材，也可作为平面设计爱好者的自学参考用书。

由于编者水平有限，书中不妥之处，敬请读者批评指正。

作者网上答疑邮箱：zfsucceed@163.com。

编　者

目　录

第 2 部分 基础实例演练

第 3 部分 综合实例演练

第 1 部分　基　础　入　门

■ 第 1 章　数字图像理论

■ 第 2 章　Photoshop CC 2017 基础知识

第 1 章　数字图像理论

本章重点

所谓“数字图像艺术”，是指艺术与高科技相结合，以数字化方式和概念所创作出的图像艺术。它可分为两种类型：一种是运用计算机技术及科技概念进行设计创作，以表达属于数字时代价值观的图像艺术；另一种则是将传统形式的图像艺术作品以数字化的手法或工具表现出来。本章主要针对二维数字图像领域，讲解这种由科技推动的特殊艺术形式的发展进程以及风格演变。通过本章的学习，读者应掌握数字图像的概念、发展进程，以及风格的相关知识。

1.1　数字图像艺术的发展

本节主要沿着数字图像艺术创作与图像软件技术发展两条脉络，分析科技创新的思维方法是如何与艺术创作理念相结合的。

1.1.1　图像的概念

“图像”一词主要来自西方艺术史译著，通常是指 image、icon、picture 和它们的衍生词，也指人对视觉感知的物质再现。图像可以由光学设备获取，如照相机、镜子、望远镜、显微镜等；也可以人为创作，如手工绘画。图像可以记录在纸质媒介、胶片等对光信号敏感的介质上。随着数字采集技术和信号处理技术的发展，越来越多的图像以数字形式存储。因此，有些情况下的“图像”一词实际上是指数字图像，本书主要讲解的就是对数字图像的艺术化处理。

数字图像（或称数码图像）是指以数字形式存储的图像。将图像在空间上离散，并量化存储每一个离散位置的信息，这样就可以得到最简单的数字图像。然而，该种数字图像的数据量很大，一般需要采用图像压缩技术，使其能更有效地存储在数字介质上。

1.1.2　早期数字图像的艺术体验

对数字图像艺术的研究可以追溯至 20 世纪 50 年代。Ben F. Laposky（1914—2000）是一位来自爱荷华州的数学家兼艺术家。这位最早的计算机艺术革新者于 1950 年使用一种类似计算机和一种电子阴极管示波器的设备，创造了世界上第一幅数字图像——Electronic Abstractions，如图 1-1 所示。这种电子示波器图像是多重电子光束的轨迹，示波器阴极发射的高速电子穿过荧光屏，被记录在胶片上，其波纹结构就是画面上重叠的数学曲线。显然，这种艺术受到了早期现代抽象画的影响。随后他又于 1956 年创作了一种彩色电子图像。正如某位西方艺术史家指出：“这是一个科学和机器的时代，而抽象艺术正是这个时代的艺术表达。”

1956 年，Herbert W. Franke 在维也纳创作了他的示波图作品，如图 1-2 所示。他的作品深受 Ben F. Laposky“电子抽象平行线”风格的影响，那些由实验示波器产生的图像也都是一些奇特的平行线艺术。他把自己的作品建立在将计算机分析应用于绘画的基础上。按他的说法，两种趋向直接导致了计算机艺术。他写的《Computer Graphics-Computer Art》（计算机图像-计算机艺术）一书是关于这个新学科的最早著作。

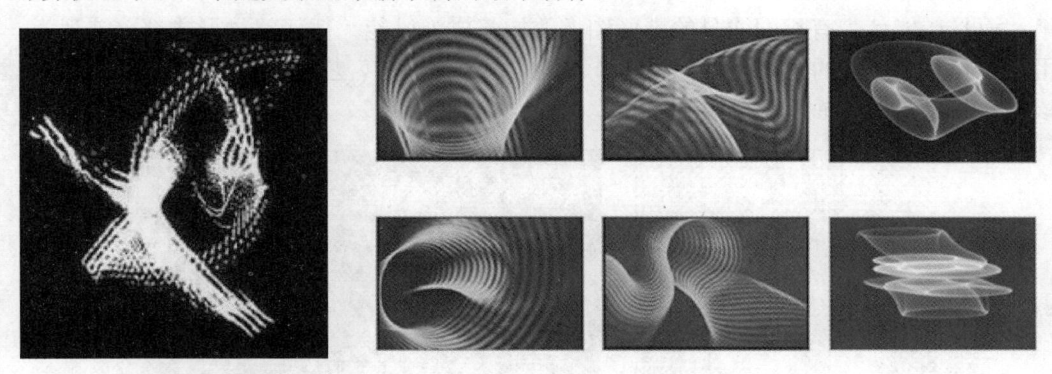

图 1-1　第一幅数字图像　　图 1-2　示波图作品《Lightforms》

当时，一些抽象艺术家（如蒙德里安、康定斯基等）的理论和抽象艺术作品对数字图像艺术的早期研究产生了巨大的影响。这些抽象艺术家认为："数是一切抽象表现的终结"。因此，他们在几何抽象作品中建立了一种数学性的"和谐结构"。美国科学家 A. Michael Noll 出于对当时这种抽象艺术的了解，创作出了一批抽象的、电子生成的影像。图 1-3 所示为 A. Michael Noll 根据蒙德里安的抽象作品《码头与大洋》创作的一组计算机图案。

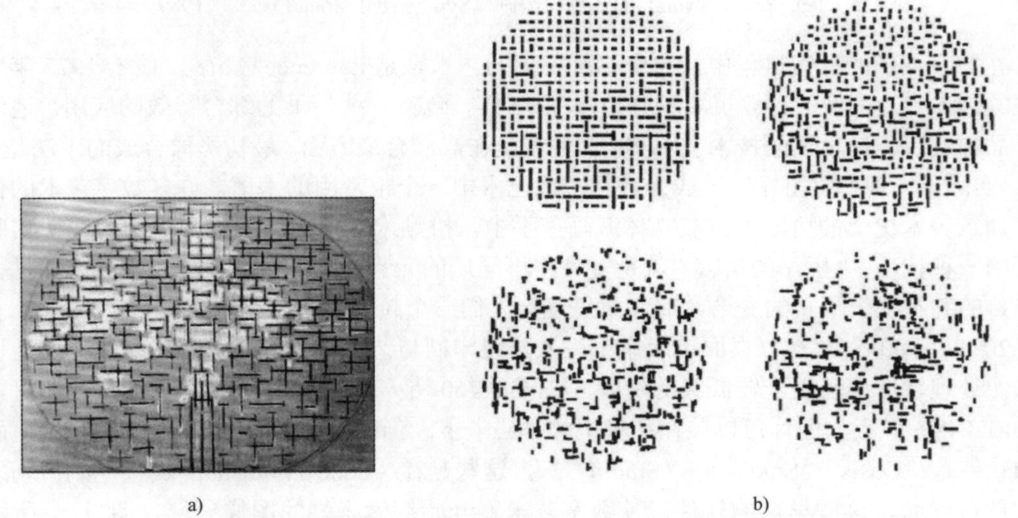

a)　　b)

图 1-3　A. Michael Noll 根据《码头与大洋》创作的计算机图案

a)《码头与大洋》原作　b) 根据《码头与大洋》创作的计算机图案

1965 年，在纽约的 Howard Wise 画廊举办了被认为是第一个完全致力于计算机艺术的展览——《Computer-Generated Pictures》（计算机生成的图像）。实际上，这些早期的计算机艺术都是一些数学图形，它们记录下了电子或光的轨迹，是最早的由程序生成的数字图像。这些珍贵的历史资料在"Digital Art Museum"（https://digitalartmuseum.orgl）里有部分记载。

Jena-pierre Yvaral 从早期的视觉研究转向于把科学作为一种艺术创造原型，即作为一种画面的计算机数学程序的巧妙运用。他的一系列题为《Synthetized Mona Lisa》（1989 年）的计算机绘画由 12 组以一种数学分析为基础的视觉研究构成。这种分析把达·芬奇的《蒙娜丽莎》的图像打碎为可度量的成分，如图 1-4 所示。计算机绘画的精确几何结构不仅可使原图重组，而且还能使带有相同成分的不同图像的构建成为可能。任何整体形式都可被视为一种可用于重构基本单位的几何组合。在这个领域的系统探索中，艺术家希望创造一种视觉现象，在该现象中，具象和抽象不再对立。

图 1-4　Jena-pierre Yvaral 的计算机绘画《Synthetized Mona Lisa》（1989 年）

在数字图像的探索过程中，一个不可不提的艺术家是 Laurence Gartel。他于 1977 年毕业于视觉艺术专业。他的计算机实验开始于 1975 年，包括一些最早的综合特效的应用。他的全部作品都代表了最早期的技术艺术实验，尤其是在影像合成方面。最初影像合成的手法是“拼贴”，实际上，现在“拼贴”已成为数字图像艺术中一个很常用的术语，许多数字艺术的作品显然师承美术史上的拼贴派。在立体派画家手中，拼贴术一直是为加强画中的审美现实感所使用的一种技巧。“拼贴的语言”就是一种将不同质的元素排列于同一画面中的抽象手法，其最终目的并不在于形式的变革，而是要呈现给人们一个超越日常经验的奇异世界。

20 世纪 90 年代初，桌面出版系统进入传统印刷与艺术设计领域，但当时图像捕捉设备和图像处理软件都还处于较低级的阶段。Canon 760 是一种可调节镜头的早期数码相机，25 张 640×480 像素的图片可以装在相机中的小磁卡上。当时的图像只有 8bit 和 256 色，而处理的软件是“Oasis”“Studio 8”“Studio 32”，这些是在 Adobe Photoshop 真正控制市场之前的软件。然而，这些早期的软件已使数字艺术家开始探索未知的图像领域。图 1-5 所示的《1991-Florida Series》（佛罗里达系列）是关于 Laurence Gartel 去迈阿密旅行的见闻。佛罗里达系列开创了所谓“new Gartel”的图像拼贴风格，画面结果故意保持着一种原始、诚实、实验性的构成风格。在他于 1995 年创作的作品《 Miami International Airport》（迈阿密国际机场）中，为了体现佛罗里达的多文化、多维度风格，每张图像中大约有 30～40 摄影图片并置，表现了一种对多维图像的探索，如图 1-6 所示。

2000 年，“Elvis 大事记”委员会委任 Gartel 以其不可思议的拼贴艺术风格解释历史，Gartel 在数百张照片、物体和票据的基础上完成了 4 张独立的拼贴作品。图 1-7 为其中的两张拼贴作品。这种带有偶然性和随机性的图像拆分与重组创造了一种新的图像风格，大家也可以将这种风格称为摄影蒙太奇风格的数字艺术。

提示： 摄影蒙太奇的概念最早产生于 19 世纪，Henry Peach Robinson 和 Oscar Gustav Rejlander 利用多重曝光的照片制作出复杂的叙事影像。

图 1-5　《1991-Florida Series》

图 1-6　《Miami International Airport》

图 1-7　两张拼贴作品

在 20 世纪 90 年代前后，计算机软/硬件技术发展迅速，“数字艺术”的概念被提出。所谓“数字艺术”，是指艺术与高科技相结合，以数字化方式和概念所创作出的艺术。它可分为两种类型：一种是运用计算机技术及科技概念进行设计创作，以表达属于数字时代价值观的艺术；另一种则是将传统形式的艺术作品以数字化的手法或工具表现出来。大批的计算机艺术家致力于电子艺术、计算机绘画艺术、合成影像艺术及交互艺术的研究与探索。对这些艺术家而言，科学不再作为一种权威而是作为一种创造的催化剂，科技的进步使人类有限的视界与想象空间越来越开阔。

1.2 数字图像艺术的风格

数字图像艺术的特定风格建立在真实和虚拟之间的分界点上，数字图像艺术家们往往生活在想象（虚拟）和现实两个世界中，凭借想象来拓展现实生活之外的新的生存空间。本节主要介绍数字图像艺术中一些常见的创作风格。

1.2.1 超现实主义的创作风格

超现实主义幻境是许多数字图像艺术家在作品中所追求的。这种艺术形式起源于 20 世纪弗洛伊德所创立的精神分析学说。这一学说揭示了沉睡于人们心底、不被人们的意识所触及，但对人们的行为具有决定意义的无意识和潜意识。根据弗洛伊德的观点，梦是无意识、潜意识的一种最直接的表现形式，是本能在完全不受理性控制下的一种发泄，它暴露了人的灵魂深处秘而不宣的本质。而艺术创作也如同梦幻一般，是潜意识的表现和象征。在弗洛伊德眼中，梦与幻想一样是人的精神游戏，只是幻想是人在清醒状态下的精神游戏，而梦则是人在睡眠状态下的精神游戏而已。超现实主义艺术家全力追求的正是这种梦幻效果，他们的美学信条是布雷东在《第一次超现实主义宣言》中所提出的："不可思议的东西总是美的，一切不可思议的东西都是美的，只有不可思议的东西才是美的。"

以超现实主义画家形象出现的最显赫的人物是大家所熟悉的西班牙加泰罗尼亚画家萨尔瓦多. 达利（Salvdor Dali），他称得上是一名天生的超现实主义者。他的画中有构成梦幻形象的最尖锐的明确内容，是细致逼真与荒诞离奇的混合体。他声称："我在绘画方面的全部抱负，就是要以不容反驳的最大程度的精确性，使具体的非理性形象物质化。"为了达到这一目标，他设计了一种新的创作方法，即所谓的"偏执狂批判活动"，从而把幻觉形象从潜意识中诱发出来。他的画从局部来看，每个细节都是真实细腻的，但从总体上来看，它们全然没有视觉逻辑的条理性，因而只会带给人们梦魇之感。这一点在他于 1946 年创作的作品《圣安东尼奥的诱惑》中可以看到，如图 1-8 所示。该作品颜色清澈明亮，形象逼真写实，但毫无逻辑性可言。

再如，图 1-9 所示的画面中所表现出的视幻空间为达利所独创。可以说，如今通过计算机绘图才能完成的影像境界，早已被达利捷足先登。这些形象的不断变换和不稳定性，以及达利笔下那遥远而又近在咫尺的空间特殊性，虽然基调十分清晰明澈，没有使它们变得模糊不清，但的确具有梦境的气氛。达利成功地将人们梦中才有的这种鲜明而不断流动的空间感视觉化了，但梦的隐私性因做梦人的不同而不同，因此它在人们和达利之间设置了一道无论是标题还是他的极其精确的形象都无法完全逾越的障碍。超现实主义画家信仰梦境的无穷威力，他们那种超自然、无意识、反常规的创作思路与后来的计算机图像艺术简直不谋而合，甚至对一些软件的设计思路也产生了非常直接的影响。

图 1-10 所示为加拿大现代计算机图像设计大师 Derek Lea 的作品，体现出了超自然、无意识、反常规的创作思路。Derek Lea 被称为一个数码设计全才，他在 Photoshop 作品中往往以大胆的手法对图像进行破坏与重新塑造，将科技意味和超现实的幻想气息融合在一种奇怪的冲突之中，让人感到一种神奇而特别的魅力。

图 1-8 《圣安东尼奥的诱惑》

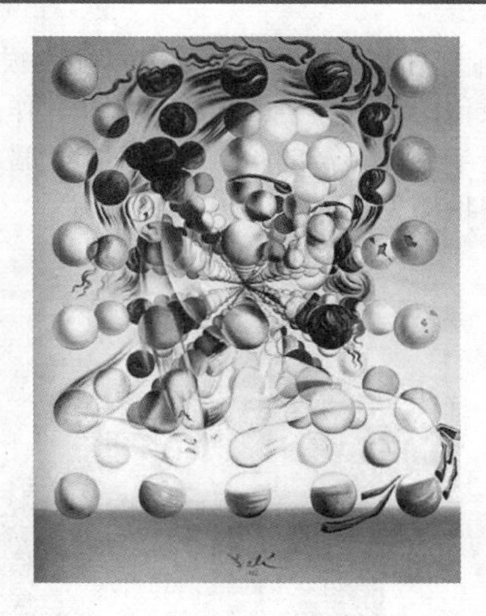

图 1-9　达利作品中体现出的视幻空间

图 1-10　加拿大现代计算机图像设计大师 Derek Lea 的作品

1.2.2　拼贴

“拼贴”是数字图像艺术中一个很常用的术语，而在现代艺术史上，“拼贴”和“装配”的概念最早是由毕加索在立体主义绘画和雕塑中提出的，他试图以此来探讨艺术表现形式与现实之间的关系。这一创作手法后来被达达主义者和超现实主义者所采用，他们也都视其为一种基本的创作语言，用于实现美学观念上的一些重要变化。波普艺术家劳申伯格说：“拼贴是创作无个性信息作品的方法。”他充分意识到了大众传媒所带来的信息混杂，并且通过自己对现成图像的混合将这种感受准确地传达了出来。

前面提到的早期计算机图像艺术家 Laurence Gartel，从 20 世纪 70 年代开始便创作了大量具有摄影蒙太奇风格的数字艺术拼贴作品，他试图从那些不断变化的城市风景、转瞬即逝的印象和大量流行的文化符号中找到大众文化的象征。他的作品呈现给人们一个超越了日常经验的奇异世界（参看本章图 1-5～图 1-7）。舒格瓦兹（Lillian Schwartz）的《Mona/Leo》，

如图 1-11 所示，是计算机艺术史上很著名的一张拼贴作品。1987 年，舒格瓦兹通过幻灯片演示发现了达・芬奇的自我肖像和其作品蒙娜丽莎之间的相貌相似性，并将一半蒙娜丽莎的脸和一半达・芬奇的脸拼接在一起，暗示了一种新的形象组合。这种手法在以后的数字图像创作中也屡见不鲜，如图 1-12 所示。

图 1-11　舒格瓦兹的《Mona/Leo》

图 1-12　Derek Lea 作品中年轻及衰老形象的拼接

当 21 世纪计算机图像技术的发展已使拼贴成为一项最基本的功能时，只要是稍微掌握一点图像软件常识的人，都知道通过“复制”和“粘贴”命令即可实现不同文件间的多样化拼贴。当拼贴术与计算机相遇时，许多过去的“不可能”瞬间成为了可能，拼贴艺术既面临着严峻的挑战，又获得了借用其他图像来重组图像的前所未有的良好时机和氛围。

对于一个熟悉 Photoshop 软件的人来说，拼贴实际上是一种基本的艺术思维方式。图 1-13 为一个学生做的简单拼接实验，即将图 1-13a 和图 1-13b 在 Photoshop 软件中进行退底（将需要的内容制作成一定的选区范围，以便操作时与背景分离），并复制粘贴到一个新文件中，然后在新的红色背景中进行缩放、位移和拼接，最后得到如图 1-13c 所示的效果。这是一种很典型的计算机图像拼接方式，再复杂的拼图也是基于这种简单的复制粘贴原理进行的，只不过粘贴图像层次的数量与复杂程度不同而已。

在对一些特定的视觉元素进行有意识的拼接时，设计者故意用一种反讽或游戏的态度来完成，以此作为一种讽刺现实的玩世不恭的手段。当然，也有一些作品纯粹用分散的图像做趣味视觉游戏，先来看两张选自《真实而诡异—经典视觉游戏》的图像。在图 1-14 中，你看到的是一堆水果还是国王鲁道夫二世的画像？而图 1-15 则是用上百张人像小图拼合出的马克思的肖像，其零散的构成元素与令人惊异的整体形象产生了一种有趣的视错觉。

这种在图像艺术史上早有渊源的拼接讽刺与谐谑的创作手法，在计算机艺术中也始终长盛不衰，甚至是一个极其鲜明的主题。在 Photoshop 中，一种早期的幽默被称为“移花接木”术，即将许多原稿中的形态进行分解打散，选取其中的局部，然后将这些局部硬性地拼在一起，形成一个个怪诞而幽默的新形象。例如，将老人的头部与健壮年轻人的躯干相拼接，将绘制的巨大的名人头像与一个微缩的恐龙躯体连接等图像。

a)

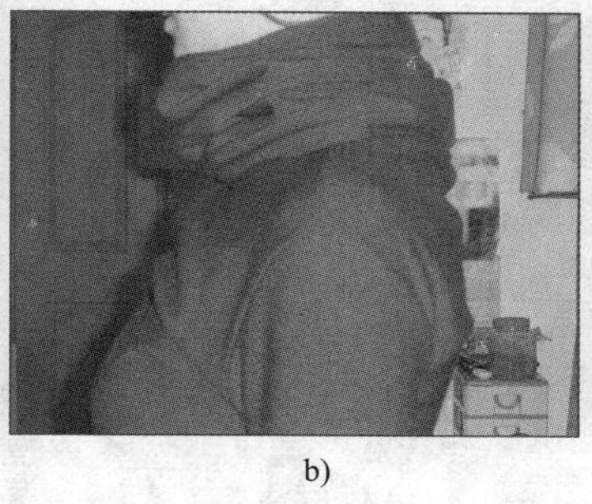

b)

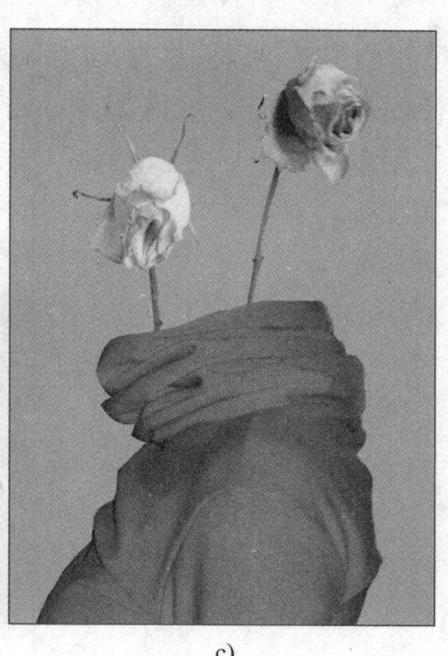

c)

图 1-13　图像拼接

a) 原图像 1　b) 原图像 2　c) 拼接的效果

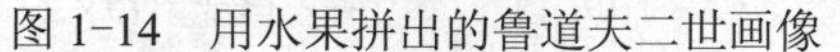

图 1-14　用水果拼出的鲁道夫二世画像

图 1-15　用上百张人像小图拼合而成的马克思肖像

图 1-16 无论是从画面上还是从制作手法上都暗示着“拼贴意象”的形成，在似是而非的人脸中，各个局部故意打破完整性与连续性。图像虽然被分解为许多复杂的部分，但还可以继续进行划分使其成倍增加，最终使人们难辨画面的真相。在这幅作品中，人作为陌生人面对自己，一切都显得扑朔迷离而又妙趣横生。这种夸张变形的、故意制造视错觉的表象已获得了新的真实的存在意义。

虽然拼贴已不是新概念，但近几年来，随着计算机科技与信息技术的飞速发展，拼贴被计算机艺术家，尤其是数码插画家所热爱。年轻的计算机艺术家们利用计算机软件无可比拟的技术优势，将达达主义以来所有意念上的幻想转换成完全逼真的视觉形象，最大程度地刺激着观众的视觉，关于这种新的拼贴概念请参看“1.3.2 多介质的融合”。

在本书“3.1 烛光晚餐”案例中便用到了拼贴的功能。

图 1-16　拼贴意象

1.2.3　科技色彩的体现

计算机图像艺术属于一种探索技术与前瞻性科学领域的艺术。这类艺术与科学研究一样，都在不断探索科技创新的可能性和意义。“数字艺术”的产生基于科学技术，尤其是计算机科技的迅速发展。新的科学技术方法对传统观点及概念化的物理世界提出了挑战，这些挑战解放了艺术家的思想，激励他们去关注没有制约、没有确定及非传统的研究领域。而日新月异的科技发展和新科技产品的发明也是他们灵感的来源之一。因此，计算机艺术的作品往往都带有信息时代所特有的鲜明的科技色彩，它是一种与科学、技术密切相关的现代新艺术形式。

例如，早期的计算机图像艺术家 Mark Wilson，其作品在 20 世纪 70 年代倾向于抽象的几何图形研究，并且具有明显的科技品味，在他 1970—1977 年间的一系列以表现科技为主题的作品中，主要内容是电路板、电子装置和几何学的构成。Mark Wilson 创造出了一种所谓“图解示图”式——电路板式的绘图风格，如图 1-17 所示，将电路板复杂的机械构成抽象为线条与彩色的几何图形，并将它们进行颇有意味的组装，这种设计思路曾一度成为计算机图像艺术领域（20 世纪 90 年代初）很流行的一种风格。

图 1-18 中的两幅图是加拿大计算机图像设计大师 Derek Lea 的作品。有一个时期，他在作品中娴熟地将科技产品本身（如计算机配件、通信产品、机器人及复杂的电路等）作为一种艺术创造的原型组合在画面中，形成一种今天人们非常熟悉的以数字化方式和科技概念创作出的艺术，从而表达属于数字时代的价值观。

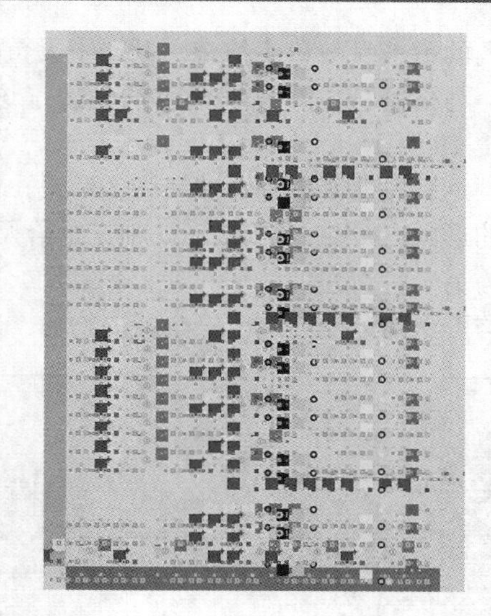

图 1-17 电路板式的绘图风格

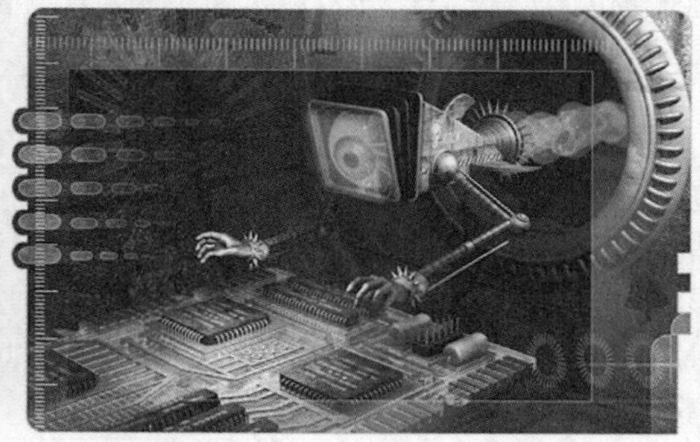

图 1-18 将科技产品本身作为一种艺术创造的原型（Derek Lea 作品）

本书中的“7.6 音乐海报效果”案例就是体现这种科技风格的典型作品。

1.2.4 图像融合

图像融合就是将互不关联（或有一点关联）的事物在并列时又逐渐相互渗透，直至成为一个无法分割的自然整体。下面分两点来讲解图像融合的概念。

1. 联想思维的变化

一般来说，在空间和时间上同时出现或相继出现，在外部特征和意义上相似或相反的事物，反映在人脑中并建立联系，以后只要其中一个事物出现，就会在头脑中引起与之相联系的另一事物的出现，这便是联想。

联想既然是意识中两个或更多事物形成的联系，那么，在联想思维的过程中，就有可能发生中途的改变，或者因为接受了新的信息等原因，在两种图形之间往往会留下一些荒诞的造型。例如，比利时画家雷尼. 马格利特（Rene Magritte，1889—1967）在《聚集的创新》中将人的下半身与鱼头结合，创造了人鱼的新样貌，彻底改变了人们印象中人身鱼尾的人鱼印象。马格利特以较写实的手法画出了这种联想变化的感受，形成了谜一样的奇特形象，如图 1-19 所示。

这种过渡既像是自然科学的假设，又像是一种极度偶然的突变。马格利特的《红色模型》中的形象，如图 1-20 所示，刚开始给人的感觉是人的一双脚，然而通过与靴子的异种融合转变为另一种奇怪的物体。在该作品中，容器（靴子）与填装物（脚）互相穿透融合，通过色彩与形状的渐变创造出一个新的物体。

图 1-19 《聚集的创新》（1935 年）

图 1-20 《红色模型》（1935 年）

马格利特简单地通过物体间奇异的变化创造出令人惊异的新形象，有人评价他创造了一个复杂的“心灵图画”系统。而到了计算机设计中，这种“心灵图画”的原理被发展为摄取一些相关或不相关的部分进行意象组合，这样不仅使画面进行了叠加，而且象征和寓意扩大了形象的内涵，合成结果常由于相互关系的不确定而构成了一个潜意识的世界，从而产生了超自然、超秩序的现实。这种手法在现代 Photoshop 的艺术和商业作品中被大量采用。

2．渐变的复杂性

在上面谈的是超现实绘画中单纯而深刻的渐变思想，而在计算机图像的创作过程中，“渐变”概念常常呈现出它极其复杂与多样的一面，这源于软件功能设计的复杂化及数字科技文化的发展。人们曾一度热衷于多图像融合形成的复杂氛围，图像复杂性成为了一项极限而被许多人所追求，如混沌式图像的流行（关于混沌式图像，请参考“1.2.6 混沌美学”）。由于渐变式融合能使不同的图像间消除边界，因此只要图形、色彩和意义上包含一致的因素，便可获得浑然一体、难分彼此的复杂图像效果；另一方面，就算是融合的图像间毫无一致性，在视觉上也可形成柔和的过渡，从而缓解图像生硬的并置重叠给人带来的心理冲击。

如图 1-21 和图 1-22 所示，这两幅用计算机设计的图像都融合了多张素材。图 1-21 是一张音乐招贴，它将水滴材质、摄影图像、黑白手绘稿、装饰纹理及文字等多种元素进行了重叠，画面中各项元素间通过自然的过渡，半透明地融合在一起，再加上 Photoshop 中光效的添加，众多的素材相互渗透，非常和谐地营造出一种音乐的氛围；而图 1-22 利用协调的色调和若隐若现的幻觉令人感觉仿佛置身于梦境，融合后的图像有一种不可思议却又浑然一体的效果，形成一种犹如梦境的居住空间。

然而，当融合的图像原稿数目不断增加，通过多个层次来表现视觉世界的时候，令人迷感的变化往往会产生。如图 1-23 所示，观看似乎成了一种大胆的冒险，人们仿佛进入了没有任何熟悉路标的世界，与梦境一样是流动的和不可捉摸的。

图 1-21　利用图像融合制作的音乐招贴

图 1-22　犹如梦境的居住空间

图 1-23　融合图像数目较多的数字图像作品

本书“8.6 肌理海报效果”中重叠在一起的线条就是通过渐变融合的手法逐渐隐入背景的。

1.2.5　数字摄影的真实性

在数字图像艺术领域中，摄影作品始终是最重要的设计原稿之一。计算机对摄影作品的后期处理可以分为两类：一类是制作较含蓄并带有一定可信度的图像艺术化方式，如只对摄影图片进行局部的修饰和细节调换，使其在经过巧妙处理之后，表面上看来仍然具有相当的

真实性，这是一种隐蔽性的摄影图像处理方法；另一类则是显而易见的、大幅度的图像改变，前面提到的超现实主义的创作手法便属于后者。本节主要来谈一谈第一类隐蔽性的图像处理。该种方式在摄影艺术作品后期及现代商业广告中的应用较多。

Jean Luc Godard 的名言“摄影是真实的”，概括了摄影这一艺术形式在 1826 年出现以后人们对它的看法，比起绘画，摄影一直被视为真实反映现实的媒介。在 Photoshop 等图像处理软件出现之后，摄影师的影像拍摄技巧和暗房技术都得到了极大的拓展，从前的一些摄影技术局限，在这些后期处理软件中被轻而易举地突破了。时尚网站 Showstudio 的主编 Penny Martin 说：“数码技术几乎是用于每张图片的，因此很少有图片是没有被修饰过的。”摄影师 Coneyl Jay 补充说：“拍照片只是做完了一半工作而已，Photoshop 处理是剩下的另一半工作。”事实上，目前摄影本身的界限也开始发生模糊。什么是摄影呢？用数码相机拍照片称为摄影，那么经过 Photoshop 处理之后的图片呢？是设计还是绘画？或者统一称为数码艺术、视觉艺术？显然，数码影像的冲击仅仅是一个开始，不仅在于数量上的泛滥，还在于形式多样给予传统摄影的重大改变。

近十几年，数码影像技术得到了广泛的普及，Photoshop 从专业图像工具变成一款大众软件。Photoshop 成为数码自拍一代的新宠，人们把它称为“PS”，彻底替换了数年前指代的 PS（PlayStation）游戏机。当传统高手指责年轻一代不管不顾乱拍一气的时候，年轻人却指着计算机屏幕上打开的 Photoshop 说：“谁说我们不讲技术，我们的数码暗房在这里。”当然，也有人认为它拥有不可被控制的权力——一种欺骗大众的武器，为专业人士带来可信度的威胁。对于一些广告人来说，信任已经被广告中 Photoshop 的运用所销蚀，它影响着公众评判事实与虚假的能力。广告模特们被过度润饰的皮肤、完美无瑕的产品，对于未经训练的眼睛来说，它们看起来就像普通的照片——这就是危险所在，你根本想不到它们经过了多少处理。

前面说过，数字图像艺术的特定风格就是建立在真实和虚拟之间的一个分界点上。也许这种模拟和重构真实的能力对摄影界造成了许多困扰，甚至还带来了网络上的一些社会问题。但是，计算机提供了非自然的创作空间，人们必须打破创作的传统状况，允许作品在虚拟和自然之间的边界上实践。作为一种艺术形式的表现手段，这种以假乱真的修改常会带给人意外的惊喜与视觉冲击。如图 1-24 所示，将一张在室内灯光下拍摄的图片故意处理成被水淹没的效果，制作者将植物、台灯等物体通过水面的动态与折射效果都处理得很真实。图 1-25 中的鸟和男模特透过玻璃瓶的映像也被处理得惟妙惟肖。这种手法曾被人戏称为“图像中真实的谎言”，它是一种可以同时追求细致逼真与荒诞离奇的混合体。

另外必须要提及的是，Adobe 发言人表示，该公司的 Advanced Technology 实验室已经研发 Photoshop 的外挂程序，可侦测某张照片是否经过变造。到目前为止，Adobe 有两款外挂程序已进入相当成熟的开发阶段。其中一款工具被称为“复制工具侦测器”（Clone Tool Detector），可用来判断一张照片的某个部分（如一块沙地或一片玻璃）是否是从照片的另一角复制过来的；另一款工具被该实验室称为“Truth Dots”，可用来分析某张照片的像素是否遗失——这是影像被剪接的一种迹象。制作更多的鉴定工具，可能有助于人们分辨照片的真伪。然而，也给许多人带来疑问：当每个人都可以轻易地判别出图像世界中何为“真”，何为“伪”时，这个世界会不会因此更加混乱和难于理解了呢？

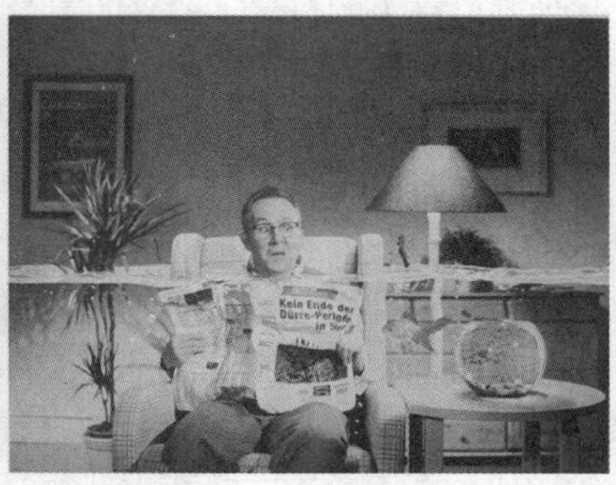

图 1-24　Photoshop 中合成的广告图像 1

图 1-25　Photoshop 中合成的广告图像 2

1.2.6　混沌美学

所谓“混沌（Chaos）”，是指在毫不相干的事件之间存在潜伏的内在关联性。混沌学也可以被看作是一种非线性的、随机性的、自由演化的、无序的科学。自然界中的艺术品，往往没有特定的尺度与规律性，它们是天然的、随意的、追求野性的、未开化的、混沌的原始形状，例如热带雨林、沙漠、海岸、星系、山脉的起伏等，从这些自然形态之中，大家可以体会到混沌美学的含义。

在数字图像艺术领域中，有一种非常显著的风格被称为“混沌式图像”。这一类图像在画面表现上最为费力，逻辑也最模糊。特征是许多相关或不相关的图像元素，彼此以不明确的规则相互混杂重叠，形成非线性的、随机性的、模糊不清的图像风格。20 世纪 60 年代兴起的摇滚乐，以及 20 世纪 80 年代的 MTV 等，都是酝酿此类风格的重要因素。另外，此类风格也受到电子传播技术极深的影响。在混沌之中，图像既可以清晰，也可以彻底无法辨认；构成元素可以有逻辑，也可以完全不知所云，它们只是纯视觉构图的光影媒介。这一类图像经常具有较强的装饰性，没有明确的主题。另一方面，混沌派影像质感繁复、色调丰富，最能令人品味良久。

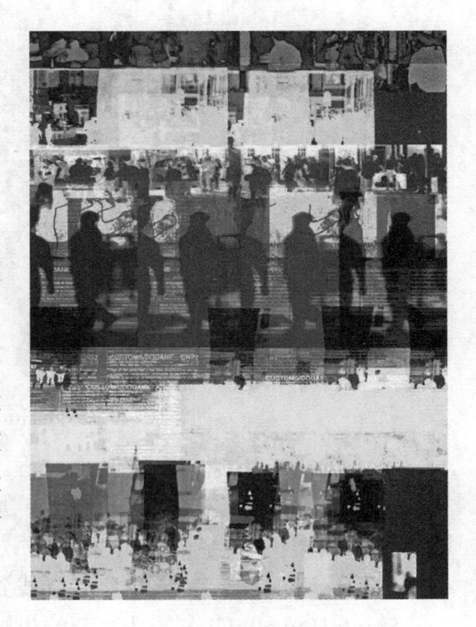

图 1-26　混沌式图像

混沌派作品的优劣完全取决于设计者本身的视觉造诣与图像处理技巧，同时对图像素材的要求也极高。例如，用 Photoshop 制作的大量混沌派作品便是利用不同的图像素材进行一次次半透明重叠的试验，配合功能强大的图层混合模式功能，对图像像素点进行复杂的数学运算，往往可生成随机的意外的合成效果，并可创造出大量崭新的图像肌理。关于图层混合模式的知识，请参看“2.3.11 图层混合模式”。

在图像的交融之中，结合着互不相容事物的程式与材料，美与丑、粗糙与光滑、优雅与粗鲁、琐碎与明了……全部都交融在一起，利用不确定性使之成为作品的主题。例如，图 1-26 中鲜艳、快乐、朦胧的影像呈现出一种全新的感觉，一种难以言表的自然、即兴的美学。

1.3 现代图像艺术的表现形式

近年来，各种计算机图形图像软件的不断升级与增强，为数字新艺术时代的到来提供了可操作的技术和工具。并且，20 世纪 90 年代出生的新设计师们逐渐打破传统观念，艺术门类之间的界限越来越模糊，新的数码图像风格简直令人眼花缭乱。实际上，无论是插画与照片的结合、2D 与 3D 的结合，还是传统艺术与现代风格的结合，都在说明一个事实：以高科技为手段的一个无界限的视觉世界开始形成。在本节中，将在近几年来的新图像风格中选择几种介绍给大家。

1.3.1 迷人的后波普艺术风格

澳大利亚的插画家 Sarah Howell 是活跃于时尚界的顶级插画师，自从接触了 Photoshop 以后，她渐渐挖掘出自己的潜能。Sarah Howell 的图像风格是显著而时尚的，她在拍摄的精美照片中加上了素描的色彩和有机图形的有趣处理，并形容此风格为“迷人而丰富的后波普艺术，结合了一点不相称的狂野色彩”。她所拍摄的人物在作品中占据主导地位，因此受到想要宣传其设计思路的时尚公司的青睐。图 1-27 所示为 Sarah Howell 所创作的被称为“后波普艺术”的图像风格。

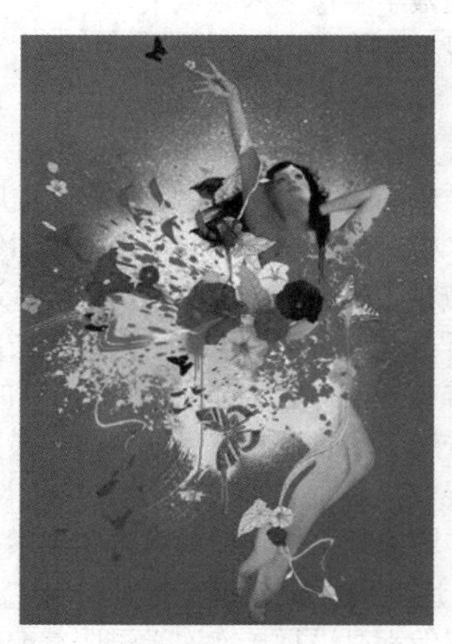

图 1-27 Sarah Howell 创作的“后波普艺术”的图像风格

下面分析一下她的设计制作过程。

一开始会添加层层扫描的图片，用水洗或漩涡效果来污染服装或其他元素，下一步是通过绘画和图案扩展这些区域，接着添加精致的细节——这是一个很奇特的非科学过程。她从不使用羽化功能，认为这样才可以找到她喜欢的波普艺术的“剪切—粘贴”感。

Sarah Howell 的作品是复杂的拼贴画，她说：“我喜欢将两种不应该搭配在一起的颜色混合起来，或者将不和谐的纹理搭配在一起。”她总是在照片上层叠照片、生成纹理，同时添加自己的素描，复杂的拼贴画中所用的色彩和图片是其作品的魅力所在。虽然她的作品中要用到大量照片，但她自己并不拍摄，她构建了自己的摄影师、化妆师和模特网络，利用整个团队去实现。

图 1-28 是优秀的国外设计团体 Vault49 的数字图像作品。Vault49 是在 2002 年 5 月创建的设计团体，并很快成为英国引领设计潮流的革新性设计公司。在他们的作品中，多种风格并存，自然地形成了一种复杂的有机风格。在他们的作品中，大家经常能看到泼溅的色彩流、复杂而神秘的纹理、极其唯美的线条图形及精彩摄影的集合，带有显著的“后波普艺术”的意味。

图 1-28　Vault49 所创作的带有复杂装饰的图像风格

1.3.2　多介质的融合

在平面设计中，堆砌矢量图的数码艺术创作手法已经过时，结合数码摄影、3D 的数码图像时代已经到来。新的材料感觉和造型感觉不断涌现，“拼贴”（Collage）就成为年轻的数码插画家们比较热衷的风格。它挖掘传统介质之上的素材与当前物质和意识景观的关系，仿佛是传统介质与数码像素的对话和辩论。这是一种具有过渡性质的创作风格。

这种新概念的“拼贴”又被称为多介质的融合，因为它在传统拼贴的摄影图片、手绘稿等的基础上，在原始素材中增加了 2D 和 3D 的数码艺术元素，数码艺术元素是这种新的拼贴作品的核心所在。如英国的 Nik Ainley，他是非常有名的年轻数码艺术家，自学 Photoshop、Illustrator、Poser、Xara3D、Bryce 等软件进行创作，他的数字图像风格被称为“3D 拼贴画”。在他的极其复杂的 PS 合成作品中总会加进在三维软件中生成的虚拟形象与场景、在矢量软件中完成的装饰图形，以及在一些小软件中生成的数码元素，这些素材在他的画面中产生了神秘而华丽的效果，如图 1-29 所示。

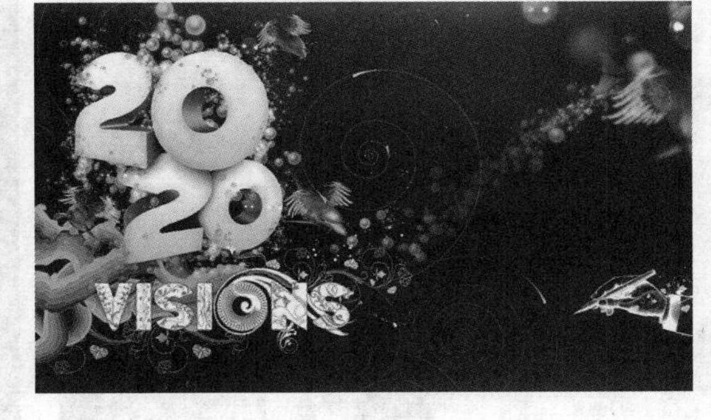

图 1-29　Nik Ainley 创作的“3D 拼贴画”

Nik Ainley 自称在创作时 95% 的情况下都会用到 Photoshop。他在 Photoshop 里进行极速的构思和创作，并且认为数码插画重要的是有数码艺术元素，而不是仅仅借助数码软件进行创作。

1.3.3 数字写实艺术

绘画艺术一般都是在二维空间的平面上表现三维空间的立体感，以追求一种写实的视觉效果，这主要是依靠一整套焦点透视的理论。而计算机模拟的以假乱真的写实绘画效果，在数字图像艺术领域中也是一种长盛不衰的风格。这令人想起曾流行一时的超级写实主义。超级写实主义又被称为照相写实主义，是流行于 20 世纪 70 年代的一种极端的艺术风格。它几乎完全以照片作为参照，在画布上客观而清晰地加以再现。

照相写实主义的画家们并不直接写生，他们往往先用照相机拍摄所需的形象，再对着照片一步一步把形象复制到画布上。有时他们使用幻灯机把照片投射到画布上，以获得比肉眼看到的大得多、也精确得多的形象，再纤毫不差地照样描摹。如此巨细无遗的精确画面，在某种意义上反倒成了对人们常规观察方式的一种挑战。照相写实主义的写实几乎可以乱真，但它对所有细节一视同仁的清晰处理，暗示了它与现实之间的距离，也暗示了真实之下的不真实。此外，照相写实主义画家们有意隐藏了一切个性、情感、态度的痕迹，不动声色地营造画面的平淡和漠然。这种表面的冷漠之下，反映的是后工业社会中，人与人之间精神情感的疏离和淡漠。

克洛斯（Chuck Close）在 20 世纪 70 年代初绘制的《约翰》，人像逼真、纤毫毕现，将皮肤、毛发、眼睛、眼镜等均描绘得富有质感，简直“真得像假的一样了”。写实，在这里已经成为与抽象并驾齐驱的一种现代艺术手法。这种写实主义的影响至今绵延不绝，在网上大家常可看到 Photoshop 的写实绘画作品，虽然基于点阵的图像软件的绘画功能不强，但能通过高倍率放大后描绘超微细节。在此看一下英国 CG 艺术家 Paul Wright 的写实作品。Paul Wright 擅长二维的写实人像绘画。图 1-30 为他用 Photoshop 绘制的作品，作品中的人物往往不属于“完美”的类型。Paul Wright 将人物的性格深深地印在了画面上，他所描绘的人物生动逼真，对发丝、皮肤纹理、五官皆纤毫毕现，写实程度与照片几乎无异，着实令人惊叹。

图 1-30　英国 CG 艺术家 Paul Wright 的 Photoshop 写实作品

还有一张更加令人惊异的超级写实作品，如图 1-31 所示。该作品于 2006 年 3 月 22 日在 Miarni（城市名）的 Photoshop World 上公之于众。该作品是用 Photoshop 绘制的一张美国芝加哥运输局蓝线 Damen 车站全景图，作者使用 Adobe Illustrator 生成大多数的基本形状及所有的建筑，剩下的工作全部在 Photoshop 中完成。

图 1-31 美国芝加哥运输局蓝线 Damen 车站全景图（用 Photoshop 和 Illustrator 软件绘制）

为便于大家更加深入地理解这幅写实的 Photoshop 作品，下面列出该作品所包含的一些技术参数：

- 图像尺寸大小是 40 英寸×120 英寸（1 英寸=0.0254 米）。
- 合并后的文件大小达 1.7GB。
- 创作花去了 11 个月的时间。
- 作品由近 50 个独立的 Photoshop 文件组成。
- 将所有文件累积起来，整个图像的图层超过 15000 个。
- 为不同的效果使用超过 500 个 Alpha 通道。
- 使用超过 25 万个路径组成整个场景中众多的形状。

归根结底，无论是照相写实主义还是计算机绘画的模拟写实，都与摄影有着本质的区别，人们对事物的感受，绝不是在某一位置角度拍摄的照片所能包容得了的。可以这样概括：画面中隐含的超现实意念是以极为细腻的写实手法来表达的，它们表面上继续着传统与机械的写实，然而同时又与传统保持着反讽的距离。

本书“9.1 反光标志效果”就是数码写实的表现。

这几年涌现的图像风格可谓日新月异，在新的数字图像艺术作品中，出现了许多超前的、诗意的、奇异的景象，它们改造着人们日常的视觉经验，正如设计领域中的专业人士所说：“设计风格就如同时尚一般，每天都有惊人的变化。”生活在一个如此精彩而又高速发展的时代，何等辛苦而又何等幸运。对于视觉传播时代的新人类，数字图像艺术已是一种完全渗透到他们日常生活之中的视觉艺术。利用图形和图像的语言来表达抽象的很难用语言来表达的信息，创造出真实世界中所不存在的值得欣赏的概念空间，这才是我们使用软件的根本原因。

1.4 课后练习

1. 图像拼贴训练——人像\植物\动物\装饰纹理的复杂组合

要求 1：可以是商业广告，也可以自己拟定副标题，表示状态、心情或对世界的独特看法。

要求 2：采用多介质（摄影、手绘和图案等）进行创作，将模特摄影融入自己的创作中（原稿可自己拍摄）。通过图形的分解组合、夸张和思维跳跃，把不同质的要素，凭借想象结合起来，用“剪切—粘贴”技术展现精彩的效果。

2．思考题

Photoshop 是一种图像处理软件而非专业绘画软件，但许多人热衷于用它描绘超写实的作品，并且其写实程度能与三维软件相媲美。你对这种超写实艺术如何看待？

第 2 章　Photoshop CC 2017 基础知识

本章重点

通过本章的学习，读者应掌握图像处理的基本概念、工具箱中工具的使用、创建选区的方法，以及色彩调整、图层、通道、蒙版和路径的相关理论知识。

2.1　图像处理的基本概念

2.1.1　位图与矢量图

1．位图

位图也称点阵图（Bitmap Images），它是由像素组成的。对于 72 像素/英寸的分辨率而言，1 像素=1/72 英寸，1 英寸=2.54 厘米。

位图图像与分辨率有关。因为分辨率是单位面积内所包含像素的数目。

2．矢量图

矢量图是由数学公式所定义的直线和曲线组成的。

矢量图与分辨率无关。

2.1.2　分辨率

在设计中使用的分辨率有很多种，常用的有图像分辨率、显示器分辨率、输出分辨率和位分辨率 4 种。

1．图像分辨率

图像分辨率是指图像中每单位长度所包含像素（即点）的数目，常以像素/英寸（pixel per inch，ppi）为单位。

提示：图像分辨率越高，图像越清晰。但过高的分辨率会使图像文件过大，对设备要求也会越高，因此在设置分辨率时，应考虑所制作图像的用途。Photoshop 默认的图像分辨率是 72ppi，这是满足普通显示器的分辨率。

下面是几种常用的图像分辨率：

- 发布于网页上的图像分辨率是 72ppi 或 96ppi。
- 报纸图像分辨率通常设置为 120ppi 或 150ppi。
- 打印的图像分辨率为 150ppi。
- 彩版印刷图像分辨率通常设置为 300ppi。
- 大型灯箱图像分辨率一般不低于 30ppi。

2．显示器分辨率（屏幕分辨率）

显示器分辨率是指显示器中每单位长度显示的像素（即点）的数目，通常以 dpi（dot per inch）表示。常用的显示器分辨率有 1600×900 像素（长度上分布 1600 个像素，宽度上分布 900 个像素）、1280×720 像素和 1024×768 像素。

PC 显示器的典型分辨率为 96dpi，Mac 显示器的典型分辨率为 72dpi。

提示：正确理解显示器分辨率的概念，有助于大家理解屏幕上图像的显示大小经常与其打印尺寸不同的原因。在 Photoshop 中，图像像素直接转换为显示器像素，当图像分辨率高于显示器分辨率时，图像在屏幕上的显示比实际尺寸大。例如，当一幅分辨率为 72ppi 的图像在 72dpi 的显示器上显示时，其显示范围是 1 英寸×1 英寸；而当图像分辨率为 216ppi 时，图像在 72dpi 的显示器上的显示范围为 3 英寸×3 英寸。

3．输出分辨率

输出分辨率是指照排机或激光打印机等输出设备在输出图像时每英寸所产生的油墨点数，通常使用的单位也是 dpi。

提示：为了获得最佳效果，应使用与照排机或激光打印机输出分辨率成正比（但不相同）的图像分辨率。大多数激光打印机的输出分辨率为 300～600dpi，当图像分辨率为 72ppi 时，其打印效果较好；高档照排机能够以 1200dpi 或更高精度打印，对 150～350ppi 的图像产生的效果较佳。

4．位分辨率

位分辨率又称位深，是用来衡量每个像素所保存颜色信息的位元数。例如，一个 24 位的 RGB 图像，表示其各原色 R、G、B 均使用 8 位，三元之和为 24 位。在 RGB 图像中，每一个像素均记录 R、G、B 三原色值，因此每一个像素所保存的位元数为 24 位。

2.1.3 色彩模式

1．位图模式

位图模式（Bitmap）的图像又称黑白图像，是用两种颜色值（黑白）来表示图像中的像素。其每一个像素都是用 1 位的位分辨率来记录色彩信息的，因此，所要求的磁盘空间最小。图像在转换为位图模式之前必须先转换为灰度模式。位图模式是一种单通道模式。

2．灰度模式

灰度模式图像的每一像素都是用 8 位的位分辨率来记录色彩信息的，因此可产生 256 级灰阶。灰度模式的图像只有明暗值，没有色相与饱和度这两种颜色信息。其中，0%为黑色，100%为白色，K 值用来衡量黑色油墨的用量。使用黑白和灰度扫描仪产生的图像常以灰度模式显示，灰度模式是一种单通道模式。

3．RGB 模式

RGB 模式主要用于视频等发光设备，如显示器、投影设备、电视和舞台灯等。该种模式包括三原色——红（R）、绿（G）、蓝（B），每种色彩都有 256 种颜色，每种色彩的取值范围是 0～255，这 3 种颜色混合可产生 16777216 种颜色。RGB 模式是一种加色模式（理论上），因为当 R、G、B 均为 255 时，颜色为白色；均为 0 时，颜色为黑色；均为相等数值时，颜色为灰色。换句话说，可把 R、G、B 理解成 3 盏灯光，当这 3 盏灯都打开，且为最大数值 255 时，即可产生白色；当这 3 盏灯全部关闭，即为黑色。在该模式下，所有的滤镜均可用。

4．CMYK 模式

CMYK 模式是一种印刷模式。该种模式包括四原色—青（C）、洋红（M）、黄（Y）、黑（K），每种颜色的取值范围为 0%～100%。CMYK 是一种减色模式（理论上），人类的眼睛理论上是根据减色的色彩模式来辨别色彩的。太阳光包括地球上所有的可见光，当太阳光照射到物体上时，物体吸收（减去）一些光，并把剩余的光反射回去，人类看到的就是这些反射的色彩。例如，高原上的太阳紫外线很强，为了避免被烧伤，花以浅色和白色居多，如果是白色的花，则表示没有吸收任何颜色；再如，自然界中黑色的花很少，因为花是黑色意味着它要吸收所有的光，这对于花来说可能会被烧伤。在 CMYK 模式下，有些滤镜不可用，而在位图模式和索引颜色模式下，所有滤镜均不可用。

在 RGB 和 CMYK 模式下，大多数颜色是重合的，但有一部分颜色不重合，该部分颜色就是溢色。

5．Lab 模式

Lab 模式是一种国际标准色彩模式（理想化模式），与设备无关，其色域范围最广（理论上包括了人眼可见的所有色彩，可以弥补 RGB 和 CMYK 模式的不足），如图 2-1 所示。该模式有 3 个通道：L 代表亮度，取值范围为 0～100；a、b 代表色彩通道，取值范围为-128～+127。其中，a 代表从绿到红，b 代表从蓝到黄。Lab 模式在 Photoshop 中很少使用，其实它一直充当着中介的角色。例如，计算机在将 RGB 模式转换为 CMYK 模式时，实际上是先将 RGB 模式转换为 Lab 模式，然后将 Lab 模式转换为 CMYK 模式。

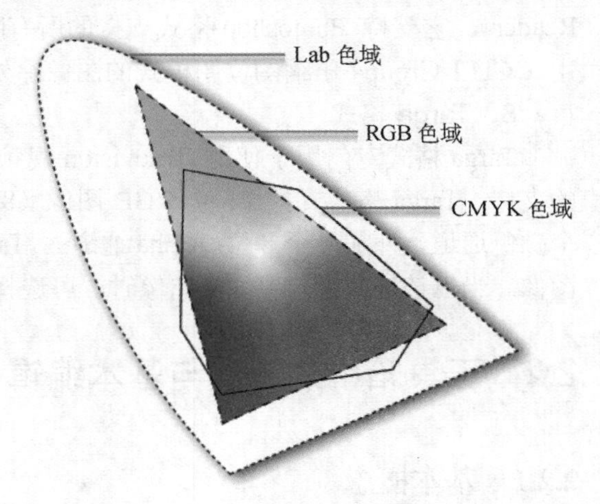

图 2-1　色域说明图

2.1.4　常用文件存储格式

1．PSD 格式

PSD 格式是 Photoshop 软件自身的格式，该格式可以存储 Photoshop 中所有的图层、通道和剪切路径等信息。

2．BMP 格式

BMP 格式是 DOS 和 Windows 平台上常用的一种图像格式。它支持 RGB、索引颜色、灰度和位图模式，但不支持 Alpha 通道，也不支持 CMYK 模式的图像。

3．TIFF 格式

TIFF 格式是一种无损压缩（采用的是 LZW 压缩）的格式。它支持 RGB、CMYK、Lab、索引颜色、位图和灰度模式，而且在 RGB、CMYK 和灰度 3 种颜色模式中还允许使用通道（Channel）、图层和剪切路径。

4. JPEG 格式

JPEG 格式是一种有损压缩的网页格式，不支持 Alpha 通道，也不支持透明。当将文件保存为此格式时，会弹出对话框，在 Quality 中设置的数值越高，图像品质越好，文件也越大。该格式也支持 24 位真彩色的图像，因此适用于色彩丰富的图像。

5. GIF 格式

GIF 格式是一种无损压缩（采用的是 LZW 压缩）的网页格式。支持 256 色（8 位图像），支持一个 Alpha 通道，支持透明和动画格式。目前，GIF 存在两类：GIF87a（严格不支持透明像素）和 GIF89a（允许某些像素透明）。

6. PNG 格式

PNG 格式是 Netscape 公司开发的一种无损压缩的网页格式。PNG 格式将 GIF 和 JPEG 格式最好的特征结合起来，并且支持 24 位真彩色、无损压缩、透明和 Alpha 通道。PNG 格式不完全支持所有浏览器，所以在网页中的使用要比 GIF 和 JPEG 格式少得多。但随着网络的发展和互联网传输速率的改善，PNG 格式将是未来网页中使用的一种标准图像格式。

7. PDF 格式

PDF 格式可跨平台操作，可在 Windows、Mac OS、UNIX 和 DOS 环境下浏览（用 Acrobat Reader）。它支持 Photoshop 格式支持的所有颜色模式和功能，支持 JPEG 和 Zip 压缩（但使用 CCITT Group4 压缩的位图模式的图像除外），支持透明，但不支持 Alpha 通道。

8. Targa 格式

Targa 格式专门用于使用 Truevision 视频卡的系统，而且通常受 MS-DOS 颜色应用程序的支持。Targa 格式支持 24 位 RGB 图像（8 位×3 个颜色通道）和 32 位 RGB 图像（8 位×3 个颜色通道，外加一个 8 位 Alpha 通道）。Targa 格式也支持无 Alpha 通道的索引颜色和灰度图像。当以该格式存储 RGB 图像时，可选择像素深度。

2.2 工具箱中的工具与基本编辑

2.2.1 基本概念

1. 切换工具窗口

执行菜单中的“窗口 | 工具”命令，可以切换工具窗口的显示与隐藏。

2. 选择工具

单击工具箱中的按钮即可选择相应的工具，如果该工具右下角有一个白三角，则代表该工具下还有隐藏的工具，将鼠标指针放在该工具上片刻，可以弹出所有的工具，如图 2-2 所示，移动鼠标指针就可以进行选择了。

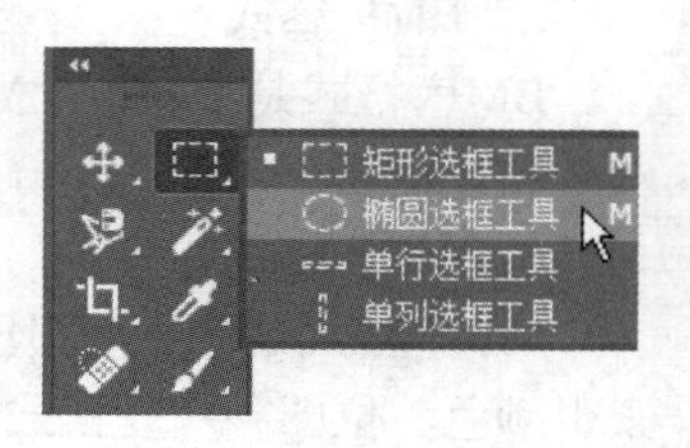

图 2-2 弹出工具

3. 设置工具的光标外观

执行菜单中的“编辑 | 首选项 | 光标”命令，弹出如图 2-3 所示的“首选项”对话框。

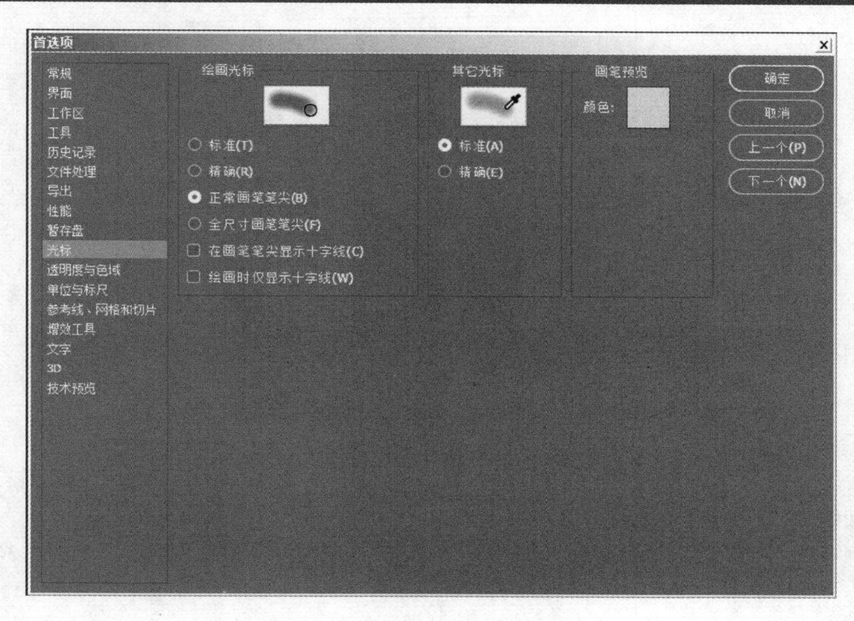

图 2-3 “首选项”对话框

1）选择“绘画光标”或者“其他光标”中的“标准”单选按钮，光标将显示为工具图标。

2）选择“精确”单选按钮，光标显示为十字线。

3）选择“正常画笔笔尖”单选按钮，光标显示为画笔形状，表示当前画笔的大小，此时光标不能显示非常大的画笔。

4）“绘画光标”选项组控制的工具有橡皮擦、铅笔、喷枪、画笔、图案图章、涂抹、模糊、锐化、减淡、加深和海绵工具。

5）“其他光标”选项组控制的工具有选框、套索、多边形套索、魔棒、裁剪、吸管、钢笔、渐变、直线、油漆桶、自由套索、磁性套索、度量和颜色取样工具。

2.2.2 颜色设定

使用各种绘图工具画出的线条的颜色是由工具箱中的前景色决定的，而使用橡皮擦工具擦除后的颜色则是由工具箱中的背景色决定的。

前景色和背景色的设置方法如下：

1）默认状态下，“前景色 ”和“背景色”分别为黑色和白色。

2）单击右上角的双箭头（或按键盘上的〈X〉键），可以实现前景色和背景色的切换。

3）单击左下角的黑白双色标志（或按键盘上的〈D〉键），可以将前景色和背景色切换为默认状态下的黑白两色。

4）单击“前景色”或者“背景色”图标，弹出“拾色器（前景色）”对话框，如图 2-4 所示。在对话框左侧的色彩框中单击，会有圆圈出现在单击位置，在对话框的右上角会显示当前选中的颜色，并且在对话框右下角出现其对应的数据，包括 RGB、CMYK、HSB 和 Lab 4 种不同的颜色描述方式，也可以在这里直接输入数字确定所需要的颜色。

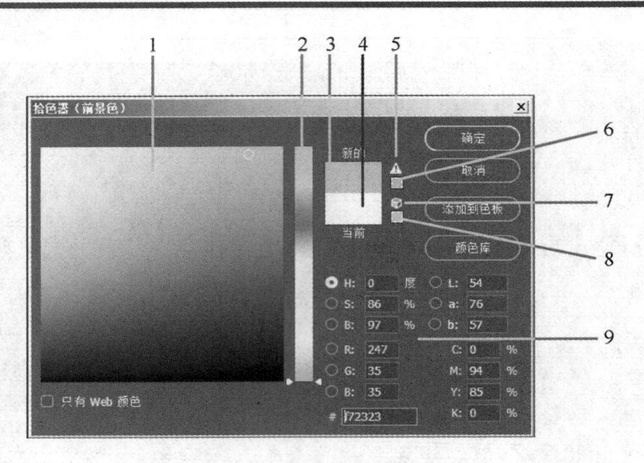

图 2-4 “拾色器”对话框

1—颜色选择区

2—颜色导轨和颜色滑块，在滑块中确定了某种色相后，颜色选择区内则会显示出这一色相亮度从亮到暗，饱和度从强到弱的各种颜色

3—当前选定的颜色

4—以前选定的颜色

5—印刷颜色警告标志，如果选择的颜色超过了印刷颜色的范围，则这里将出现警告标志

6—最接近的 CMYK 印刷颜色

7—网络颜色警告标志，即在网页中不能表现的颜色

8—最接近的网页颜色

9—颜色定义区，即用数字控制所选的颜色

5）可以通过“色板”面板改变前景色或背景色，如图 2-5 所示。无论用户正在使用何种工具，只要将鼠标指针移动到“色板”面板上，鼠标指针就会变成吸管状， 单击鼠标可以改变前景色。如果想在面板中增加颜色，可以用吸管工具在画面上选择颜色，到“色板”面板上的空白处，鼠标指针将变成小桶的形状，此时只要单击鼠标，就可以将颜色加入面板了。

6）可以通过“颜色”面板改变前景色或背景色，如图 2-6 所示。将鼠标指针移动到颜色条上，鼠标指针就会变成吸管状，单击鼠标可以改变前景色，还可以单击“颜色”面板的弹出菜单，选择不同的颜色模式。

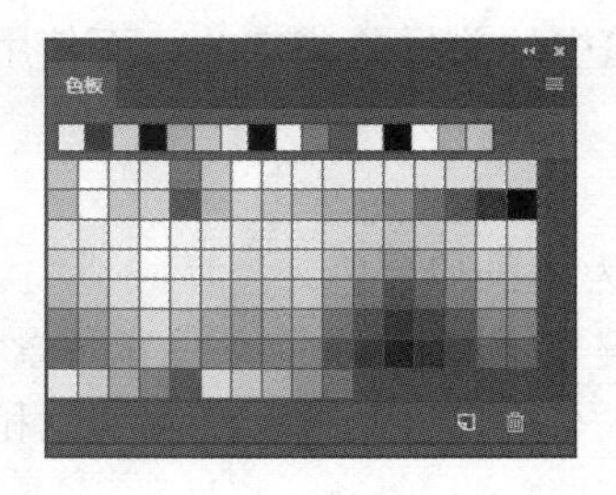

图 2-5 “色板”面板

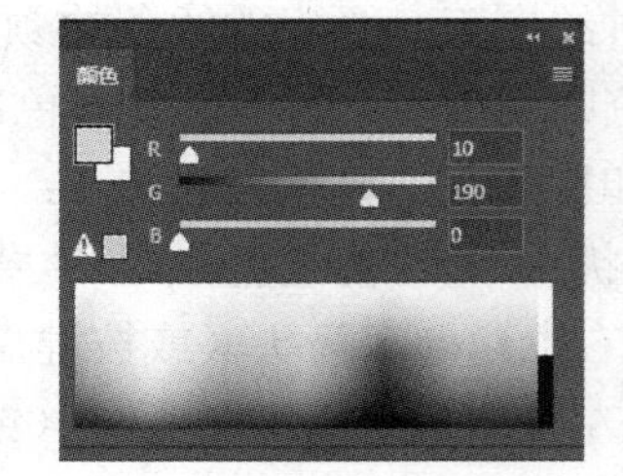

图 2-6 “颜色”面板

7）可以通过 （颜色取样器工具）来测量图像中不同位置的颜色数值，如图 2-7 所示，此时的“信息”面板如图 2-8 所示。颜色取样器只能选择 10 个不同的点进行颜色测试，如果想删除取样点，只要按住〈Alt〉键，单击取样点即可。

图 2-7　测量图像中不同位置的颜色数值

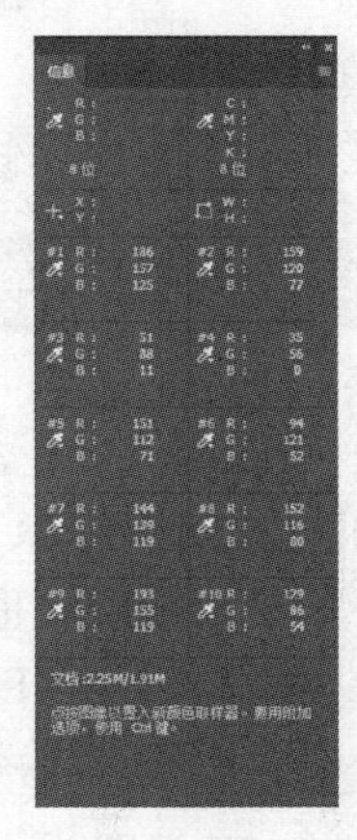

图 2-8　“信息”面板显示相关信息

2.2.3　选择、移动工具和裁剪工具

有关（矩形选框工具）、（椭圆选框工具）、（单行选框工具）、（单列选框工具）、（套索工具）、（多边形套索工具）、（磁性套索工具）和（魔棒工具）的知识介绍见“2.2.4 创建选区”，对其他工具的介绍如下。

1．移动工具

移动工具可以将选区或者图层移动到图像中的不同位置。移动工具的设置栏如图 2-9 所示。

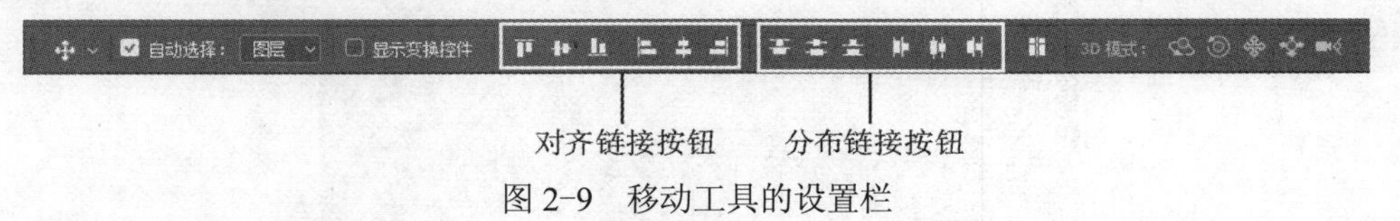

图 2-9　移动工具的设置栏

1）选中“自动选择”复选框后，只需单击要选择的图像即可自动选中该图像所在的图层，而不必通过“图层”面板来选择某一图层。

2）选中“显示变换控件”复选框后，将显示选区或者图层不透明区域的边界定位框，通过边界定位框可以对对象进行简单的缩放及旋转的修改，一般用于矢量图形。

3）对齐链接按钮：该组按钮用于对齐图像中的图层。它们分别与菜单栏中“图层 | 对齐”子菜单中的命令相对应。

4）分布链接按钮：该组按钮用于分布图像中的图层。它们分别与菜单栏中“图层 | 分布”子菜单中的命令相对应。

5）如果当前图像有选区，则将光标移动到选区内，然后按住鼠标左键拖动，可以将选区内的图像拖动到新的位置，相当于剪切操作，如图 2-10 所示。

图 2-10　拖动选区内的图像

2．裁剪工具

裁剪工具用于图像的修剪。裁剪工具的设置栏如图 2-11 所示。

图 2-11　裁剪工具的设置栏

在使用（裁剪工具）时，图像边框会直接显示裁剪工具的按钮与参考线，如图 2-12 所示，此时只要根据需要拖拉图像边框四周裁剪工具的按钮裁剪出要保留的区域，如图 2-13 所示，然后按键盘上的〈Enter〉键即可完成裁剪操作，如图 2-14 所示。

图 2-12　图像四周出现裁剪工具的按钮与参考线

图 2-13　裁剪出要保留的区域

图 2-14　裁剪后的效果

如果要还原裁剪的图像，则可以再次选择工具箱中的（裁剪工具），然后进行随意操作即可看到裁剪前的图像。这与以前版本中只有执行撤销前面的裁剪操作后才能还原裁剪前的图像相比，是一个极其人性化的改变。

提示：在 Photoshop CC 2017 中，再次选择（裁剪工具）还原裁剪前图像的功能，必须在最初裁剪时取消勾选选项栏中的“删除裁剪的像素”复选框时才有效。

3．透视裁剪工具

透视裁剪工具用于纠正不正确的透视变形。与裁剪工具的不同之处在于，前者允许用户使用任意四边形来裁剪画面，而后者只允许用户以正四边形裁剪画面。透视裁剪工具的设置栏如图 2-15 所示。

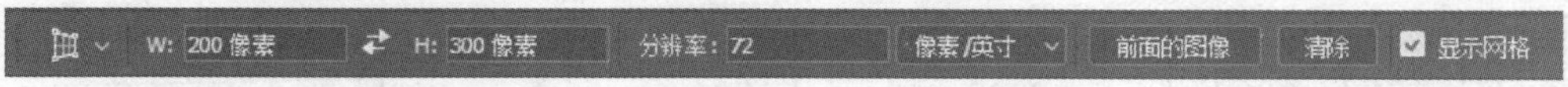
W: 200 像素
H: 300 像素
分辨率: 72
像素/英寸
前面的图像
清除
显示网格

图 2-15　透视裁剪工具的设置栏

使用（透视裁剪工具）定义不规则四边形的意义在于，进行裁剪时，软件会对选中的画面区域进行裁剪，还会把选定区域“变形”为正四边形。这就意味着用户可以纠正不正确的变形。比如在拍摄高大的建筑时，由于视角较低，竖直的线条会向消失点集中，从而产生透视畸变，如图 2-16 所示。利用（透视裁剪工具）进行纠正的效果如图 2-17 所示。

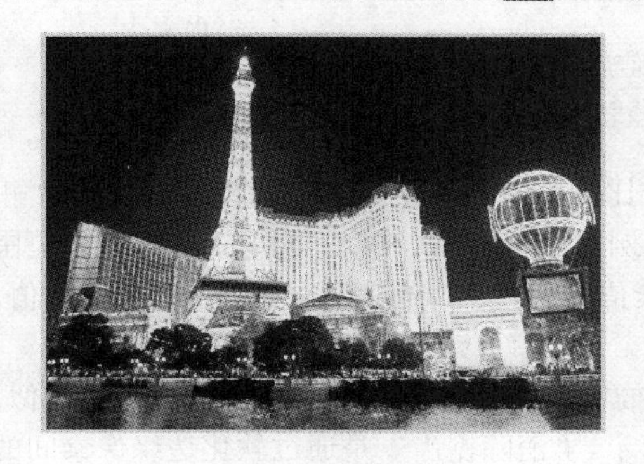

图 2-16　透视变形的画面

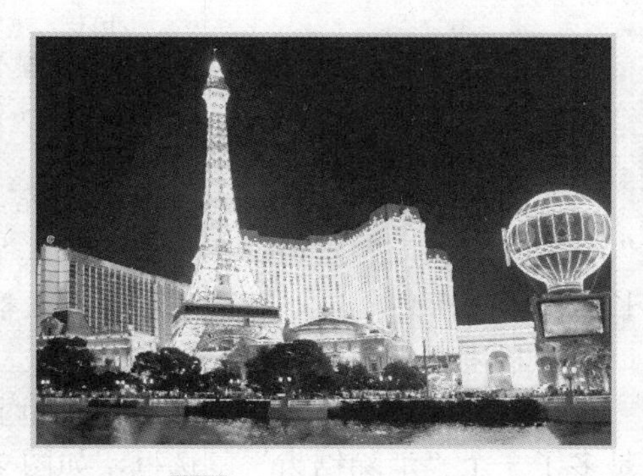

图 2-17　使用（透视裁剪工具）纠正后的效果

2.2.4　创建选区

在 Photoshop 中，要对图像的局部进行编辑，首先要通过各种途径将其选中，也就是创建选区。下面就来具体介绍各种创建选区的方法。

（1）矩形选框工具

使用（矩形选框工具）可以在画面上绘制矩形选区，其设置栏如图 2-18 所示。

羽化: 0 像素
消除锯齿
样式: 正常
宽度:
高度:
选择并遮住 ...

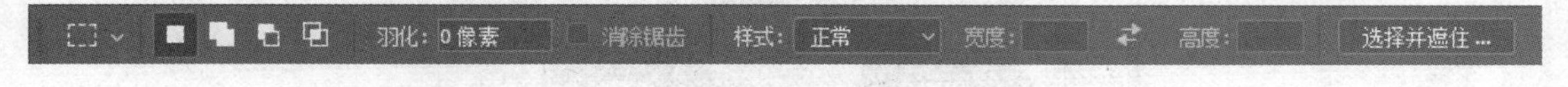

图 2-18　矩形选框工具的设置栏

1）：激活（新选区）按钮后绘制选区，可以创建一个新的选区；激活（添加到选区）按钮后绘制选区，则可以在已经建立的选区之外再加上其他的选区范围；激活（从选区减去）按钮后绘制选区，则可以从已经建立的选区中减去一部分；激活（与选区交叉）按钮后绘制选区，则可以保留两个选区的重叠部分。

提示： 按住键盘上的〈Shift〉键，可以在原有选区的基础上添加新的选区；按住键盘上的〈Alt〉键，可以在原有选区的基础上减少选区；按住键盘上的〈Alt+Shift〉组合键，可以创建与原有选区相交叉的选区。

2）羽化：用于设置建立的选区和选区周围像素之间的转换边界来模糊边缘，范围为 1～250 个像素。数值越大，羽化越明显，选区的边界也就越模糊。在此框中输入一个羽化值，然后创建选区，将该选区复制到新文档中，可以得到不同的朦胧效果。这在选区的制作中非常有用，图 2-19 为设置不同羽化值后的效果比较。

a) b) c) d)

图 2-19 设置不同羽化值后的效果比较

a) 原图像 b) 羽化值为 0 c) 羽化值为 10 d) 羽化值为 30

3）样式：右侧下拉列表中包括“正常”“固定比例”和“固定大小”3 个选项。选择“正常”，则可以创建任意的选择范围；选择“固定比例”，则可以输入数字的形式确定选择范围的长宽比；选择“固定大小”，则可以输入整数像素值的形式，精确设定选择范围的长宽数值。

（2）椭圆选框工具

使用（椭圆选框工具）可以在画面上绘制椭圆形选区，其设置栏与矩形选框工具类似，只是多了一个“消除锯齿”复选框，如图 2-20 所示。“消除锯齿”是通过软化边缘像素间的颜色过渡，使选区的锯齿边缘得到平滑，图 2-21 为选中“消除锯齿”复选框前后的效果比较。由于只是改变边缘像素，不会丢失细节，因此在剪切、复制和粘贴选区，创建复合图像时非常有用。

图 2-20 椭圆选框工具的设置栏

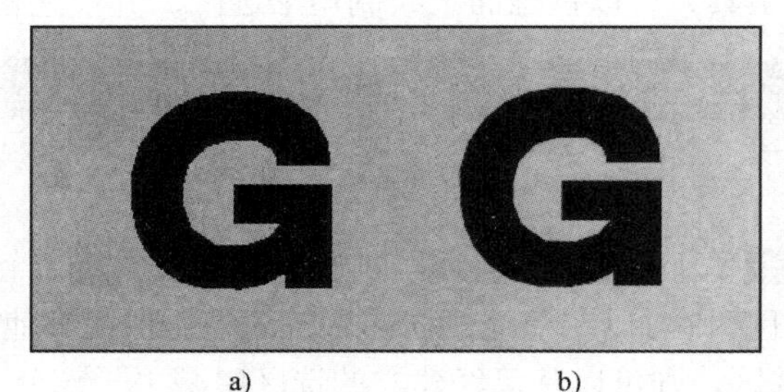

a) b)

图 2-21 选中“消除锯齿”复选框前后的效果比较

a) 未选中“消除锯齿” b) 选中“消除锯齿”

（3）单行/单列选框工具

选择（单行）/（单列）选框工具，在画面上单击就可以将选区定义为一个像素的行或者列，其实它也是一个矩形框，只要放大图像就可以看到。

（4）魔棒工具

（魔棒工具）是基于图像中相邻像素的颜色近似程度进行选择的，其设置栏如图 2-22 所示。

图 2-22　魔棒工具的设置栏

1）容差：数值范围为 0～255，表示相邻像素间的近似程度，数值越大，表示可允许的相邻像素间的近似程度越小，选择范围越大；反之，选择范围就越小。图 2-23 为不同容差值时创建的选区大小。

a)

b)

图 2-23　不同容差值时创建的选区大小

a) 容差值为 10　b) 容差值为 60

2）连续：选中该复选框可以将图像中连续的像素选中，否则可将连续的和不连续的像素一并选中。

3）对所有图层取样：选中该复选框，魔棒工具将跨越图层对所有可见图层起作用；如果不选中该复选框，魔棒工具只对当前图层起作用。

（5）快速选择工具

（快速选择工具）的设置栏如图 2-24 所示。快速选择工具是智能的，它比魔棒工具更加直观和准确。使用时不需要在要选取的整个区域中涂画，快速选择工具会自动调整所涂画的选区大小，并寻找到边缘使其与选区分离。

图 2-24　快速选择工具的设置栏

快速选择工具的使用方法是基于画笔模式的。也就是说，可以“画”出所需的选区。如果是选取离边缘比较远的较大区域，则要使用大一些的画笔；如果是要选取边缘，则换成小尺寸的画笔，这样才能尽量避免选取背景像素。

（6）套索工具

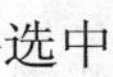

（套索工具）可以选择任意形状的区域，其设置栏如图 2-25 所示。

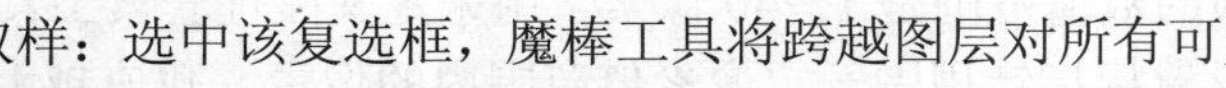

图 2-25　套索工具的设置栏

套索工具的使用方法是按住鼠标拖动，随着鼠标的移动可以形成任意形状的选择范围，松开鼠标后会将起点和终点闭合，形成一个封闭的选区。如果起点和终点重合，鼠标指针的右下角将出现一个圆圈，单击可以形成一个封闭的选区。

套索工具的随意性很大，要求对鼠标有良好的控制能力，通常用来绘制不规则形状的选区，或者为已有的选区做修补，如果想绘出非常精确的选区则不宜使用它。

（7）多边形套索工具

（多边形套索工具）可以用来创建多边形选择区域，其设置栏如图 2-26 所示。

图 2-26 多边形套索工具的设置栏

多边形套索工具的使用方法是单击鼠标形成直线的起点，然后移动鼠标，拖出直线，再次单击鼠标，则在两个落点之间就会形成直线，以此方法可以不断地形成直线。随着鼠标的移动可以形成任意形状的选择范围，松开鼠标后会将起点和终点闭合，形成一个封闭的选区。同理，如果起点和终点重合，在鼠标指针的右下角将出现一个圆圈，单击可以形成一个封闭的选区。

多边形套索工具通常用来增加或者减少选择范围，或者对局部选区进行修改。

（8）磁性套索工具

（磁性套索工具）可以在拖动鼠标的过程中自动捕捉图像中物体的边缘，以创建选择区域，其设置栏如图 2-27 所示。

图 2-27 磁性套索工具的设置栏

该设置栏中的主要参数含义如下。

- 宽度：该选项的数值范围是 1～40 像素，用来定义磁性套索工具检索的距离范围，也就是说，找寻鼠标指针周围一定像素值范围内的像素。数值越大，寻找的范围越大，但也可能导致边缘不准确。
- 对比度：该选项的数值范围是 1%～100%，用来定义磁性套索工具对边缘的敏感程度。如果输入的数值较高，磁性套索工具将只能检索到和背景对比度较大的物体边缘；如果输入的数值较小，就可以检索到低对比度的边缘。
- 频率：该选项的数值范围是 0～100，用来控制磁性套索工具生成固定点的多少，频率越高，越能更快地固定选区边缘。图 2-28 为不同频率下使用磁性套索工具的效果比较。

a)

b)

图 2-28 不同频率下使用磁性套索工具的效果比较

a) 频率为 50 b) 频率为 10

（9）“色彩范围”命令

“色彩范围”命令是一个利用图像中的颜色变化关系来制作选择区域的命令。它就像一个功能强大的魔棒工具，除了用颜色差别来确定选取范围外，它还综合了选择区域的相加、相减和相似命令，以及根据基准色选择等多项功能。

执行菜单中的“选择 | 色彩范围”命令，会弹出“色彩范围”对话框，如图 2-29 所示。当将鼠标指针移入图像预览区时，鼠标指针会变成一个吸管工具，若在预览区内单击鼠标，在鼠标指针周围的容差值确定的范围会变成白色，其余颜色保持黑色不变。单击“确定”按钮进行确认，则预览区白色的部分就会变成选择区域，如图 2-30 所示。

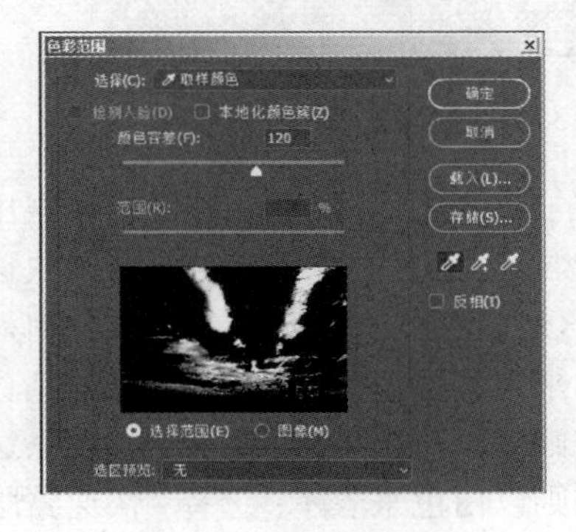

图 2-29 “色彩范围”对话框

图 2-30 创建选区的效果

1）选择：该选项可以用多种方式来确定选择区域。在右侧下拉列表中有“取样颜色”“红色”“黄色”“绿色”“青色”“蓝色”“洋红”“高光”“中间调”“阴影”“肤色”和“溢色”12 个选项可供选择，如图 2-31 所示。

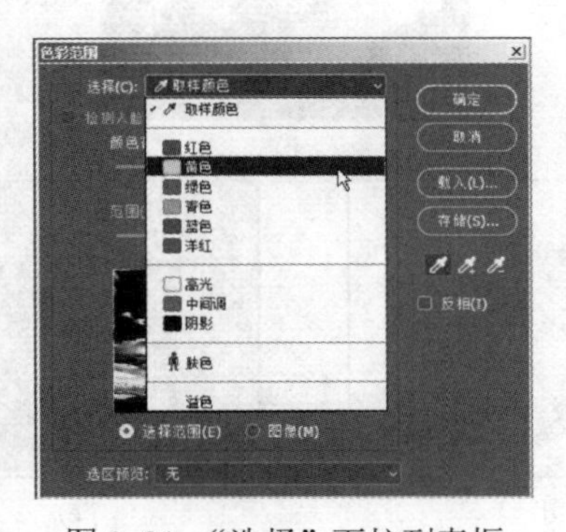

图 2-31 “选择”下拉列表框

2）颜色容差：颜色容差的数值范围为 0～200，此选项类似于魔棒工具的容差，数值越高，可选择的范围越大。

3）预览区：在预览图的下方有两个单选按钮，即“选择范围”和“图像”，如图 2-32 和图 2-33 所示。当选择“选择范围”单选按钮时，预览图中将以 256 级灰度表示选中和非选中区域，白色表示全部被选中的区域，黑色表示没有被选中的区域，中间各色表示部分被选中的区域，这和通道的概念是相同的；当选择“图像”单选按钮时，在预览图中可以看到彩色图像，此时无论选择什么颜色都没有变化，只有在单击“确定”按钮后在原图像上才能看到选区。

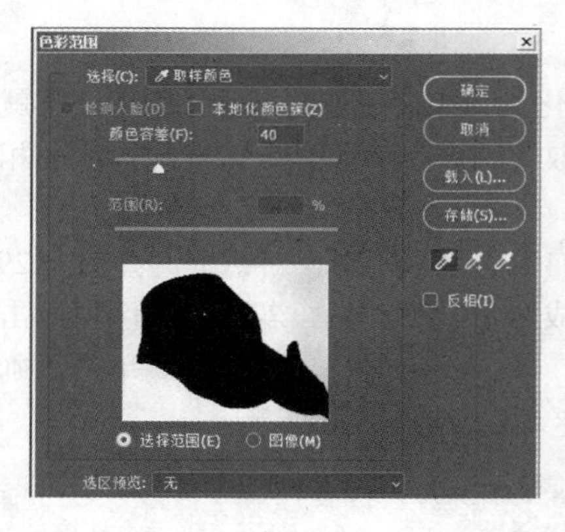

图 2-32　选择“选择范围”单选按钮

图 2-33　选择“图像”单选按钮

4）选区预览：通过该选项可以控制图像窗口中图像的显示方式，从而更精确地表现出将制作的选择区域。在右侧下拉列表框中有“无”“灰度”“黑色杂边”“白色杂边”和“快速蒙版”5 个选项可供选择。选择“无”，则图像不显示选择区域，不论选择区域的形状如何，图像窗口中的内容不发生变化；选择“灰度”，则会以灰度图来表示选择区域；选择“黑色杂边”，则图像窗口中被选中的区域保持原样，而未被选中的区域则以黑色来表示；选择“白色杂边”，则图像窗口中被选中的区域保持原样，而未被选中的区域则以白色来表示；选择“快速蒙版”，则会以快速蒙版的方式显示图像。图 2-34 为选择不同选区预览选项后的效果比较。

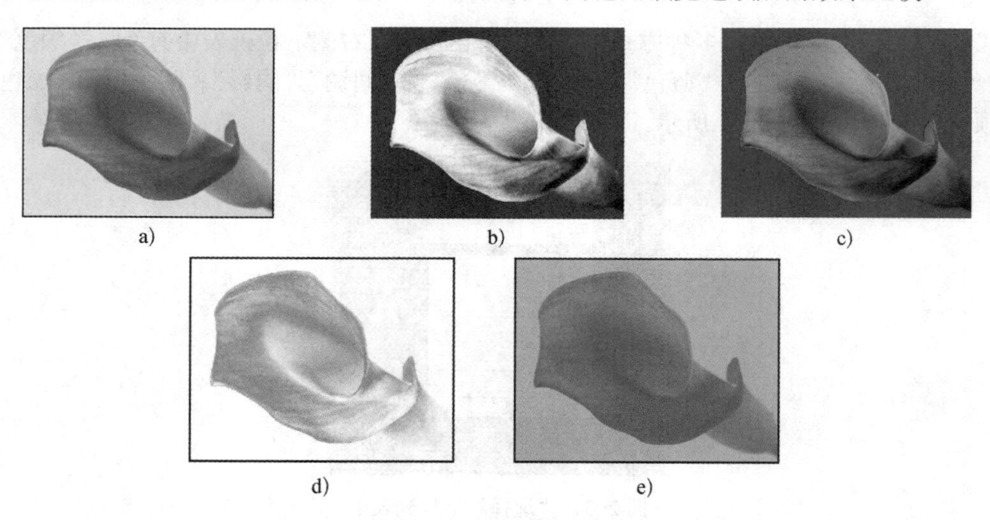

图 2-34　选择不同选区预览选项后的效果比较

a) 选择“无”　b) 选择“灰度”　c) 选择“黑色杂边”　d) 选择“白色杂边”　e) 选择“快速蒙版”

2.2.5　绘画及修饰工具

对于绘画编辑工具而言，选择和使用画笔是非常重要的部分，在此重点介绍画笔工具的设置面板。

1. 画笔工具

使用画笔工具可以绘制出边缘柔软的画笔效果，画笔的颜色为工具箱中的前景色，其设置栏如图 2-35 所示。

图 2-35　画笔工具的设置栏

1）单击设置栏中画笔小图标后面的小白三角，弹出画笔工具的设置面板，可以调节画笔的大小和硬度，如图 2-36 所示。

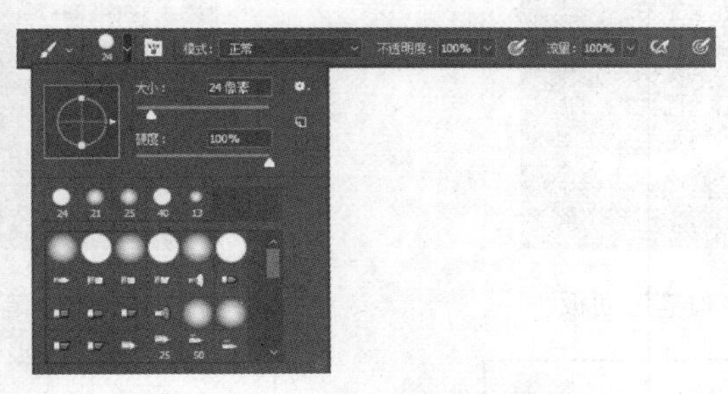

图 2-36　画笔工具的设置面板

2）模式：用来定义画笔与背景的混合模式。

3）不透明度：用来定义使用画笔绘制图形时笔墨覆盖的最大程度。同样适用于铅笔工具、仿制图章工具、图案图章工具、历史画笔工具、艺术历史画笔工具、渐变工具和油漆桶工具。

4）始终对“不透明度”使用“压力”。在关闭时“画笔预设”控制压力：激活该按钮，将使用绘图板的光笔压力覆盖“画笔”面板中的不透明度设置。

5）流量：用来定义笔墨扩散的速度。同样适用于仿制图章工具、图案图章工具和历史画笔工具。

6）启用喷枪样式的建立效果：激活该按钮，画笔将模拟传统的喷枪效果。

7）始终对“大小”使用“压力”。在关闭时“画笔预设”控制压力：激活该按钮，将使用绘图板的光笔压力覆盖“画笔”面板中的大小设置。

8）如果想画出笔直的线条，则可以在画面上单击确定起始点，然后按住〈Shift〉键，单击鼠标确定线的终点，则两点之间就会自动连接成一条直线。

9）在选中任何一个绘画工具时，单击绘图编辑工具栏右侧的图标，都可以弹出“画笔”面板，如图 2-37 所示。

- 画笔预设：该选项用来设定画笔的主直径。单击该按钮，将显示出“画笔预设”面板，如图 2-38 所示，此时可以拖动“大小”滑块来设定画笔的主直径。
- 画笔笔尖形状：“画笔笔尖形状”选项用于选择笔尖的形状。其中，“大小”用于确定笔尖的大小；“角度”用于确定画笔长轴的倾斜角度，图 2-39 是角度分别为 0° 和 90° 时的画笔比较；“圆度”用于控制椭圆短轴与长轴的比例，图 2-40 是圆度分别为 10% 和 100%时的画笔比较；“硬度”用于设置所画线条边缘的柔化程度，图 2-41 是硬度分别为 0%和 100%时的画笔比较；“间距”表示画笔标志点之间的距离，图 2-42 是间距分别为 1%和 100%时的画笔比较。如果未选中“间距”复选框，则所画出的线条将依赖于鼠标移动的速度，鼠标移动得快，则两点间的距离大；鼠标移动得慢，则两点间的距离小。

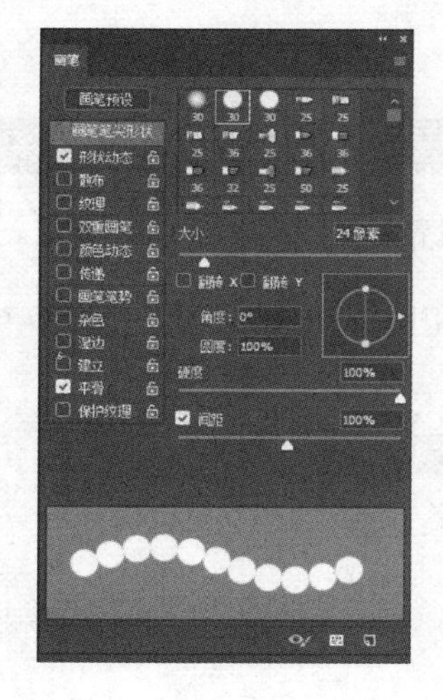

图 2-37 “画笔”面板

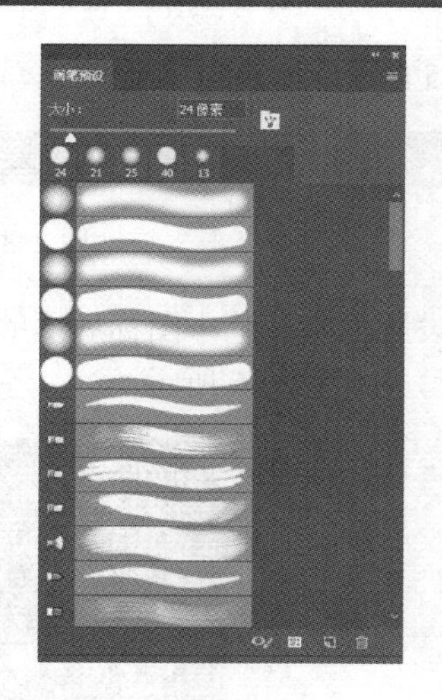

图 2-38 “画笔预设”面板

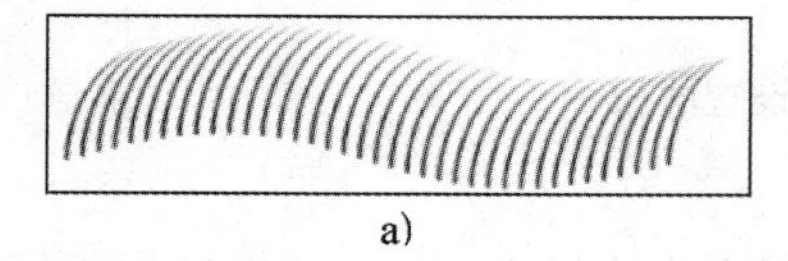

a)

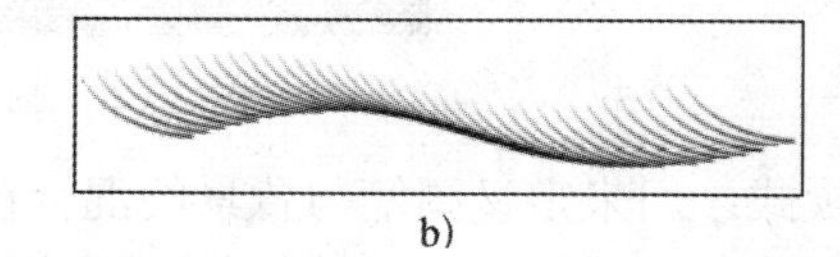

b)

图 2-39 不同角度的画笔比较

a) 角度为 0° b) 角度为 90°

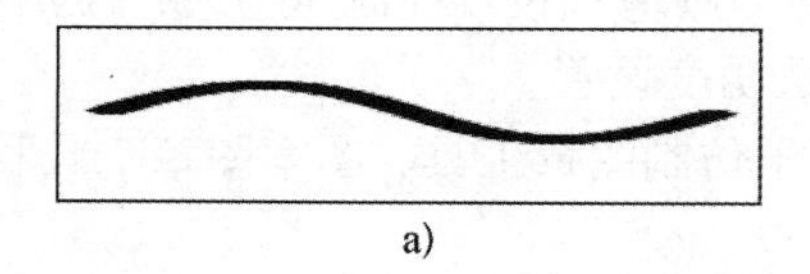

a)

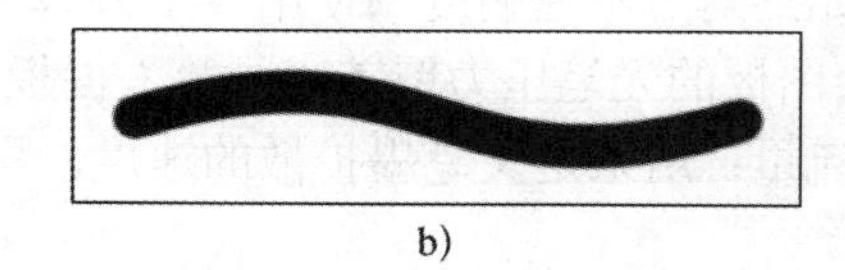

b)

图 2-40 不同圆度的画笔比较

a) 圆度为 10% b) 圆度为 100%

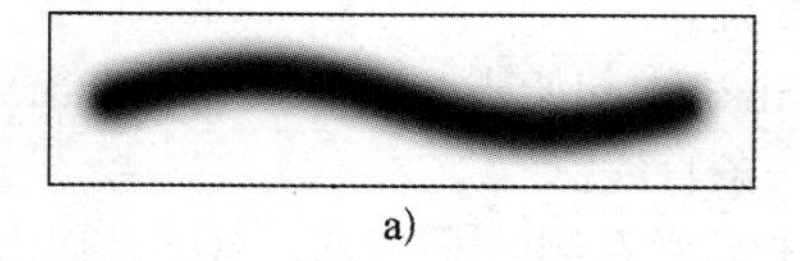

a)

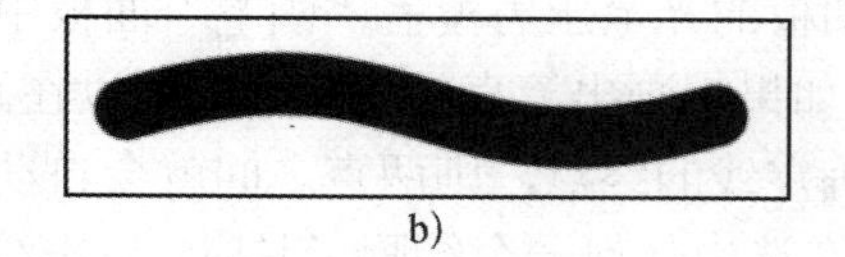

b)

图 2-41 不同硬度的画笔比较

a) 硬度为 0% b) 硬度为 100%

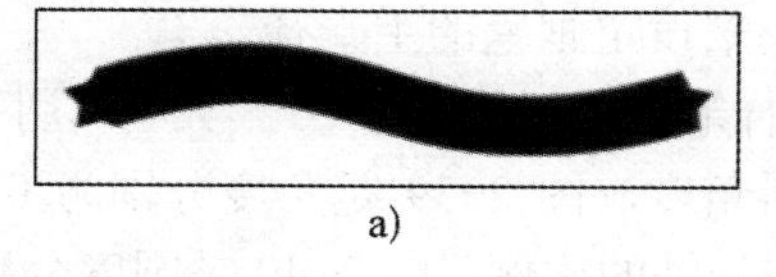

a)

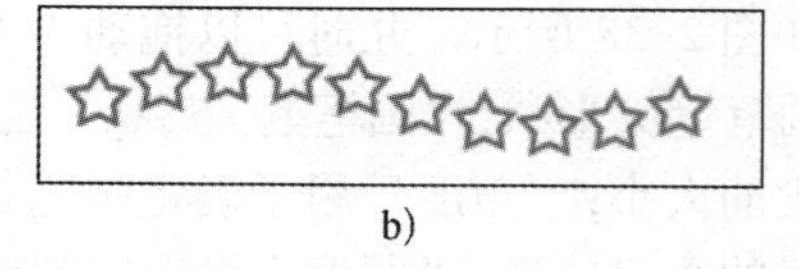

b)

图 2-42 不同间距的画笔比较

a) 间距为 1% b) 间距为 100%

● 形状动态：该选项用来增加画笔的动态效果，如图 2-43 所示。其中，“大小抖动”用来控制笔尖动态大小的变化，如图 2-44 所示；“控制”下拉列表框中包括“无”“渐隐”“钢笔压力”“钢笔斜度”和“光笔轮”5 个选项，图 2-45 是将“控制”设置为

“渐隐”、“最小直径”设置为“0%”时的画笔形状。

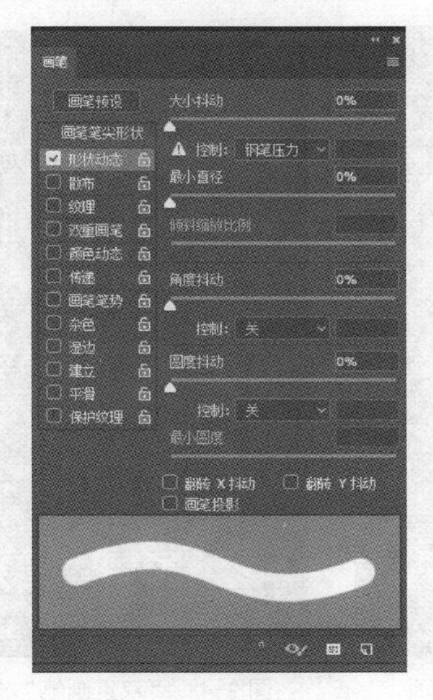

图 2-43 “形状动态”选项

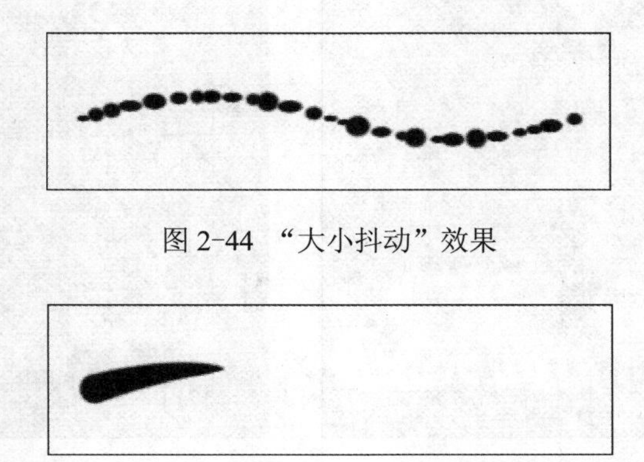

图 2-44 “大小抖动”效果

图 2-45 “渐隐”效果

- 散布：该选项用来决定绘制线条中画笔标记点的数量和位置，如图 2-46 所示。其中，“散布”用来指定线条中画笔标记点的分布情况，可以选择两轴同时散布；“数量”用来指定每个空间间隔中画笔标记点的数量；“数量抖动”用来定义每个空间间隔中画笔标记点的数量变化。
- 纹理：该选项可以将纹理叠加到画笔上，产生在纹理画面上作画的效果，如图 2-47 所示。其中，“反相”用来使纹理成为原始设定的反相效果；“缩放”用来指定图案的缩放比例；“为每个笔尖设置纹理”用来定义是否对每个画笔标记点都分别进行渲染；“模式”用来定义画笔和图案之间的混合模式；“深度”用来定义画笔渗透到图案的深度，当深度为“100%”时只有图案显示，当深度为“0%”时只有画笔的颜色，图案不显示；“最小深度”用来定义画笔渗透图案的最小深度；“深度抖动”用来定义画笔渗透图案的深度变化。
- 双重画笔：该选项用于使用两种笔尖效果创建画笔，如图 2-48 所示。其中，“模式”用来定义原始画笔和第 2 个画笔的混合方式；“大小”用来控制第 2 个画笔笔尖的大小；“间距”用来控制第 2 个画笔在所画线条中标记点之间的距离；“散布”用来控制第 2 个画笔在所画线条中的分布情况；“数量”用来指定每个空间间隔中第 2 个画笔标记点的数量。
- 颜色动态：该选项用来决定在绘制线条的过程中颜色的动态变化情况，如图 2-49 所示。图 2-50 为使用一种动态颜色设置的画笔画出的图像。“前景/背景抖动”用于定义绘制的线条在前景色和背景色之间的动态变化；“色相抖动”用于定义画笔绘制线条的色相的动态变化范围；“饱和度抖动”用于定义画笔绘制线条的饱和度的动态变化范围；“亮度抖动”用于定义画笔绘制线条的亮度的动态变化范围；“纯度”用于定

义颜色的纯度。

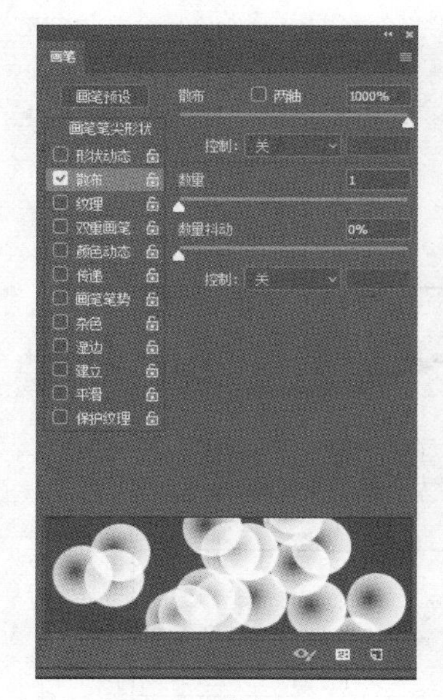

图 2-46 “散布”选项

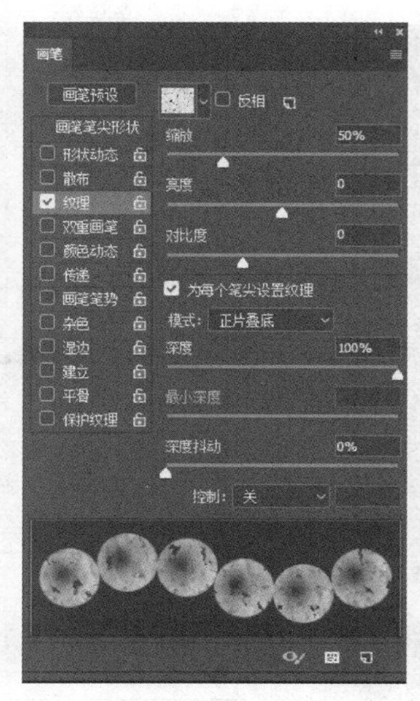

图 2-47 “纹理”选项

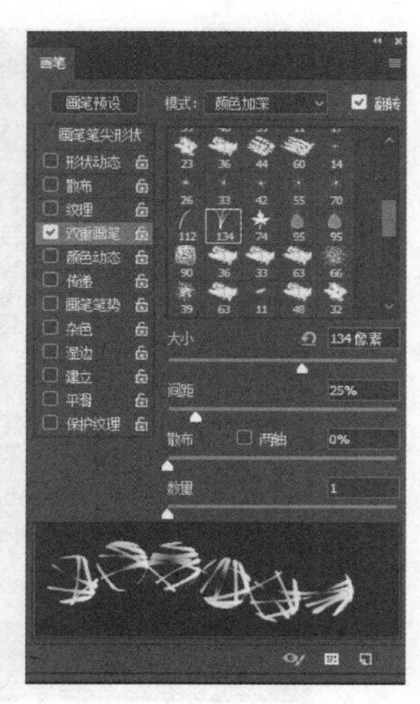

图 2-48 “双重画笔”选项

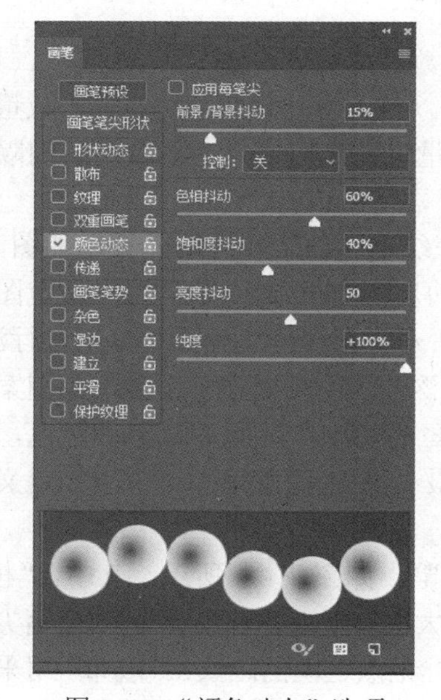

图 2-49 “颜色动态”选项

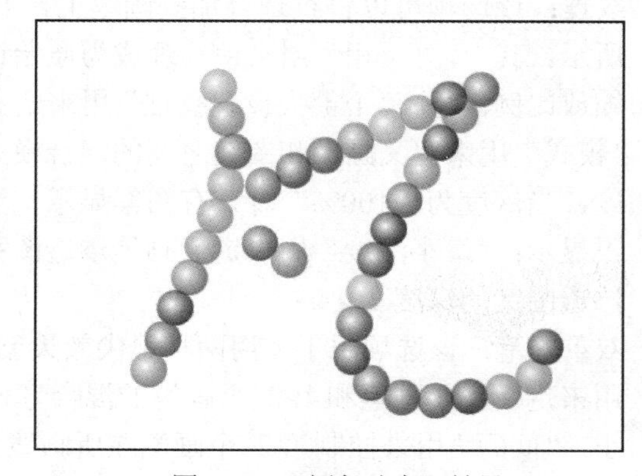

图 2-50 “颜色动态”效果

- 传递：该选项用来添加自由随机效果，对于软边的画笔效果尤其明显。
- 画笔笔势：该选项用来以画笔倾斜和压力的方式来绘制图形。
- 杂色：该选项用来给画笔添加噪波效果。
- 湿边：该选项可以给画笔添加水笔效果。
- 建立：该选项可以使画笔模拟传统的喷枪效果，使图像有渐变色调的效果。
- 平滑：该选项可以使绘制的线条产生更流畅的曲线。

● 保护纹理：该选项可以对所有的画笔执行相同的纹理图案和缩放比例。

2．铅笔工具

使用铅笔工具可以绘制出硬边的线条，其设置栏如图 2-51 所示。

1）单击工具栏中的图标，弹出铅笔工具的设置面板，在该面板中可以调节画笔的大小和硬度，如图 2-52 所示。

图 2-51 铅笔工具的设置栏

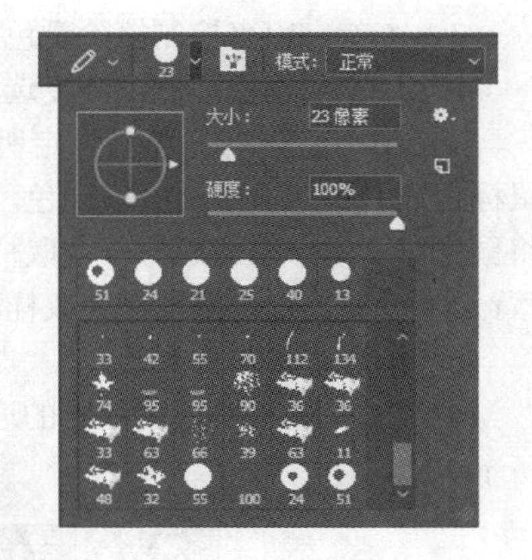

图 2-52 铅笔工具的设置面板

2）“自动抹除”的作用是：如果使用铅笔工具所绘线条的起点使用的是工具箱中的前景色，铅笔工具将和橡皮擦工具类似，会将前景色擦除至背景色；如果使用的是工具箱中的背景色，铅笔工具会和绘图工具一样使用前景色绘图；当使用铅笔工具所绘线条起点的颜色与前景色和背景色都不同时，铅笔工具也是使用前景色绘图。

3．橡皮擦工具

使用该工具可以将图像擦除至工具箱中的背景色，并可将图像还原到“历史”面板中图像的任何一个状态。橡皮擦工具的设置栏如图 2-53 所示。

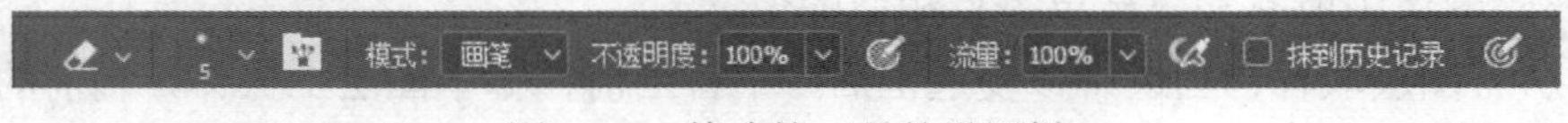

图 2-53 橡皮擦工具的设置栏

1）画笔：用来设定橡皮擦工具的大小。

2）模式：可以选择不同的橡皮擦类型，如“画笔”“铅笔”和“块”，用来定义橡皮擦工具的形状。

3）流量：用于控制橡皮擦在擦除时的流动频率，数值越大，频率越高。取值范围为 0%～100%。

4）抹到历史记录：选中该复选框后，使用橡皮擦工具可以将画面的一部分擦除成“历史记录”面板中的指定状态。

4．背景橡皮擦工具

使用该工具可以将图层上的颜色擦除至透明，其设置栏如图 2-54 所示。

图 2-54 背景橡皮擦工具的设置栏

使用背景橡皮擦工具可以在去掉背景的同时保留物体的边缘。通过定义不同的取样方式和设定不同的容差值，可以控制边缘的透明度和锐利程度。

1）限制：该下拉列表框中有 3 个选项，“不连续”为删除所有的取样颜色；“连续”为只擦除与取样颜色相关联的区域；“寻找边缘”为擦除包含取样颜色的相关区域并保留形状边缘的清晰和锐利。

2）容差：用来控制擦除颜色的范围。数值越大，每次擦除的颜色范围就越大。

3）保护前景色：选中该复选框，可以将前景色保护起来不被擦除。

4）取样：可以设定所要擦除颜色的取样方式，包含 3 个选项。“连续”是指随着鼠标指针的移动而不断吸取颜色，因此鼠标指针经过的地方就是被擦除的部分；“一次”是指将鼠标第一次单击的地方作为取样的颜色，随后以该颜色作为基准色擦去容差范围内的颜色；“背景色板”是以背景色作为取样颜色，可以擦除与背景色相近或者相同的颜色。

5. 魔术橡皮擦工具

使用该工具可以根据颜色的近似程度来确定将图像擦成透明的程度，其设置栏如图 2-55 所示。

图 2-55　魔术橡皮擦工具的设置栏

当使用魔术橡皮擦工具在图层上单击时，该工具会自动将所有相似的像素变为透明。如果针对的是“背景”图层，则操作完成后“背景”图层会变成普通图层；如果是锁定透明的图层，则像素会变为背景色。

1）容差：用来控制擦除颜色的范围。数值越大，每次擦除的颜色范围就越大。

2）消除锯齿：可以使擦除后图像的边缘保持平滑。

3）连续：如果选中该复选框，橡皮擦将只擦除图像中和鼠标单击点相似并临近的部分，否则，将擦除图像中所有和鼠标单击点相似的像素。

4）对所有图层取样：当选中该复选框后，不管当前在哪个图层上操作，当前的橡皮擦工具对所有的图层都起作用。

6. 渐变工具

该工具用来填充渐变色，其设置栏如图 2-56 所示。

图 2-56　渐变工具的设置栏

使用该工具的方法是按住鼠标左键拖动形成一条直线，直线的长度和方向决定了渐变填充的区域和方向。如果有选区，则渐变作用于选区之中；如果没有选区，则渐变应用于整个图像。

1）单击渐变颜色条右面的按钮，弹出“渐变”面板，可以选择需要的渐变样式，如图 2-57 所示。

2）如果需要编辑渐变，可以单击渐变颜色条，在弹出的如图 2-58 所示的“渐变编辑器”对话框中进行设置。Photoshop CC2017 提供了（线性渐变）、（径向渐变）、（角度渐变）、（对称渐变）和（菱形渐变）5 种渐变类型。

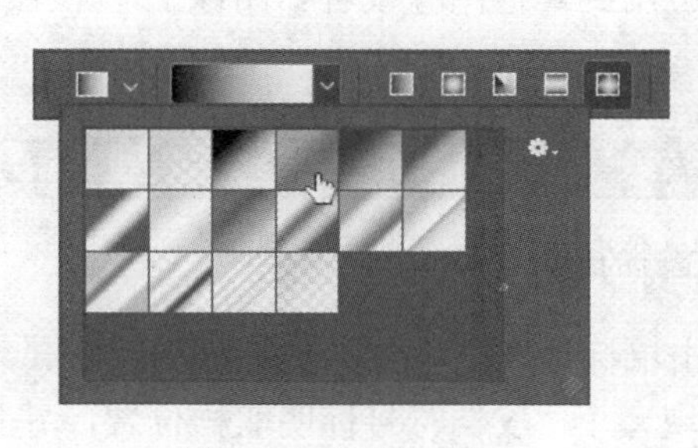

图 2-57 “渐变”面板

图 2-58 “渐变编辑器”对话框

7. 油漆桶工具

使用该工具可以根据像素颜色的近似程度来填充颜色，填充的颜色为前景色或者连续图案。油漆桶工具的设置栏如图 2-59 所示。

图 2-59　油漆桶工具的设置栏

1）（填充）后面的下拉列表框：包括“前景”和“图案”两个选项。如果选择“前景”选项，则在图像中填充的是前景色；如果选择“图案”选项，则在后面的图案弹出面板中可以选择需要的图案。

2）模式：用来定义填充和图像的混合模式。

3）不透明度：用来定义填充的不透明度。

4）容差：用来控制油漆桶工具每次填充的范围。数值越大，所允许填充的范围越大。

5）消除锯齿：选中该复选框后，用来使填充的边缘保持平滑。

6）连续的：选中该复选框后，填充区域是与鼠标单击点相似并连续的部分，否则，填充区域是所有和鼠标单击点相似的像素，而不管是否和鼠标单击点连续。

如图 2-60 所示为使用油漆桶工具填充图案的前后效果图。

a)

b)

图 2-60　使用油漆桶工具填充图案的前后效果图

a) 使用油漆桶填充图案前　b) 使用油漆桶填充图案后

7）所有图层：选中该复选框后，不管当前在哪个图层上进行操作，所使用的油漆桶工具会对所有图层都起作用。

8. 仿制图章工具

使用该工具可以从图像中取样，然后将取样应用到其他图像或者本图像上，产生类似复制的效果，其设置栏如图 2-61 所示。

图 2-61 仿制图章工具的设置栏

1）取样的方法：按住〈Alt〉键在图像上单击鼠标设置取样点，然后松开鼠标，将鼠标指针移动到其他位置，当再次按下鼠标时，会出现一个“”符号标明取样位置，并且和仿制图章工具相对应，拖动鼠标即可将取样位置的图像复制下来。如图 2-62 所示为复制前后的图像效果比较。

a)

b)

图 2-62 复制前后的图像效果比较

a) 复制前 b) 复制后

2）对齐：如果不选中该复选框，在复制过程中一旦松开鼠标，就表示这次的复制工作结束，当再次按下鼠标时，表示复制重新开始，每次复制都从取样点开始；如果选中该复选框，则下一次复制的位置会和上一次的完全相同，图像的复制不会因为终止而发生错位。

9. 图案图章工具

使用该工具可以将各种图案填充到图像中，其设置栏如图 2-63 所示。其设定和仿制图章工具的设置栏类似，不同的是图案图章工具直接以图案进行填充，不需要进行取样。

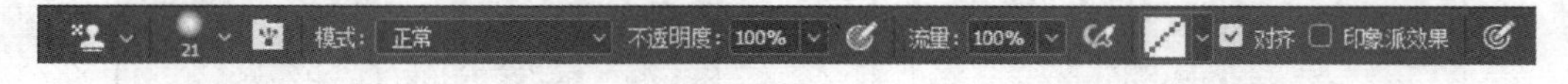

图 2-63 图案图章工具的设置栏

1）使用图案图章工具，首先需要定义一个图案。方法：选择一个没有被羽化的矩形，然后执行菜单中的“编辑 | 定义图案”命令，在弹出的“图案名称”对话框中填写名称，如图 2-64 所示，最后单击“确定”按钮即可。

2）定义好图案后，可以直接用图案图章工具在图像内进行绘制，图案是一个一个整齐排列的。

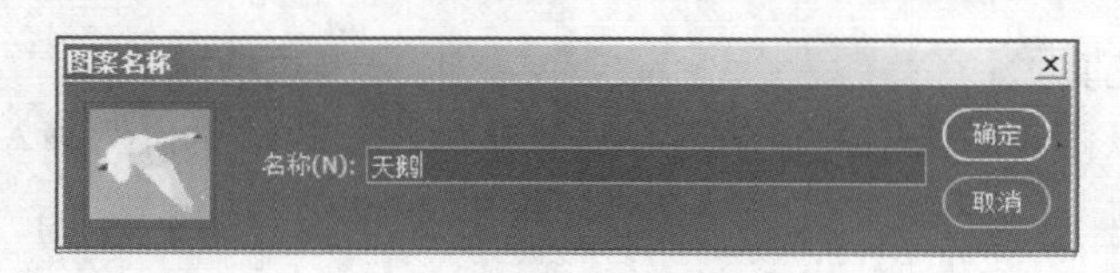

图 2-64　设置“图案名称”

3）对齐：选中该复选框，无论在复制过程中停顿了多少次，最终的图案位置都会非常整齐；如果取消选中该复选框，则一旦图案图章工具在使用过程中中断，当再次开始时图案将无法以原先的规则排列。

4）印象派效果：选中该复选框，复制出的图案将产生印象派画般的效果。

10. 污点修复画笔工具

使用该工具可以用图像或图案中的样本像素进行绘画，并将样本像素的纹理、光照、透明度和阴影与所修复的像素相匹配，其设置栏如图 2-65 所示。

图 2-65　污点修复画笔工具的设置栏

确定样本像素的类型有“近似匹配”“创建纹理”和“内容识别”3 种。

1）近似匹配：单击该按钮，可以使用选区边缘周围的像素来查找要用作选定区域修补的图像区域。

2）创建纹理：单击该按钮，则使用选区中的所有像素创建一个用于修复该区域的纹理。如果纹理不起作用，还可以再次拖过该区域。

污点修复画笔工具的使用步骤如下：

- 打开要修复的图片，如图 2-66 所示。
- 选择工具箱中的（污点修复画笔工具），然后在设置栏中选取比要修复区域稍大一点的画笔笔尖。
- 在要处理污点的位置单击或拖动即可去除污点，效果如图 2-67 所示。

图 2-66　要修复的图片

图 2-67　修复后的图片

3）内容识别：单击该按钮，可以使用选区周围的像素进行修复。

11. 修复画笔工具

使用该工具可以修复图像中的缺陷，并且能够使修复的结果自然融入周围的图像，其设置栏如图 2-68 所示。

图 2-68　修复画笔工具的设置栏

该工具的使用和仿制图章工具类似，都是先按住〈Alt〉键，单击鼠标采集取样点，然后进行复制或者填充图案。该工具可以将取样点的像素信息自然融入复制的图像位置，并保持其纹理、亮度和层次。如图 2-69 所示为使用修复画笔工具对图像进行修复前后的效果比较。

a)

b)

图 2-69　使用修复画笔工具对图像进行修复前后的效果比较

a) 修复前　b) 修复后

12. 修补工具

使用该工具可以从图像的其他区域或者使用图案来修补当前选中的区域，和修复画笔工具类似的是，在修复的同时也保留了图像原来的纹理、亮度和层次等信息。其设置栏如图 2-70 所示。

图 2-70　修补工具的设置栏

1）使用修补工具的方法：首先确定修补的区域，可以直接使用（修补工具）在图像上拖动形成圈选区域，然后使用修补工具在选区内按住鼠标拖动，将该选区拖动到另外的区域，松开鼠标，则原来圈选的区域就被拖动到的区域内容取代了。

2）单击“源”按钮，则原来圈选的区域内容被移动到的区域内容所替代。如果单击“目标”按钮，则需要将目标选区拖动到需要修补的区域。

3）在使用任何一种工具创建选区后，“使用图案”按钮将被激活，单击“使用图案”按钮，可以使图像中的选区被填充上所选择的图案，效果如图 2-71 所示。

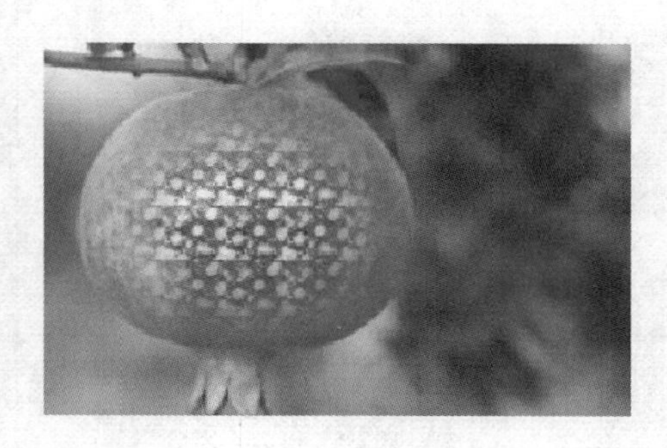

图 2-71　“使用图案”效果

13. 内容感知移动工具

利用（内容感知移动工具）可以简单到只需选择照片场景中的某个物体，然后将其移动到照片中的任何位置，经过 Photoshop 的计算，便可以完成“乾坤大挪移”，实现极其真实的合成效果。其设置栏如图 2-72 所示。

图 2-72　内容感知移动工具的设置栏

使用内容感知移动工具的操作步骤如下：

1）首先使用（内容感知移动工具）框选出图像中需要进行移动的内容，如图 2-73 所示。然后在内容感知移动工具的设置栏中将模式设为“移动”。

2）按住鼠标左键不放，拖曳选区到图像中要放置的位置。

3）松开鼠标，此时选区内的图像开始与原来位置的图像自动融合，如图 2-74 所示。

图 2-73　框选出图像中需要移动的内容

图 2-74　移动的内容与图像自动融合

14. 红眼工具

使用该工具可移去用闪光灯拍摄的人物照片中的红眼，也可以移去用闪光灯拍摄的动物照片中的白色或绿色反光。

红眼工具的使用步骤如下：

1）打开需要处理红眼的图片，如图 2-75 所示。

2）选择工具箱中的（红眼工具），在需要处理的红眼位置进行拖动，即可去除红眼，效果如图 2-76 所示。

图 2-75　需要处理红眼的图片

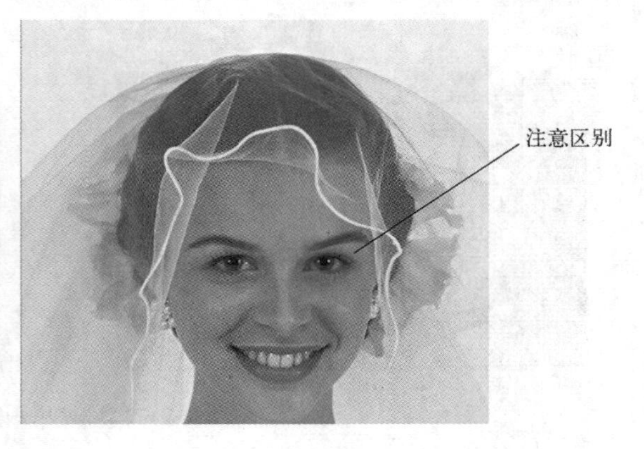

图 2-76　使用红眼工具处理后的效果

15. 模糊工具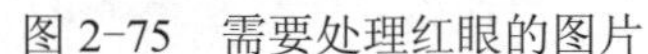和锐化工具

使用模糊工具可以降低相邻像素的对比度，将较硬的边缘软化，使图像柔和；而使用锐化工具则正好相反，可以增加相邻像素的对比度，将较软的边缘明显化。这两种工具的设置栏相似，如图 2-77 所示，只是模糊工具的图标显示为，而锐化工具的图标显示为。

图 2-77　模糊工具的设置栏

1）强度：表示工具的使用效果，强度越大，该工具的处理效果越明显。

2）对所有图层取样：选中该复选框时，这两个工具在操作过程中就不会受不同图层的影响，即不管当前的活动图层是哪个，模糊工具和锐化工具对所有图层上的像素都起作用。

图 2-78 为分别使用这两个工具后的效果图。

a)

b)

c)

图 2-78　“模糊”和“锐化”的效果比较

a) 原图像　b) 使用模糊工具的效果　c) 使用锐化工具的效果

16. 涂抹工具

该工具用于模拟用手指涂抹油墨的效果，其设置栏如图 2-79 所示。用涂抹工具在颜色的交界处进行涂抹，会产生一种相邻颜色互相挤入的模糊感。

图 2-79　涂抹工具的设置栏

图 2-80 为对图像进行涂抹处理前后的效果比较。

a)

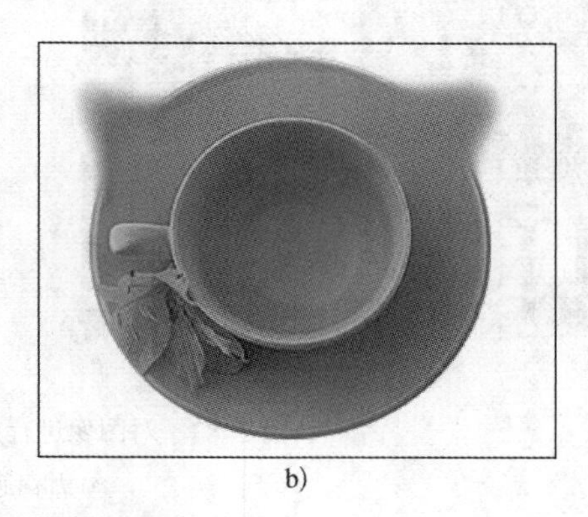
b)

图 2-80　对图像进行涂抹处理前后的效果比较

a) 涂抹前　b) 涂抹后

17. 减淡工具

该工具通过提高图像的亮度来校正曝光，类似于加光操作。其设置栏如图 2-81 所示。

图 2-81　减淡工具的设置栏

1）范围：在其下拉列表框可以选择“暗调”“中间调”或“高光”分别进行减淡处理。

2）曝光度：控制减淡工具的使用效果，曝光度越高，效果越明显。

3）启用喷枪样式的建立效果：激活该按钮，可以使减淡工具具有喷枪效果。

图 2-82 为对图像进行减淡处理前后的效果比较。

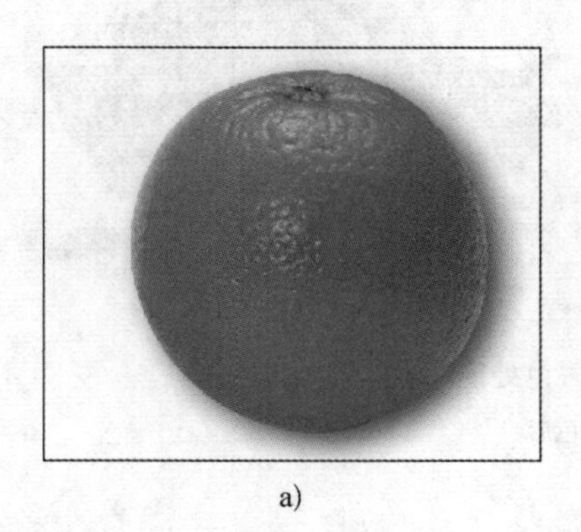
a)

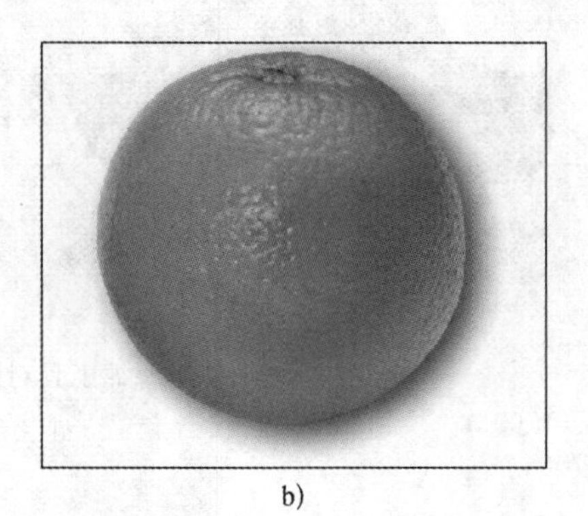
b)

图 2-82　对图像进行减淡处理前后的效果比较

a) 减淡前　b) 减淡后

18. 加深工具

该工具的功能与减淡工具相反，可以降低图像的亮度，通过加暗来校正图像的曝光度。其设置栏与减淡工具相同。图 2-83 为对图像进行加深处理前后的效果比较。

a)

b)

图 2-83　对图像进行加深处理前后的效果比较

a) 加深前　b) 加深后

19．海绵工具

使用该工具可以精确地更改图像的色彩饱和度，使图像的颜色变得更加鲜艳或更灰暗。其设置栏如图 2-84 所示。

图 2-84　海绵工具的设置栏

1）模式：该下拉列表框包含两个选项，“降低饱和度”可以减少图像中某部分的饱和度，而“饱和”将增加图像中某部分的饱和度。

2）流量：用来控制加色或者去色的程度。

图 2-85 为使用海绵工具对图像进行去色处理前后的效果比较。

a)

b)

图 2-85　使用海绵工具对图像进行去色处理前后的效果比较

a) 去色前　b) 去色后

2.2.6　辅助工具

（文字工具）和（钢笔工具）的知识分别见“2.3　图层”和“2.6 路径”。下面介绍其他几种辅助工具。

1．几何图形工具

使用该工具可以快速创建各种矢量图形，共包含 6 个选项，如图 2-86 所示。下面以（矩形工具）为例来讲解几何图形工具的使用方法。

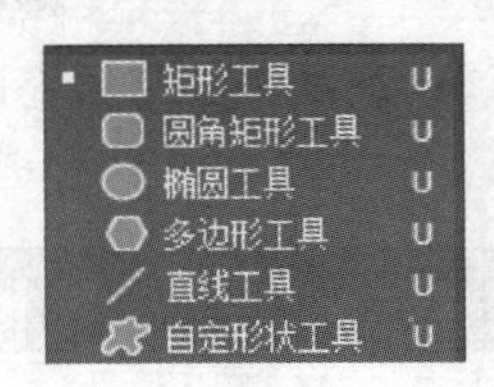

图 2-86 6 种几何图形工具

1）选择■（矩形工具），然后在其设置栏中选择“形状”选项， 如图 2-87 所示，表示新建形状图层。

2）路径操作。在设置栏中单击■（路径操作）下拉按钮，将显示■（新建图层）、■（合并形状）、■（减去顶层形状）、■（与形状区域相交）和■（排除重叠形状）5 个路径操作的工具按钮，如图 2-88 所示，各工具按钮的显示效果如图 2-89 所示。另外，还有一个将路径操作后的形状进行合并的■（合并形状组件）按钮。

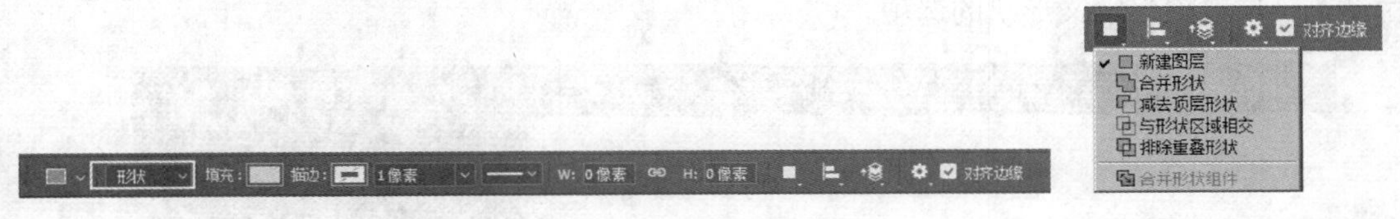

图 2-87 形状图层的设置栏 图 2-88 路径操作的工具按钮

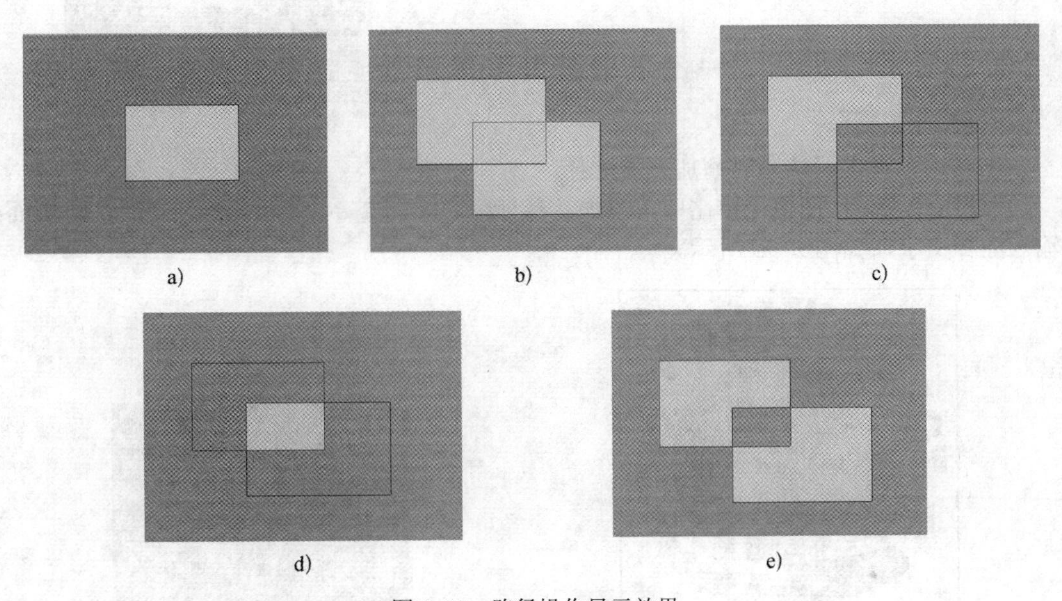

图 2-89 路径操作显示效果

a) 新建图层 b) 合并形状 c) 减去顶层形状 d) 与形状区域相交 e) 排除重叠形状

3）在设置栏中选择“路径”选项，表示将产生工作路径，其设置栏如图 2-90 所示。

图 2-90 路径的设置栏

4）在设置栏中选择“像素”选项，表示将建立填充区域，其设置栏如图 2-91 所示。然后可以进行“模式”的选择，以及改变“不透明度”和选择“消除锯齿”复选框。

图 2-91　像素的设置栏

5）（直线工具）：用来在图像上绘制直线，其设置栏如图 2-92 所示。与前面的工具相比，该工具的设置栏多了一项设置线粗细的选项。

图 2-92　直线工具的设置栏

6）（自定义形状工具）：其设置栏如图 2-93 所示。与前面的工具相比，该工具的设置栏多了一项设置自定义形状的选项。

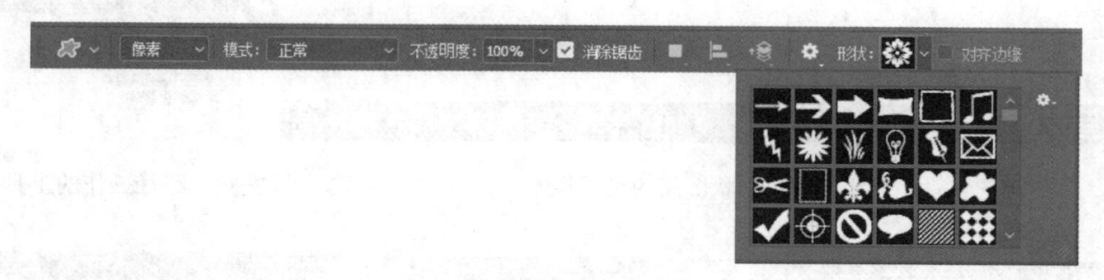

图 2-93　自定义形状工具的设置栏

2. 注释工具

该工具用于在电子传递时添加文本注释。

1）使用该工具在图像上单击即可添加注释标记，如图 2-94 所示。然后在“注释”面板中输入注释文字，如图 2-95 所示。

图 2-94　添加注释标记

图 2-95　输入注释文字

2）注释工具的设置栏如图 2-96 所示，可以在此更改文字的相关属性。

图 2-96　注释工具的设置栏

3）在图标上拖动鼠标指针，可以将注释进行移动。

3. 吸管工具

使用该工具可以从图像中取得颜色样品，并指定为新的前景色和背景色。当使用吸管工具取色时，可以从“信息”面板中查看相关颜色的信息，如图 2-97 所示。

4. 颜色取样器工具

使用该工具可以一次从图像中吸取最多 10 种颜色，这样可以便于用户在“信息”面板中查看多个取色点的颜色信息，如图 2-98 所示。而（吸管工具）一次只能吸取一种颜色。

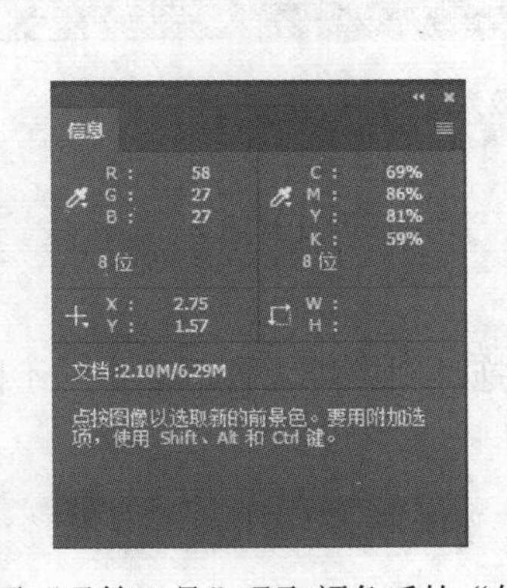

图 2-97　利用“吸管工具”吸取颜色后的“信息”面板

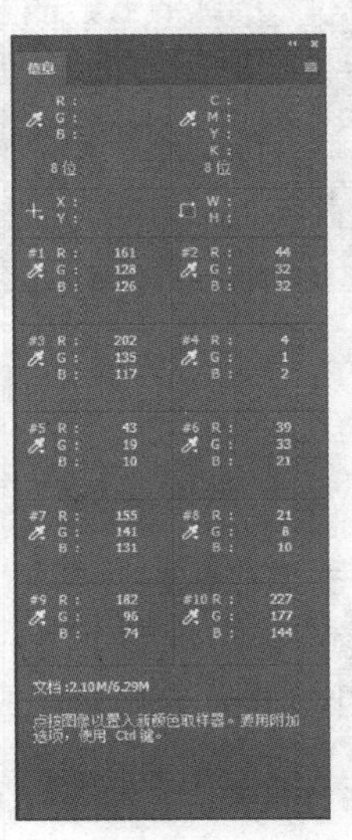

图 2-98　利用“颜色取样器工具”吸取多种颜色后的“信息”面板

5. 标尺工具

使用该工具可以计算工作区域中任意两点之间的距离。当从一个点到另一个点进行测量时，将绘制非打印线条。拖动线条的一端，“信息”面板将动态显示相应的信息。

6. 缩放工具

该工具用于将图像放大或者缩小，其设置栏如图 2-99 所示。

图 2-99　缩放工具的设置栏示意

1）按钮：可以分别选择放大工具或缩小工具。在图标显示为放大工具时，按住〈Alt〉键也可以暂时切换到缩小工具。

2）调整窗口大小以满屏显示：选中该复选框，无论放大或者缩小视图，窗口将跟随画面大小一起变化。

3）缩放所有窗口：表示缩放所有内容。

4）实际像素：表示按照实际像素的大小显示图像，而不受窗口的限制。

5）适合屏幕：表示图像以适应窗口的大小显示。

6）打印尺寸：表示按照打印大小显示图像。

7）用缩放工具最大可以将图像放大 16 倍，每单击一次，图像就会放大到下一个预定的百分比，并以单击点为中心显示图像。使用此工具在要放大的图像部分上拖动，缩放框以内的区域会以可能的倍数显示，如图 2-100 所示。

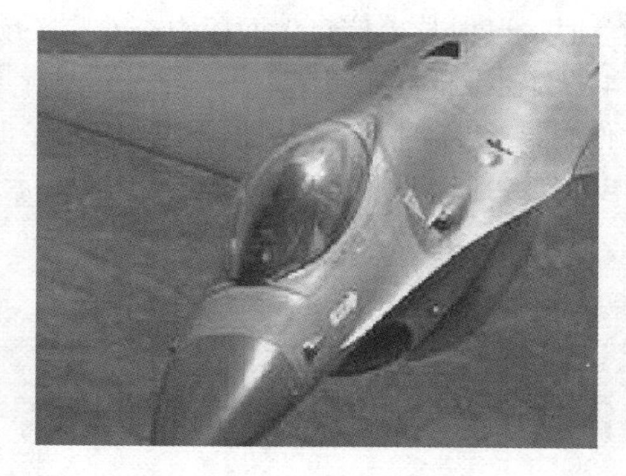

图 2-100　放大局部效果

提示： 双击工具箱中的（缩放工具），可以使图像以 100%的比例进行显示。

7. 抓手工具

当图像窗口出现滚动条时，使用（抓手工具）拖动图像可以查看图像的不同部分，其设置栏如图 2-101 所示。其选项功能和缩放工具类似，在此不再赘述。

提示： 双击工具箱中的（抓手工具），可以使图像满屏显示。

图 2-101　抓手工具的设置栏

8. 旋转视图工具

（旋转视图工具）可以根据需要对图像进行随意旋转，但此工具必须在启用 OpenGL 后才可以使用。

2.2.7　内容识别缩放

“内容识别缩放”是一个十分神奇的缩放命令。普通的缩放，在调整图像大小时会影响所有像素，而内容识别缩放则主要影响没有重要可视内容的区域中的像素。例如，当我们缩放图像时，画面中的人物、建筑、动物等不会变形。“内容识别缩放”的设置栏如图 2-102 所示。

图 2-102　“内容识别缩放”的设置栏

1）（参考点位置）：单击参考点位置上的方块，可以指定缩放图像时要围绕的参考点。默认情况下，参考点位于图像的中心。

2）参考点位置：可输入 X 轴和 Y 轴像素大小，将参考点放置于特定位置。

3）▲（使用参考点相关定位）：激活该按钮，可以指定相对于当前参考点位置的新参考点的位置。

4）缩放比例：输入 W（宽度）和 H（高度）的百分比，可以指定图像按原始大小的百分之多少进行缩放。激活🔗（保持长宽比）按钮，可以等比例缩放。

5）数量：用于指定内容识别缩放与常规缩放的比例。

6）保护：可以选择一个 Alpha 通道。通道中白色对应的图像不会变形。

7）🧍（保护肤色）：激活该按钮，可以保护包含肤色的图像区域，使之避免变形。

使用“内容识别缩放”命令的具体操作步骤如下。

- 打开网盘中的“素材及结果\2.2.7 内容识别缩放\ 原图.jpg”文件，如图 2-103 所示。

图 2-103　原图

- 由于“内容识别缩放”命令不能处理“背景”图层，下面在“图层”面板中双击“背景”图层，将其重命名为“图层 0”，此时图层面板如图 2-104 所示。
- 执行菜单中的“编辑 | 内容识别缩放”命令，显示出定界框，如图 2-105 所示。然后将左侧中间的控制点向右移动，此时画面中的小狗会发生变形，如图 2-106 所示。

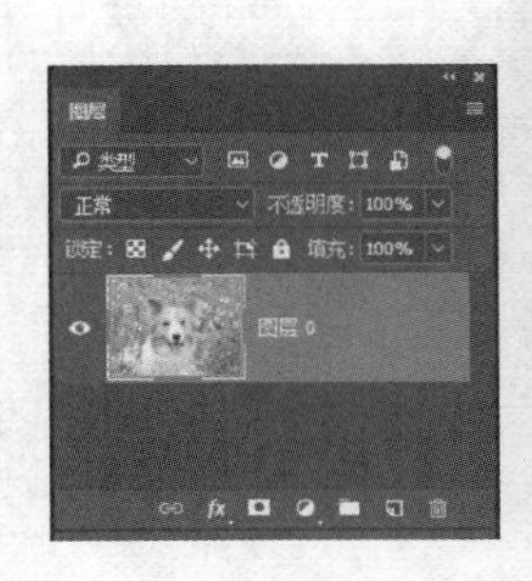

图 2-104　将背景层重命名为“图层 0”

图 2-105　显示出定界框

图 2-106　小狗发生变形

- 下面在选项栏中激活🧍（保护肤色）按钮，此时画面虽然变形了，但小狗的比例和结构没有明显的变化，如图 2-107 所示。
- 按键盘上的〈Enter〉键，确认操作，最终效果如图 2-108 所示。

图 2-107　激活（保护肤色）按钮的效果

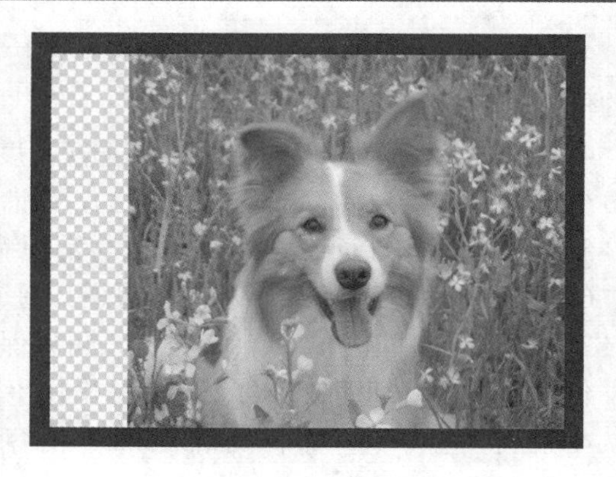

图 2-108　最终效果

2.2.8　操控变形

“操控变形”命令提供了图像变形功能。使用该功能时，用户可以在图像的关键点上放置图钉，然后通过拖动图钉来对图像进行变形。“操控变形”的设置栏如图 2-109 所示。

模式：正常　浓度：正常　扩展：2像素　显示网格　图钉深度：　旋转：自动　0　度

图 2-109　“操控变形”的设置栏

1）模式：包括“刚性”“正常”和“扭曲”3 个选项。选择“刚性”，则变形效果比较精确，但缺少柔和的过渡；选择“正常”，则变形效果比较准确，过渡也比较柔和；选择“扭曲”，可以在变形的同时创建透视效果。

2）浓度：包括“较少点”“正常”和“较多点”3 个选项。选择“较少点”，网格点数量比较少，同时可添加的图钉数量也比较少；选择“正常”，网格点数量比较适中；选择“较多点”，网格点会非常细密，可添加的图钉数量也更多。图 2-110 为选择不同浓度选项的效果比较。

a)

b)

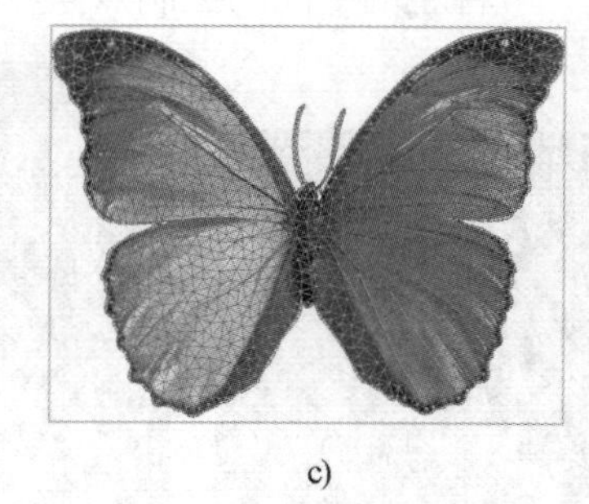

c)

图 2-110　选择不同浓度选项的效果比较

a) 较少点　b) 正常　c) 较多点

3）扩展：用来设置变形效果的衰减范围。设置较大的数值后，变形网格的范围也会相应地向外扩展，变形之后，对象的边缘会更加平滑。反之，数值越小，则图像边缘变化效果越生硬。

4）显示网格：勾选该复选框，将显示网格；取消勾选该复选框，将隐藏网格。

5）图钉深度：选择一个图钉，单击（将图钉前移）按钮，可以将图钉向上层移动一个堆叠顺序；单击（将图钉后移）按钮，可以将图钉向下层移动一个堆叠顺序。

6）旋转：包括“自动”和“固定”两个选项，选择“自动”，则在拖动图钉扭曲图像时，Photoshop 会自动对图像内容进行旋转处理；选择“固定”，则可以在后面的输入框中输入精确的旋转角度。此外选择一个图钉后，按住键盘上的〈Alt〉键，可以在出现的变换框中旋转图钉。

7）：单击（移去所有图钉）按钮，可删除画面中的所有图钉；单击（取消操控变形）按钮或按键盘上的〈Esc〉键，可放弃变形操作；单击（确认操控变形）按钮，可确认变形操作。

关于“操控变形”命令的具体使用方法请参见“3.2 恐龙低头效果”。

2.3　图层

图层就像透明的玻璃纸，将一幅图像的不同部分分别放置在不同的图层上，其中图层上没有图像的地方会透出下面图层的内容，有图像的地方会盖住下面图层的内容，所有的图层堆叠在一起就构成了一幅完整的图画。

2.3.1　图层的基本概念

1．常用术语

（1）普通图层

普通图层是创建各种合成效果的主要途径，可以在不同的图层上进行独立的操作，而对其他图层没有任何影响。

（2）图层蒙版

图层蒙版分为位图蒙版和矢量蒙版两种。位图蒙版是用一个 8 位灰阶的灰度图像来控制当前图层图像的显示或隐藏的，黑色表示完全隐藏当前图层的图像，白色表示完全显示当前图层的图像，而不同程度的灰色表示渐隐渐现当前图层的图像。矢量蒙版是用路径来控制图像的显示或隐藏的，路径以内的区域为显示当前图层的区域，路径以外的区域为隐藏当前图层的区域。

（3）调节图层和填充图层

调节图层是一种在若干个图层上应用颜色和色调的有效途径，而且它不会对图像本身有任何影响。填充图层则可使在图层上应用可编辑的渐变、图案和单色变得非常迅速。

（4）图层样式

图层样式是一种在图层中应用投影、发光等效果的快捷方式。

（5）图层组

图层组的概念和文件夹类似，用户可以将若干图层放到一个组内进行管理，而图层本身并不受影响。此外，Photoshop CC 2017 的图层组还可以像普通图层一样设置样式、填充不透明度、混合颜色及其他高级混合选项。

2．面板功能介绍

“图层”面板如图 2-111 所示。

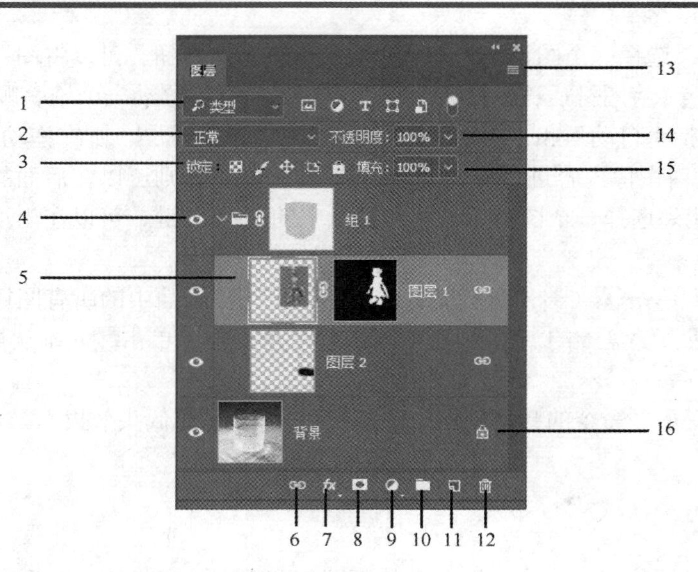

图 2-111 “图层”面板

1—选择滤镜类型
2—设定图层之间的混合模式
3—图层的锁定选项
4—显示图层
5—表示当前图层
6—链接图层
7—添加图层样式按钮
8—添加图层蒙版按钮
9—创建新的填充或调节图层按钮
10—创建新组按钮
11—创建新图层按钮
12—删除图层按钮
13—“图层”面板弹出菜单
14—设定图层不透明度
15—设定填充透明度
16—锁定当前图层

2.3.2 图层的基本操作

1．创建新图层

（1）通过“创建新图层”按钮创建新图层

方法：单击“图层”面板下方的■（创建新图层）按钮，会出现一个名称为“图层 1”的新图层，如图 2-112 所示。

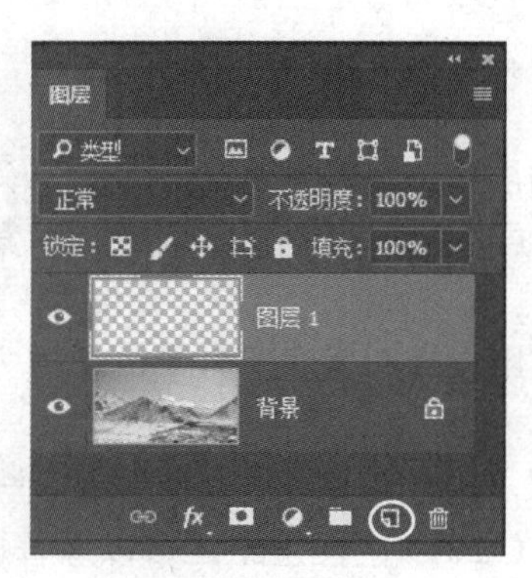

图 2-112 新建图层

（2）通过“图层”面板弹出菜单创建新图层

方法：单击“图层”面板右上角的小三角，从弹出的菜单中选择“新建图层”命令，如

图 2-113 所示。然后在弹出的“新建图层”对话框中设置相关参数，如图 2-114 所示，单击“确定”按钮。

图 2-113 执行“新建图层”命令

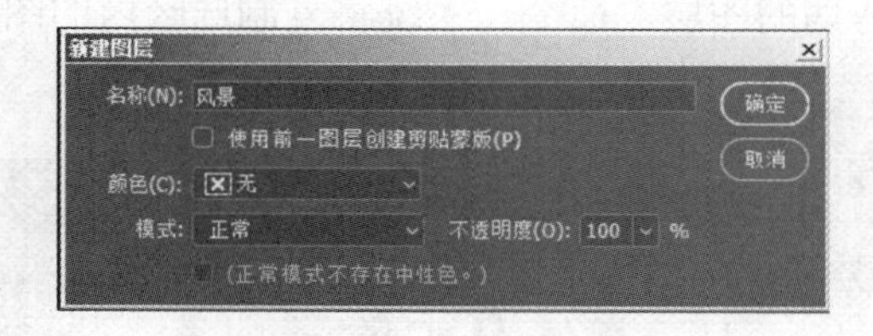

图 2-114 “新建图层”对话框

(3) 通过“拷贝”和“粘贴”命令创建新图层

方法：使用选框工具确定选择范围，如图 2-115 所示。然后执行菜单中的“编辑 | 拷贝”命令，再在本图像或者切换到其他图像上执行菜单中的“编辑 | 粘贴”命令，效果如图 2-116 所示。此时，软件会自动给所粘贴的图像建立一个新图层，如图 2-117 所示。

图 2-115 创建选区

图 2-116 粘贴图像

图 2-117 图层分布

(4) 通过拖放建立新图层

方法：打开两幅图像，然后选择 (移动工具) 拖动一幅图像到另外一张图像上，当另一张图像周围有黑线框时，松开鼠标，这时图像被拖动过来，原图像不受影响，而另一张图像多出了一个拖动图像的图层，如图 2-118 所示。

图 2-118 通过拖放建立新图层

（5）通过“图层”菜单建立新图层

1）执行菜单中的“图层 | 新建 | 图层”命令，新建一个空白图层。

2）执行菜单中的“图层 | 新建 | 背景图层”命令，可以将“背景”图层转换为普通图层。

3）利用工具箱中的（矩形选框工具）建立一个选区，如图 2-119 所示。然后，执行菜单中的“图层 | 新建 | 通过拷贝的图层”命令，系统将复制选区内的图像并生成一个新的图层，如图 2-120 所示。

4）同理，使用（矩形选框工具）建立一个选区，然后执行菜单中的“图层 | 新建 | 通过剪切的图层”命令，系统将复制选区内的图像并生成一个新的图层，如图 2-121 所示。

图 2-119　创建选区

图 2-120　拷贝图层效果

图 2-121　剪切图层效果

2．图层编辑

（1）图层的显示和隐藏

在“图层”面板中单击左侧的“眼睛”图标，可以控制图层的显示与隐藏。

（2）选择当前图层

在“图层”面板上单击某一个图层时，该图层会变为深蓝色，表示该图层为正在编辑的图层，即当前图层。注意，一次只能选中一个当前图层。

（3）图层的移动

在“图层”面板上拖动图层到其他图层，当出现一个黑线的时候松开鼠标，即可实现图层层次的转换。

（4）图层的复制

在“图层”面板上拖动图层到（创建新图层）按钮上，松开鼠标，即可生成一个原图层的副本。也可以使用“图层”面板的弹出菜单，选择“复制图层”命令，或者执行菜单中的“图层 | 复制图层”命令，复制图层。

（5）图层的删除

删除图层的方法有 3 种，可以将图层拖动到（删除图层）按钮上，也可以使用“图层”面板的弹出菜单或者使用菜单命令。

（6）将“背景”图层转换为普通图层

将“背景”图层转换为普通图层共有两种方法：一是执行菜单中的“图层 | 新建 | 背景图层”命令，将“背景”图层转换为普通图层；二是双击“背景”图层，弹出“新建图层”对话框，如图 2-122 所示，然后重命名图层，单击“确定”按钮后，即可将“背景”图层转换为普通图层。

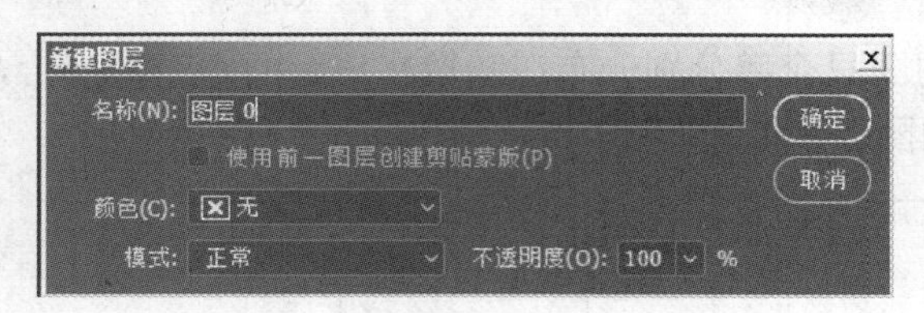

图 2-122　“新建图层”对话框

3. 图层的锁定

（1）锁定透明像素

在图层中没有像素的部分是透明的，若想在操作时只针对有像素的部分进行操作，用户可以将透明部分锁定，即选中“图层”面板中的图标。

（2）锁定图像像素

若选中图标，不管是透明部分还是图像部分，都不允许再进行编辑了。

（3）锁定位置

若选中图标，本图层上的图像就不能被移动了。

（4）防止在画板内外自动嵌套

默认情况下，当图层或组移到画板边缘时，在画板视图中将移出该图层或组。此时激活该按钮，可以保证当图层或组移出画板边缘时，画板视图依然保留该图层或组。

（5）锁定全部

若选中图标，图层或图层组中的所有编辑功能将被锁定，对图像将不能再进行任何编辑。

4. 图层的选取滤镜类型

在 Photoshop CC 2017 的“图层”面板中有“类型”“名称”“效果”“模式”“属性”“颜色”“智能对象”“选定”和“画板”9 种选取滤镜类型供用户选择，如图 2-123 所示。利用该功能，用户可以在包含多个图层的图像文件中根据需要快速查找所需图层，从而提高工作效率。

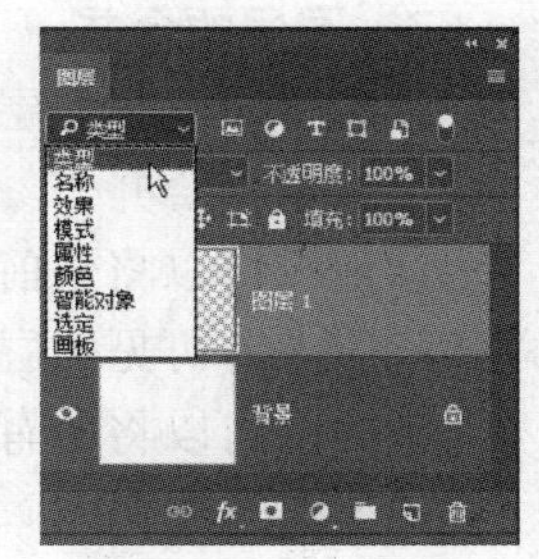

图 2-123　选取滤镜类型

5. 图层的对齐和分布

将需要对齐的图层链接起来，然后执行菜单中的“图层 | 对齐”命令，在其后的子菜单中选择相应的对齐方式，如图 2-124 所示。也可以在移动工具的设置栏中进行设定，其中的项目与菜单是相同的，如图 2-125 所示。

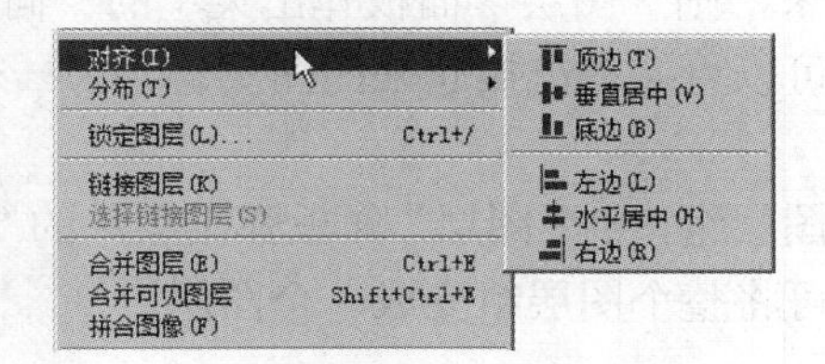

图 2-124　选择对齐方式

图 2-125　在移动工具的设置栏中设置对齐方式

如图 2-126 所示的 3 只企鹅分别分布在链接在一起的 3 个图层上，执行“底边”和“水平居中”命令，效果如图 2-127 所示。

图 2-126　对齐前

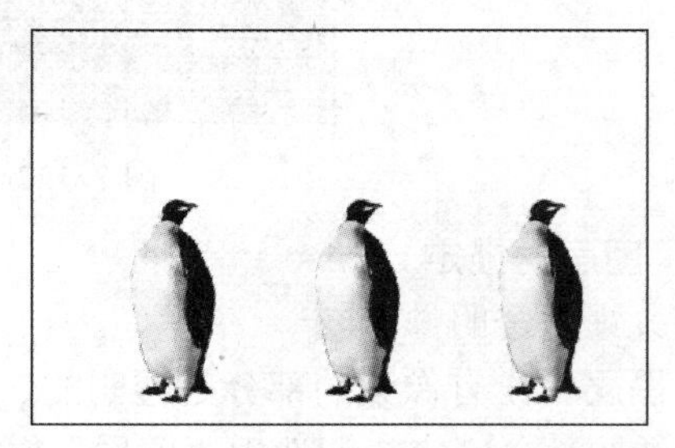

图 2-127　“底边”和“水平居中”后的效果

6．改变图层排列顺序

在“图层”面板上拖动图层到其他图层，当出现一个黑线时松开鼠标，即可实现图层层次的转换。也可以使用菜单操作，执行菜单中的“图层 | 排列”命令，在其后的子菜单中选择相应的排列方式，如图 2-128 所示。

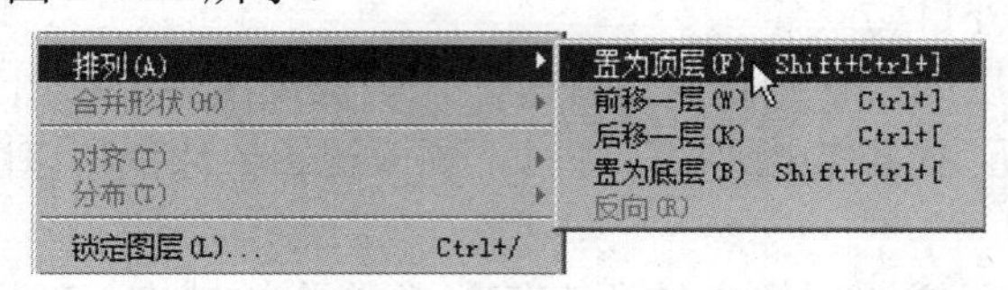

图 2-128　选择排列方式

7．图层的合并

在菜单中的“图层”命令下还包含以下合并图层的相关子菜单。

（1）向下合并

该命令可以将当前选中的图层与下面的一个图层合并为一个图层。

（2）合并可见图层

该命令可以将所有的可见图层合并为一个图层，而隐藏图层不受影响。

（3）拼合图像

该命令可以将所有的可见图层都合并到背景上。如果包含隐藏图层，系统将弹出对话框，提示是否丢弃被隐藏的图层。

（4）合并图层

如果将几个图层链接起来，则“图层”面板弹出菜单的“向下合并”命令将变成“合并图层”命令，选择该命令，可以将这些链接起来的图层合并为一个图层。

（5）合并组

如果当前选中的是一个图层组，则“图层”面板弹出菜单的“向下合并”命令将变成“合并组”命令，选择该命令，可将整个图层组变成一个图层。

8．修边

在 Photoshop 中复制和粘贴图像时，经常出现有些图像的边缘不平滑，或者带有原背景的黑色或者白色边缘的情况，结果可能使图像周围产生光晕或者锯齿，用户可以使用 Photoshop 的修边功能将多余的像素清除掉。图 2-129 为执行菜单中的“图层 | 修边 | 移去白色杂边”命令的前后效果对比。

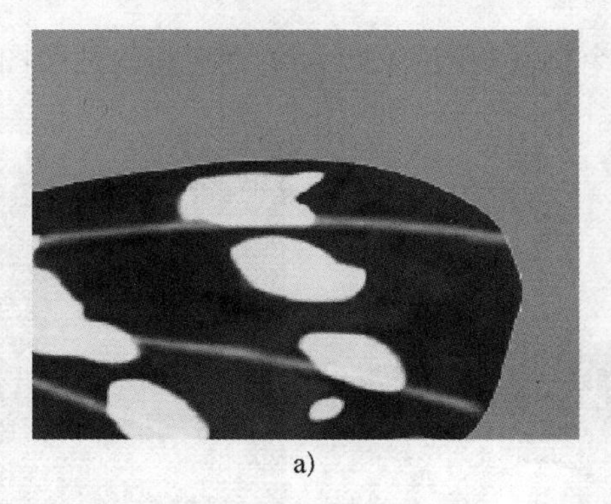
a)

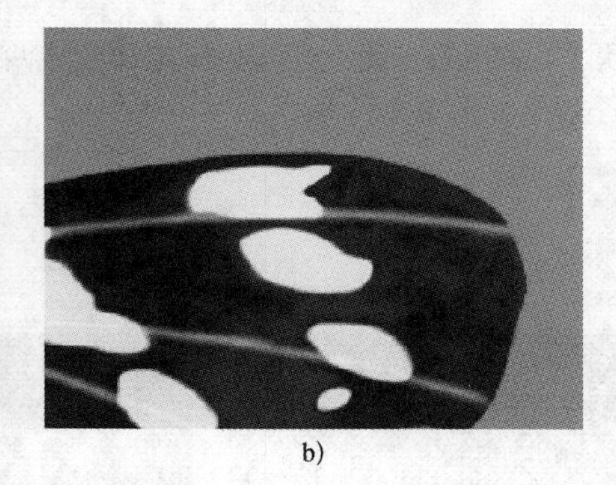
b)

图 2-129　移去白色杂边前后的效果比较

a) 移去白色杂边前　b) 移去白色杂边后

2.3.3　图层组

Photoshop CC 2017 的图层组在概念上不仅是一个放置多个图层的容器，还具有普通图层的功能。以前版本中图层组只能设置“混合模式”和“不透明度”，而 Photoshop CC 2017 的图层组可以像普通图层一样设置样式、填充、不透明度、混合模式及其他高级混合选项。在“图层”面板中双击创建的图层组图标，即可在弹出的“图层样式”对话框中进行这些设置。

（1）创建图层组

建立图层组同样可以使用按钮、“图层”面板弹出菜单和菜单方式。在单击“图层”面板的▣（创建新组）按钮的同时，按住〈Alt〉键，可以弹出“新建组”对话框，如图 2-130 所示。如果不按住〈 Alt〉键，则按照默认设置建立一个图层组。

（2）删除和复制图层组中的图层

在图层组内对图层进行删除和复制等操作与不在图层组时是完全相同的，可以将图层拖动到▣（创建新组）按钮上，从而将该图层加入到图层组中，也可将图层拖出图层组。

（3）删除图层组

要删除图层组可以直接将图层组拖动到▣（删除图层）按钮上，也可以选择“图层”面板弹出菜单中的“删除组”命令，此时会弹出如图 2-131 所示的确认对话框，提示是删除组及其内容，还是仅删除图层组而保留其中的图层。

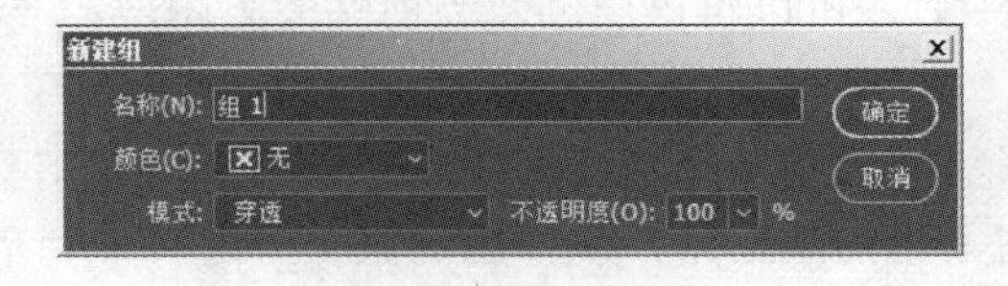

图 2-130　“新建组”对话框

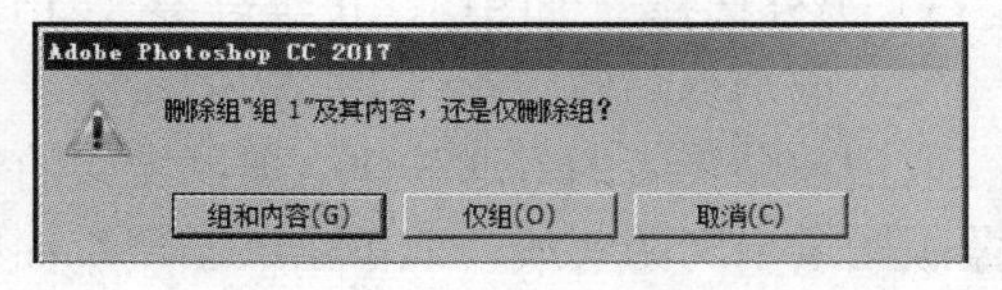

图 2-131　确认对话框

2.3.4　剪贴蒙版

剪贴蒙版通常在两个或者两个以上的图层间使用，在图层裁切组中，最下面图层的作用相当于整个编组的蒙版。

（1）创建剪贴蒙板的方法

1）一种是创建图层，如图 2-132 所示，然后按住〈Alt〉键，将鼠标指针移至“图层 0”

和“形状 1”之间的实线上，当鼠标指针变成两个交叉的圆圈时单击，即可将这两个图层变成裁切组，效果如图 2-133 所示。

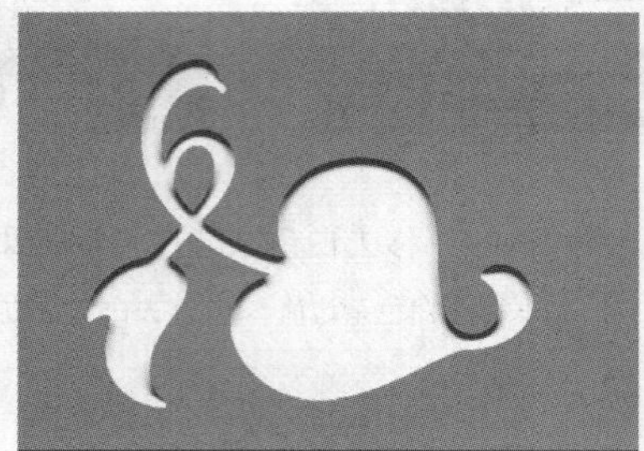

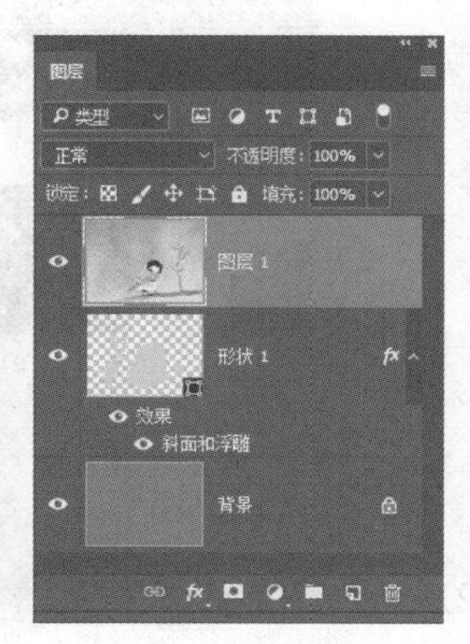

图 2-132　创建图层

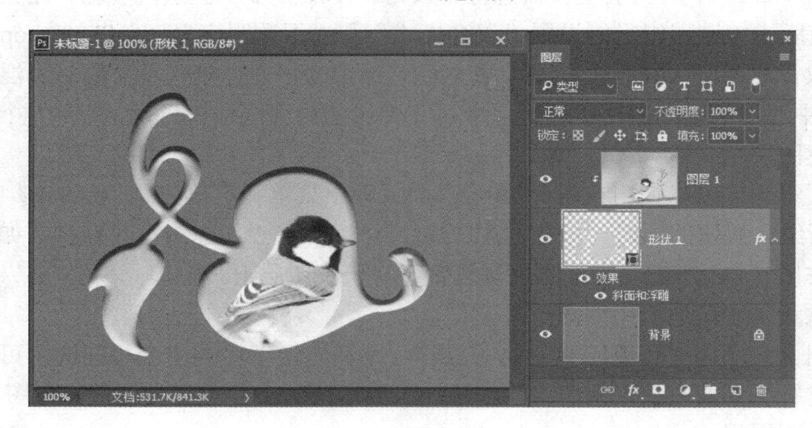

图 2-133　剪贴蒙版效果

2）另一种是选中“图层 0”，单击“图层”面板右上角的小三角，从弹出的菜单中选择“创建剪贴蒙版”命令。

3）另外选择一个图层，按组合键〈Ctrl+Alt+G〉，可以将该层创建为剪贴蒙版图层。

（2）取消剪贴蒙版

取消剪贴蒙版的方法与建立剪贴蒙版的步骤基本相似，可以按住〈Alt〉键，然后单击剪贴蒙版图层中间的实线，或单击“图层”面板右上角的小三角，从弹出的菜单中选择“释放剪贴蒙版”命令即可。

2.3.5　图层蒙版

通过图层蒙版，用户可以控制图层中的不同区域如何被隐藏或显示。通过更改图层蒙版，用户可以将许多特殊效果运用到图层中，而不会影响原图像上的像素。图层上的蒙版相当于一个 8 位灰阶的 Alpha 通道。在蒙版中，黑色表示全部蒙住，图层中的图像不显示；白色表示图像全部显示；不同程度的灰色蒙版，表示图像以不同程度的透明度显示。

（1）建立图层蒙版

选中一个图层，单击“图层”面板下方的■（添加图层蒙版）按钮，可以在原图层后面加入一个白色的图层蒙版，如图 2-134 所示。如果在单击按钮的同时按住〈Alt〉键，则可以建立一个黑色蒙版，如图 2-135 所示。

当创建一个图层蒙版时，它是自动和图层中的图像链接在一起的，在“图层”面板中的图层和蒙版之间有■链接符号出现，此时如果移动图像，则图层中的图像和蒙版将同时移动。用鼠标指针单击链接符号，符号就会消失，如图 2-136 所示。此时，就可以分别针对图层和蒙版进行移动了。

图 2-134　创建白色蒙版

图 2-135　创建黑色蒙版

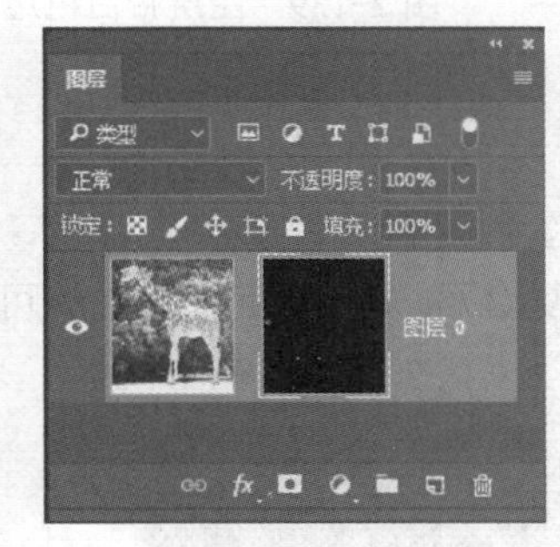

图 2-136　取消链接

（2）删除蒙版

在“图层”面板中直接拖动“蒙版”图标到■（删除图层）按钮上，此时弹出的对话框如图 2-137 所示，用于提示在移去蒙版之前是否将蒙版应用到图层。

（3）暂时关闭图层蒙版

在按住〈Shift〉键的同时，单击“图层”面板中的“蒙版”缩览图，或者在菜单中执行“图层 | 图层蒙版 | 停用”命令，则蒙版被临时关闭。此时，在“图层”面板中的“蒙版”缩览图上有一个红色的“×”标志，如图 2-138 所示。如果想重新显示蒙版，可以再次在按住〈Shift〉键的同时单击“图层”面板中的“蒙版”缩览图，或者执行菜单中的“图层 | 图层蒙版 | 启用”命令，此时蒙版被重新启用。

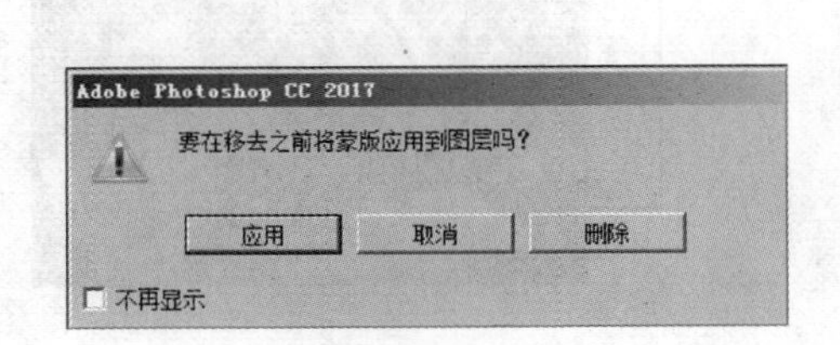

图 2-137　提示对话框

图 2-138　关闭蒙版状态

提示：在“图层”面板中，如果蒙版的图层外框四周有白色边框显示，表示当前选中的是图层，此时所有的编辑操作对图层有效，如图 2-139 所示；如果蒙版的外框四周有白色边框显示，表示当前选中的是蒙版，则所有的编辑操作对蒙版有效，如图 2-140 所示。

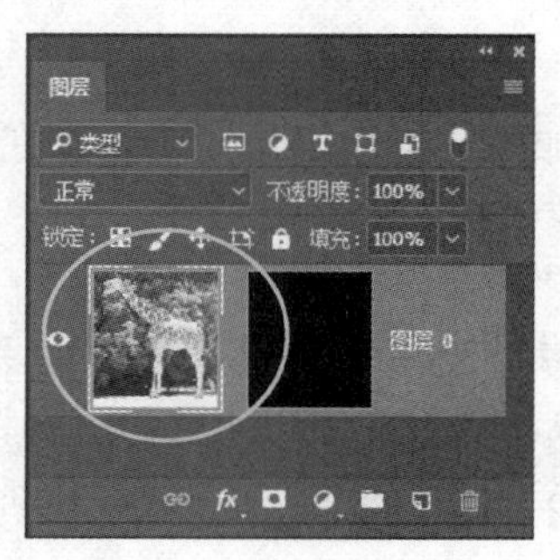

图 2-139　图层带白色边框显示

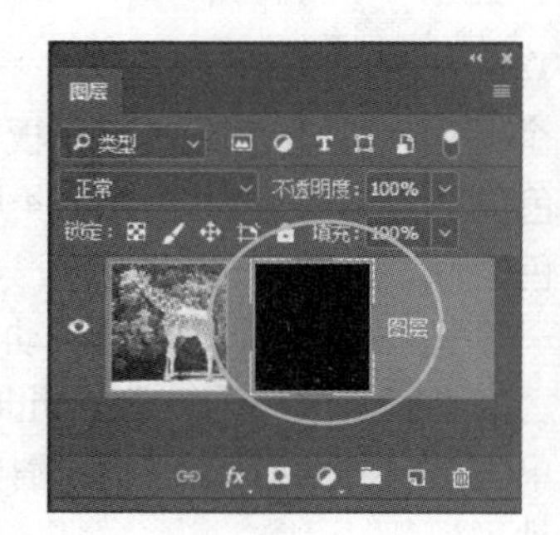

图 2-140　蒙版带白色边框显示

2.3.6 图层复合

图层复合类似于历史记录，只是历史记录是自动记录的，而图层复合需要手动进行记录。图层复合可以记录当前图层的可见性、位置和外观效果，通过图层复合可以快速切换图像的显示效果，如图 2-141 所示。

图 2-141　通过图层复合面板快速切换图像显示效果

1.“图层复合”面板

执行菜单中的“窗口 | 图层复合”命令，打开“图层复合”面板，如图 2-142 所示。

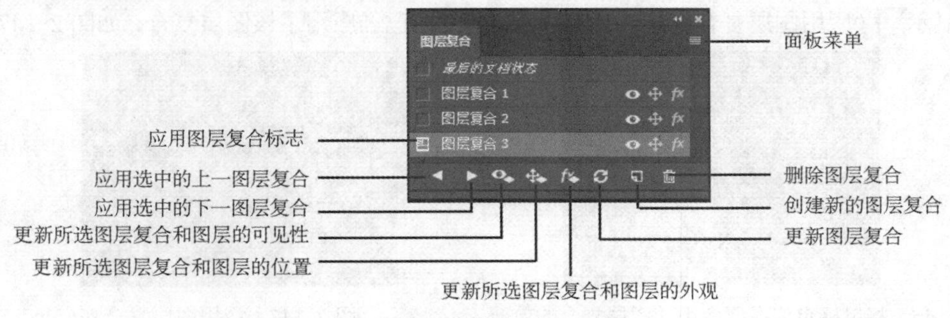

图 2-142 “图层复合”面板

该面板中主要功能如下。

- 应用图层复合标志：如果图层复合前面有该标志，表示该图层复合为当前使用的图层复合。
- 应用选中的上一图层复合：单击该按钮，可以切换到上一个图层复合。
- 应用选中的下一图层复合：单击该按钮，可以切换到下一个图层复合。
- 更新所选图层复合和图层的可见性：单击该按钮，可以更新所选图层复合和图层的可见性。
- 更新所选图层复合和图层的位置：单击该按钮，更新所选图层复合和图层的位置。
- 更新所选图层复合和图层的外观：单击该按钮，更新所选图层复合和图层的外观。
- 更新图层复合：如果对图层复合进行重新编辑，单击该按钮可以更新编辑后的图层复合。
- 创建新的图层复合：单击该按钮可以新建一个图层复合。
- 删除图层复合：将要删除的图层复合拖动到该按钮上，可以将其删除。
- 面板菜单：单击该按钮，可以弹出图 2-143 所示的面板下拉菜单。通过选择下拉菜单中的相关命令，可以实现图层复合中的相关操作。

2. 创建图层复合

当创建好一个图像后，单击“图层复合”面板下方的（创建新的图层复合）按钮，此时 Photoshop CC2017 会弹出如图 2-144 所示的“新建图层复合”对话框，在该对话框中可以选择“应用于图层”的选项，包括“可见性”“位置”和“外观”，同时也可以为图层复合添加文本注释。单击“确定”按钮，即可创建一个图层复合，如图 2-145 所示。

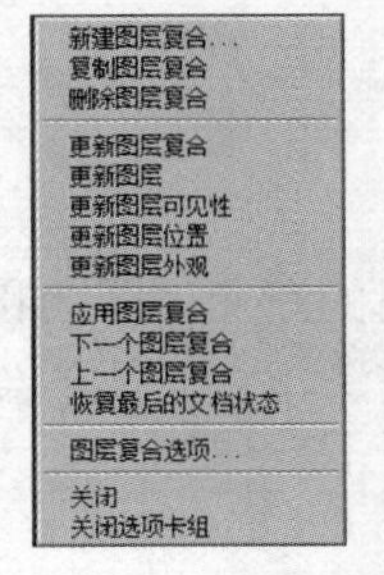

图 2-143 “图层复合”面板下拉菜单

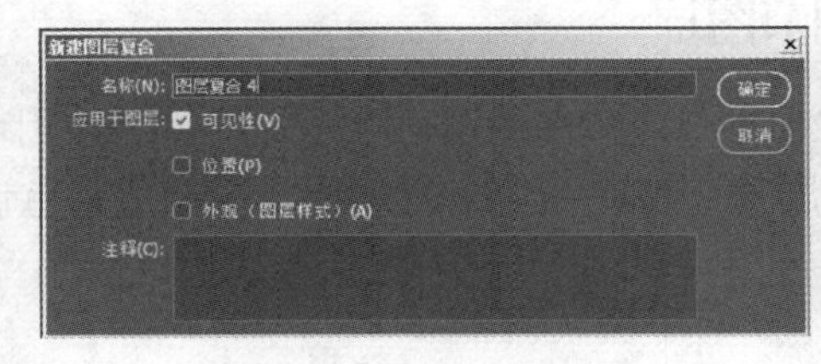

图 2-144 “新建图层复合”对话框

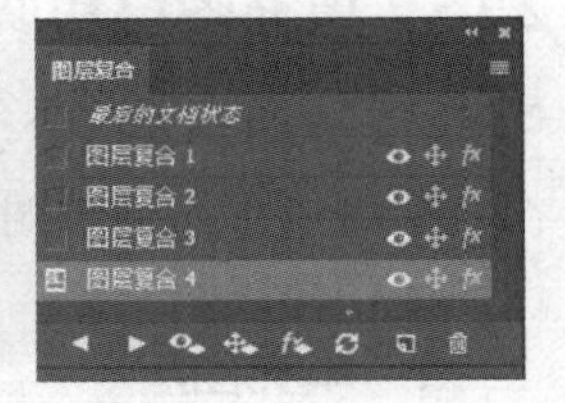

图 2-145 新建图层复合

3．应用并查看图层复合

如果要应用某个图层复合，可以将鼠标定位在该复合的前面，如图 2-146 所示，然后单击鼠标，当显示 （应用图层复合标志）后，表示当前文档已经应用了该图层复合，如图 2-147 所示。

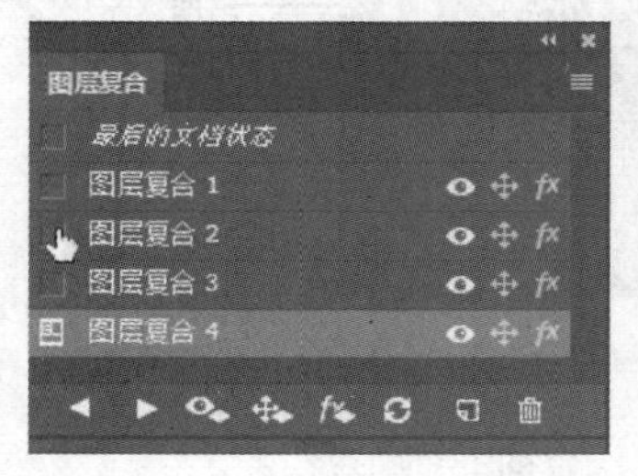

图 2-146　将鼠标定位在要应用的图层复合的前面

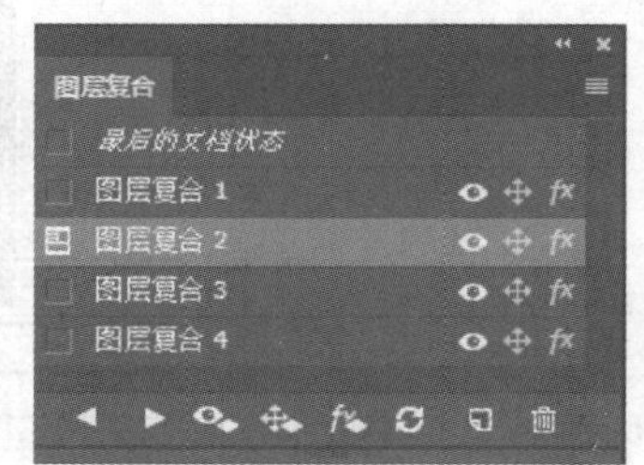

图 2-147　应用图层复合

4．更改与更新图层复合

如果要更改创建好的图层复合，可以在面板菜单中执行“图层复合选项”命令，或者在“图层复合”面板中要更改的图层复合名称后面双击鼠标，然后在弹出的图 2-148 所示的“图层复合选项”对话框中进行设置；如果要更新重新设置的图层复合，可以在“图层复合”面板底部单击 （更新图层复合）按钮。

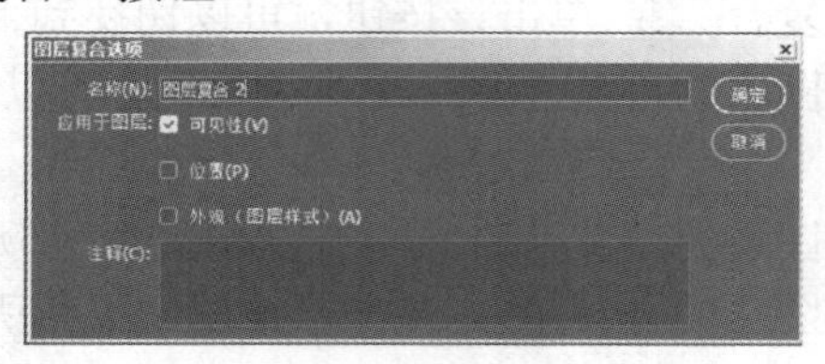

图 2-148　“图层复合选项”对话框

5．删除图层复合

如果要删除创建的图层复合，就将其拖到“图层复合”面板下方的 （删除图层复合）按钮上，或者直接单击 （删除图层复合）按钮，即可将其删除。

2.3.7　图层剪贴路径

图层剪贴路径也称图层矢量蒙版。可以在图层上添加矢量蒙版，以控制图层的显示。其概念和前面讲的图层像素蒙版相似，只是图像的显示与否由矢量路径控制。该种方法多用于改变人物的背景，而不破坏原图像。

添加矢量蒙版的方法：首先选中定义图形形状的路径，然后选中需要去除背景的图像，执行菜单中的“图层 | 矢量蒙版 | 当前路径”命令，则可以为当前图层添加上路径形状定义的矢量蒙版。

2.3.8　填充图层和调节图层

在 Photoshop CC 2017 中，填充图层可以使在图层上应用可编辑的渐变、图案和单色变得非常迅速，而调节图层是一种在若干个图层上应用颜色和色调的方法，它们都不会对原图像产生任何影响。

1．填充图层

填充图层分为单色填充图层、渐变填充图层和图案填充图层 3 种。

1）单色填充图层：单击“图层”面板下方的 （创建新的填充或调整图层）按钮，从弹出的菜单中选择“纯色”命令，然后在弹出的“拾色器（纯色）”对话框中设置颜色，如图 2-149 所示，单击“确定”按钮，即可在“图层”面板上建立一个纯色填充图层，如图 2-150 所示。

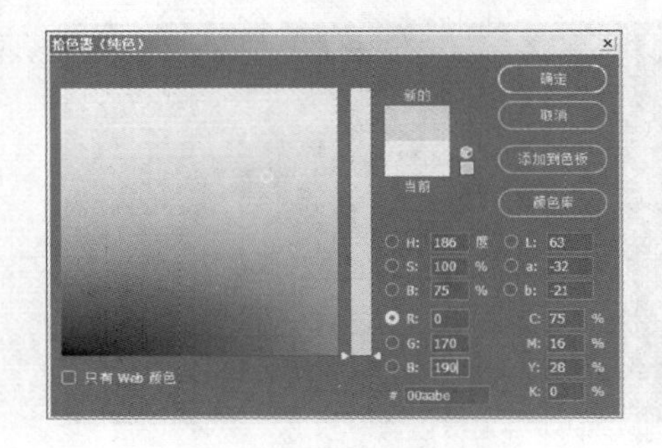

图 2-149　设置颜色

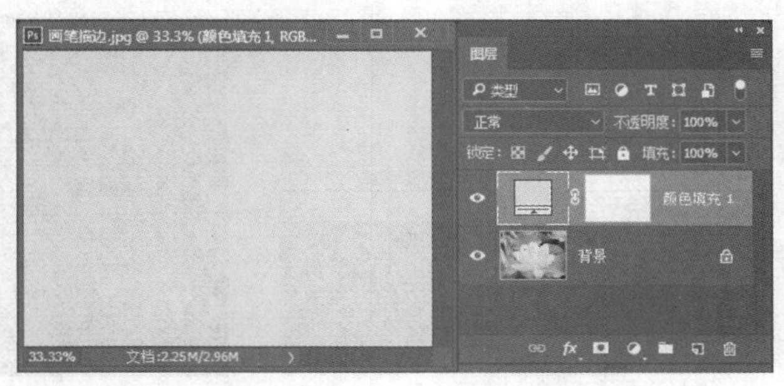

图 2-150　添加纯色填充图层效果

如果当前图像中有一个激活的路径，则当生成一个新的填充图层时，会同时生成形状图层，如图 2-151 所示。

图 2-151　生成形状图层

2）渐变填充图层：单击“图层”面板下方的 （创建新的填充或调整图层）按钮，从弹出的菜单中选择“渐变”命令，会弹出“渐变填充”对话框，如图 2-152 所示。设置一种渐变后单击“确定”按钮，即可在“图层”面板上建立一个渐变填充图层，如图 2-153 所示。

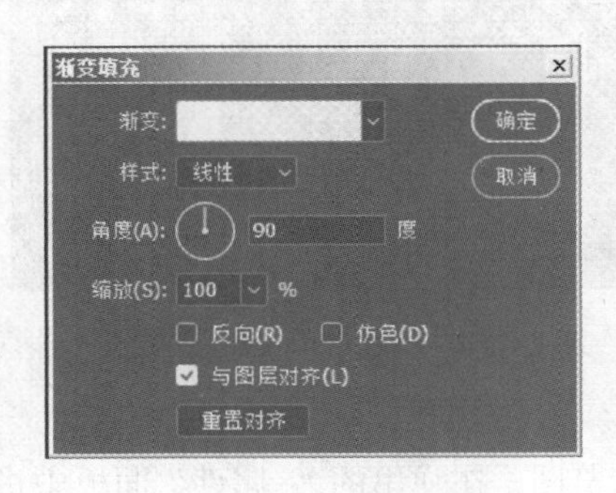

图 2-152　“渐变填充”对话框

图 2-153　添加渐变填充图层效果

3）图案填充图层：单击“图层”面板下方的 （创建新的填充或调整图层）按钮，从弹出的菜单中选择“图案”命令，会弹出“图案填充”对话框，如图 2-154 所示。设置一种图案后单击“确定”按钮，即可在“图层”面板上建立一个图案填充图层。适当调整图层的不透明度后，效果如图 2-155 所示。

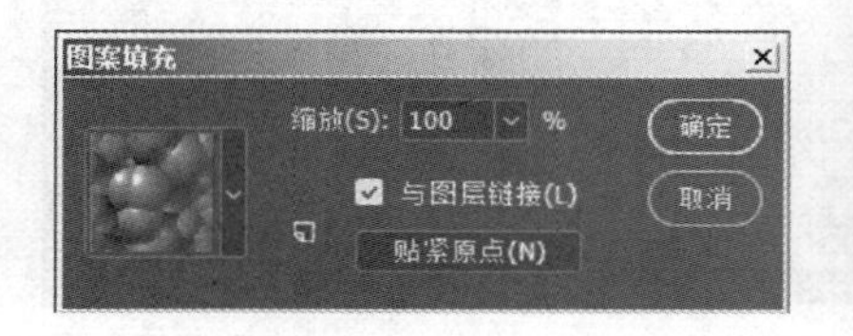

图 2-154 “图案填充”对话框

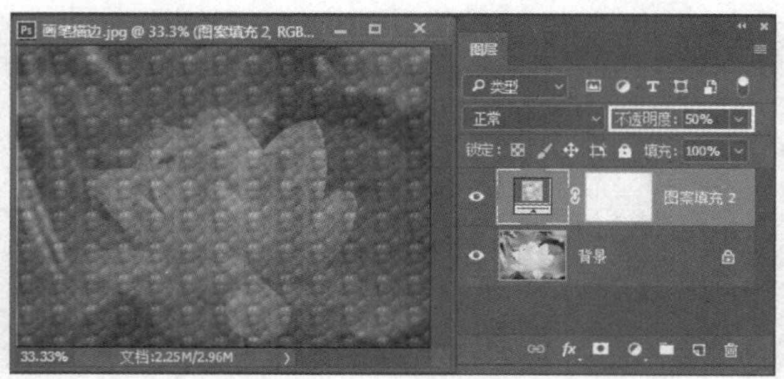

图 2-155 添加图案填充的图层效果

2. 调节图层

通过调节图层可以对图像进行各种色彩调整，还可以随时进行修改而且不破坏原来的图像。除此之外，调节图层还具有图层的很多功能，如调整不透明度、设定混合模式等。

其使用方法和填充图层类似，当建立新的调节图层时，在“图层”面板中会出现图层蒙版的缩览图，如果在当前图像中有一个激活的路径，也可以生成矢量蒙版。

在默认情况下，调节图层对所有该图层下面的图层都起作用，但是也可以只针对图层组起作用。

举例如下：单击“图层”面板下方的◙（创建新的填充和调整图层）按钮，然后在弹出的菜单中选择“色相/饱和度”命令，如图 2-156 所示。接着在如图 2-157 所示的“属性”面板中对图像参数进行适当的调整后关闭该面板，图层效果如图 2-158 所示。

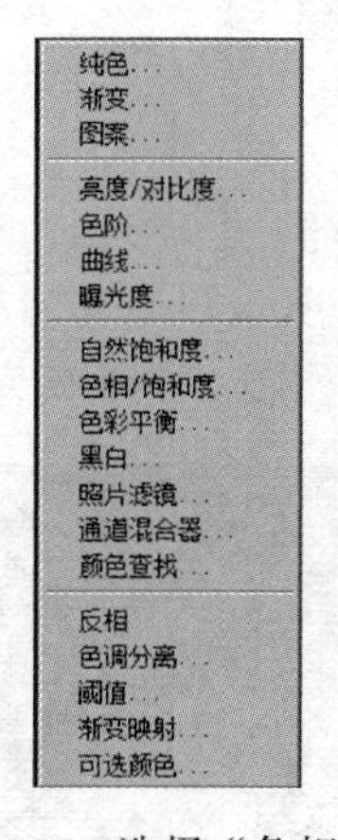

图 2-156 选择“色相/饱和度”命令

图 2-157 “属性”面板

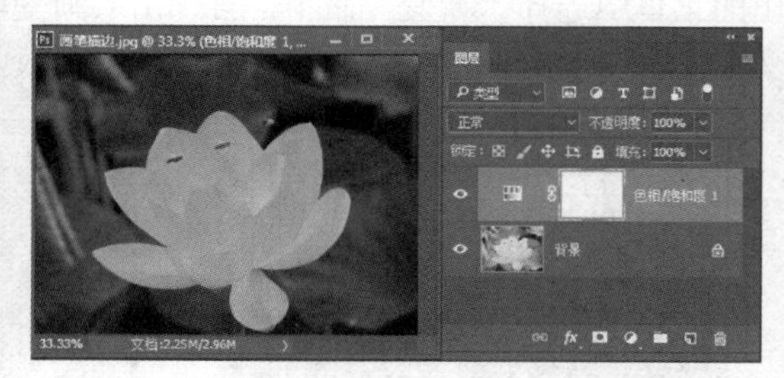

图 2-158 添加调节图层效果

如果想更改调节图层的内容，可以双击调整图层的缩览图，在弹出的“ 属性”面板中进行编辑。

2.3.9　文字图层

Photoshop 保留了文字的矢量轮廓，可以缩放文字而不改变文字的清晰度，可以存储为 PDF 文件或 EPS 文件，或者在将图像打印到 PostScript 打印机时使用这些矢量信息，以产生边缘清晰的文字。

1．文字图层的建立

在 Photoshop CC 2017 中，使用工具箱中的 T（横排文字工具）和 IT（直排文字工具）均可以创建文字图层。

（1）输入横排文字

1）选择工具箱中的 T（横排文字工具），然后在图像中单击鼠标，此时图像中会出现文字输入符，相应的文字工具的设置栏显示如图 2-159 所示。

图 2-159　文字工具的设置栏

- IT（切换文本取向）：用于改变输入文字的排列方向。
- Arial（设置字体）：用于选择输入的字体。
- 12点（设置字体大小）：用于为输入字体选择合适的字号。
- 锐利（设置消除锯齿的方法）：用于选择文字消除锯齿的方式。在下拉列表框中有“无”“锐利”“犀利”“浑厚”和“平滑”5 个选项可供选择。
- （设置文本对齐）：用于设置文本的对齐方式。
- （设置文本颜色）：用于设置文本的颜色。
- （创建变形文本）：用于创建变形文本。
- （切换字符和段落面板）：单击该按钮，可以在弹出的面板中调整字体的基本属性。

2）输入相应的文字后，此时“图层”面板中会自动产生一个文字图层，如图 2-160 所示。

图 2-160　文字图层的创建

（2）输入直排文字

创建直排文字的方法和创建横排文字相同。单击工具箱中的 IT（直排文字工具），然后

在图像中单击即可输入直排文字，如图 2-161 所示。

图 2-161　输入直排文字

2. 文字图层的编辑

文字图层是可以再编辑的，用户可以直接使用文字工具在文字上进行拖动以选中文字，或者使用任何工具双击文字图层中的文字图标将文字选中，然后通过文字工具的选项栏进行修改。

2.3.10　图层样式

Photoshop 包含可以应用到图层的大量自动效果，如浮雕、发光等。

单击“图层”面板中的 fx（添加图层样式）按钮，或者执行菜单中的“图层 | 图层样式”命令，将弹出“图层样式”对话框，如图 2-162 所示。面板左侧列出了各种特殊的图层效果，如果在效果名称前面的方框内打勾，则表示选中了该图层效果，如果要详细设定，则需要选中该名称，使其名称变为蓝色，然后在右侧进行相应的设置。

设置了图层样式的图层显示如图 2-163 所示，各种图层样式可以叠加组合。如果想进行编辑，直接双击“图层”面板上相应的样式名称即可，此时会弹出“图层样式”对话框。需要注意的是，不能对“背景”图层进行图层样式的设置。

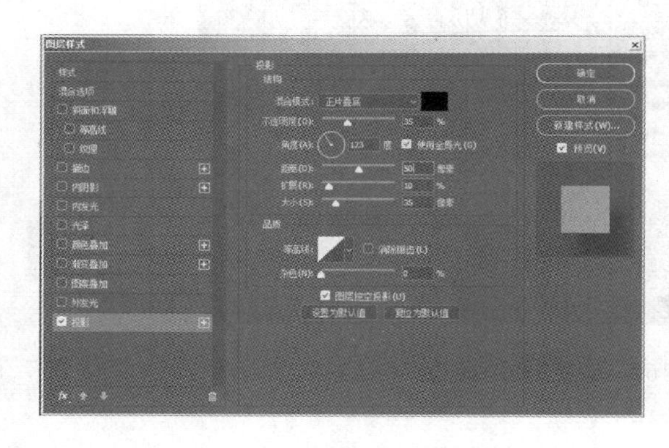

图 2-162　“图层样式”对话框

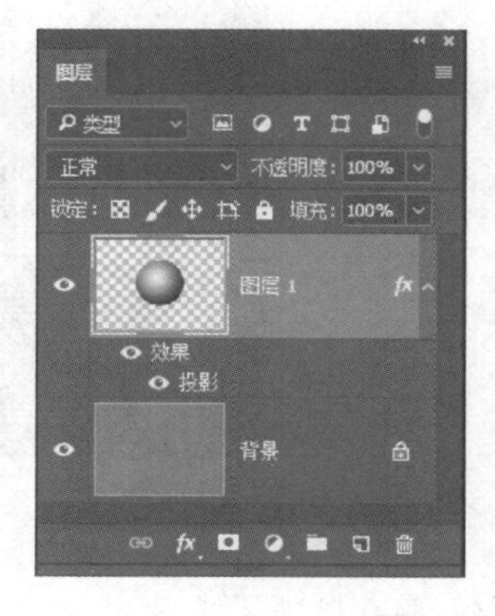

图 2-163　设置了图层样式的图层

1．混合选项默认

使用该选项可以设定本图层与其下面像素混合的方式，如图 2-164 所示。

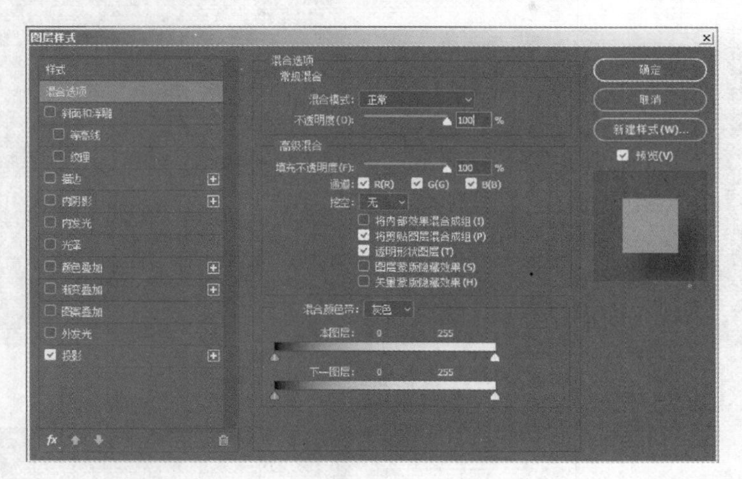

图 2-164　混合选项的默认参数

（1）常规混合

通过常规混合可以选择不同的混合模式，并可以改变不透明度。此时的不透明度会影响图层中所有的像素，如通过图层样式设置的投影会随之更改不透明度。

（2）高级混合

1）填充不透明度：只影响图层中原有的像素或绘制的图形，并不影响添加图层样式后带来的新像素的不透明度，如不会改变阴影的不透明度。

2）通道：可以选择不同的通道执行各种混合，图像颜色模式不同，选项也不同。

3）挖空：用来设定穿透某图层是否能够看到其他图层的内容，包括“无”“浅”和“深”3 种类型。

下面为设定图层混合模式的例子，图 2-165 为原图像及其图层分布。

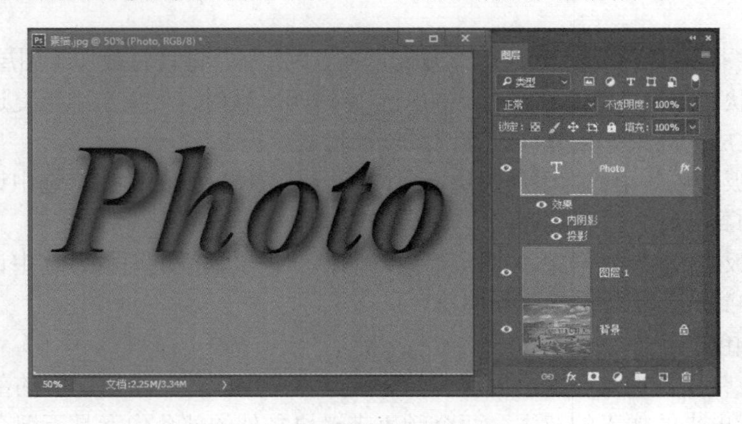

图 2-165　原图像及其图层分布

图 2-166 为将“挖空”选项设置为“深”，而“填充不透明度”设置为 0 的图像显示效果。此时，文字图层穿透“图层 1”显示了“背景”图层。图 2-167 所示为将“挖空”选项设

置为“无”，而“填充不透明度”设置为 0 的图像显示效果。

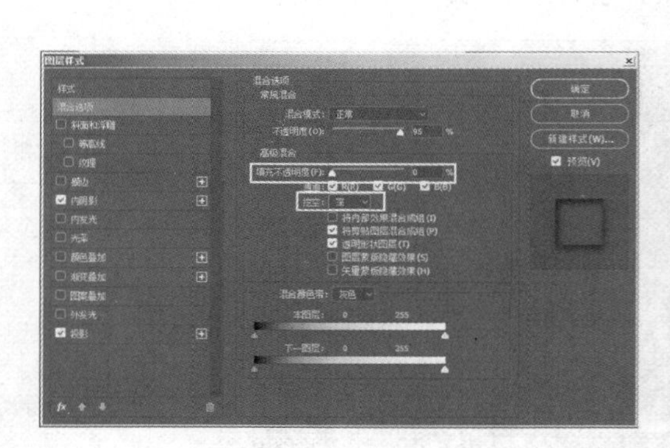

图 2-166　设置混合参数后的效果 1

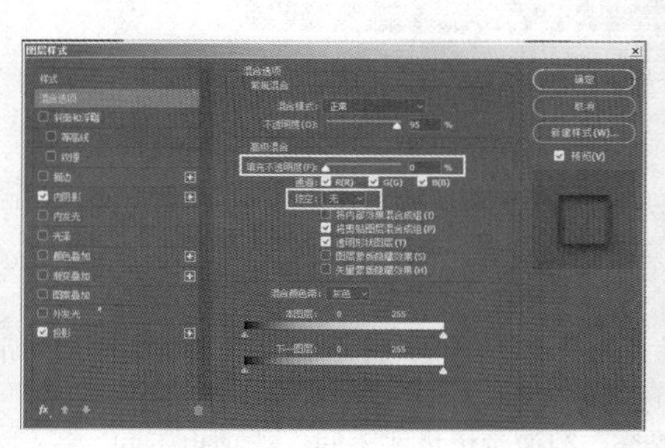

图 2-167　设置混合参数后的效果 2

4）将内部效果混合成组：对图层执行的图层效果包括加在原图层像素之上的部分和在原像素范围之外增加了像素的部分。选中该复选框，“挖空”选项将使挖空效果针对原像素部分。

5）将剪贴图层混合成组：当选中该复选框时，“挖空”将只对裁切组图层有效。

6）透明形状图层：当添加图层样式的图层有透明区域时，如果选中该复选框，透明区域相当于蒙版，生成的效果如果延伸到透明区域，将被遮盖。

7）图层蒙版隐藏效果：当添加图层样式的图层有透明区域的时候，选中该复选框，生成的效果如果延伸到蒙版中，将被遮盖。

8）矢量蒙版隐藏效果：当添加图层样式的图层有矢量蒙版的时候，选中该复选框，生成的效果如果延伸到矢量蒙版中，将被遮盖。

（3）混合颜色带

有两个颜色带用于控制所选中图层的像素点，本图层颜色带滑块之间的部分为将要混合并且最终要显示出来的像素的范围，两个颜色带滑块之外的部分像素是不混合的部分，并将排除在最终图像之外。下一图层颜色带滑块之间的像素将与本图层中的像素混合生成复合像素，而颜色带滑块除外，也就是未混合的像素将透过现有图层的上层区域显示出来。图 2-168 为原图像及其图层分布。

图 2-168 原图像及其图层分布

调整“图层 1”的混合颜色带及其结果显示，如图 2-169 所示。

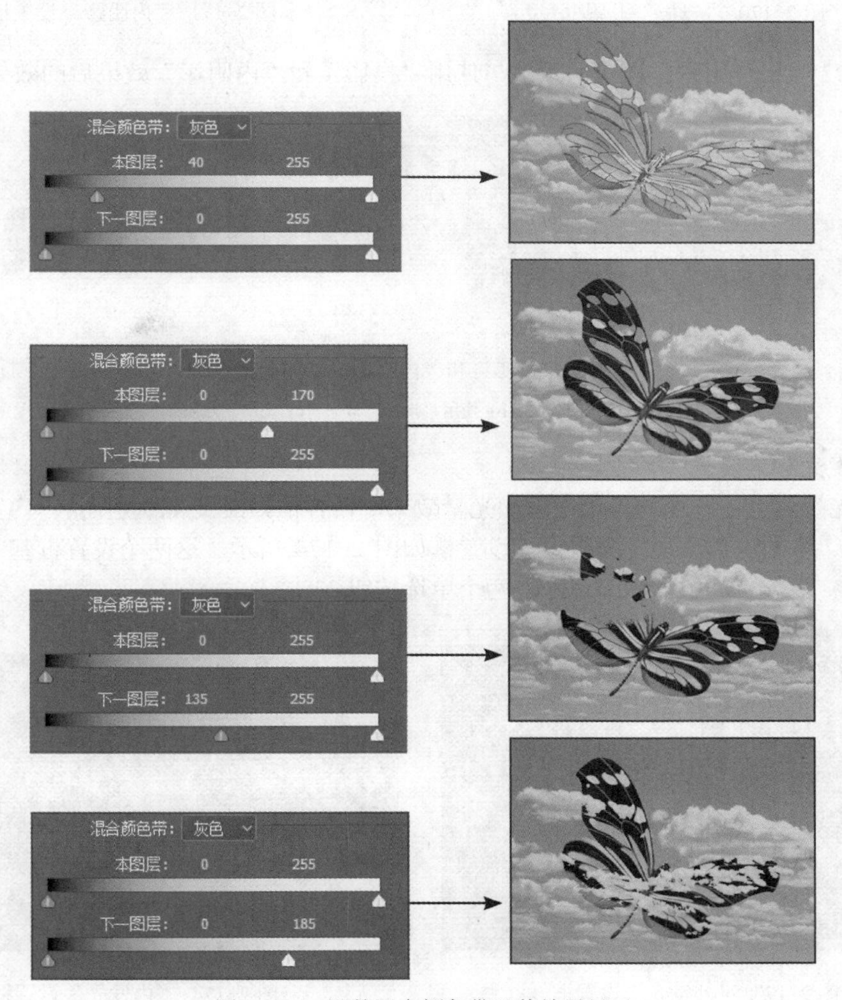

图 2-169 调整混合颜色带及其结果显示

2. 投影和内阴影

选中“投影”和“内阴影”复选框，可以为图层中的对象添加投影效果。它们的设置框如图 2-170 和图 2-171 所示，可见两个设置框基本相同， 不同的是，“投影”设置框中多了一个“图层挖空投影”复选框。

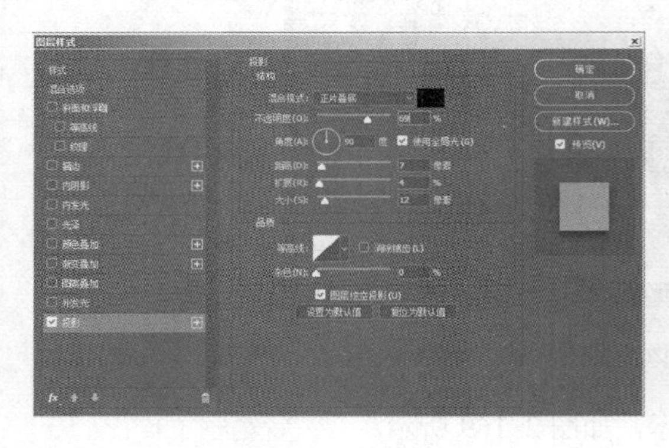

图 2-170 “投影”设置框

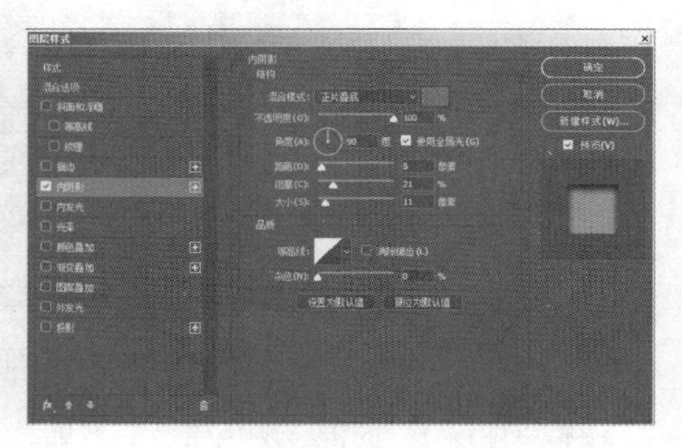

图 2-171 “内阴影”设置框

图 2-172 为未使用图层样式的效果与使用“投影”和“内阴影”效果后的效果比较。

电脑艺术设计

a)

电脑艺术设计

b)

电脑艺术设计

c)

图 2-172 “投影”和“内阴影”使用效果比较

a) 未使用图层样式的效果 b) 使用“投影”效果 c) 使用“内阴影”效果

3．外发光和内发光

“外发光”可以在图像的外边缘添加光晕效果，设置框如图 2-173 所示。“内发光”是在图层中对象边缘的内部添加发光效果，设置框如图 2-174 所示。这两个设置框基本相同，只是“内发光”多了“居中”和“边缘”两个单选按钮。

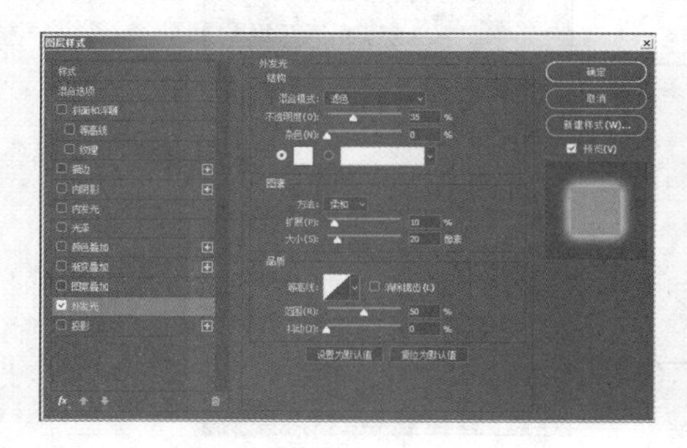

图 2-173 “外发光”设置框

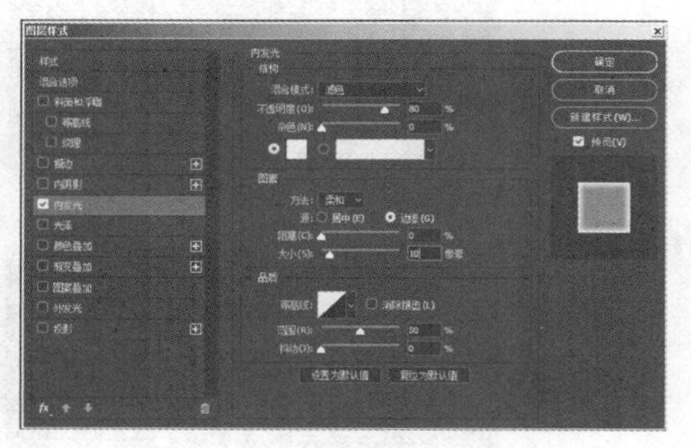

图 2-174 “内发光”设置框

图 2-175 为未使用图层样式、使用“外发光”效果和使用“内发光”效果后的效果比较。

a)

b)　　c)

图 2-175 “外发光”和“内发光”使用效果比较

a) 未使用图层效果　b) 使用“外发光”效果　c) 使用“内发光”效果

4．斜面和浮雕

“斜面和浮雕”用于为图层中的对象添加不同组合方式的高亮和阴影，以产生凸出或者凹陷的“斜面和浮雕”效果，其设置框如图 2-176 所示。

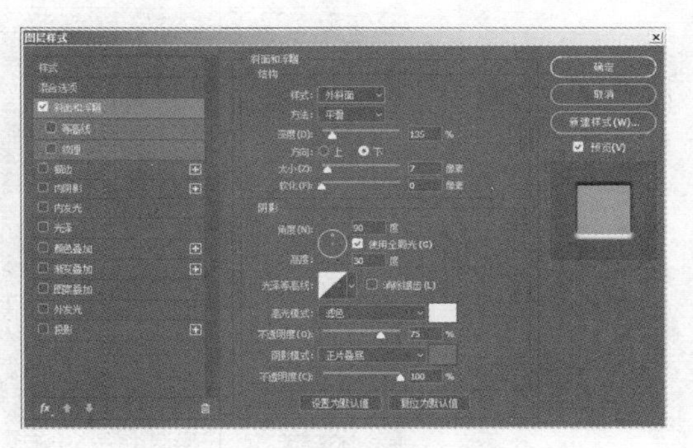

图 2-176 “斜面和浮雕”设置框

“斜面和浮雕”样式分为“外斜面”“内斜面”“浮雕效果”“枕状浮雕”和“描边浮雕”5 种，图 2-177 为使用不同样式的效果比较。

在“斜面和浮雕”选项的下面还有“等高线”和“纹理”两个选项，如图 2-178 所示。图 2-179 为只使用了“浮雕效果”图层样式和添加了“等高线”“纹理”的效果图。

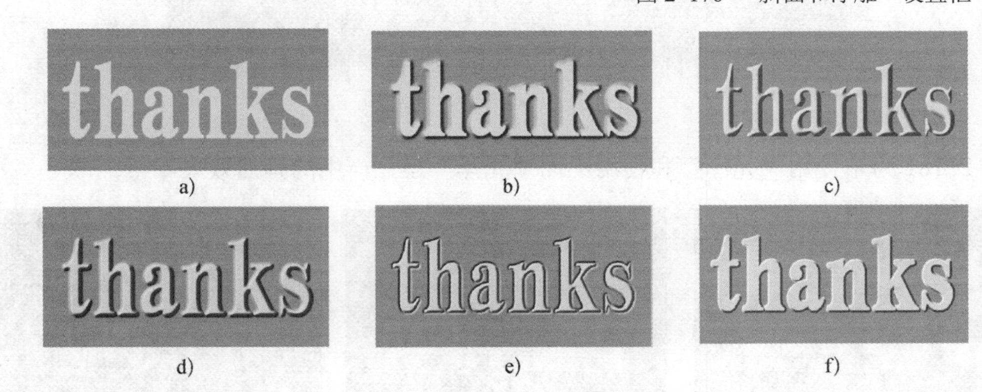

a)　b)　c)　d)　e)　f)

图 2-177 “斜面和浮雕”使用效果比较

a) 原图像　b)“外斜面”效果　c)“内斜面”效果　d)“浮雕效果”　e)“枕状浮雕”效果　f)“描边浮雕”效果

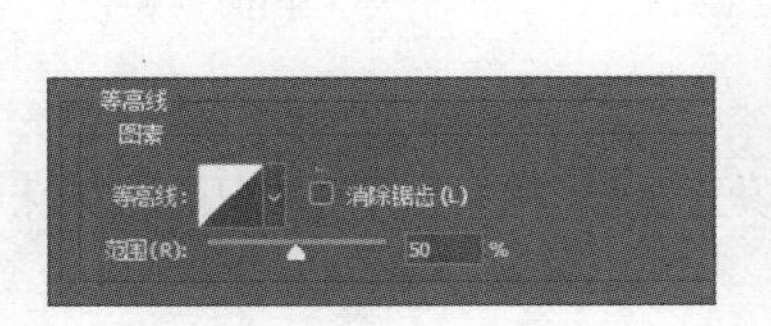

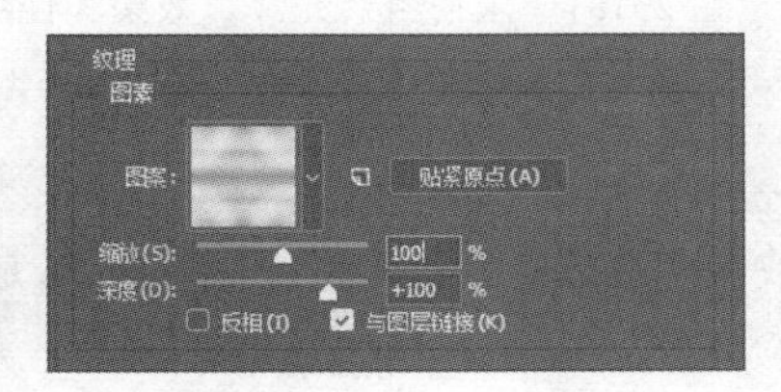

图 2-178 “等高线”和“纹理”选项

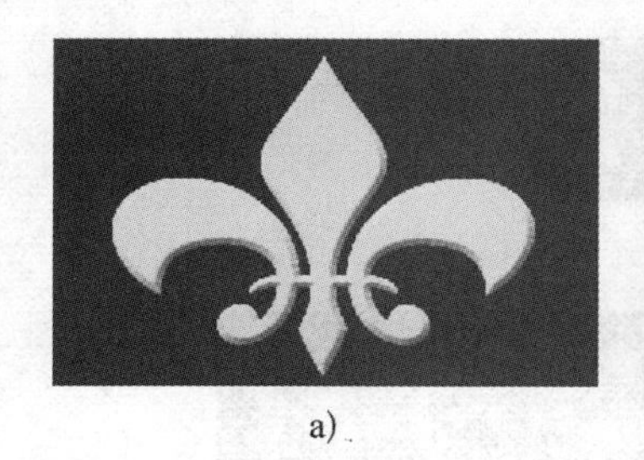

a)

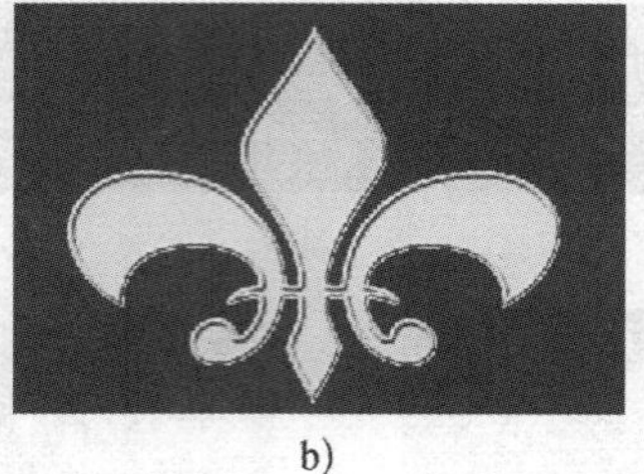

b)

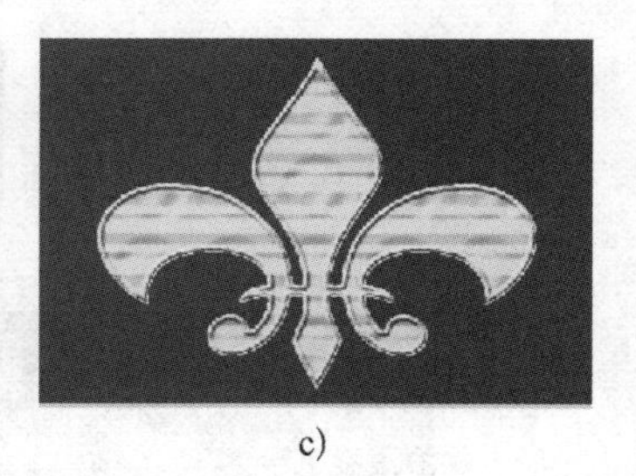

c)

图 2-179 “等高线”和“纹理”效果

a) 只使用了“浮雕效果” b) 添加“等高线”效果 c) 添加“纹理”效果

5．光泽

“光泽”指在图像上添色，并且在边缘部分产生柔化效果。“光泽”设置框如图 2-180 所示。

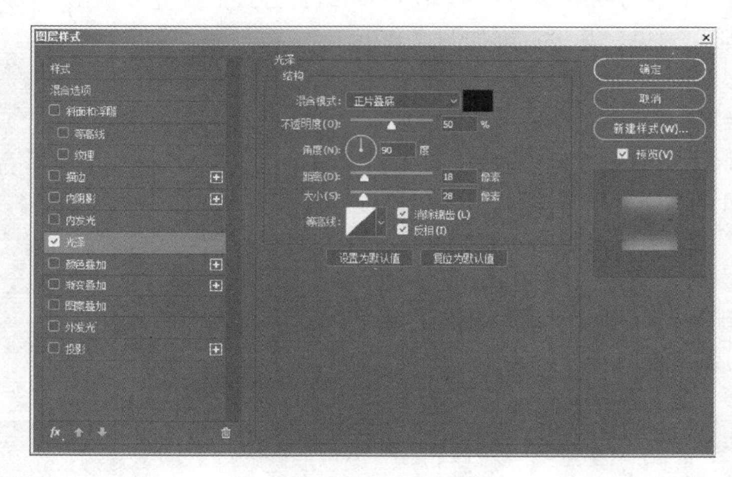

图 2-180 “光泽”设置框

图 2-181 为未使用“光泽”和使用不同“光泽”设置产生的画面效果。

a)

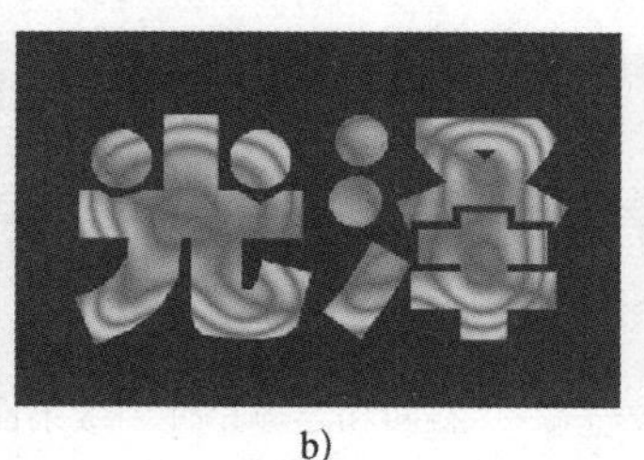

b)

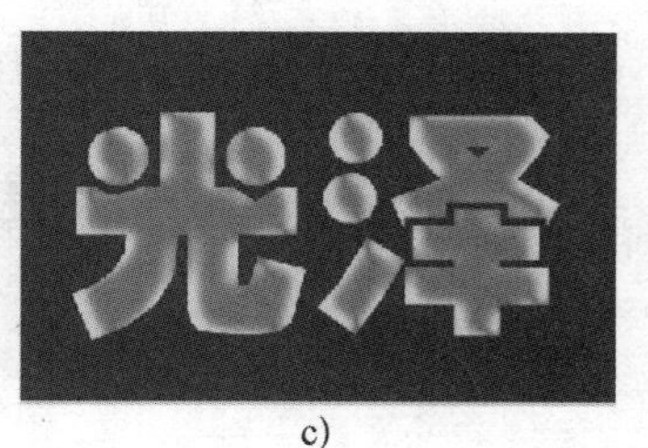

c)

图 2-181 未使用“光泽”效果和使用不同“光泽”设置产生的画面效果

a) 未使用“光泽”效果 b)“光泽”大小为 30 的效果 c)“光泽”大小为 100 的效果

6．颜色叠加、渐变叠加和图案叠加

这 3 种效果可以直接在图像上填充，只是填充的内容不同，它们的设置框如图 2-182 所示。

图 2-183 为使用各种“叠加”后的效果。

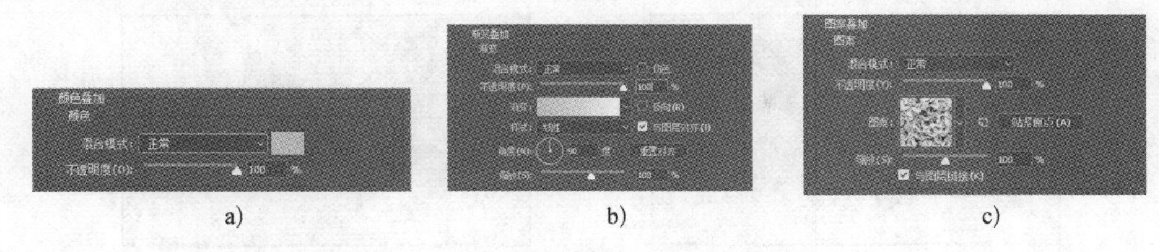

a)　　　　　　　　b)　　　　　　　　c)

图 2-182　不同“叠加”效果的设置框

a)“颜色叠加”设置框　b)“渐变叠加”设置框　c)“图案叠加”设置框

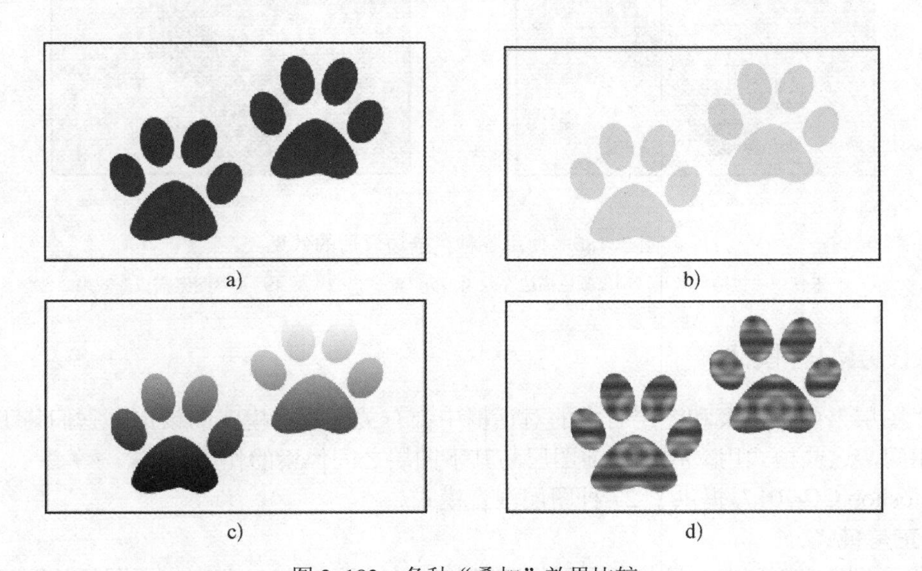

a)　　　　　　　　b)

c)　　　　　　　　d)

图 2-183　各种“叠加”效果比较

a) 未使用“叠加”效果　b)“颜色叠加”效果　c)“渐变叠加”效果　d)“图案叠加”效果

7. 描边

“描边”可以用来对图像直接进行描边，其设置框如图 2-184 所示。

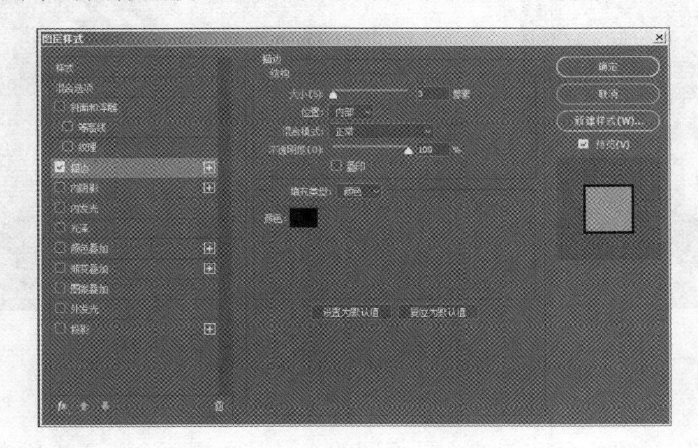

图 2-184　“描边”设置框

图 2-185 为使用各种“描边”后的效果。

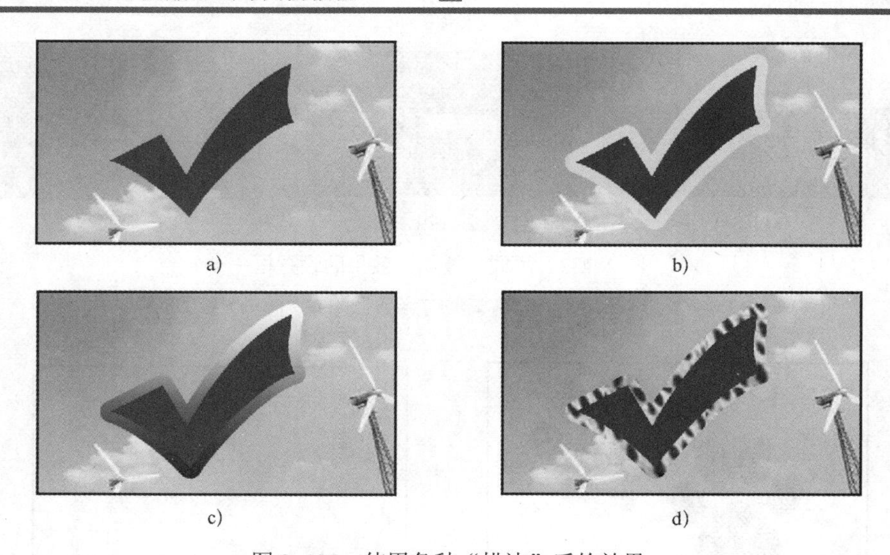

图 2-185　使用各种“描边”后的效果

a) 未使用“描边”效果　b)“颜色描边”效果　c)“渐变描边”效果　d)“图案描边”效果

2.3.11　图层混合模式

在“图层”面板以及和图层有关的对话框中都有关于混合模式的设定，它们与工具的绘画模式相同，这些模式用来控制当前图层与其下图层之间像素的作用模式。

Photoshop CC 2017 提供了 27 种图层混合模式。

1．正常模式

这是系统默认的状态，最终色和图像色是相同的。图 2-186 分别为原图像的图层分布和正常模式下的画面显示。

图 2-186　原图像的图层分布和正常模式下的画面显示

2．溶解模式

在该模式状态下，最终色和图像色是相同的，只是根据每个像素点所在位置不透明度的不同，可以随机以绘图色和底色取代，不透明度越大，溶解效果越明显。图 2-187 为溶解模式下将“不透明度”设置为 40% 的图层分布和画面显示。

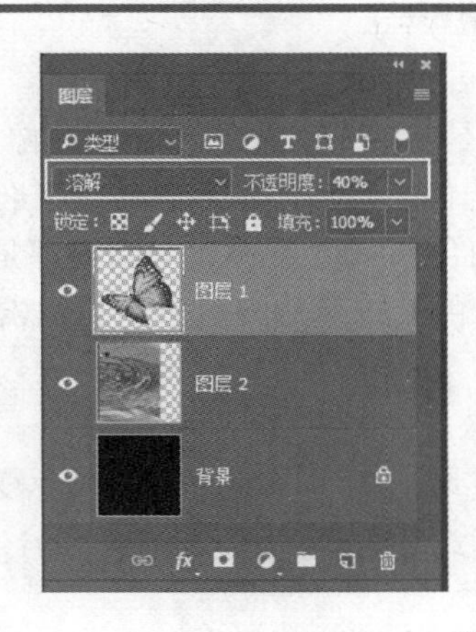

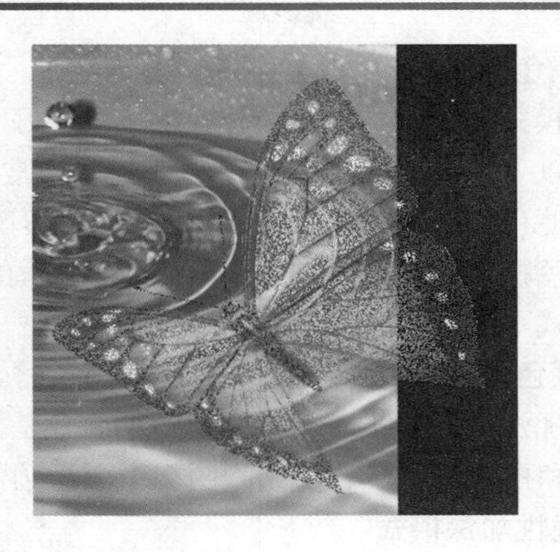

图 2-187　溶解模式下的图层分布和画面显示

3. 实色混合模式

实色混合模式是将混合颜色的红色、绿色和蓝色通道值添加到基色的 RGB 值。如果通道的结果总和大于或等于 255，则值为 255；如果小于 255，则值为 0。因此，所有混合像素的红色、绿色和蓝色通道值要么是 0，要么是 255。这会将所有像素更改为原色：红色、绿色、蓝色、青色、黄色、洋红、白色或黑色。

4. 变暗模式

使用变暗模式进行颜色混合时，会比较绘制的颜色与底色之间的亮度，较亮的像素会被较暗的像素取代，而较暗的像素不变。图 2-188 为变暗模式下的画面显示。

5. 变亮模式

变亮模式正好与变暗模式相反，它是选择底色或绘制颜色中较亮的像素作为结果颜色，较暗的像素会被较亮的像素取代，而较亮的像素不变。图 2-189 为变亮模式下的画面显示。

6. 正片叠底模式

将两个颜色的像素相乘，然后再除以 255，得到的结果就是最终色的像素值。选择正片叠底模式后，颜色通常比原来的两种颜色都深。任何颜色和黑色执行正片叠底模式得到的仍然是黑色；任何颜色和白色执行正片叠底模式后则保持原来的颜色不变。简单地说，正片叠底模式就是突出黑色的像素。图 2-190 为正片叠底模式下的画面显示。

图 2-188　变暗模式

图 2-189　变亮模式

图 2-190　正片叠底模式

7．滤色模式

滤色模式的作用结果和正片叠底模式正好相反，它是将两个颜色的互补色的像素值相乘，然后再除以 255 得到最终颜色的像素值。通常，执行滤色模式后的颜色都较浅。任何颜色和黑色执行滤色模式后，原颜色不受影响；任何颜色和白色执行滤色模式得到的都是白色。而与其他颜色执行此模式会产生漂白的效果。简单来说，滤色模式就是突出白色的像素。图 2-191 为滤色模式下的画面显示。

8．颜色加深模式

颜色加深模式用于查看每个通道的颜色信息，通过增加对比度使底色的颜色变暗来反映绘图色，和白色混合没有变化。图 2-192 为颜色加深模式下的画面显示。

9．线性加深模式

线性加深模式用于查看每个通道的颜色信息，通过降低对比度使底色的颜色变暗来反映绘图色，和白色混合没有变化。图 2-193 为线性加深模式下的画面显示。

图 2-191　滤色模式

图 2-192　颜色加深模式

图 2-193　线性加深模式

10．颜色减淡模式

使用颜色减淡模式时，首先查看每个通道的颜色信息，通过降低对比度使底色的颜色变亮来反映绘图色，和黑色混合没有变化。图 2-194 为颜色减淡模式下的画面显示。

11．线性减淡模式

使用线性减淡模式时，首先查看每个通道的颜色信息，通过增加亮度使底色的颜色变亮来反映绘图色，和黑色混合没有变化。图 2-195 为线性减淡模式下的画面显示。

12．叠加模式

图像的颜色被叠加到底色上，但保留底色的高光和阴影部分。底色的颜色没有被取代，而是和图像颜色混合，体现原图像的亮部和暗部。图 2-196 为叠加模式下的画面显示。

13．柔光模式

柔光模式会根据图像的明暗程度来决定最终色是变亮还是变暗。当图像色比 50%的灰要亮时，则底色图像变亮；如果图像色比 50%的灰要暗，则底色图像变暗；如果图像色是纯黑色或者纯白色，最终色将变暗或者稍稍变暗；如果底色是纯白色或者纯黑色，则没有任何效果。图 2-197 为柔光模式下的画面显示。

14．强光模式

强光模式是根据图像色来决定执行叠加模式还是滤色模式。当图像色比 50% 的灰要亮时，则底色图像变亮，就像执行滤色模式一样；如果图像色比 50% 的灰要暗，则就像执行叠加模式一样；当图像色是纯白色或者纯黑色时，得到的是纯白色或者纯黑色。图 2-198 为强光模式下的画面显示。

图 2-194　颜色减淡模式

图 2-195　线性减淡模式

图 2-196　叠加模式

15．亮光模式

亮光模式是根据图像色，通过增加或者降低对比度来加深或者减淡颜色。如果图像色比 50%的灰要亮，图像通过降低对比度被照亮；如果图像色比 50%的灰要暗，图像通过增加对比度变暗。图 2-199 所示为亮光模式下的画面显示。

图 2-197　柔光模式

图 2-198　强光模式

图 2-199　亮光模式

16．线性光模式

线性光模式是根据图像色，通过增加或者降低亮度来加深或者减淡颜色。如果图像色比 50%的灰要亮，图像通过增加亮度被照亮；如果图像色比 50%的灰要暗，图像通过降低亮度变暗。图 2-200 为线性光模式下的画面显示。

17．点光模式

点光模式是根据图像色来替换颜色。如果图像色比 50%的灰要亮，图像色将被替换，但比图像色亮的像素不变化；如果图像色比 50%的灰要暗，比图像色亮的像素将被替换，但比图像色暗的像素不变化。图 2-201 为点光模式下的画面显示。

18．差值模式

差值模式通过查看每个通道中的颜色信息，比较图像色和底色，用较亮像素点的像素值减去较暗像素点的像素值，差值作为最终色的像素值。与白色混合将使底色反相，与黑色混合则不产生变化。图 2-202 为差值模式下的画面显示。

图 2-200　线性光模式

图 2-201　点光模式

图 2-202　差值模式

19．排除模式

排除模式与差值模式类似，但是比差值模式生成的颜色对比度小，因而颜色较柔和。与白色混合将使底色反相，与黑色混合则不产生变化。图 2-203 为排除模式下的画面显示。

20．色相模式

色相模式采用底色的亮度、饱和度及图像色的色相来创建最终色。图 2-204 为色相模式下的画面显示。

21．饱和度模式

饱和度模式采用底色的亮度、色相及图像色的饱和度来创建最终色。如果绘图色的饱和度为 0，则原图像将没有变化。图 2-205 为饱和度模式下的画面显示。

图 2-203　排除模式

图 2-204　色相模式

图 2-205　饱和度模式

22．颜色模式

颜色模式采用底色的亮度、图像色的色相和饱和度来创建最终色。该模式可以保护原图像的灰阶层次，对于图像的色彩微调，给单色和彩色图像着色都非常有用。图 2-206 为颜色模式下的画面显示。

23．明度模式

明度模式与颜色模式正好相反，明度模式采用底色的色相和饱和度以及绘图色的亮度来创建最终色。图 2-207 为明度模式下的画面显示。

图 2-206 颜色模式

图 2-207 明度模式

24．深色模式

深色模式采用的是比较图像色和底色的所有通道值的总和，并显示值较小的颜色。该模式不会生成第 3 种颜色，因为它将从底色和图像色中选取最小的通道值来创建结果色。

25．浅色模式

浅色模式与深色模式相反，采用的是比较图像色和底色的所有通道值的总和，并显示值较大的颜色。该模式不会生成第 3 种颜色，因为它将从底色和图像色中选取最大的通道值来创建结果色。

26．减去模式

减去模式采用的是查看每个通道中的颜色信息，并从底色中减去图像色。在 8 位和 16 位图像中，任何生成的负片值都会剪切为零。

27．划分模式

划分模式采用的是查看每个通道中的颜色信息，并从底色中分割图像色。

2.4 通道与蒙版

2.4.1 通道

在 Photoshop CC 2017 中，通道用来存放图像的颜色信息，实际上，它是一种灰度图像。每一种图像都包括一些基于颜色模式的颜色信息通道。

通道可以分为颜色通道、Alpha 通道和专色通道。它们均以缩览图的形式出现在“通道”面板中，如图 2-208 所示。

图 2-208 “通道”面板

1. 颜色通道

使用 Photoshop CC 2017 处理的图像都有一定的颜色模式，也就是说，它们描述颜色的方法各有不同，如 RGB 模式、CMYK 模式和 Lab 模式等。在一幅图像中，像素点的颜色就是由这些颜色模式中的原色信息来进行描述的，因此，所有像素点包含的某一种原色信息便构成了一个颜色通道。例如，一幅 RGB 图像中的红色通道，便是由图像中所有像素点的红色信息所组成的，同样，绿色通道是由所有像素点的绿色信息所组成的，蓝色通道亦然。它们都是颜色通道，这些颜色通道的不同信息配比构成了图像中的不同颜色变化。

下面是 3 种不同颜色模式图像的颜色通道表现。RGB 图像有 3 种颜色通道：R（红色）、G（绿色）、B（蓝色）通道和一个复合通道，CMYK 模式图像有 4 种颜色通道和一个复合通道，Lab 模式图像有 3 种颜色通道和一个复合通道。

3 种颜色模式的“通道”面板如图 2-209 所示。

a)

b)

c)

图 2-209 3 种颜色模式的“通道”面板
a) RGB 模式 b) CMYK 模式 c) Lab 模式

当图像中存在整体的颜色偏差时，用户可以方便地选择图像中的一个颜色通道对其进行相应的校正，例如，如果原图像中的红色色调不够，可以单独选择其红色通道来对图像进行颜色调整。

2．Alpha 通道

如果制作了一个选区，然后将其存储下来，就可以将该选区存储为一个永久的 Alpha 通道。此时，在“通道”面板中会出现一个新的通道层，通常以 Alpha 1、Alpha 2……方式命名，这就是通常所说的 Alpha 通道。

实际上，Alpha 通道是用来存储和编辑选区的，也可以被用作图像的蒙版。

（1）Alpha 通道的特点

1）可以添加和删除 Alpha 通道。

2）可以指定 Alpha 通道的名称、颜色、蒙版选项和不透明度。双击通道层或者在“通道”面板的弹出菜单中选择“通道选项”命令，即可弹出“通道选项”对话框，如图 2-210 所示。

3）可以使用绘画和编辑工具在 Alpha 通道中编辑蒙版。

4）将选区存于 Alpha 通道，可以使选区永久保留并能重复使用。

（2）Alpha 通道的使用

1）创建 Alpha 通道：在“通道”面板的弹出菜单中选择“新建通道”命令，或者按住〈Alt〉键单击“通道”面板下方的（创建新通道）按钮，即可弹出“新建通道”对话框，如图 2-211 所示。设置完毕后单击“确定”按钮，即可建立一个新的 Alpha 通道。注意，若直接单击（创建新通道）按钮，系统将按照默认设置新建一个通道。

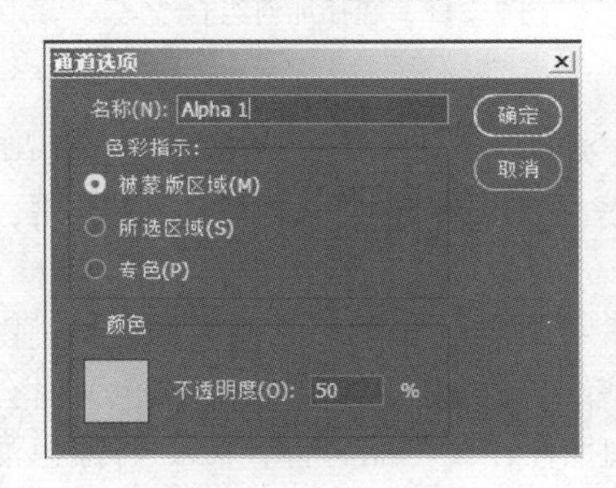

图 2-210 “通道选项”对话框

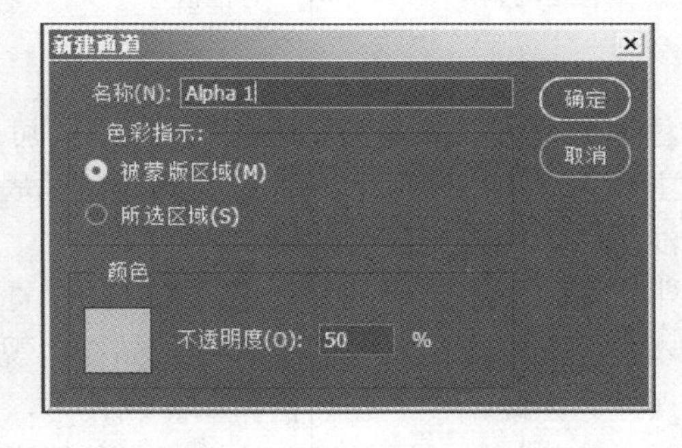

图 2-211 “新建通道”对话框

2）删除 Alpha 通道：与创建新通道类似，可以直接单击“通道”面板下方的（删除当前通道）按钮或者在“通道”面板的弹出菜单中选择“删除通道”命令。

3）复制 Alpha 通道：将需要的通道拖动到（创建新通道）按钮上即可，也可以在“通道”面板的弹出菜单中选择“复制通道”命令。

4）通过已选定选区建立 Alpha 通道。其创建方法如下：首先确定当前选区为选定状态，然后执行菜单中的“选择 | 存储选区”命令，弹出如图 2-212 所示的对话框。设置完成后，单击“确定”按钮进行确认，此时“通道”面板上出现了一个新的通道。如果在存储时选择已有的 Alpha 通道，则可以指定如何组合选区，如图 2-213 所示。

5）将已存储的选区载入图像。其载入方法如下：首先执行菜单中的“选择 | 载入选区”命令，弹出如图 2-214 所示的对话框。然后在“通道”下拉列表框中选择想要载入的选区通道。此时，选中“反相”复选框，可以载入选区以外的区域。如果已经有一个 Alpha 通道，则可指定如何组合选区，如图 2-215 所示，然后单击“确定”按钮进行确认。

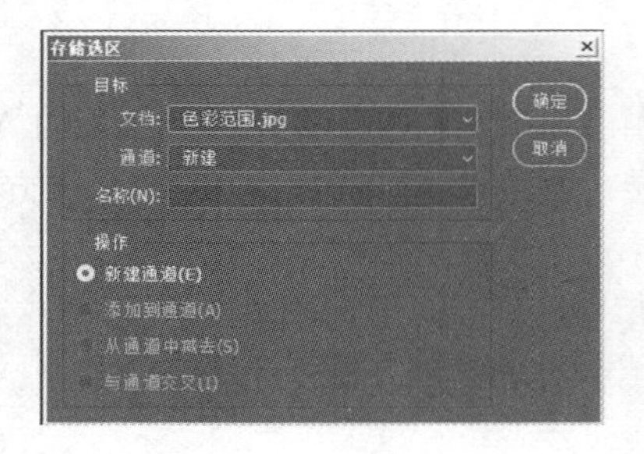

图 2-212 “存储选区”对话框

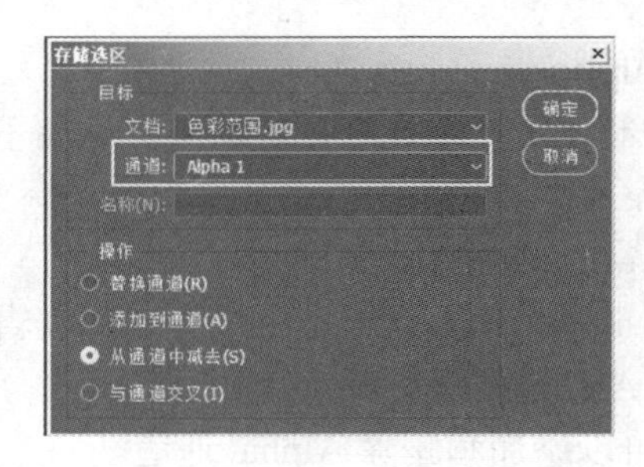

图 2-213 选择已有的“Alpha1”通道

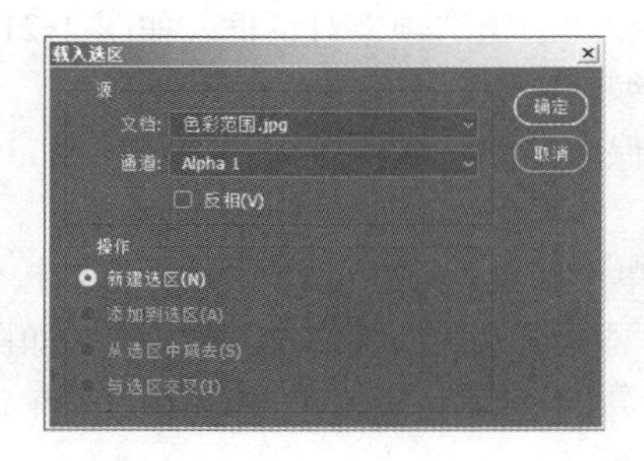

图 2-214 “载入选区”对话框

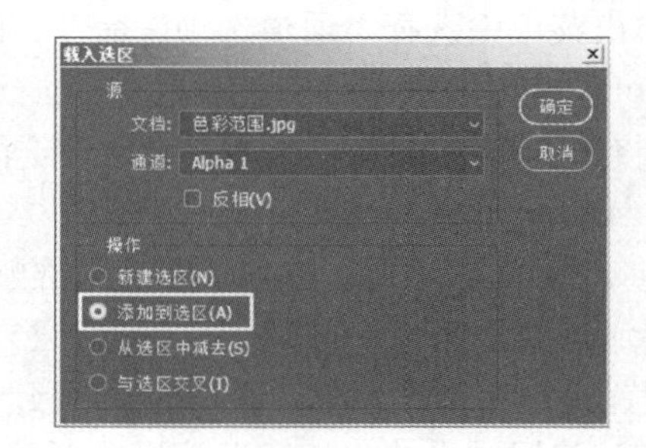

图 2-215 选择如何组合选区

3. 专色通道

专色通道是可以保存专色信息的通道（即可以作为一个专色版应用到图像和印刷中）。专色通道主要用于出专色版。专色版中的专色油墨是指以一种预先混合好的黄、品、青、黑 4 种原色油墨以外的特定彩色油墨。

通常来讲，彩色印刷品都是通过黄、品、青、黑 4 种原色油墨印制而成的，但是由于印刷油墨本身存在一定的颜色偏差，印刷品在再现一些纯色（如红、绿、蓝等颜色）时会出现很大的误差。因此，在一些高档印刷品制作中，人们往往在黄、品、青、黑 4 种原色油墨以外加印一些其他颜色（比如明亮的橙色、绿色等），以便更好地再现其中的纯色信息，这些加印的颜色就是人们所说的专色。另外，为了实现特殊变化所使用的金色、银色、荧光色等油墨也属于专色油墨。

2.4.2 蒙版

蒙版用来将图像的某些部分分离开来，以保护图像的某些部分不被编辑。当基于一个选区创建蒙版时，没有被选中的区域会成为被蒙版蒙住的区域，也就是被保护的区域，可防止被编辑或者被修改。利用蒙版，可以将花费很多时间创建的选区存储起来，以便随时调用。另外，还可以将蒙版用于其他复杂的编辑工作，如对图像执行颜色变换操作或者添加滤镜效果。

在“通道”面板中，蒙版通道的前景色和背景色以灰度值显示。通常，黑色是被保护的部分，白色是不被保护的部分，而灰度部分则根据其灰度值作为透明蒙版使用。对图像部分进行保护，可以产生各种变化。图 2-216 为不同蒙版对图像产生的影响。

在 Photoshop 中，有 3 种方式可以创建蒙版，所有蒙版至少可临时存放为灰度通道。

- 快速蒙版：创建和查看图像的临时蒙版。
- Alpha 通道蒙版：存储和载入选区用作蒙版。

● 图层蒙版：创建特定图层的蒙版。

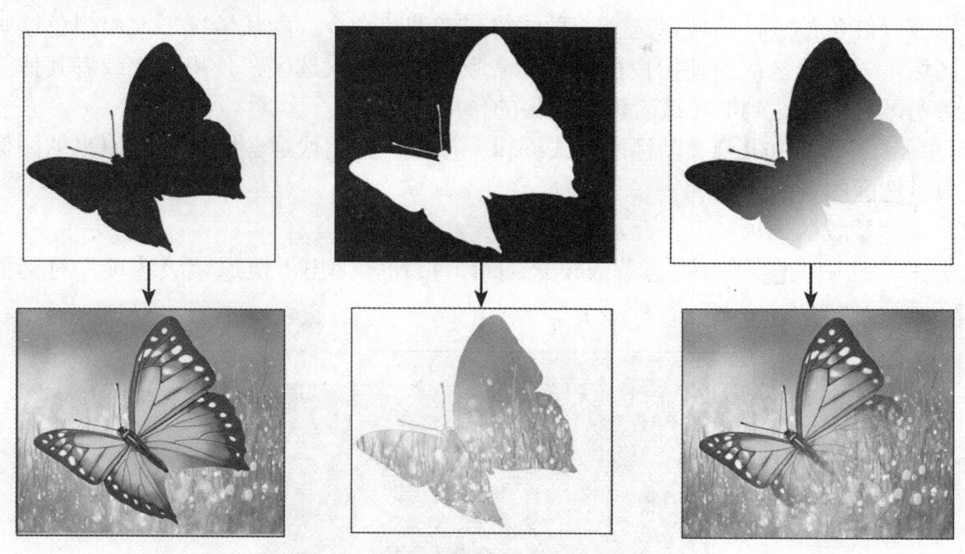

图 2-216　不同蒙版对图像产生的影响

1. 快速蒙版

使用快速蒙版模式无须使用"通道"面板，可以将一个有闪动选择线的选择范围转变成为一个临时的蒙版，并可以将该快速蒙版转变回选择范围。进入快速蒙版模式后，用户可以使用画笔工具扩大或者缩小选区，或者使用滤镜工具扭曲选区边界。

在使用快速蒙版时，"通道"面板将出现一个临时的快速蒙版通道，而所有蒙版编辑都是在图像窗口中进行的。除非将快速蒙版存储为 Alpha 通道，使之成为永久性的蒙版，否则一旦将临时的快速蒙版转变回选择范围，这一临时蒙版就会被自动删除。

（1）快速蒙版的使用方法

1）打开一幅图像，如图 2-217 所示。

2）单击 （套索工具）按钮，选择图像中要更改的部分，创建选区如图 2-218 所示。

3）单击工具箱中的 （以快速蒙版模式编辑）按钮，可见所选区域没有变化，选区以外的部分被红色覆盖。这是因为，默认情况下，快速蒙版模式使用红色和 50% 的不透明度为被保护区域着色，如图 2-219 所示。

图 2-217　原图像

图 2-218　创建选区

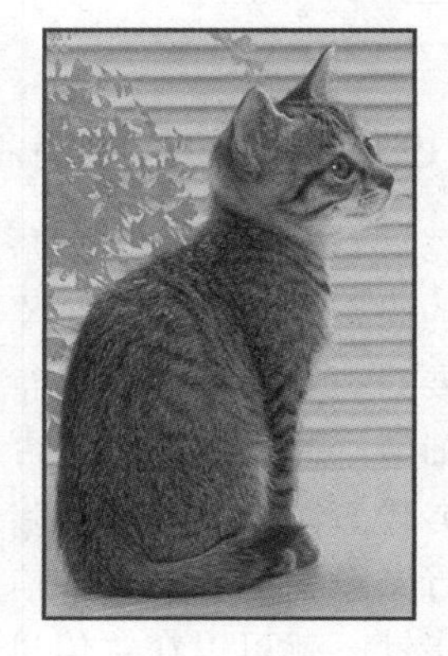

图 2-219　"快速蒙版"效果

4）编辑蒙版，用户可以从工具箱中选择一种绘画或者编辑工具，如利用（橡皮擦工具）可以擦除红色部分，也可以选择一种滤镜或者调整命令。默认情况下，用黑色绘画会扩大蒙版区域，缩小选区；而使用白色会缩小蒙版区域，扩大选区；使用灰色或者其他颜色会创建半透明区域，以达到羽化或者消除锯齿的作用。

5）单击工具箱中的（以标准模式编辑）按钮，关闭快速蒙版并返回原来的图像，此时又变成了选区的形式。

（2）快速蒙版的选项

双击工具箱中的（以快速蒙版模式编辑）按钮，弹出“快速蒙版选项”对话框，如图 2-220 所示。

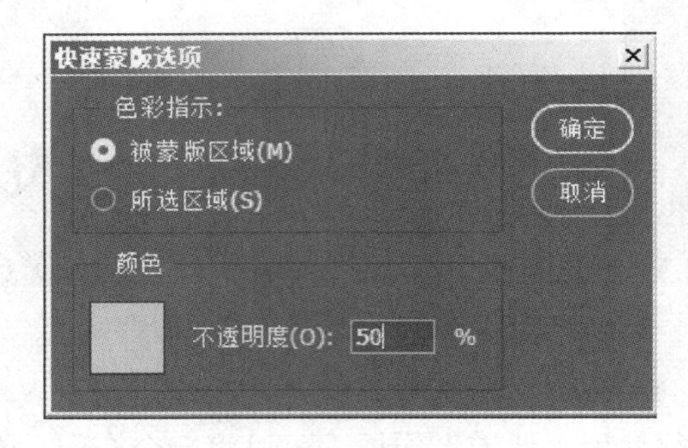

图 2-220 “快速蒙版选项”对话框

在“色彩指示”选项组中，“被蒙版区域”是指所选区域为透明，非选择区域显示为蒙版颜色；“所选区域”是指所选区域为蒙版颜色，非选择区域显示为透明。

“颜色”是指蒙版的颜色及添加后的显示透明度。默认为红色和 50% 的透明度。

2．Alpha 通道蒙版

使用 Alpha 通道蒙版的方法和使用 Alpha 通道一样，都是将其选区载入，然后就可以在图层上进行编辑了。

3．图层蒙版

有关图层蒙版的详细内容请参照“2.3 图层”的内容。

2.5 色彩调整

2.5.1 色彩调整的基本概念

色彩调整在图像修饰中是非常重要的一项内容，Photoshop CC 2017 提供了很多工具来进行图像的修整，它们集中在菜单的“图像 | 调整”命令中。

如要对有缺陷的图像进行修饰，需要原图像有足够的颜色信息，因为在色彩调整时会丢失很多细节，检查原图像是否有足够的颜色信息有以下几种方法。

（1）检查图像高光区和暗部的像素值

执行菜单中的“窗口 | 信息”命令，调出“信息”面板，如图 2-221 所示。在图像上移动鼠标指针，就可以在“信息”面板上查看最亮和最暗部分的像素值。如果两者值的相差足

够大，如亮调 RGB 值为（240，240，240），暗调 RGB 值为（20，20，20），则说明包含这些像素值的色调范围已经有足够的细节，可以获得层次丰富的图像。

（2）检查可显示和可印刷的颜色范围

颜色系统都有一个可显示和可印刷的颜色范围，如 RGB 和 HSB 颜色可以在屏幕上显示出来，但是在 CMYK 模式中没有对应的颜色，观察“信息”面板，当 CMYK 的数值后面有“！”时，表明此颜色在印刷范围以外，如图 2-222 所示，因此应避免在印刷图像中出现。

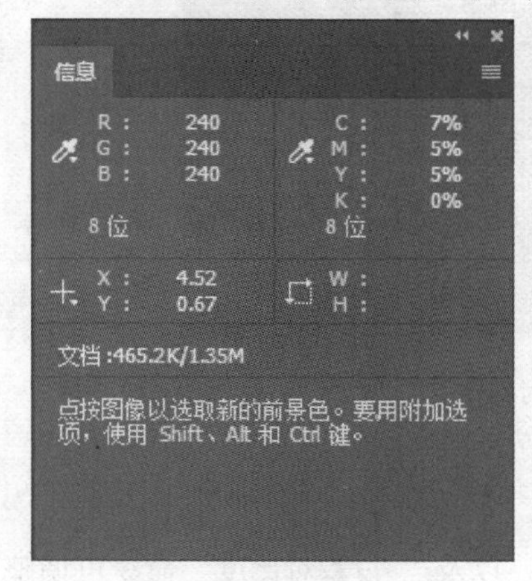

图 2-221　“信息”面板

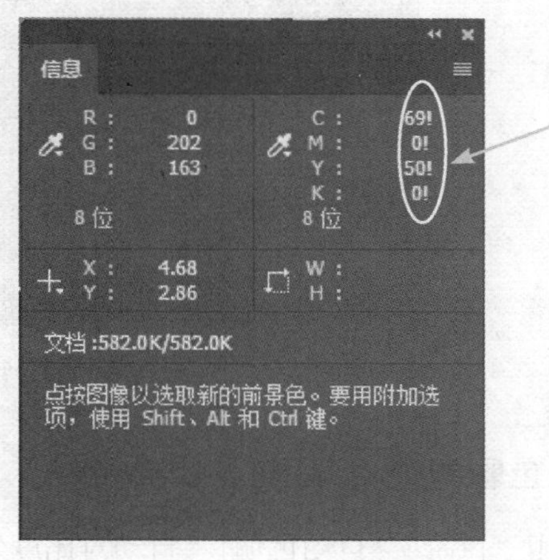

图 2-222　印刷范围以外的颜色提示

（3）利用“色域警告”命令来检查

执行菜单中的“视图 | 色域警告”命令，Photoshop CC 2017 可以将图像中超出色域范围之外的颜色用灰色标示出来，如图 2-223 所示。

提示：许多颜色在降低饱和度后都可以成为色域范围内的颜色。

a)

b)

图 2-223　色域警告区域

a) 原图像　b) 执行“色域警告”命令后的效果

（4）利用“透明度与色域”命令来检查

执行菜单中的“编辑 | 首选项 | 透明度与色域”命令，在弹出的“首选项”对话框中默认显示“透明度与色域”选项设置界面，可以设置显示色域的颜色和透明度，如图 2-224 所示。

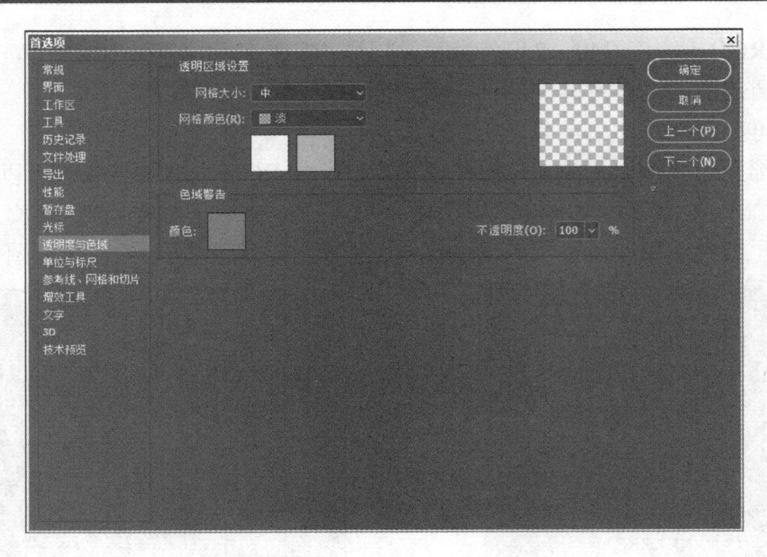

图 2-224 “首选项”对话框

2.5.2 色彩调整的方法

使用“色阶”“自动色调”“自动对比度”“曲线”，以及“亮度/对比度”命令可调整图像的对比度和亮度，这些命令用于修改图像中像素值的分布，并允许在一定范围内调整色调。其中，“曲线”命令可以提供最精确的调整。

使用“色相/饱和度”“替换颜色”和“可选颜色”命令可对图像中的特定颜色进行修改。

1. 色阶

执行菜单中的“图像 | 调整 | 色阶”命令，会弹出“色阶”对话框，图 2-225 为原图像和相应的色阶图。此图是根据每个亮度值处像素点的多少来划分的，最黑的像素点在左面，最亮的像素点在右面。另外，“输入色阶”用于显示当前的数值，“输出色阶”用于显示将要输出的数值。图 2-226 为调整后的色阶图和最终效果图。

a)

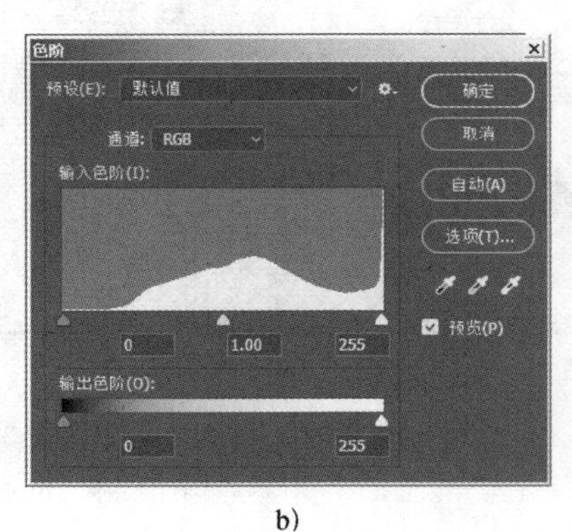

b)

图 2-225 原图像和相应的色阶图

a) 原图像 b) 相应色阶图

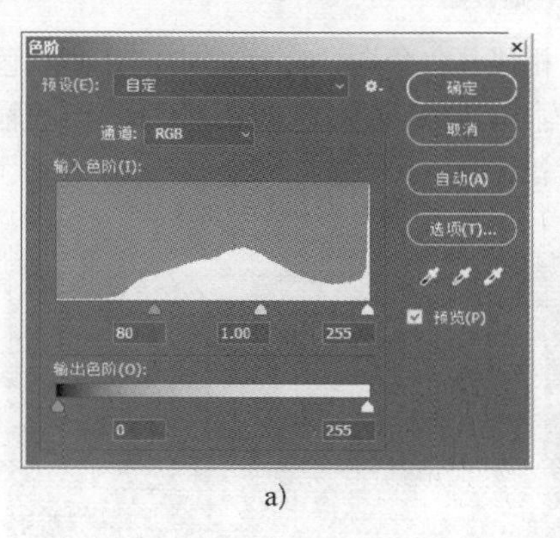

a)

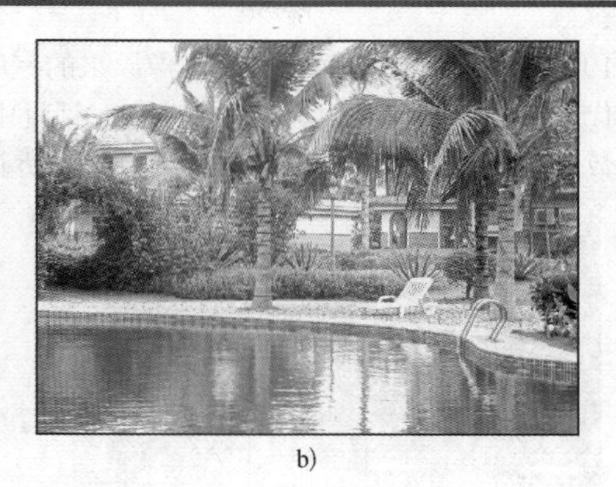

b)

图 2-226　调整后的色阶图和最终效果图

a) 色阶图　b) 最终效果图

2．自动色调

该命令和“色阶”对话框中“自动”按钮的功能相同，可以自动定义每个通道中最亮和最暗的像素作为白色和黑色，然后按比例重新分配其间的像素值，一般用于调整简单的灰阶图。图 2-227 为执行“自动色调”命令前后的对比图。

a)

b)

图 2-227　执行“自动色调”命令前后的对比图

a) 执行“自动色调”命令前　b) 执行“自动色调”命令后

3．自动对比度

执行该命令后，Photoshop CC 2017 会自动将图像最深的颜色加强为黑色，将最亮的部分加强为白色，以增加图像的对比度。此命令对连续色调的图像效果相当明显，而对单色或者颜色不丰富的图像几乎不产生作用。

4．自动颜色

该命令可以让系统自动对图像进行颜色校正。如果图像有色偏或者饱和度过高，均可以使用该命令进行自动调整。

5．曲线

“曲线”命令和“色阶”命令类似，都是用来调整图像色调范围的，不同的是，“色阶”命令只能调整亮部、暗部和中间灰度，而“曲线”命令可以调整灰阶曲线中的任何一点。图 2-228 为原图像和“曲线”对话框。

1）图 2-228b 中的横轴代表图像原来的亮度值，相当于“色阶”对话框中的“输入色阶”；纵轴代表新的亮度值，相当于“色阶”对话框中的“输出色阶”；对角线用来显示当前输入和输出数值之间的关系。在没有进行调节时，所有像素都有相同的输入和输出数值。

a)

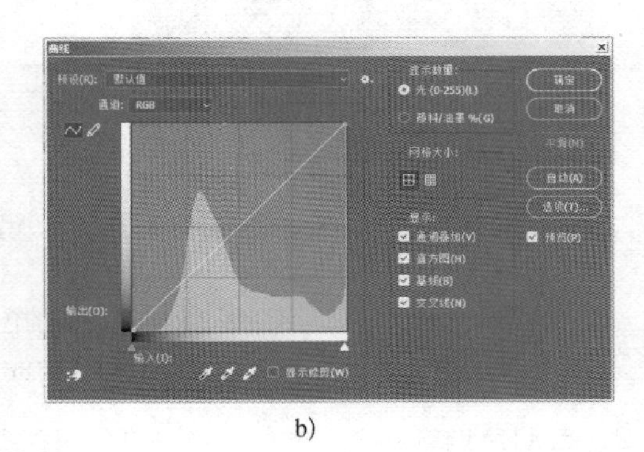

b)

图 2-228　原图像和“曲线”对话框

a) 原图像　b)“曲线”对话框

2）对于 RGB 模式的图像来讲，曲线的最左面代表图像的暗部，像素值为 0；最右面代表图像的亮部，像素值为 255。而对于 CMYK 模式的图像来讲，则刚好相反。

3）“曲线”对话框中的“通道”选项和“色阶”对话框中的“通道”选项相同，但“曲线”对话框不仅可以选择合成的通道进行调整，还可以选择不同的颜色通道来进行个别的调整。

4）在曲线上单击鼠标可以增加一点，用鼠标拖动该点就可以改变图像的曲线。对于较灰的图像，最常见的调整方式是 S 形曲线，可以增加图像的对比度。

5）激活铅笔形的图标可以在图中直接绘制曲线，也可以单击平滑曲线来平滑所画的曲线。

图 2-229 为改变图像曲线的设置框和结果图。

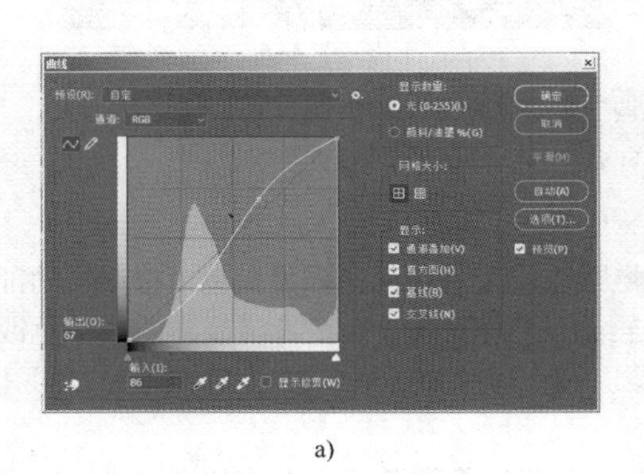

a)

b)

图 2-229　改变图像曲线的设置框和结果图

a) 设置“曲线”对话框　b) 结果图

6．色彩平衡

使用该命令可以改变彩色图像中颜色的组成，但是只能对图像进行粗略的调整。图 2-230 为原图像和图像的“色彩平衡”对话框。

1）拖动图 2-230b 中的滑块可以调整图像的色彩平衡。

2）在“色调平衡”选项组中，可以选择调整图像的阴影、高光和中间调进行色彩调整，也可以选中“保持明度”复选框，从而在改变颜色的同时保持原来的亮度值。图 2-231 为改变色彩平衡后的设置框和结果图。

a)

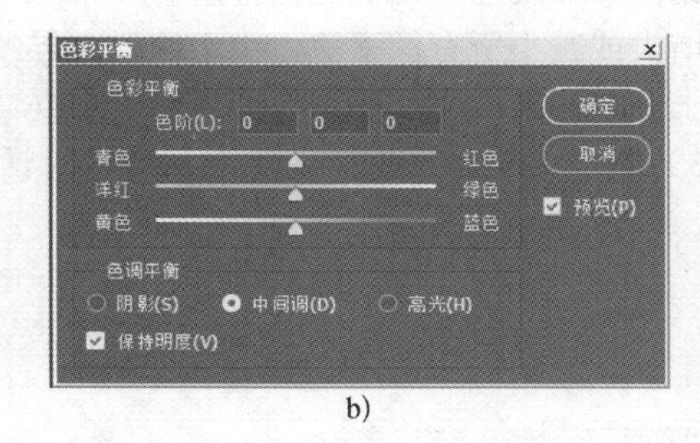

b)

图 2-230　原图像和图像的“色彩平衡”对话框

a) 原图像　b)“色彩平衡”对话框

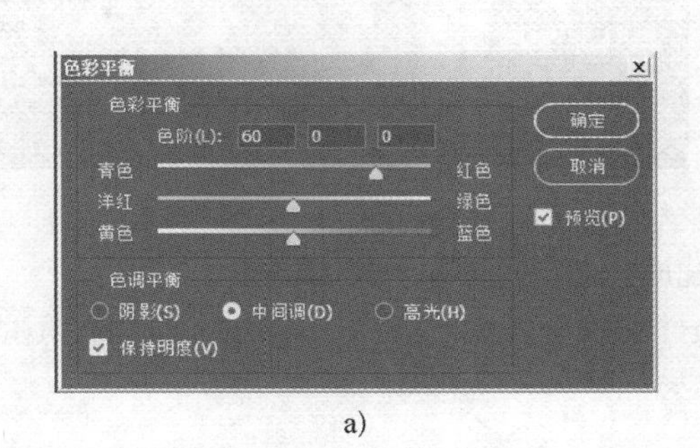

a)

b)

图 2-231　改变色彩平衡后的设置框和结果图

a) 设置“色彩平衡”对话框　b) 结果图

7．亮度/对比度

该命令适用于粗略调整图像的亮度和对比度，其调整范围为-100～100。图 2-232 为原图像和图像的“亮度/对比度”对话框。

a)

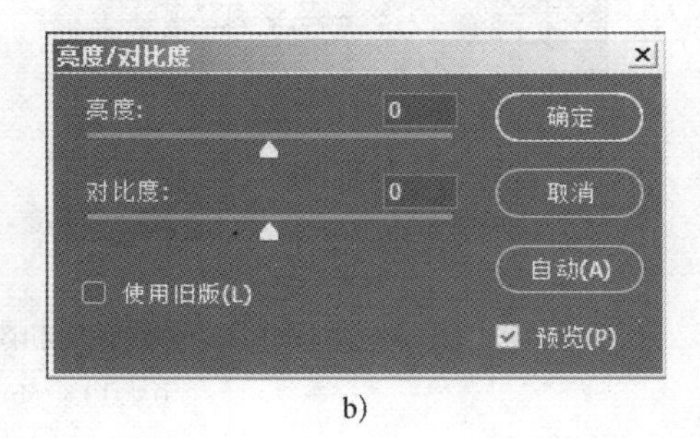

b)

图 2-232　原图像和图像的“亮度/对比度”对话框

a) 原图像　b)“亮度/对比度”对话框

1）在该对话框中将亮度滑块向右移动会增加色调值并扩大图像高光，而将亮度滑块向左移动会减少值并扩大阴影。拖动对比度滑块可扩大或收缩图像中色调值的总体范围。

2）取消选中“使用旧版”复选框，“亮度/对比度”调整与“色阶”和“曲线”调整一样，将按比例（非线性）调整图像像素。如果选中“使用旧版”复选框，在调整亮度时将只是简单地增大或减小所有像素值，由于这样会导致修剪或丢失高光或阴影区域中的图像细节，因此对于高端输出，建议不要选中“使用旧版”复选框。

3）图 2-233 为改变“亮度/对比度”对话框中参数的设置框和结果图。

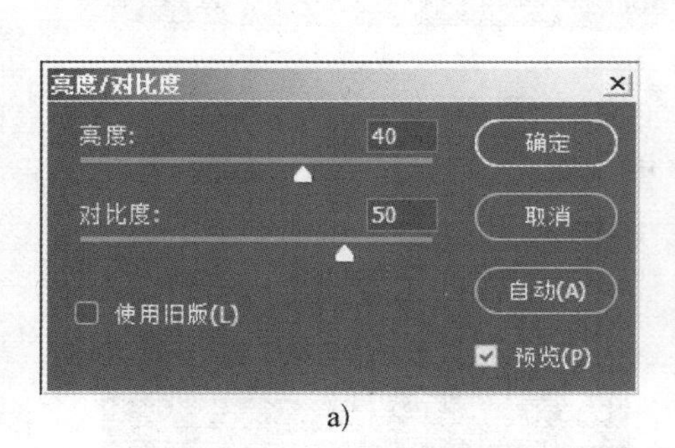

a)

b)

图 2-233　改变“亮度/对比度”后的设置框和结果图

a) 设置“亮度/对比度”对话框　b) 结果图

8. 色相/饱和度

该命令用来调整图像的色相、饱和度和明度。图 2-234 为原图像和图像的“色相/饱和度”对话框。

a)

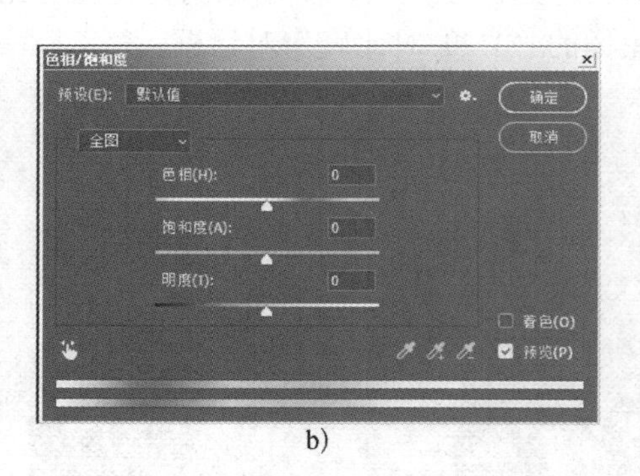

b)

图 2-234　原图像和图像的“色相/饱和度”对话框

a) 原图像　b)“色相/饱和度”对话框

1）“编辑”下拉列表框：可以选择 6 种颜色分别进行调整，或者选择全图来调整所有的颜色，如图 2-235 所示。

2）通过拖动滑块来改变色相、饱和度和明度，在该对话框下面有两个色谱，上面的色谱表示调整前的状态，下面的色谱表示调整后的状态。

3）当选中单一颜色时，在“色相/饱和度”对话框中将出现如图 2-236 所示的状态，中间浅灰色的部分表示要调整颜色的范围，通过拖动深灰色两边的滑块，可以增加或者减少深灰色的区域，即改变颜色的范围。

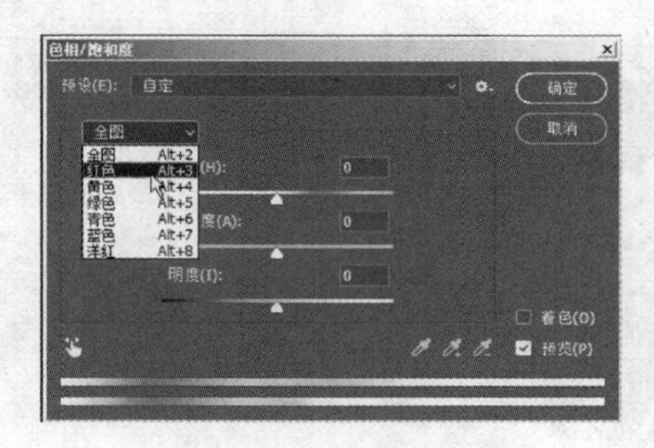

图 2-235　可以选取的颜色

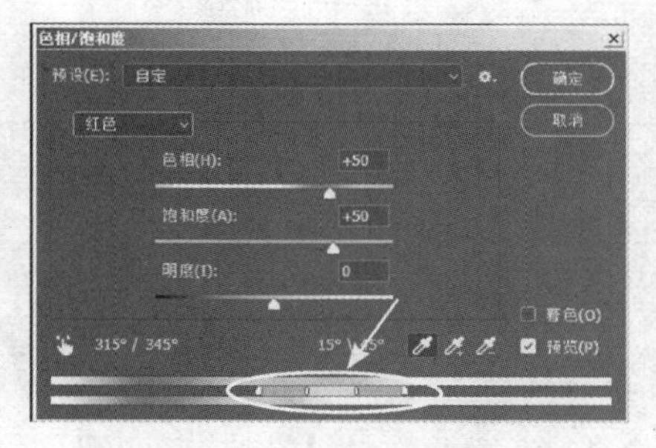

图 2-236　选取“红色”的状态

深灰色两边的浅灰色部分表示颜色过渡的范围，通过拖动两边的滑块，可以改变颜色的衰减范围。

在两条色谱的上方有两对数值，分别表示两条色谱间 4 个滑块的位置。可以使用吸管工具，在图像中单击鼠标确定要调整的颜色范围，然后用添加到取样工具来增加颜色范围，用从取样中减去工具来减少选择范围。当设定完成颜色调整范围和衰减范围后，就可以改变色相、饱和度与明度值了。

4）选中“着色”复选框后，图像变成单色，可以改变色相、饱和度和明度值，得到单色的图像效果。图 2-237 为调整框的设置状态和改变后的结果图。

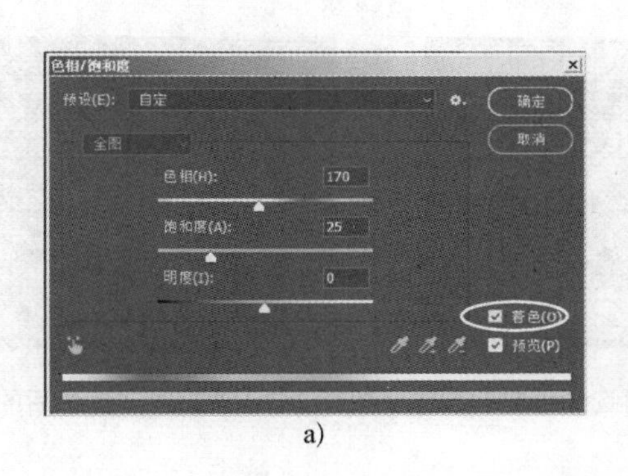

a)

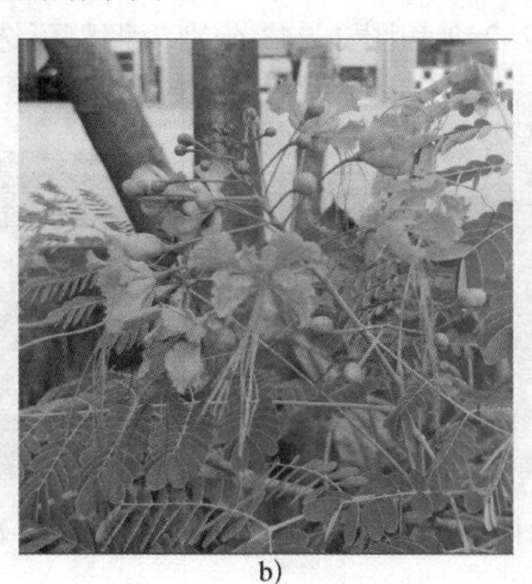

b)

图 2-237　设置参数及其结果图

a) 设置“色相/饱和度”对话框　b) 结果图

9. 去色

该命令可以保持图像原来的色彩模式，将彩色图变成灰阶图。

10. 替换颜色

使用该命令可以替换图像中某区域的颜色，其设置对话框如图 2-238 所示。可以用吸管

工具选择要改变的颜色，“颜色容差”为选择颜色的相似程度，“替换”为改变后颜色的色相、饱和度及明度。图 2-239 和图 2-240 分别为替换颜色前和替换颜色后的图像。

图 2-238 “替换颜色”对话框

图 2-239 替换颜色前的图像

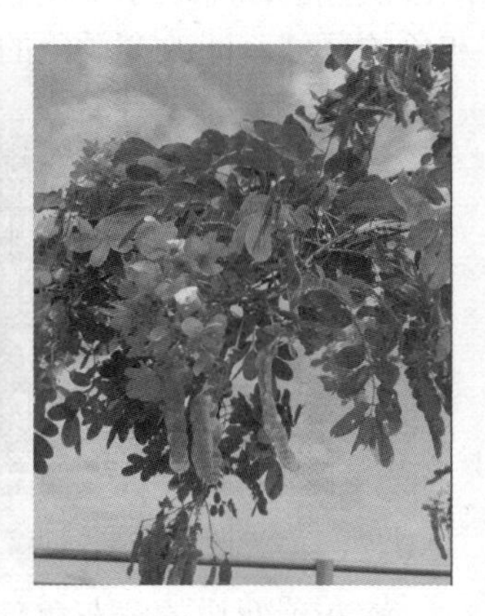

图 2-240 替换颜色后的图像

11．可选颜色

使用该命令可以对 RGB、CMYK 和灰度等色彩模式的图像进行分通道校色，其设置对话框如图 2-241 所示。在“颜色”下拉列表框中选择要修改的颜色，拖动下面的滑块来改变颜色的组成。“方法”选项组中包括“相对”和“绝对”单选按钮。“相对”用于调整现有的颜色值，例如，图像中现有 50%的红色，如果增加了 10%，则实际增加的红色为 5%；“绝对”用于调整颜色的绝对值，例如图像中有 50%的红色，如果增加了 10%，则增加后有 60%的红色。图 2-242 和图 2-243 分别为调整可选颜色前和调整可选颜色后的图像。

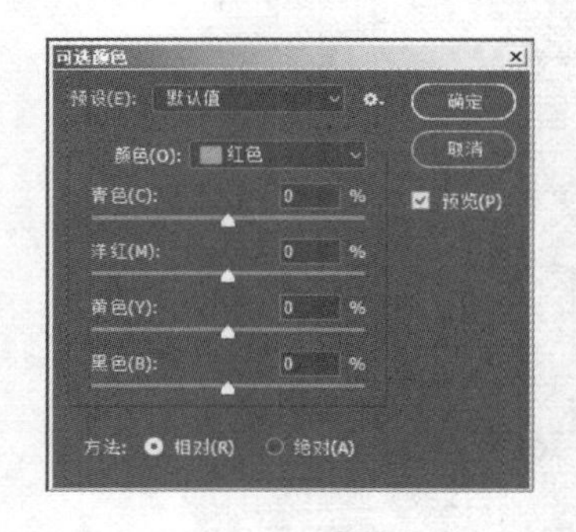

图 2-241 “可选颜色”对话框

图 2-242 调整可选颜色前的图像

图 2-243 调整可选颜色后的图像

12．通道混和器

该命令通过调节通道来调节图像的颜色，其设置对话框如图 2-244 所示。在“输出通道”下拉列表框中可以选择要更改的颜色通道，然后在“源通道”选项组中可拖动滑块来改变各种颜色。通过改变“常数”选项的值，可增加通道的补色。另外，如果选中“单色”复选框，可以制作出灰度的图像。图 2-245 和图 2-246 分别为应用通道混和器前与应用通道混和器后的图像。

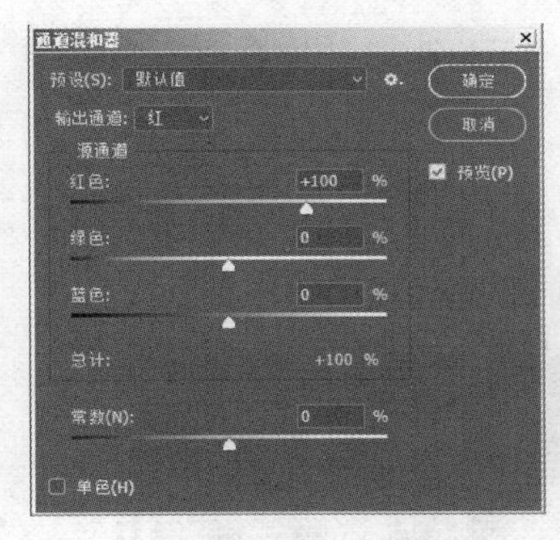

图 2-244 “通道混和器”对话框

图 2-245　应用通道混和器前的图像

图 2-246　应用通道混和器后的图像

13．渐变映射

该命令用来将相等的图像灰度范围映射到指定的渐变填充色上。其原图像和“渐变映射”对话框如图 2-247 所示。如果指定双色渐变填充，则图像中的暗调映射渐变填充的一个端点颜色，高光映射另一个端点颜色，中间调映射两个端点间的层次。图 2-248 为分别使用了紫橙色和橙黄色两种渐变过渡后的画面效果。

a)

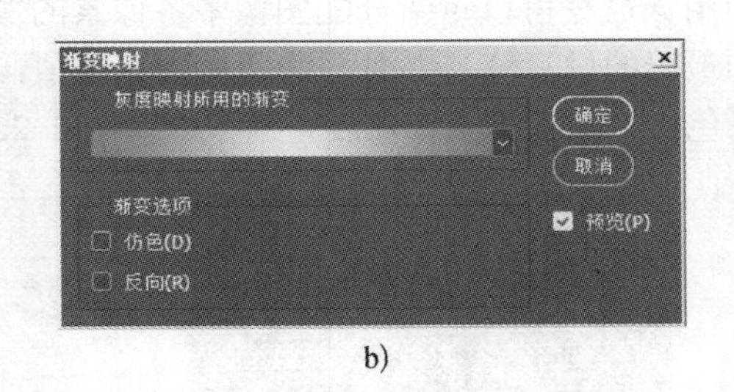

b)

图 2-247　原图像和“渐变映射”对话框

a) 原图像　b)“渐变映射”对话框

图 2-248　分别使用了紫橙色和橙黄色两种渐变过渡后的画面效果

其中，选中“仿色”复选框会使色彩过渡更为平滑；选中“反向”复选框会使渐变逆转方向。

14. 反相

该命令用于产生原图像的负片。转换后像素点的像素值为 255 减去原图像的像素点值。该命令在通道运算中经常用到。图 2-249 为执行“反相”命令前后的效果比较。

a)

b)

图 2-249 执行“反相”命令前后的效果比较

a) 执行“反相”命令前 b) 执行“反相”命令后

15. 色调均化

使用该命令可以重新分配图像中各像素的像素值。当执行此命令时，软件会寻找图像中最亮和最暗的像素值，并且平均所有的亮度值，使图像中最亮的像素代表白色，最暗的像素代表黑色，中间各像素按灰度重新分配。图 2-250 为执行“色调均化”命令前后的效果比较。

a)

b)

图 2-250 执行“色调均化”命令前后的效果比较

a) 执行“色调均化”命令前 b) 执行“色调均化”命令后

16. 阈值

使用该命令可以将彩色图像变成高对比度的黑白图像。图 2-251 和图 2-252 为原图像和“阈值”对话框。拖动滑块可以改变阈值，也可以直接在“阈值色阶”文本框中输入数值。当设定阈值时，所有像素值高于此阈值的像素点会变为白色，所有像素值低于此阈值的像素点会变为黑色。图 2-253 为改变阈值后的画面显示效果。

图 2-251　原图像

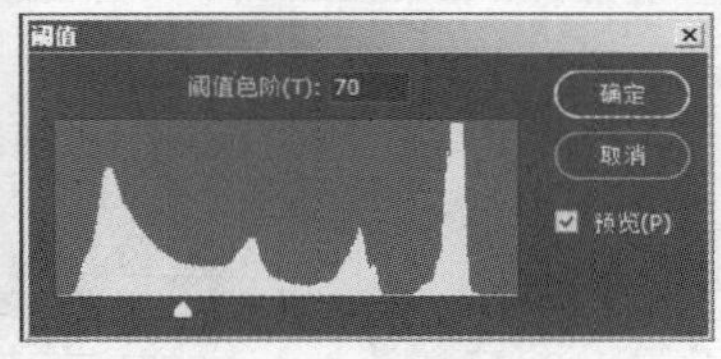

图 2-252　“阈值”对话框

图 2-253　调整“阈值”后的效果

17．色调分离

使用该命令可以定义色阶的多少。对于灰阶图像，可以用该命令减少灰阶数量，图 2-254 和图 2-255 分别为原图像和“色调分离”对话框，用户可以直接在对话框的“色阶”文本框中输入数字来定义色调分离的级数。图 2-256 为色调分离后的画面显示效果。

图 2-254　原图像

图 2-255　“色调分离”对话框

图 2-256　色调分离后的效果

18．阴影/高光

“阴影/高光”命令能够基于阴影或高光中的局部相邻像素来校正每个像素，当调整阴影区域时，对高光区域的影响很小；当调整高光区域时，对阴影区域的影响很小。该命令非常适合校正由强逆光而形成的剪影照片，也可以校正由于太接近相机闪光灯而有些发白的焦点。图 2-257 为原图，执行菜单中的“图像 | 调整 | 阴影/高光”命令，在弹出的“阴影/高光”对话框中如图 2-258 所示设置参数，单击“确定”按钮，效果如图 2-259 所示。

19．HDR 色调

使用“HDR 色调”命令可以用来修补太亮或太暗的图像，从而制作出高动态范围的图像效果。图 2-260 为原图，执行菜单中的“图像 | 调整 | HDR 色调”命令，在弹出的“HDR 色调”对话框中如图 2-261 所示设置参数，单击“确定”按钮，效果如图 2-262 所示。

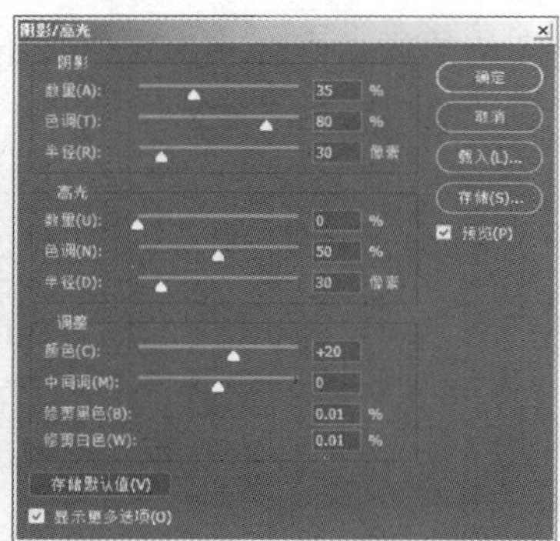

图 2-257　原图像　　图 2-258　设置“阴影/高光”参数　　图 2-259　调整参数后的效果

图 2-260　原图像

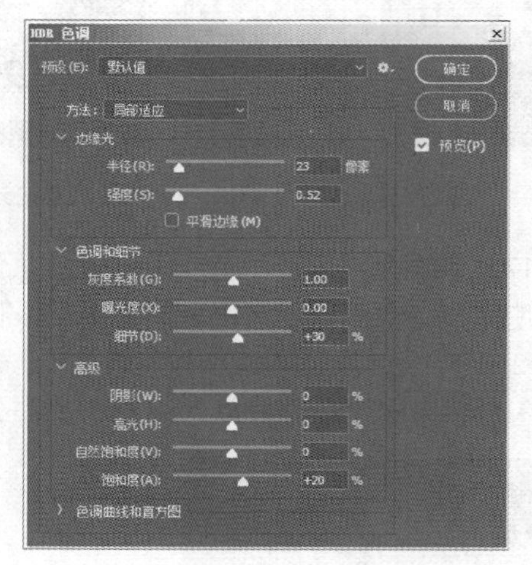

图 2-261　设置“HDR 色调”参数

图 2-262　调整参数后的效果

2.6　路径

2.6.1　路径的特点

路径可以是一个点、一条直线或者一条曲线，可以很容易地被重新修整，其主要特点体现在以下几个方面。

1）路径是矢量的线条，因此无论放大或者缩小都不会影响它的分辨率或者平滑度。

2）路径可以被存储起来。

3）路径可以用于精确地编辑和微调。

4）可以将路径以复制或者粘贴的方式在 Photoshop 文件间互相交换，也可以和其他矢量软件互相交换信息，如 Illustrator 等。

5）可以使用路径编辑出平滑的曲线，然后转变成选区进行编辑，也可以直接沿着路径描绘或者添色。

2.6.2 路径的相关术语

1．锚点

路径是由锚点组成的。锚点是定义路径中每条线段开始和结束的点，通过它们来固定路径。

2．路径分类

路径分为开放路径和闭合路径，如图 2-263 所示。

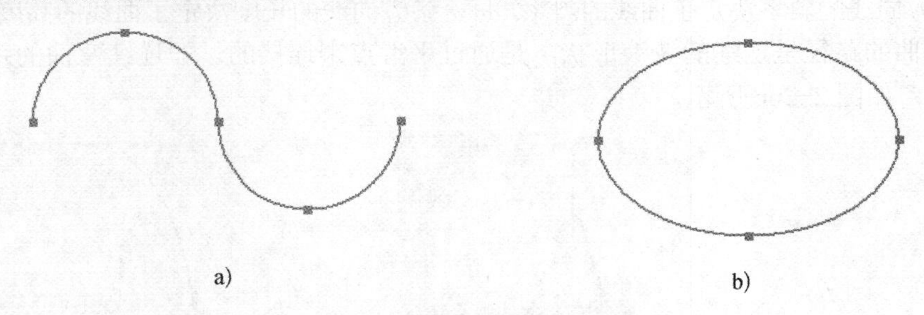

图 2-263 开放路径和闭合路径

a) 开放路径 b) 闭合路径

3．端点

一条开放路径的开始锚点和结束锚点称为端点。

2.6.3 使用钢笔工具创建路径

1．绘制直线

使用钢笔工具可以绘制最简单的线条——直线。

绘制直线路径的操作步骤如下：

1）选择工具箱中的（钢笔工具），选择类型为，如图 2-264 所示。

图 2-264 选择“路径”

2）单击画面，确定路径的起始点。

3）移动鼠标位置，再次单击，从而绘制出路径的第 2 个点，而两点之间将自动以直线连接。

4）同理，绘制出其他点，如图 2-265 所示。

提示： 在绘制锚点时，按下〈Shift〉键可保证绘制的直线为水平、垂直或者其他 45° 倍数的角度。

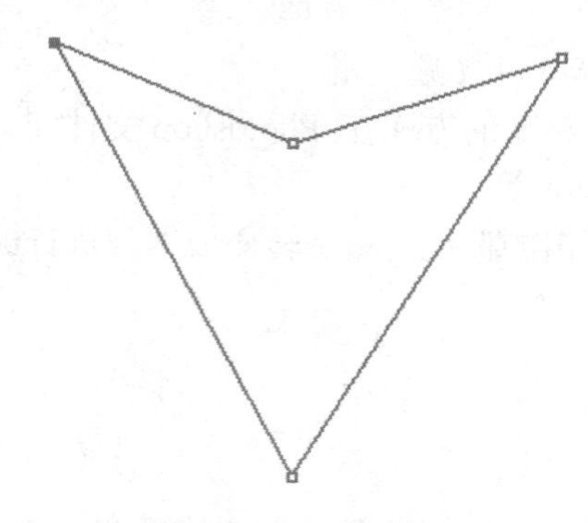

图 2-265　绘制其他点

2. 绘制曲线

使用 (钢笔工具)，在单击鼠标时并不松开鼠标，而是拖动鼠标，可以拖动出一条方向线，每一条方向线的斜率决定了曲线的斜率，每一条方向线的长度决定了曲线的高度或者深度。

连续弯曲的路径呈连续的波浪形状，是通过平滑点来连接的，非连续弯曲的路径是通过角点连接的，如图 2-266 所示。

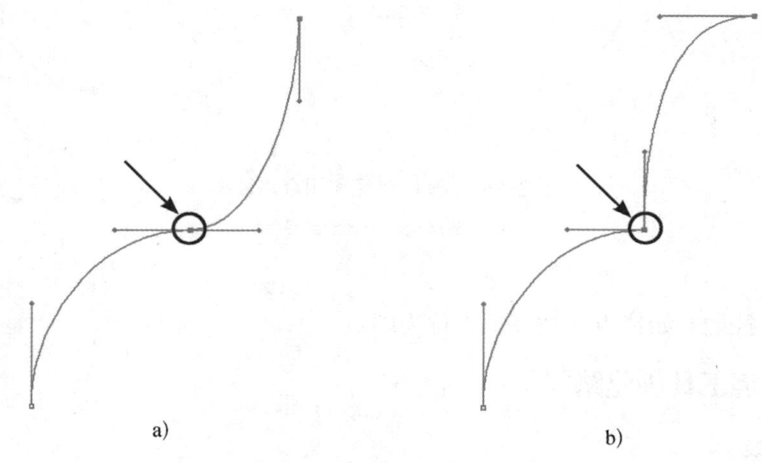

图 2-266　平滑点和角点比较
a) 平滑点　b) 角点

绘制曲线路径的操作步骤如下：

1）选择工具箱中的 (钢笔工具)，选择类型为 路径，然后将笔尖放在要绘制曲线的起始点，按住鼠标左键进行拖动，释放鼠标即可形成第 1 个曲线锚点。

2）将鼠标移动到下一个位置，按下鼠标左键拖动，得到一段弧线。

3）同理，继续绘制，从而得到一段波浪线。

4）若要结束一段开放路径，可以按住〈Ctrl〉键单击路径以外的任意位置；若要封闭一段开放路径，可以将 (钢笔工具) 放到第 1 个锚点上，此时钢笔的右下角会出现一个小圆圈，单击可以封闭开放路径。

3. 添加、删除和转换锚点工具

通过添加、删除和转换锚点可以更好地控制路径的形状，从而创造出更加灵活多样的形状，Photoshop CC 2017 提供了多种路径编辑工具。

1）添加锚点工具：使用该工具在路径片段上单击时，可以增加一个锚点。

2）删除锚点工具：与添加锚点工具的使用方法相同，效果相反。

3）转换锚点工具：将该工具放到曲线点上，单击可以将曲线点转化成直线锚点；反之，则可以将直线点转化成曲线点。另外，将转换锚点工具放到方向线端部的方向点上，按住鼠标左键拖动，可改变方向线的方向。

4. 自由钢笔工具

使用（自由钢笔工具）就像使用铅笔工具在纸上画线一样，多用于按已知图形描绘路径。

其使用方法是按住鼠标左键拖动，开始形成线段，松开鼠标，线段终止。若想继续画出路径，将鼠标指针放到上一次的终止锚点上，按住鼠标左键拖动就可以将两次画的路径连接起来。在封闭路径时，只要将鼠标指针拖动到起点就可以了。

自由钢笔工具的设置栏如图 2-267 所示。

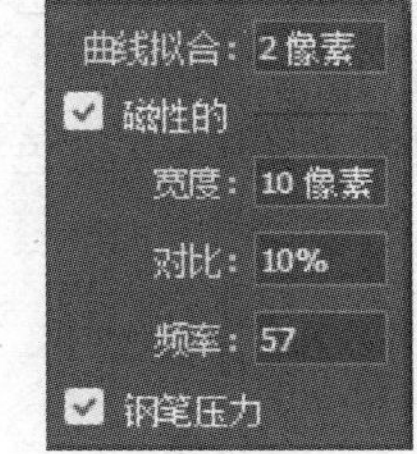

图 2-267　自由钢笔工具的设置栏

1）曲线拟合：数值范围是 0.5～10 像素，代表曲线上的锚点数量。数值越大，表示路径上的锚点越多，路径越符合所绘制的曲线。

2）宽度：数值范围是 1～40 像素，用来定义磁性钢笔工具检索的距离范围。数值越大，寻找的范围越大，可能会导致边缘的准确度降低。

3）对比：数值范围是 1%～100%，用来定义磁性钢笔工具对边缘的敏感程度。如果输入的数值较高，则磁性钢笔工具只能检索到和背景对比度非常大的物体的边缘；反之，可以检索到低对比度的边缘。

4）频率：数值范围是 0～100，用来控制磁性钢笔工具生成固定点的多少。频率越高，越能更快地固定路径的边缘。

将自由钢笔工具放到不同的锚点上可以产生不同的效果。例如，放到锚点上可以变成删除锚点工具，放到曲线片段上可以变成添加锚点工具等。

5. 移动和调整路径

在绘制路径时，可以快速调整路径，在使用（钢笔工具）时按住〈Ctrl〉键可切换到（直接选择工具），选中路径片段或者锚点后可以直接调整路径。

1）（直接选择工具）：选中锚点拖动可以改变锚点的位置；选中路径片段拖动可以改变路径片段的曲度；选中调节线的端点可以改变调节线的方向和长度。如果按住〈Shift〉键，可以同时选中多个锚点，此时拖动该路径片段可以改变该路径片段的位置。

2）（路径选择工具）：可以改变整个路径的位置。

2.6.4　“路径”面板的使用

“路径”面板如图 2-268 所示。

图 2-268 “路径”面板

1—用前景色填充路径 2—用画笔描边路径 3—将路径作为选区载入 4—从选区生成工作路径
5—添加蒙版 6—创建新路径 7—删除当前路径

1. 用前景色填充路径

在单击■（用前景色填充路径）按钮的时候，按住〈Alt〉键，可以弹出如图 2-269 所示的“填充路径”对话框。此时在“内容”后的下拉列表框中选择“前景色”选项，单击“确定”按钮，即可用前景色填充路径。

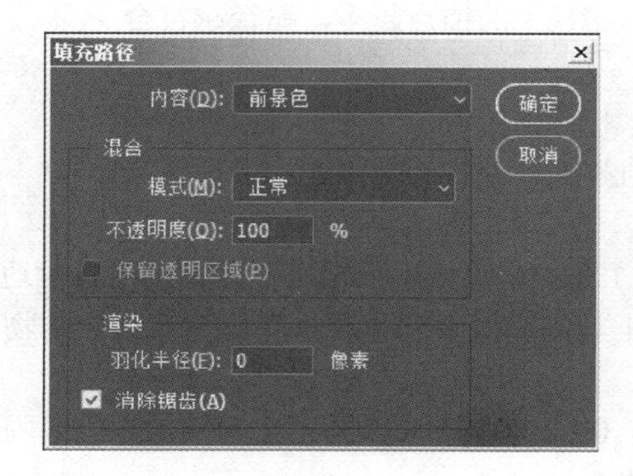

图 2-269 “填充路径”对话框

2. 用画笔描边路径

在单击■（用画笔描边路径）按钮的时候，按住〈Alt〉键，可以弹出如图 2-270 所示的“描边路径”对话框。此时在“工具”后的下拉列表框中选择相应的画笔工具，如图 2-271 所示，单击“确定”按钮，即可用选择的画笔工具描边路径。

3. 将路径作为选区载入

在单击■（将路径作为选区载入）按钮的时候，按住〈Alt〉键，可以弹出“建立选区”对话框，如图 2-272 所示。

4. 从选区生成工作路径

在单击■（从选区生成工作路径）按钮的时候，按住〈Alt〉键，可以弹出“建立工作路径”对话框，如图 2-273 所示。容差的取值范围为 0.5～10 像素，容差值越大，转换后的路径锚点越小，路径越不精细；反之，路径越精细。

图 2-270　“描边路径”对话框

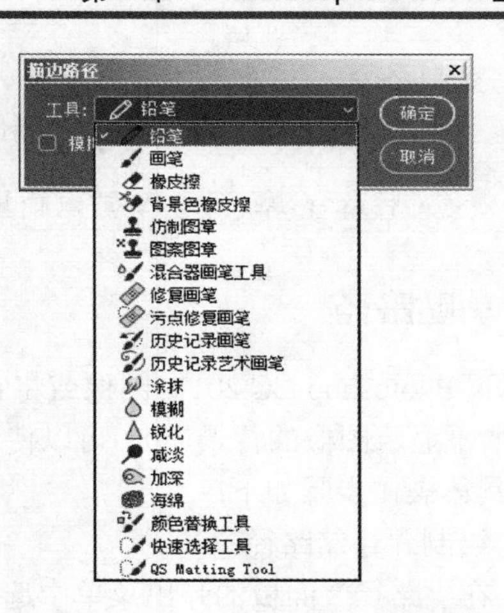

图 2-271　选择相应的画笔工具

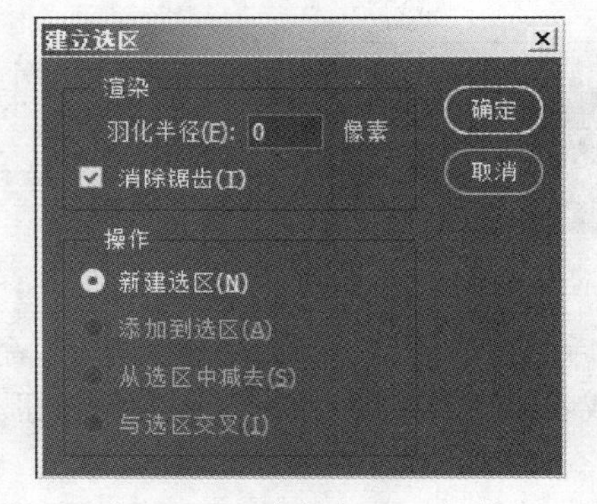

图 2-272　“建立选区”对话框

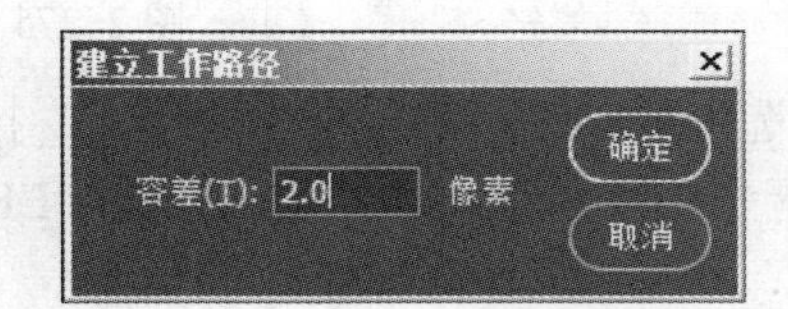

图 2-273　“建立工作路径”对话框

5．创建新路径

如果用（钢笔工具）创建一个新路径，在“路径”面板上将自动创建一个“工作路径”图层。但是当重新创建一个新路径时，该路径图层将自动转换成新创建的路径，原来的路径会自动消失。此时，如果要保留前一个路径，可以将其存储起来。存储路径的方法有以下两种：

1）双击该“路径”面板中的工作路径名称，对路径名称进行更改，此时系统将该工作路径存储为用户命名的路径。

2）单击“路径”面板的弹出菜单，选择“存储路径”命令，在弹出的“存储路径”对话框中输入名称，单击“确定”按钮进行确认，如图 2-274 所示。

图 2-274　“存储路径”对话框

6．删除当前路径

将需要删除的路径图层拖动到（删除当前路径）按钮上即可。

7．复制路径

将要复制的路径拖动到 （创建新路径）按钮上即可。

提示：以上几种路径编辑方法均可以使用“路径”面板的弹出菜单来实现。

2.6.5 剪贴路径

打印 Photoshop CC 2017 图像或将它置入其他应用图像的时候，如果只想显示图像的一部分（如不显示图像的背景等），可以使用剪贴路径隔离前景对象，并使对象以外的部分变为透明。具体操作步骤如下：

1）绘制并存储路径。

2）在“路径”面板的弹出菜单中选择“剪贴路径”命令，弹出“剪贴路径”对话框，如图 2-275 所示。“展平度”用来定义曲线由多少个直线片段组成，数值越小，表明组成曲线的直线片段越多；反之，组成曲线的直线片段越少。

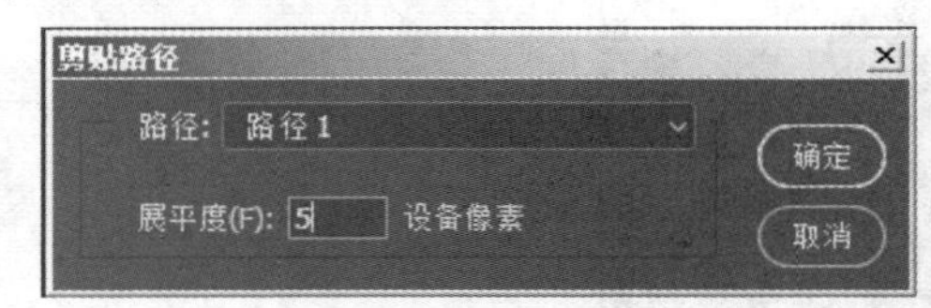

图 2-275 “剪贴路径”对话框

3）选好剪贴路径后，单击“确定”按钮。然后执行菜单中的“文件 | 存储为”命令，弹出“存储为”对话框，选择 Photoshop EPS 格式或者 TIFF 格式，单击“保存”按钮。

2.7 滤镜

滤镜来源于摄影中的滤光镜，应用滤光镜的功能可以改进图像和产生特殊效果。通过滤镜的处理，可以为图像加入纹理、变形、艺术风格和光照等多种特效，让平淡无奇的照片瞬间光彩照人。

2.7.1 滤镜的种类

滤镜分为内置滤镜和外挂滤镜两大类。内置滤镜是 Photoshop CC2017 自身提供的各种滤镜，外挂滤镜则是由其他厂商开发的滤镜，需要在 Photoshop 中安装才能使用。

Photoshop CC 2017 的所有滤镜都按类别放置在“滤镜”菜单中，使用时只需用鼠标单击这些滤镜命令即可。对于 RGB 颜色模式的图像，可以使用任何滤镜功能。按快捷键〈Ctrl+F〉，可以重复执行上次使用的滤镜。

Photoshop 内置滤镜多达 100 余种，其中滤镜库、自适应广角、镜头校正、液化、油画和消失点属于特殊滤镜，风格化、画笔描边、模糊、扭曲、锐化、视频、素描、纹理、像素画、渲染、艺术效果、杂色和其他属于滤镜组滤镜。

2.7.2 滤镜的使用原则与技巧

1）使用滤镜处理某一图层中的图像时，需要选择该图层，并且确认该图层是可见的。

2）如果创建了选区，滤镜只会处理选区中的图像；如果未创建选区，则处理的是当前图层中的全部图像。

3）滤镜的处理效果是以像素为单位进行计算的，因此，使用相同的参数处理不同分辨率的图像，其效果也会有所不同。

4）滤镜可以处理图层蒙版、快速蒙版和通道。

5）只有“云彩”滤镜可以应用在没有像素的区域，其他滤镜都必须应用在包含像素的区域，否则不能使用这些滤镜。但外挂滤镜除外。

6）在索引和位图颜色模式下，所有的滤镜都不可用；在 CMYK 颜色模式下，某些滤镜不可用。此时要对图像应用滤镜，可以执行菜单中的“图像 | 模式 | RGB 颜色”命令，将图像模式转换为 RGB 模式，再应用滤镜。

7）在应用滤镜的过程中，如果要终止处理，可以按〈Esc〉键。

8）滤镜的顺序对滤镜的总体效果有明显的影响。例如，先执行“晶格化”滤镜再执行“马赛克”滤镜，与先执行“马赛克”滤镜再执行“晶格化”滤镜的效果会发生明显的变化。

2.8　课后练习

1. 填空题

1）________工具可以从图像中取得颜色样品，并指定为新的前景色和背景色。

2）Photoshop CC 2017 包含有 5 种渐变，分别是________、________、________、________和________。

3）单击________按钮，可以将当前图层保护起来，不受任何填充、描边及其他绘图操作的影响。

4）在图层混合模式中，________模式突出白色的像素，________模式突出黑色的像素。

5）________命令非常适合校正由强逆光而形成的剪影照片，也可以校正由于太接近相机闪光灯而有些发白的焦点。

6）使用________命令可以用来修补太亮或太暗的图像，从而制作出高动态范围的图像效果。

7）使用________命令，可以在缩放图像时，保持画面中的人物、建筑、动物等不会变形。

2. 选择题

1）（　　）模式是用于印刷的模式。

A. RGB　　B. CMYK　　C. Lab　　D. HSB

2）（　　）格式是用于网页的格式。

A. JPEG　　B. GIF　　C. PNG　　D. Targa

3）使用背景橡皮擦工具擦除图像后，其背景色将变为（　　）。

A. 透明色　　B. 白色

C. 与当前所设的背景色颜色相同　　D. 以上都不对

4）可以改善图像的曝光效果，加亮图像某一部分的工具是（　　）工具。

A. 模糊　　B. 减淡　　C. 锐化　　D. 涂抹

5）（　　）模式的作用效果和正片叠底正好相反，它是将两个颜色的互补色的像素值相乘，然后除以 255，得到最终色的像素值。通常，执行滤色模式后的颜色都较浅。

A．柔光　　B．滤色　　C．变亮　　D．叠加

6）按快捷键（　　），可以重复执行上次使用的滤镜。

A．〈Ctrl+D〉　　B．〈Ctrl+F〉　　C．〈Ctrl+G〉　　D．〈Ctrl+E〉

3．问答题

1）简述位图和矢量图的区别。

2）简述创建剪贴蒙版的方法。

3）简述通道的种类和特点。

4）简述图层复合的使用方法。

5）简述滤镜的使用原则与技巧。

第 2 部分 基础实例演练

第3章　Photoshop CC 2017 工具与基本编辑

本章重点

通过本章的学习，读者应掌握多种创建选区和抠像的方法，并掌握移动工具、画笔工具和渐变工具等常用工具的使用方法。

3.1　烛光晚餐

要点：

本例将利用8幅图片合成一幅图片，如图3-1所示。通过本例的学习，读者应掌握（多边形套索工具）、（磁性套索工具）、（魔棒工具）的使用，以及菜单中“选择范围”“选取相似”和“贴入”命令的使用。

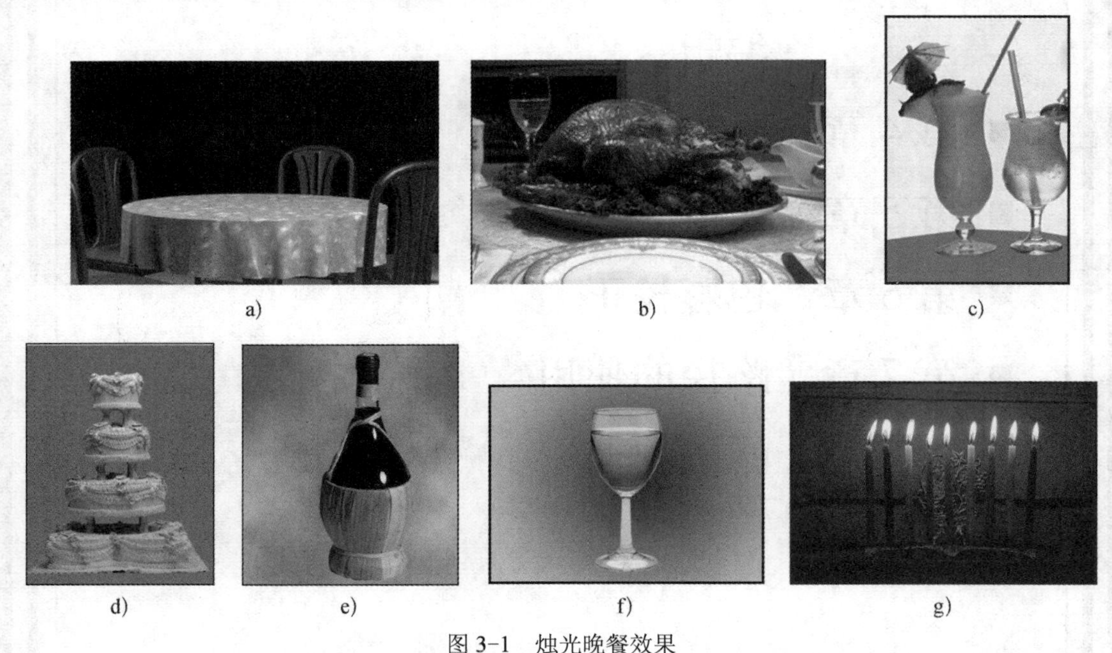

a)　b)　c)

d)　e)　f)　g)

图3-1　烛光晚餐效果

a) 原图1　b) 原图2　c) 原图3　d) 原图4　e) 原图5　f) 原图6　g) 原图7

h)

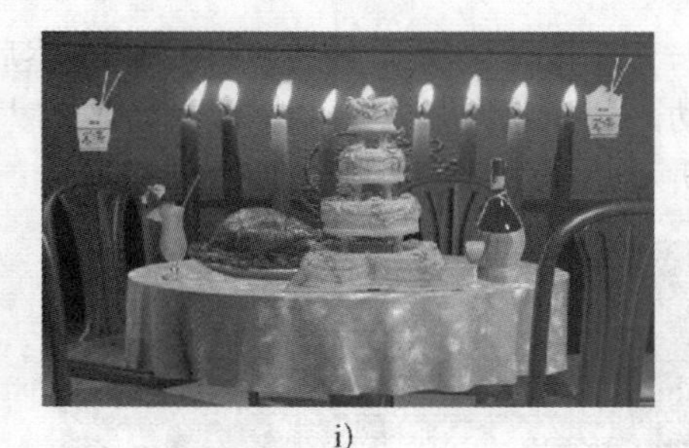

i)

图 3-1 烛光晚餐效果（续）

h) 原图 8 i) 结果图

操作步骤：

1）执行菜单中的“文件 | 打开”（快捷键〈Ctrl+O〉）命令，打开网盘中的“素材及结果\3.1 烛光晚餐\原图 1.bmp”文件，如图 3-1a 所示。

2）将“原图 1.bmp”文件最小化。打开网盘中的“素材及结果\3.1 烛光晚餐\原图 2.bmp”文件，如图 3-1b 所示。为了方便操作，可选择工具箱中的（缩放工具），放大视图。

3）用鼠标指针按住（套索工具）不放，然后在弹出的工具列表中选择（多边形套索工具），再在设置栏中将“羽化”设置为 0，接着利用（多边形套索工具）在画面中沿着盘子和烤鸡的边缘进行拖动，从而创建出盘子和烤鸡的选区，如图 3-2 所示。

提示：（多边形套索工具）是依靠绘图者自身绘制的过程来创建选区的。使用它可以选择出极其不规则的多边形形状，因此一般用于选取复杂的，但棱角分明、边缘呈直线的图形。

4）执行菜单中的“编辑 | 复制”（快捷键〈Ctrl+C〉）命令，将选取的范围进行复制并将“原图 2.bmp”文件关闭。然后将刚才最小化的“原图 1.bmp”文件还原，执行菜单中的“编辑 | 粘贴”（快捷键〈Ctrl+V〉）命令，将复制的文件进行粘贴。粘贴后，在工具箱中选择（移动工具），将粘贴的对象拖到适当的位置，要注意盘子底部与餐桌之间的距离，效果如图 3-3 所示。

图 3-2 创建盘子和烤鸡选区

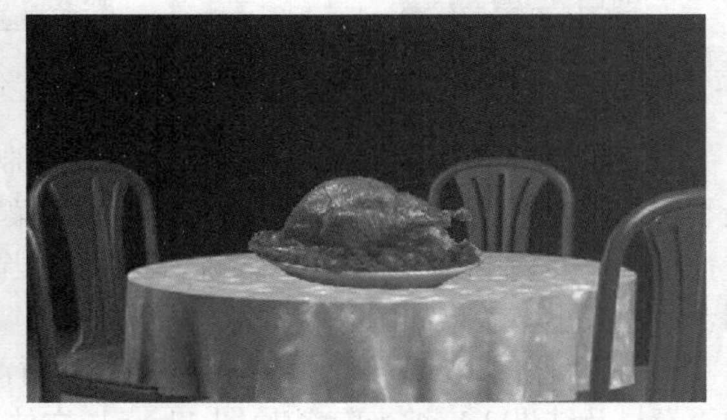

图 3-3 将盘子和烤鸡粘贴到“原图 1.bmp”中

5）此时，粘贴的烤鸡过大。为了解决这个问题，需执行菜单中的“编辑 | 自由变换”（快

捷键〈Ctrl+T〉）命令，效果如图 3-4 所示。然后按住〈Shift〉键将鼠标指针放置到任意一个角点上拖动，从而将图片等比例缩放到合适的大小，最后按键盘上的〈Enter〉键确认，效果如图 3-5 所示。

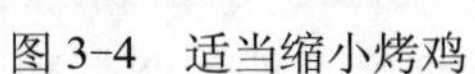
图 3-4　适当缩小烤鸡

图 3-5　缩放后的效果

6）执行菜单中的“文件 | 打开”命令，打开网盘中的“素材及结果\3.1 烛光晚餐\原图 3.bmp”文件，如图 3-1c 所示。

7）选择工具箱中的 （快速选择工具），然后在设置栏中如图 3-6 所示设置笔尖参数，再在画面中建立饮料杯主体部分选区，如图 3-7 所示。接着在设置栏中将笔尖大小改为 3 像素，再在画面中增加吸管选区，效果如图 3-8 所示。

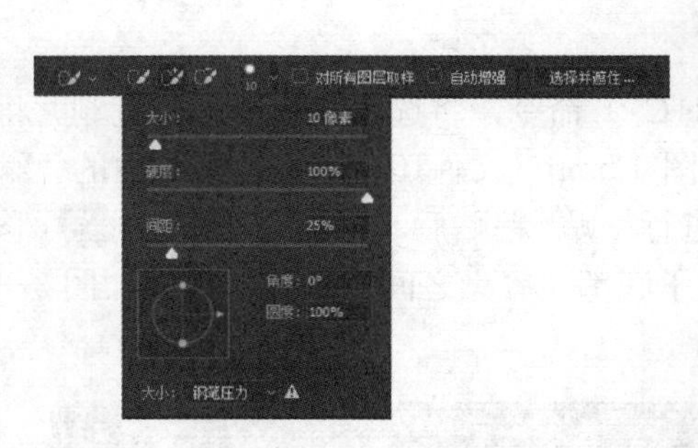

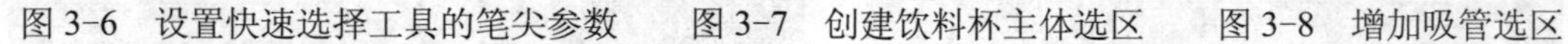
图 3-6　设置快速选择工具的笔尖参数　　图 3-7　创建饮料杯主体选区　　图 3-8　增加吸管选区

8）执行菜单中的“编辑 | 复制”命令，复制选区，然后将“原图 3.bmp”文件关闭，将最小化的“原图 1.bmp”文件还原。接着执行菜单中的“编辑 | 粘贴”命令，将复制的图像进行粘贴，并使用 （移动工具）将其移到适当的位置。再通过“自由变换”命令将其缩放到合适的大小，效果如图 3-9 所示。

9）将“原图 1.bmp”文件最小化，然后执行菜单中的“文件 | 打开”命令，打开网盘中的“素材及结果\3.1 烛光晚餐\原图 4.bmp”文件，如图 3-1d 所示。

10）创建蛋糕选区。观察一下，可以发现蛋糕以外的部分是同一个颜色，遇到该种情况时可以通过色彩范围来创建选区。方法：执行菜单中的“选择 | 色彩范围”命令，在弹出的

“色彩范围”对话框中选择（吸管工具），然后在蛋糕以外的地方单击，此时在预览区域中被点选的部分变成了白色，表示它们已被选取。没有被点选的部分变成了黑色，如图 3-10 所示。接着调节颜色容差的数值并选中“反相”复选框，如图 3-11 所示。最后单击“确定”按钮，从而创建出蛋糕选区，效果如图 3-12 所示。

图 3-9　将饮料杯粘贴到“原图 1.bmp”中并调整大小

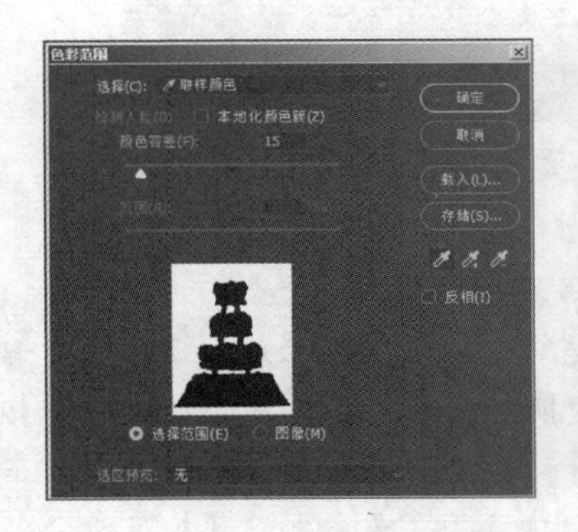

图 3-10　吸取蛋糕以外区域颜色的效果

图 3-11　选中“反相”复选框

图 3-12　创建蛋糕选区

11）执行菜单中的“编辑 | 复制”命令，对选择区域进行复制，然后关闭“原图 4.bmp”文件。接着将“原图 1.bmp”文件还原，执行菜单中的“编辑 | 粘贴”命令，将复制的图像进行粘贴，并将其拖到适当的位置，效果如图 3-13 所示。

图 3-13　将蛋糕粘贴到“原图 1.bmp”中并调整大小

12）将“原图 1.bmp”文件最小化。执行菜单中的“文件｜打开”命令，打开网盘中的“素材及结果\3.1　烛光晚餐\原图 5.bmp”文件，如图 3-1e 所示。

13）选择工具箱中的（快速选择工具）创建酒瓶选区，如图 3-14 所示。

14）执行菜单中的“编辑｜复制”命令，对选择区域进行复制，然后关闭“原图 5.bmp”文件。接着将“原图 1.bmp”文件还原，执行菜单中的“编辑｜粘贴”命令，将复制的图像进行粘贴，并将其拖到适当的位置。如果大小不合适，可以执行菜单中的“编辑｜自由变换”命令进行调整。在调整的时候，要先按住〈Shift〉键，然后用鼠标进行调整，这样可以对酒瓶进行等比例调整，效果如图 3-15 所示。

图 3-14　创建酒瓶选区

图 3-15　将酒瓶粘贴到“原图 1.bmp”中并调整大小

提示 1：“自由变换”命令用于对选择区域进行缩放和旋转等操作。执行此命令后，选择区域上会出现一个矩形框及 8 个控制点，拖动这些控制点，可以非常轻松地实现各种变形效果。基本上，“自由变换”能够做到的变形和“变换”菜单下的各项变形命令是相同的，不论是执行“自由变换”命令还是“变换”命令，都可在图像工作区之内单击鼠标右键，调出快捷菜单。菜单中的选项允许在“自由变换”命令和“变换”命令之间进行切换。

提示 2：“变换”命令一次只能进行一项变形，如果进行不同的变形操作，必须不断地在“变换”菜单中挑选不同的变形命令。而“自由变换”命令在使用上更方便且更有弹性，它可以在设定变形效果时，不需要改变命令即可完成多种变形功能。

15）将“原图 1.bmp”文件最小化，然后执行菜单中的“文件｜打开”命令，打开网盘中的“素材及结果\3.1 烛光晚餐\原图 6.bmp”文件，如图 3-1f 所示。

16）选择工具箱中的（魔棒工具），设定容差值为 30。然后在酒杯的任意地方单击，执行菜单中的“选择｜选取相似”命令，将选取区域扩大。

提示 1：“魔棒工具”是依靠颜色来创建选区的。当在图像或某个单独的层上单击图像的某个点时，附近与其颜色相同或相近的点，都会自动融入被选择的区域中。选区的范围取决于容差值的大小，容差值越大，选区越大。

提示 2：“选取相似”和“扩大选取”命令的相同点是它们和（魔棒工具）一样，都是根据像素的颜色近似程度来增加选择范围的；不同点在于“扩大选取”命令只作用于相邻的像素，而“选取相似”命令可针对所有与选取颜色相近的像素。

17）如果在执行“选取相似”命令后没有完全选中酒杯，则可以再次执行“选取相似”命令。如果酒杯上还有未被选中的区域，可以按住〈Shift〉键不放，利用（魔棒工具）逐一选择未被选中的区域，效果如图 3-16 所示。

18）执行菜单中的“编辑｜复制”命令，复制选区，然后关闭“原图 6.bmp”文件。接着将“原图 1.bmp”文件还原，执行菜单中的“编辑｜粘贴”命令，将复制的图像进行粘贴。最后将其拖到适当的位置并进行适当缩放，效果如图 3-17 所示。

图 3-16　创建酒杯选区

图 3-17　将酒杯粘贴到“原图 1.bmp”中并调整大小

19）执行菜单中的“文件｜打开”命令，打开网盘中的“素材及结果\3.1 烛光晚餐\原图 7.bmp”文件，如图 3-1g 所示。

20）选择工具箱中的（矩形选框工具），如果当前该工具没有显示出来，则可以在工具上按住鼠标不放，直至弹出工具列表，拖动鼠标选择其中的矩形工具。

21）从图像的左上角沿对角线拖动矩形工具到右下角，从而创建一个矩形选区，如图 3-18 所示。

22）执行菜单中的“编辑｜复制”命令，将选区进行复制，然后关闭“原图 7.bmp”文件，将“原图 1.bmp”文件还原。接着单击“图层”面板中的“背景”图层，使其成为当前层，如图 3-19 所示。最后用（魔棒工具）在画面的黑色区域单击，选取黑色区域，效果如图 3-20 所示。

图 3-18　创建矩形选区

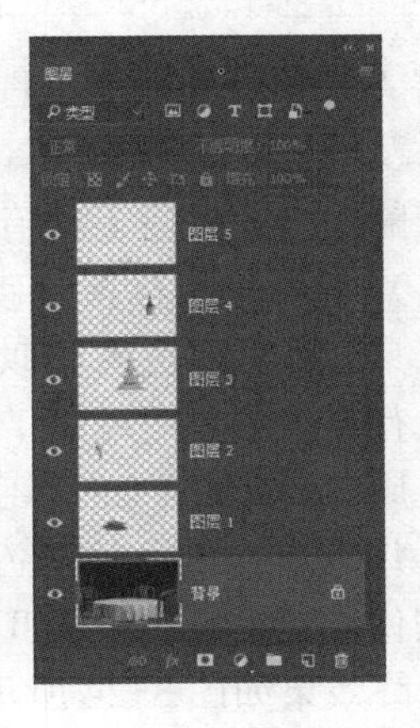

图 3-19　选择“背景”图层

图 3-20　选取黑色区域

23）执行菜单中的“编辑 | 选择性粘贴 | 贴入”（快捷键〈Ctrl+Shift+V〉）命令，将复制的图像进行粘贴。此时，如果觉得图像所在的位置不是很理想，可用菜单中的“编辑 | 自由变换”（快捷键〈Ctrl+T〉）命令对图像进行调整，效果如图 3-21 所示。

图 3-21　贴入并调整图像大小

提示：“贴入”命令是将剪贴板的内容粘贴到当前图形文件的一个新图层中。如果是同一个图形文件，它将被放置于和选择区域相同的位置；如果是不同的图形文件，则该图形文件中必须有一块选择区域，这样才能在选择区域内正确放置剪贴的内容。

24）将“原图 1.bmp”文件最小化，然后执行菜单中的“文件 | 打开”命令，打开网盘中的“素材及结果\3.1 烛光晚餐\原图 8.bmp”文件，如图 3-1h 所示。

25）用鼠标指针按住工具箱中的（套索工具）不放，在弹出的工具列表中选择（磁性套索工具），然后把鼠标指针移动到图像上，在筷子盒的边界单击开始选取。在选取的时候，磁性套索工具会根据颜色的相似性选择出不规则的区域，效果如图 3-22 所示。

26）执行菜单中的“编辑 | 复制”命令，对选择区域进行复制。然后关闭“原图 8.bmp”文件，将“原图 1.bmp”文件还原。接着执行菜单中的“编辑 | 粘贴”命令，将复制的图像进行粘贴，并将其拖到适当的位置，如图 3-23 所示。

27）按住快捷键〈Alt+Shift〉，选择工具箱中的（移动工具），水平复制筷子盒到对应的位置，最终效果如图 3-24 所示。

图 3-22　创建筷子盒选区

图 3-23　将筷子盒粘贴到“原图 1.bmp”中

图 3-24　复制筷子盒

3.2　恐龙低头效果

要点：

本例将制作恐龙低头效果，如图 3-25 所示。通过本例的学习，读者应掌握“操控变形”命令的使用。

a)　　　　b)

图 3-25　恐龙低头效果

a) 原图　b) 结果图

操作步骤：

1）执行菜单中的“文件 | 打开”命令，打开网盘中的“素材及结果\3.2 恐龙低头效果\原图.psd”文件，如图 3-26 所示。

图 3-26　原图.psd

2）选择“图层 1”，执行菜单中的“编辑 | 操控变形”命令，此时恐龙图像上会显示出网格，如图 3-27 所示。下面在设置栏中将“模式”设置为“正常”，“浓度”设置为“正常”，然后在恐龙身体的关键部分添加几个图钉，如图 3-28 所示。

提示： 取消勾选“显示网格”复选框，可以在视图中隐藏网格。

图 3-27　恐龙图像上会显示出网格　　图 3-28　在恐龙身体的关键部分添加几个图钉

3）向上移动头部的图钉的位置，然后在设置栏中将“旋转”设置为“固定”“-80 度”，效果如图 3-29 所示。接着单击 ✓（确认操控变形）按钮，确认操作，最终效果如图 3-30 所示。

图 3-29　调整头部图钉的位置和旋转角度

图 3-30　最终效果

3.3　旧画报图像修复效果

要点：

本例将制作旧画报图像修复效果，如图 3-31 所示。通过本例的学习，读者应掌握 （单列选框工具）和 （仿制图章工具）的综合应用。

操作步骤：

1）打开网盘中的“素材及结果\3.3 旧画报图像修复效果\原图.tif”文件，如图 3-31a 所示。这张原稿是一张较残破的杂志图片，边缘有明显的撕裂和破损的痕迹，图中有极细的、规则的白色划痕，图像右下部有隐约可见的脏点，本例需要将图像中所有影响外观质量的部分都去除，最终恢复图像的本来面目。

a)

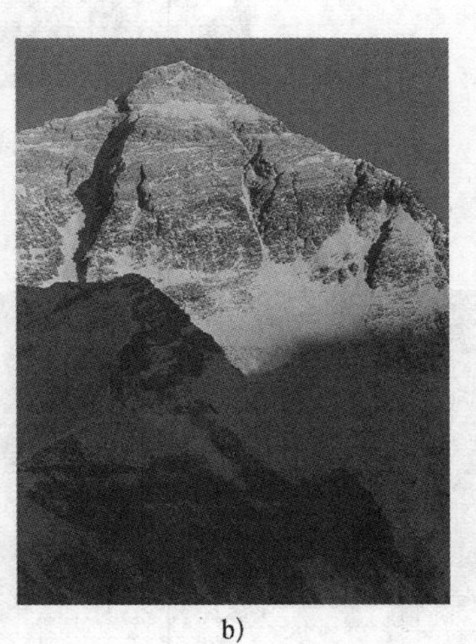
b)

图 3-31　旧画报图像修复效果

a) 原图　b) 结果图

2）先来修去图中的直线划痕，对于图像中常见的很细的划痕或者文件损坏时形成的贯穿图像的细划线，可以采取单像素的方法进行修复。方法：放大图中有白色划痕的部分，因为划痕极细，所以要尽量放大，以进行准确修复。然后选择工具箱中的 （单列选框工具），在紧挨着白色划痕的左侧位置单击，从而创建一个宽度为 1 像素的单列矩形选区，如图 3-32 所示。

3）选择工具箱中的 （移动工具），按住键盘上的快捷键〈Alt+Shift〉向右移动，此时会发现白色划痕已消失了，如图 3-33 所示。该种去除细痕的方式仅用于快速去除 1～2 像素宽的极细划痕，对于不在水平或垂直方向上或者是不连续的划痕，可以用工具箱中的 （仿制图章工具）来进行修复。同理，将图像中的其他几个白色划痕去除，效果如图 3-34 所示。

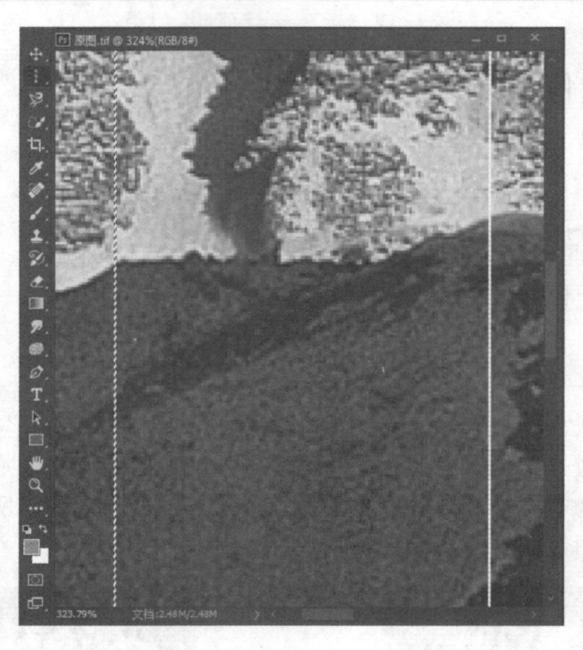

图 3-32　在紧挨着白色划痕的位置画一个单列矩形

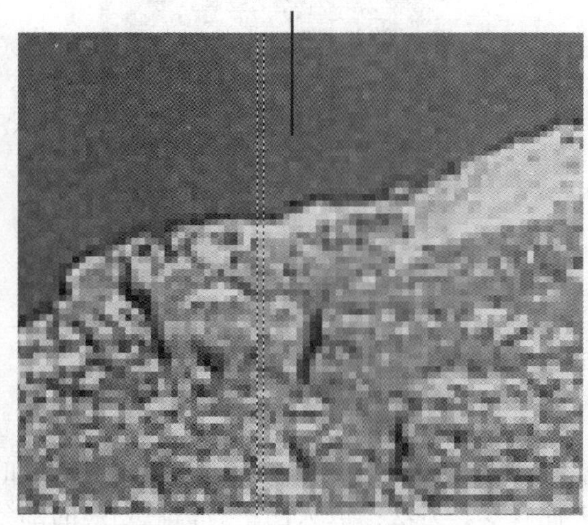

图 3-33　白色划痕已消失

图 3-34　图像中的所有白色划痕都被去除

4）图片中局部存在的撕裂痕迹及破损部分比单纯的划痕要难以修复，因为裂痕波及较大的区域，破损部分需要凭借想象来弥补，因此在修复时必须对原稿被破坏处的内容进行详细分析。修图的主要原理其实也是一种复制的原理，选取图像中最合理的像素，对需要修复的位置进行填补与覆盖。方法：选择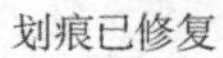（仿制图章工具），将图像局部损坏部分放大，仔细修复。先将光标放在要取样的图像位置，按住〈Alt〉键单击，则该取样点是所复制图像的源位置，松开〈Alt〉键移动鼠标，可将以取样点为中心（以小“⌖”图标显示）的图像复制到新的位置，从而将破损的部位覆盖，如图 3-35 所示。

图 3-35　应用仿制图章工具修复破损部分

5）不断变换取样点，灵活地对图像进行修复，对于天空等大面积蓝色区域，可以换较大的笔刷来进行修复，还可以根据具体需要改变笔刷的“不透明度”设置，如图 3-36 所示。图像上部修复完成后的效果如图 3-37 所示。

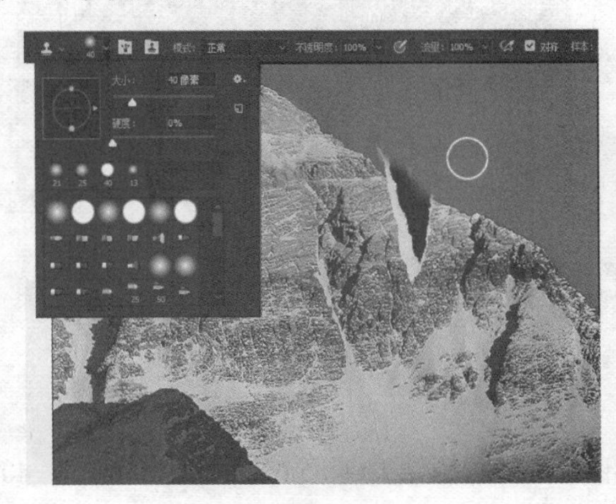

图 3-36　对天空等大面积区域可以换较大的笔刷来进行修复

图 3-37　图像上部修复完成后的效果

6）去除图中其他部分脏点的方法与上一步骤相似，此处不再赘述，但修复时要小心谨慎，不能在图中留下明显的笔触或涂抹的痕迹，如图 3-38 所示。最终修复完成的图像如图 3-39 所示。

图 3-38　修复细节

图 3-39　最终完成的效果图

3.4 摄影图片局部去除效果

要点：

对于普通的摄影原稿，由于后期设计的需要，经常要对其进行裁剪与修整。本例将制作摄影图片局部去除效果，如图 3-40 所示。通过本例的学习，读者应掌握（仿制图章工具）和“仿制源”面板的综合应用。

a)

b)

图 3-40 摄影图片局部去除效果

a) 原图 b) 结果图

操作步骤：

1）打开网盘中的“素材及结果\3.4 摄影图片局部去除效果\原图.tif”文件，如图 3-40a 所示。

2）进行粗略的大面积修复。Photoshop CC 2017 配合（仿制图章工具）的“仿制源”面板，允许定义多个仿制源（采样点），可以在使用仿制图章工具和修复画笔工具修饰图像时得到更加全面的控制。方法：执行菜单中的“窗口 | 仿制源”命令，打开如图 3-41 所示的“仿制源”面板，最上方的 5 个按钮用来设置多个仿制源。选择工具箱中的（仿制图章工具），设置 1 个大小适当的笔刷，然后按住〈Alt〉键在图像左上角的位置单击，将其设为第 1 个仿制源，如图 3-42 所示。

提示： 仿制源可以针对一个图层，也可以针对多个甚至所有图层。

3）选中“仿制源”面板上方的第 2 个小按钮，然后按住〈Alt〉键在图像左上角的另一位置单击，将其设为第 2 个仿制源。使用同样的方法，选中面板上方的第 3 个小按钮，按住〈Alt〉键在图像右上角树影的位置单击，将其设为第 3 个仿制源，如图 3-43 所示。在面板上可以直接查看工具或画笔下的源像素，以获得更加精确的定位，提供具体的采样坐标。

4）现在开始进行复制，其原理是不断将 3 个仿制源位置的像素复制到小女孩的位置，将其覆盖。方法：在面板上选中第 1 个仿制源，然后将光标移至小女孩的位置拖动，第 1 个仿制源所定义的像素会被不断复制到该位置，将女孩图像覆盖，如图 3-44 所示。不断更换仿制源和笔刷大小，将女孩的上半身全部用树影图像覆盖，如图 3-45 所示。

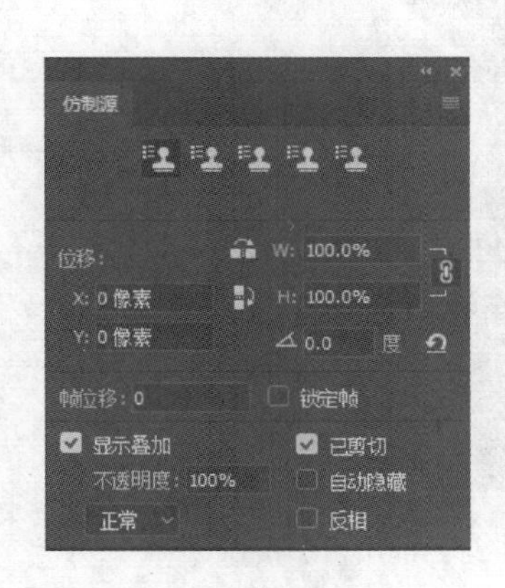

图 3-41　“仿制源”面板

图 3-42　设置第 1 个仿制源

图 3-43　设置第 3 个仿制源

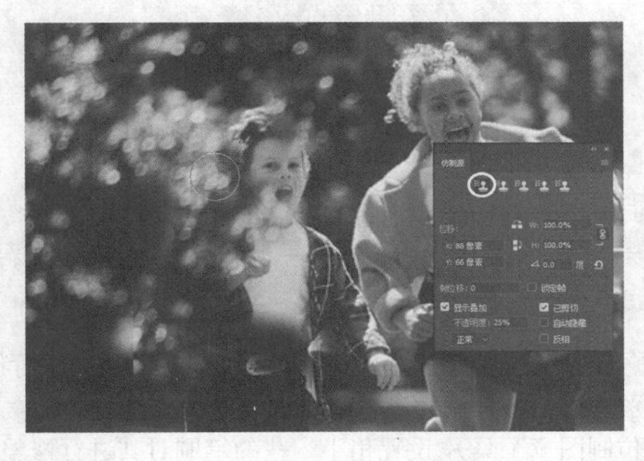

图 3-44　在面板上选中第 1 个仿制源，将光标移至小女孩的位置拖动

图 3-45 不断更换仿制源，将女孩的上半身全部用树影覆盖

5）同理，将如图 3-46 所示的草地位置设为第 4 个仿制源，继续对图像进行修复。利用定义多个仿制源的方法可以快速地进行图像复制。

图 3-46 定义草地上的新仿制源

提示： 在“仿制源”面板中，还可以对仿制源进行移位缩放、旋转和混合等编辑操作，并且可以实时预览源内容的变化。选中“显示叠加”复选框，可以让仿制源进行重叠预览。读者可根据具体的图像需要进行调节。

6）图像修复最重要之处就是“不露痕迹”，因此在最后阶段要进行细节修整。对图 3-47 中圈选出的位置要特别注意，将其放大进行细节调整，尤其是与中间女孩衔接的边缘，可以选择工具箱中的（仿制图章工具），设置稍小一些的笔刷对其进行修整，最终效果如图 3-48 所示。

图 3-47　对于图中标出的局部进行细节修整

图 3-48　最终完成的效果图

3.5　照片拼图效果

要点：

本例将制作一个将照片制作成拼图的效果，如图 3-49 所示。通过本例的学习，读者应掌握自己绘制拼图形状、自定义图案及填充图案，以及将拼图形状叠加到照片上的方法。

a)

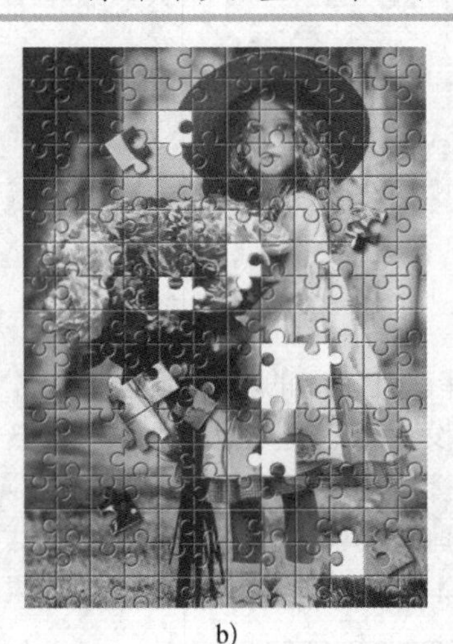

b)

图 3-49　照片变拼图效果

a) 原图　b) 结果图

操作步骤：

1）执行菜单中的“文件｜新建”命令，在弹出的对话框中设置“名称”为“照片拼图效果”，并设置其他参数，如图 3-50 所示，然后单击“创建”按钮，新建一个文件。

2）新建“图层 1”，然后删除“背景”图层，从而得到背景透明的图像。

3）绘制拼图的基本形状。方法：首先选择工具箱中的（矩形选框工具），然后单击工具设置栏中的（新选区）按钮，并在工具设置栏中设置其他相关参数，如图 3-51 所示，接

着在文件窗口的左上角单击并调整选区位置，如图3-52所示。再将“前景色”设置为绿色，颜色参考色值：CMYK（55，0，90，0），按快捷键〈Alt+Delete〉将选区填充为绿色，最后按快捷键〈Ctrl+D〉取消选区，效果如图3-53所示。

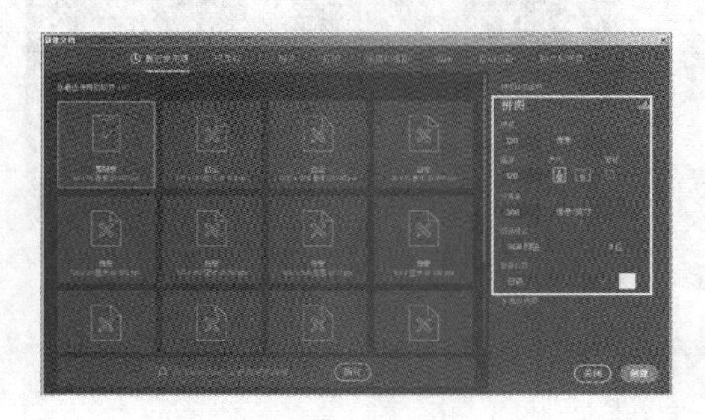

图3-50　新建文件

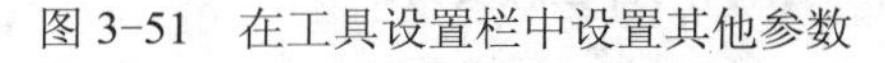

图3-51　在工具设置栏中设置其他参数

图3-52　绘制正方形选区

图3-53　将选区填充为绿色

4）选择工具箱中的（画笔工具），设置画笔的大小和硬度，如图3-54所示，并在工具设置栏中设置画笔的其他参数，如图3-55所示，然后在如图3-56所示的位置单击，绘制一个圆点。接着选择工具箱中的（椭圆选框工具），在工具设置栏中设置参数，如图3-57所示，再在画面中单击并调整选区位置，如图3-58所示。最后按〈Delete〉键删除选区内容，此时一个基本的拼图形状便出现了，效果如图3-59所示。

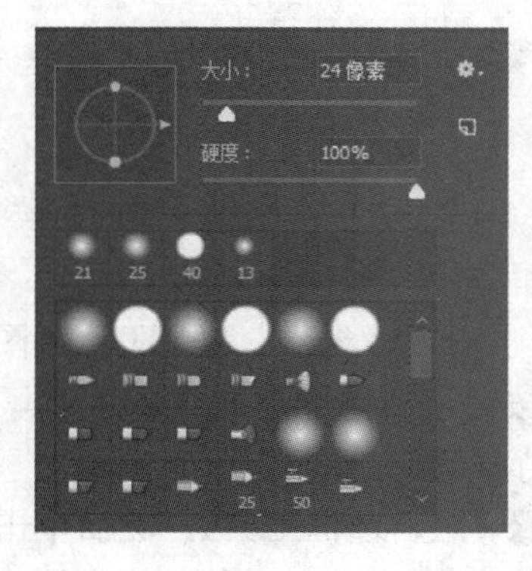

图3-54　设置画笔的大小和硬度

图3-55　在工具设置栏中设置画笔的其他参数

图 3-56 绘制圆点

图 3-57 在工具设置栏中设置椭圆选框的参数

5）下面选取第一个拼图图案，然后按住快捷键〈Alt+Shift〉将其水平复制，然后执行菜单中的“编辑 | 变换 | 垂直翻转”命令，调整其位置，最终效果如图 3-60 所示。

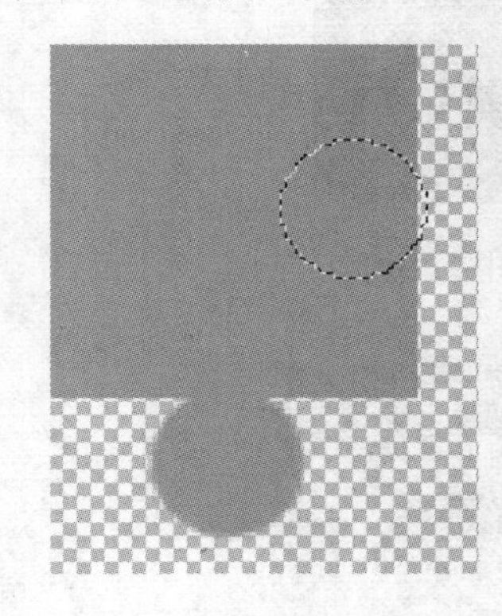

图 3-58 绘制圆形选区

图 3-59 基本拼图形状

图 3-60 复制拼图图案

6）拼图基本图案形状绘制好后，下面将其定义为图案，以便在画面中进行连续与自动的填充。方法：选择工具箱中的▣（矩形选框工具），然后将两个拼图形状全部框选出来，如图 3-61 所示，注意在定义图案时要将矩形工具设置栏中的“羽化”值设定为 0。接着执行菜单中的“编辑 | 定义图案”命令，在弹出的“图案名称”对话框中将名称设置为“拼图”，如图 3-62 所示，单击“确定”按钮。

图 3-61 将两个拼图形状框选出来

图 3-62 为图案命名

7）存储拼图图案后，将照片制作为拼图效果。方法：执行菜单中的“文件 | 打开”命令，打开网盘中的“素材及结果\3.5　照片拼图效果\照片.jpg”文件，如图 3-63 所示。然后单击“图层”面板下方的（创建新图层）按钮，新建一个名称为“拼图”的新图层，如图 3-64 所示。接着执行菜单中的“编辑 | 填充”命令，在弹出的“填充”对话框中设置参数（选择刚刚绘制的拼图图案），如图 3-65 所示，再单击“确定”按钮，填充后的效果如图 3-66 所示。

图 3-63　素材“照片.jpg”

图 3-64　新建图层“拼图”

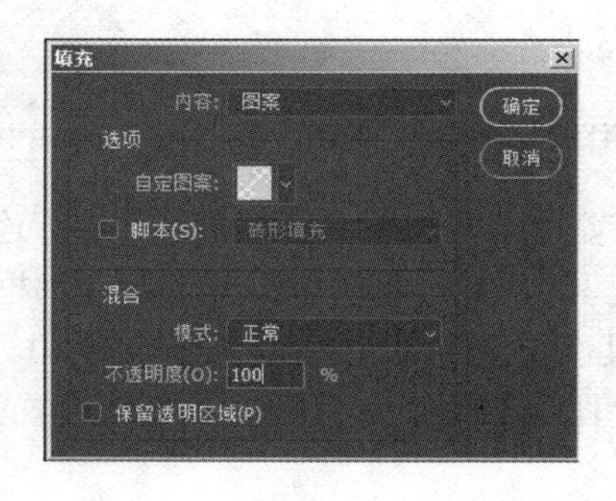

图 3-65　在“填充”对话框中设置参数

图 3-66　填充图案后的效果

8）刚填充的图案非常平面化，下面为其增加浮凸效果。方法：选中“拼图”图层，然后单击“图层”面板下方的（添加图层样式）按钮，在弹出的快捷菜单中选择“斜面和浮雕”命令，再在弹出的“图层样式”对话框中设置参数，如图 3-67 所示，单击“确定”按钮，此时拼图图案边缘便有了立体化的效果，如图 3-68 所示。

9）继续制作拼图效果。方法：执行菜单中的“图像 | 调整 | 去色”命令，将图案转为灰色调，效果如图 3-69 所示。然后在“图层”面板中将“拼图”图层的“混合模式”设置为“变暗”，此时灰色块与底图发生有趣的重叠，如图 3-70 所示。接着执行菜单中的“图像 | 调整 | 亮度/对比度”命令，在弹出的“亮度/对比度”对话框中加大拼图块的亮度，如图 3-71 所示，单击“确定”按钮，此时照片只留下了拼图块清晰的边缘，效果如图 3-72 所示。最后按快捷

键〈Ctrl+E〉向下合并图层为“背景”图层。

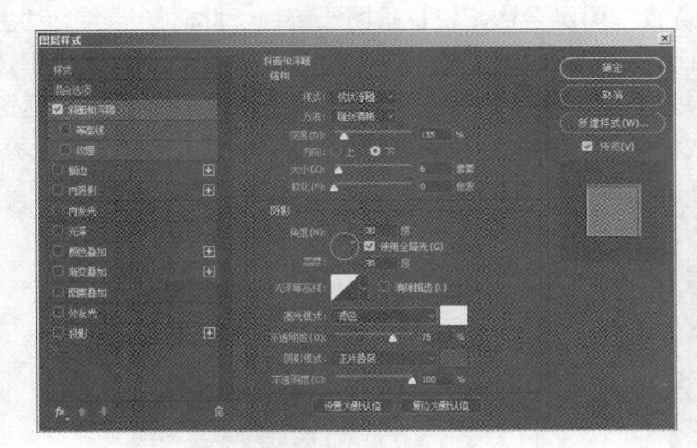

图 3-67 设置“斜面和浮雕”参数

图 3-68 添加“斜面和浮雕”图层样式的效果

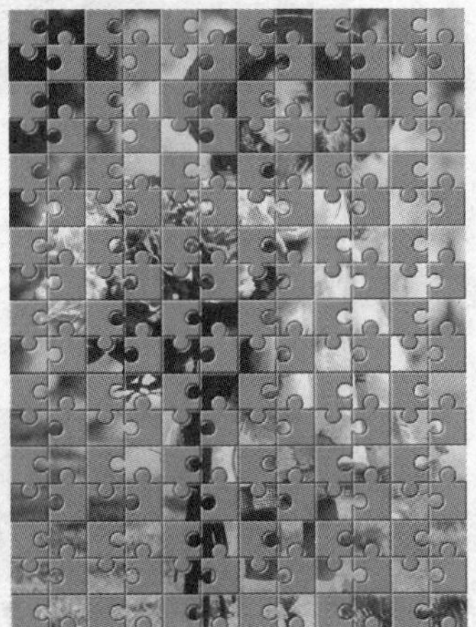

图 3-69 图像“去色”效果

图 3-70 色块与底图重叠

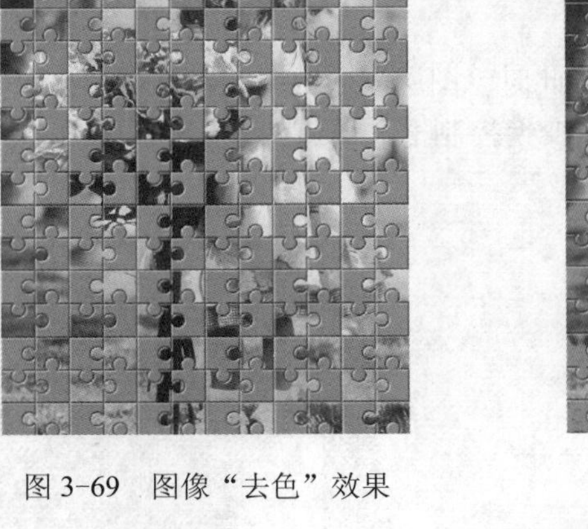

图 3-71 设置亮度参数

图 3-72 调整“亮度/对比度”后的效果

10）下面将照片拼图效果做一些局部调整，例如添加几个散落的拼图块，使整体画面更具生活气息和趣味性。方法：双击“背景”图层名称，将背景图层解锁，此时图层会自动更名为“图层 0”，如图 3-73 所示，然后选择工具箱中的（钢笔工具），并在工具设置栏中选择路径类型，接着在画面中沿一块拼图边缘绘制路径，如图 3-74 所示。最后按快捷键〈Ctrl+Enter〉将路径转换为选区，再按快捷键〈Ctrl+X〉剪切选区内容，效果如图 3-75 所示。

图 3-73　将背景图层转换为“图层 0”

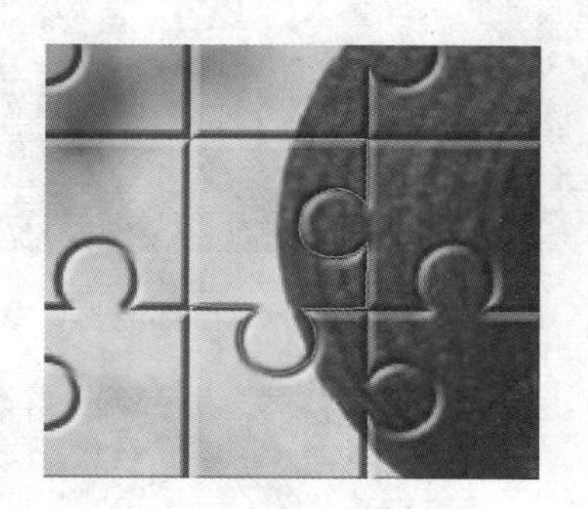

图 3-74　绘制路径

11）按快捷键〈Ctrl+V〉粘贴图像，此时“图层”面板中自动生成“图层 1”，如图 3-76 所示，然后按快捷键〈Ctrl+T〉调出自由变换控制框，调整图像的位置及角度，并按〈Enter〉键确认变换操作，效果如图 3-77 所示。

图 3-75　剪切选区内容后的效果

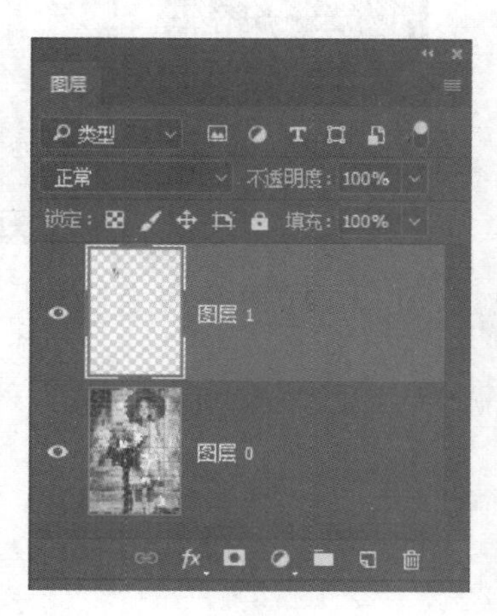

图 3-76　将拼图块粘贴形成“图层 1”

12）下面为“图层 1”添加投影的效果。方法：首先选中“图层 1”，然后单击“图层”面板下方的（添加图层样式）按钮，在弹出的快捷菜单中选择“投影”命令，再在“图层样式”对话框中设置“投影”参数，如图 3-78 所示，单击“确定”按钮，此时复制出的小拼图块像是浮在背景图中一般，效果如图 3-79 所示。

13）同理，再复制与剪切出其他几块小拼图，将它们分散摆放在图像中的各处。至此，这个简单的小案例制作完成，最终效果如图 3-80 所示。

图 3-77　调整图像的角度和位置

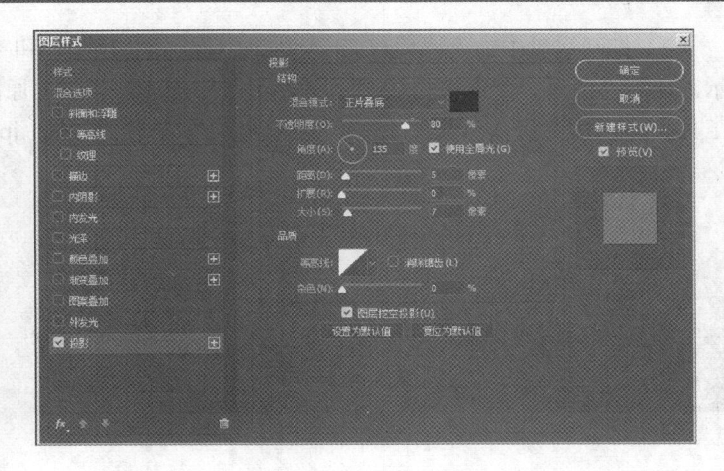

图 3-78　在“图层样式”对话框中设置“投影”参数

图 3-79　为图像添加投影的效果

图 3-80　最终效果图

3.6　课后练习

1）打开网盘中的“课后练习\第 3 章\老子挂图\原图.jpg”文件，如图 3-81 所示，利用渐变工具和描边工具制作老子挂图效果，结果如图 3-82 所示。

图 3-81　原图

图 3-82　结果图

2）打开网盘中的“课后练习\第 3 章\抠像\原图 1.jpg”和“原图 2.jpg”文件，如图 3-83 所示，利用“抽出”命令将马从“原图 2.jpg”中取出，再将“原图 1.jpg”中的大象利用仿制图章工具去除，接着将从“原图 2.jpg”中取出的马放入“原图 1.jpg”中，结果如图 3-84 所示。

a)

b)

图 3-83　原图

a) 原图 1　b) 原图 2

图 3-84　结果图

第 4 章　图层的使用

本章重点

图层是 Photoshop CC 2017 的一大特色。使用图层可以很方便地修改图像，简化图像编辑操作，还可以创建各种图层特效，从而制作出各种特殊效果。通过本章的学习，读者应掌握图层的创建，图层样式、图层蒙版的使用，以及调节图层的方法。

4.1　图像互相穿越的效果

要点：

本例将制作图像互相穿越的效果，如图 4-1 所示。通过本例的学习，读者应掌握磁性套索工具与图层样式的应用。

a)

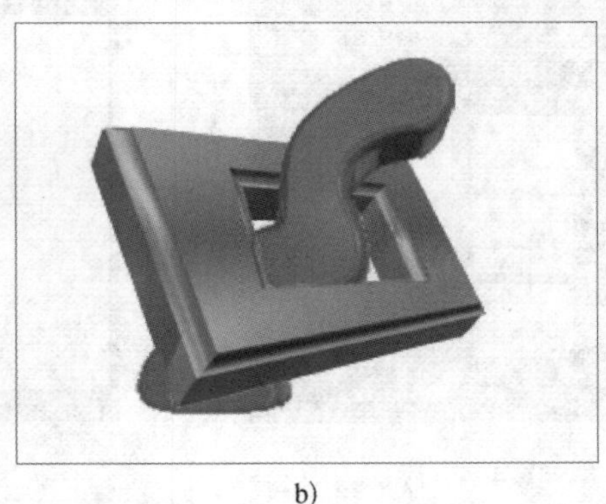

b)

图 4-1　图像互相穿越的效果

a) 原图　b) 结果图

操作步骤：

1）执行菜单中的“文件｜打开”命令，打开网盘中的“素材及结果\4.1 图像互相穿越的效果\原图 1.tif”文件，如图 4-1a 所示。

2）选择工具箱中的（磁性套索工具），然后选取画面最左面的图形外轮廓，按快捷键〈Ctrl+C〉进行复制。

3）新建一个 400×300 像素、分辨率 72 像素/英寸，背景色为白色的文件，然后按快捷键〈Ctrl+V〉进行粘贴，效果如图 4-2 所示。

4）回到“原图 1.tif”文件中，利用工具箱中的（快速选择工具）选取左侧第 3 个图形，然后按快捷键〈Ctrl+C〉进行复制。接着回到新建文件中，按快捷键〈Ctrl+V〉进行粘贴，此时的结果和图层分布如图 4-3 所示。

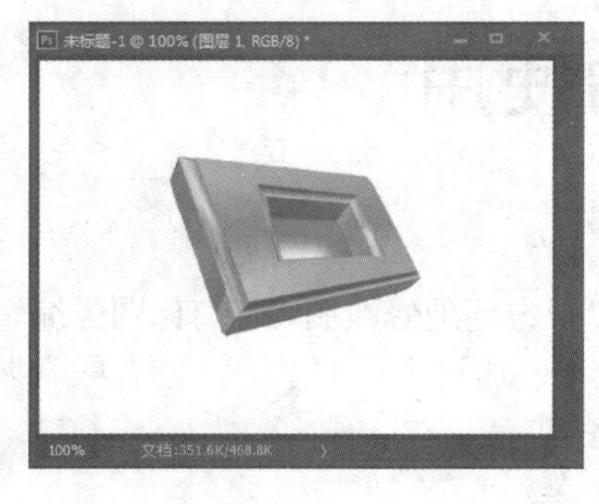

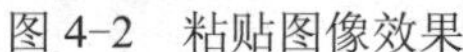
图 4-2　粘贴图像效果

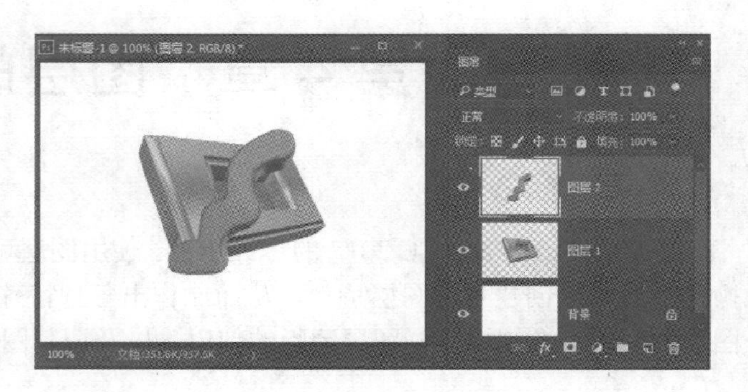

图 4-3　组合图像

5）制作图像互相穿透的效果。方法：选择“图层 2”，然后单击“图层”面板下方的（添加蒙版）按钮，添加蒙版，如图 4-4 所示。接着确认“前景色”为黑色，选择工具箱中的（铅笔工具），在两个图层相交的区域进行涂抹，从而将两个图层的相交部分隐藏起来，最终效果如图 4-5 所示。

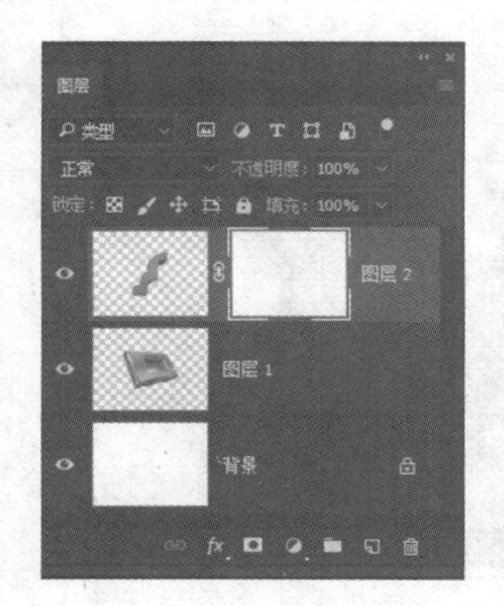

图 4-4　添加蒙版

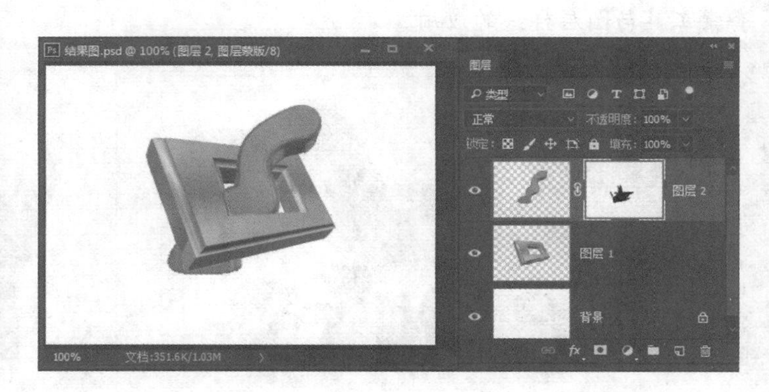

图 4-5　最终效果

4.2　变天

要点：

本例将制作变天效果，如图 4-6 所示。通过本例的学习，读者应掌握“贴入”命令的使用，以及改变图层透明度的方法。

操作步骤：

1）打开网盘中的“素材及结果\4.2 变天\原图 1.jpg”文件，如图 4-6a 所示。

2）选择工具箱中的（魔棒工具），将“容差”值调整为 50，并选中“连续”复选框。

然后选择图中的天空部分，如图 4-7 所示。

a)

b)

c)

图 4-6　变天效果

a) 原图 1　b) 原图 2　c) 结果图

3）打开网盘中的“素材及结果\4.2 变天\原图 2.jpg”文件，如图 4-6b 所示。然后执行菜单中的“选择 | 全选”（快捷键〈Ctrl+A〉）命令，接着执行菜单中的“编辑 | 复制”命令进行复制。

4）回到图片“原图 1.jpg”，执行菜单中的“编辑 | 选择性粘贴 | 贴入”命令，此时晚霞图片被贴入到选区范围以内，选区以外的部分被遮住。并且，在“图层”面板中会产生一个新的“图层 1”和图层蒙版。使用（移动工具）选中蒙版图层上的蓝天部分，将晚霞移动到合适的位置，效果如图 4-8 所示。

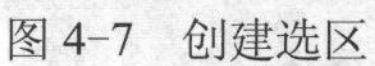
图 4-7　创建选区

图 4-8　贴入晚霞效果

5）此时，树木与背景结合处有白色边缘，为了解决这个问题，需要选择（画笔工具），并选择一个柔化笔尖，然后确定“前景色”为白色，当前图层为蒙版图层，使用画笔在树冠部分进行涂抹处理，以使晚霞画面和原图结合得更好，如图 4-9 所示。

6）制作水中倒影效果。方法：选择工具箱中的（多边形套索工具），设置“羽化”值为 0，然后创建出水塘部分的选区，如图 4-10 所示。

7）执行菜单中的“编辑 | 选择性粘贴 | 贴入”命令，将晚霞的图片粘贴入选区，此时“图层”面板中出现了“图层 2”及其蒙版图层，如图 4-11 所示。

8）选择“图层 2”，然后执行菜单中的“编辑 | 变换 | 垂直翻转”命令，制作出晚霞的倒影。接着利用（移动工具）选中蒙版图层上的晚霞部分，将晚霞移动到合适的位置。最后确定倒影图层（即“图层 2”）为当前图层，在“图层”面板中将“不透明度”调整为 50%，效果如图 4-12 所示。

图 4-9　处理树木顶部边缘

图 4-10　创建水塘部分的选区

图 4-11　贴入效果

图 4-12　调整“不透明度”

9）为了使陆地的色彩与晚霞相匹配，下面确定当前图层为“背景”层，执行菜单中的“图像 | 调整 | 色相/饱和度”（快捷键〈Ctrl+U〉）命令，在弹出的对话框中设置参数，如图 4-13 所示，然后单击“确定”按钮，最终效果如图 4-14 所示。

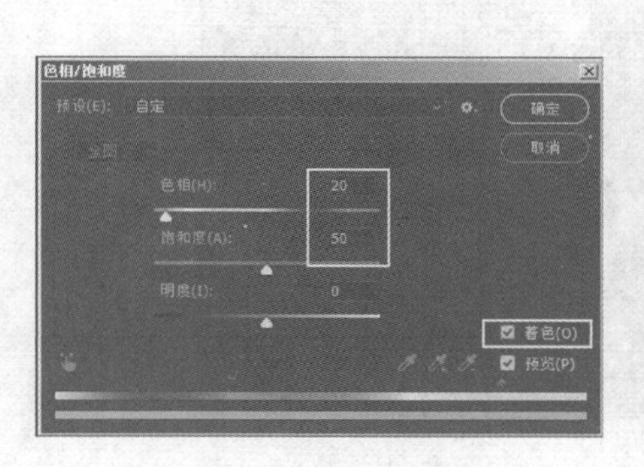

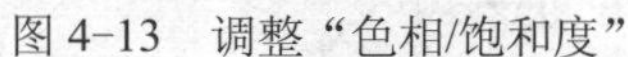

图 4-13　调整“色相/饱和度”

图 4-14　变天效果

4.3　画面中的闪电效果

要点：

本例将制作夜晚天空中的闪电效果，如图 4-15 所示。通过本例的学习，读者应掌握图层混合模式和图层混合带的应用。

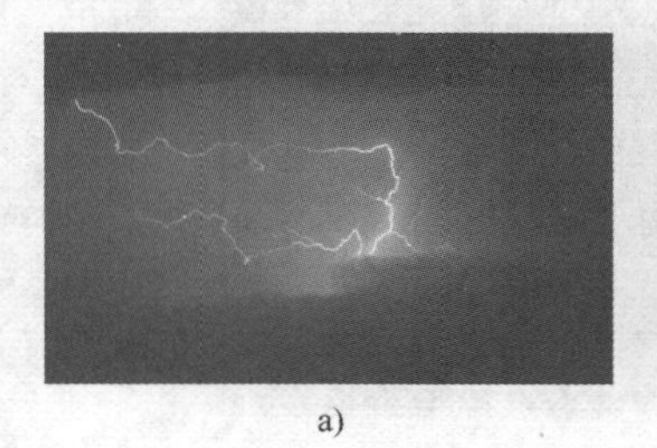

a)

b)

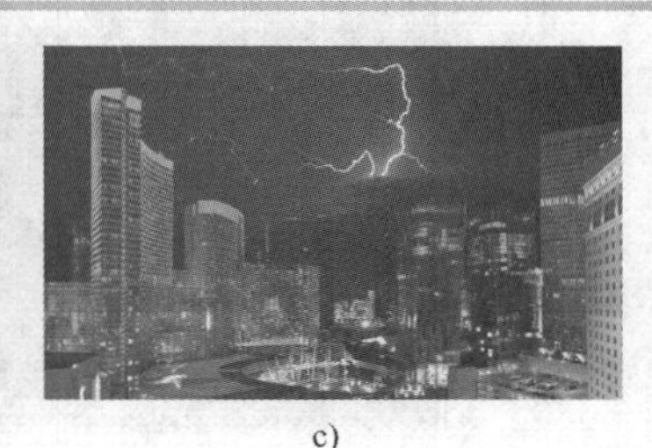

c)

图 4-15　闪电抠图效果

a) 原图 1　b) 原图 2　c) 结果图

操作步骤：

1）执行菜单中的“文件 | 打开”命令，打开网盘中的“素材及结果\4.3 画面中的闪电效果\原图 1.jpg”和“原图 2.jpg”文件，如图 4-15a 和图 4-15b 所示。

2）将“原图 1.jpg”拖入到“原图 2.jpg”中，并将其放置到天空区域，如图 4-16 所示。

3）在“图层”面板中双击“图层 1”前面的缩略图，进入“图层样式”面板，然后按住键盘上的〈Alt〉键，单击“混合颜色带”选项组“本图层”中的黑色滑块，将其分开。接着将其拖动到右侧靠近白色滑块处，如图 4-17 所示，从而创建一个较大的半透明区域，使闪电周围的蓝色较好地融入背景中，效果如图 4-18 所示。

4）增强闪电的效果。方法：选择“图层 1”，按快捷键〈Ctrl+J〉，从而复制出一个“图层 1 拷贝”层，然后将其图层混合模式设置为“正片叠底”，最终效果如图 4-19 所示。

图 4-16　将“原图 1.jpg”拖入到“原图 2.jpg”中

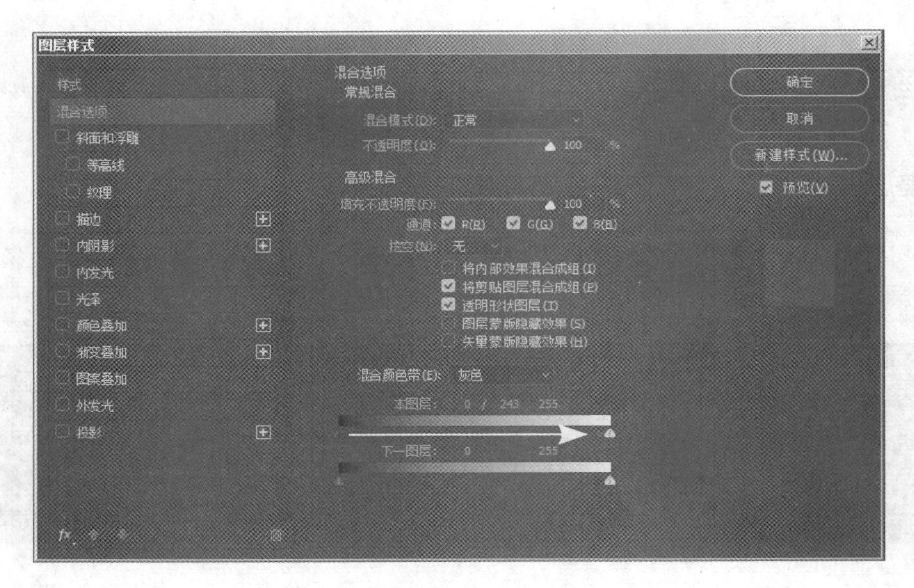

图 4-17　将分开的黑色滑块移动到右侧

图 4-18　将分开的黑色滑块移动到右侧的画面效果

图 4-19　最终效果

4.4　奇妙的放大镜效果

要点：

本例将制作奇妙的放大镜效果，如图 4-20 所示。通过本例的学习，读者应掌握链接图层和图层剪贴蒙版的应用。

a)

b)

c)

图 4-20　奇妙的放大镜效果

a) 人物　b) 放大镜　c) 结果图

操作步骤：

1）执行菜单中的“文件 | 打开”命令，打开网盘中的“素材及结果\4.4 奇妙的放大镜效果\人物.psd”和“放大镜.psd”文件，如图 4-20a 和图 4-20b 所示。

2）确认“放大镜.psd”为当前文件，然后选择工具箱中的 （魔棒工具），然后在放大镜镜片区域单击鼠标，从而创建出镜片区域的选区，如图 4-21 所示。

3）新建“图层 1”，然后用白色填充选区，再按快捷键〈Ctrl+D〉取消选区，效果如图 4-22 所示。

图 4-21　创建出镜片区域的选区

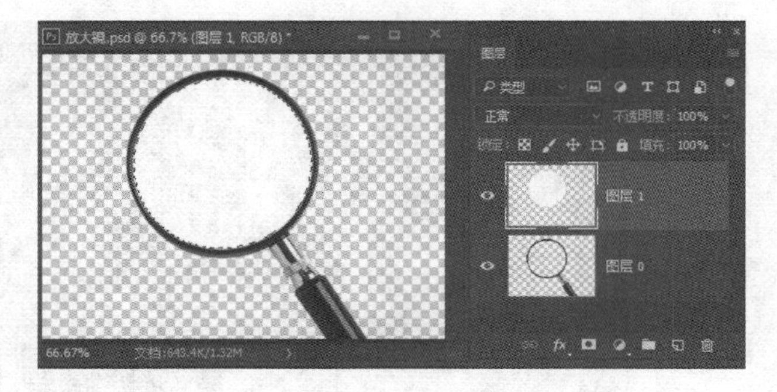

图 4-22　用白色填充选区

4）为了使镜片能够与放大镜一起移动，下面将图层进行链接。方法：在“图层”面板中同时选择“图层 0”和“图层 1”，然后单击“图层”面板下方的（链接图层）按钮，将它们链接在一起，此时图层分布如图 4-23 所示。

5）利用工具箱中的（移动工具）将“图层 0”和“图层 1”拖入“人物.psd”文件中，此时图层分布如图 4-24 所示，然后调整一下图层的分布，如图 4-25 所示。

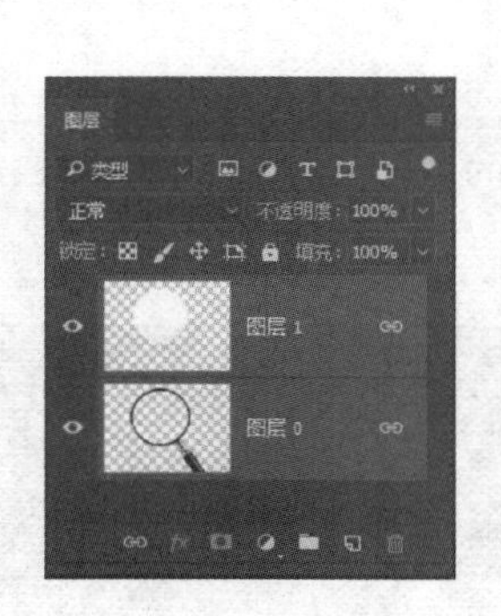

图 4-23　链接图层

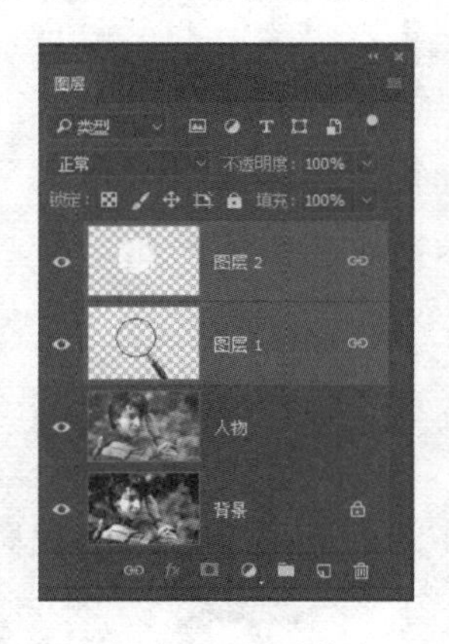

图 4-24　图层分布

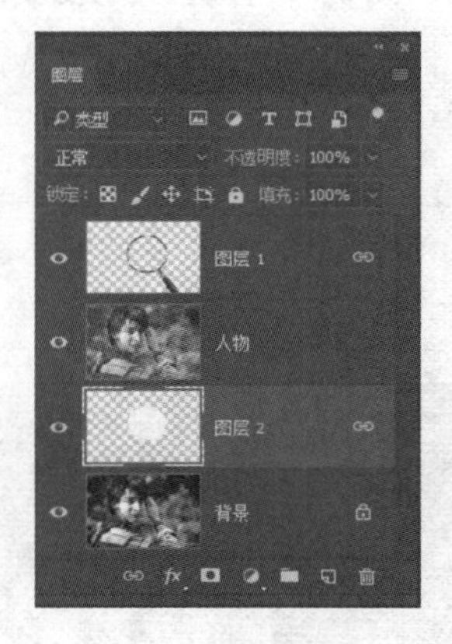

图 4-25　调整图层分布

6）在“图层”面板中右击“人物”图层，从弹出的快捷菜单中选择“剪贴蒙版”命令（快捷键〈Ctrl+Alt+G〉），此时可以看到放大镜镜片以内区域显示正常图像，镜片以外区域显示灰色纹理的效果，如图 4-26 所示。

图 4-26　创建剪贴蒙版

4.5 琥珀图标效果

要点：

本例将把一个 Illustrator 中创建的图标图形，制作成琥珀图标，如图 4-27 所示。通过本例的学习，读者应掌握各种图层样式的综合应用以及在实际工作中创作 Logo 的过程。

图 4-27 琥珀图标效果

操作步骤：

1）在 Illustrator CC 2017 中，创建图标，如图 4-28 所示，然后将其保存为“琥珀图标.ai”格式。

提示：在 Illustrator 中创建图标的原因是因为它绘制出的是矢量图，这种图放大后边缘不会出现锯齿。

2）在 Photoshop CC 2017 中，执行菜单中的“文件 | 新建”命令（快捷键〈Ctrl+N〉），然后在弹出的“新建”对话框中如图 4-29 所示设置参数，单击“创建”按钮。

图 4-28 “琥珀图标.ai

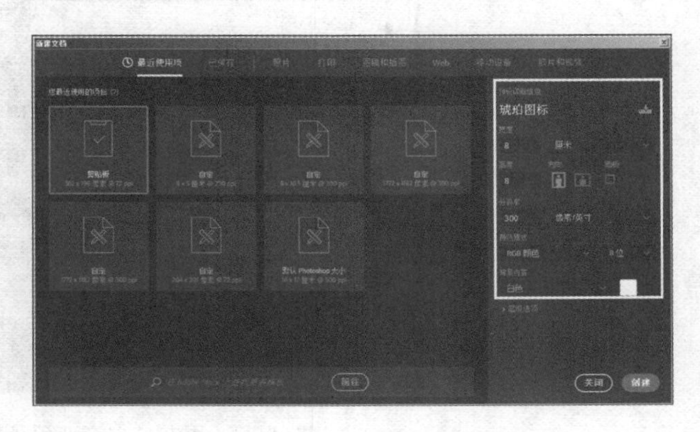

图 4-29 设置“新建”文件参数

3）执行菜单中的“文件 | 置入嵌入的智能对象”命令，然后在弹出的“置入嵌入对象”对话框中选择“琥珀图标.ai”文件，如图 4-30 所示，单击“置入”按钮。接着在弹出的“打开为智能对象”对话框中选择“1”，如图 4-31 所示，单击“确定”按钮。最后利用（移动工具）将其移动到画面中央位置，再按〈Enter〉键确认，结果如图 4-32 所示。

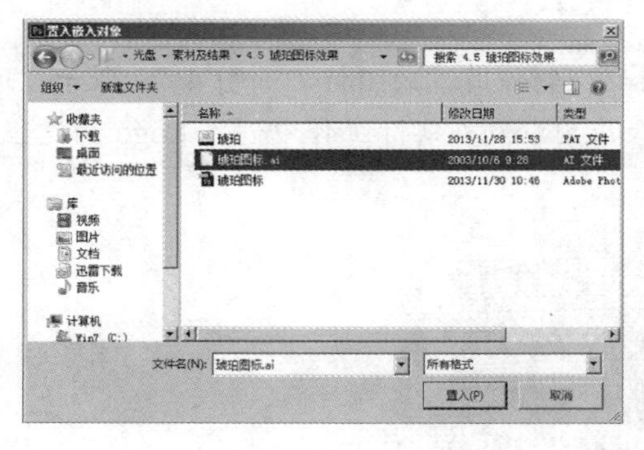

图 4-30 选择“琥珀图标.ai”文件

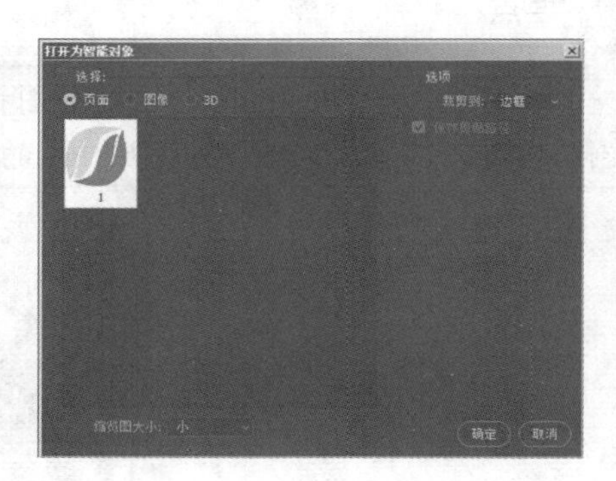

图 4-31 选择“1”

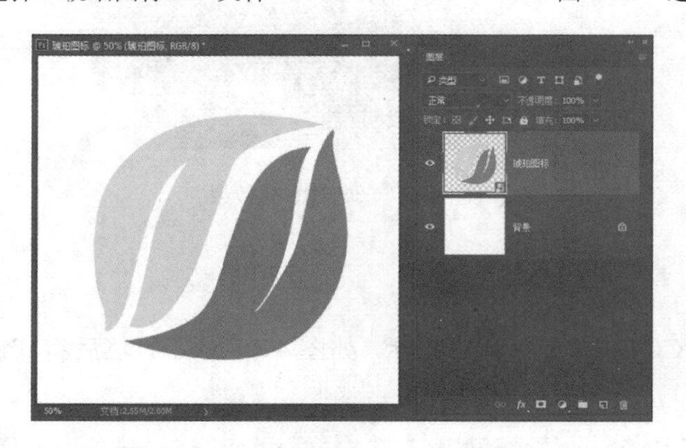

图 4-32 将图标移动到画面中央位置

4）为了衬托图标，下面选择工具箱中的（渐变工具），渐变类型选择（线性渐变），然后用灰—白渐变色处理背景层，结果如图 4-33 所示。

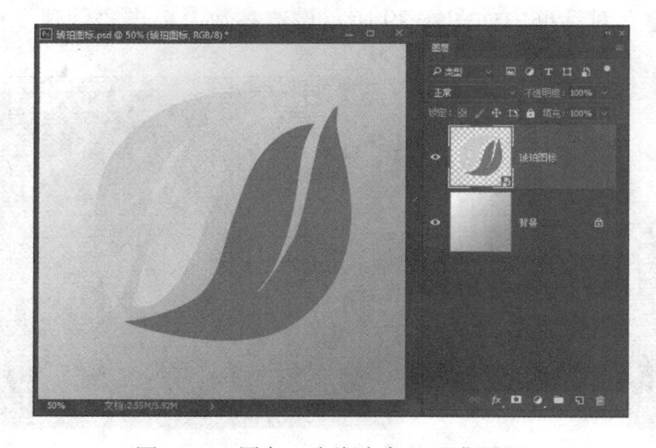

图 4-33 用灰—白渐变色处理背景层

5）对图标添加阴影效果。方法：选择“琥珀图标”层，单击“图层”面板下方的（添加图层样式）按钮，在弹出的菜单中选择“投影”选项，然后在弹出的对话框中如图 4-34 所示设置参数，效果如图 4-35 所示。

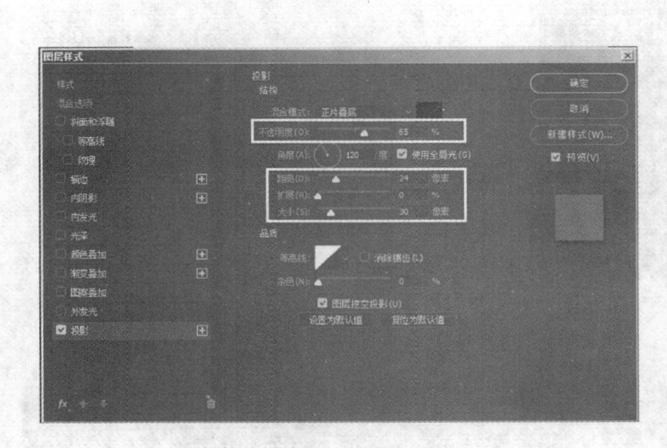

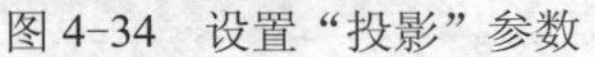
图 4-34　设置“投影”参数

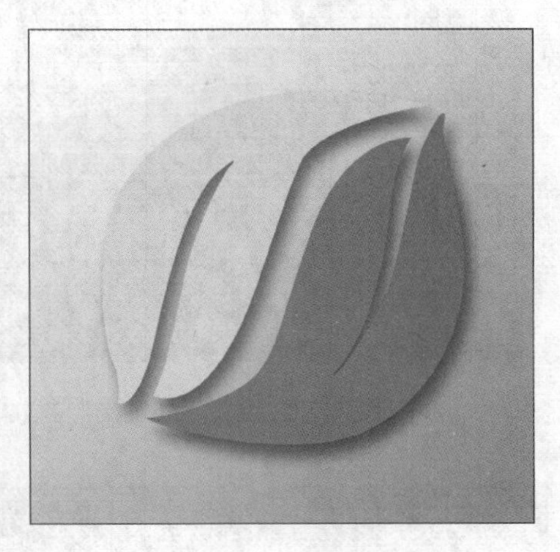

图 4-35　“投影”效果

6）对图标添加内阴影效果。方法：在“图层样式”对话框中勾选“内阴影”复选框，然后如图 4-36 所示设置参数，效果如图 4-37 所示。

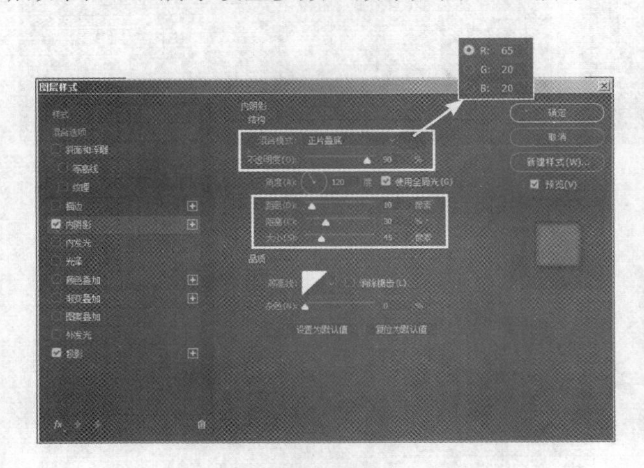

图 4-36　设置“内阴影”参数

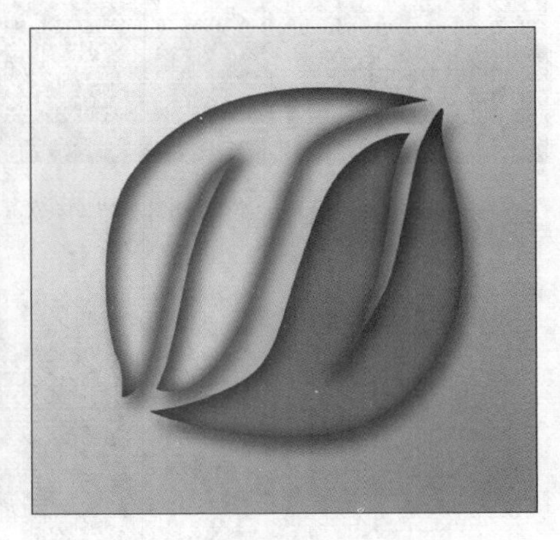

图 4-37　“内阴影”效果

7）对图标添加外发光效果。方法：在“图层样式”对话框中勾选“外发光”复选框，然后如图 4-38 所示设置参数，效果如图 4-39 所示。

8）对图标添加斜面和浮雕效果。方法：在“图层样式”对话框中勾选“斜面和浮雕”复选框，然后如图 4-40 所示设置参数，接着勾选“斜面和浮雕”中的“等高线”复选框，再选择一种等高线，如图 4-41 所示，效果如图 4-42 所示。

9）对图标添加颜色叠加效果。方法：在“图层样式”对话框中勾选“颜色叠加”复选框，然后如图 4-43 所示设置参数，效果如图 4-44 所示。

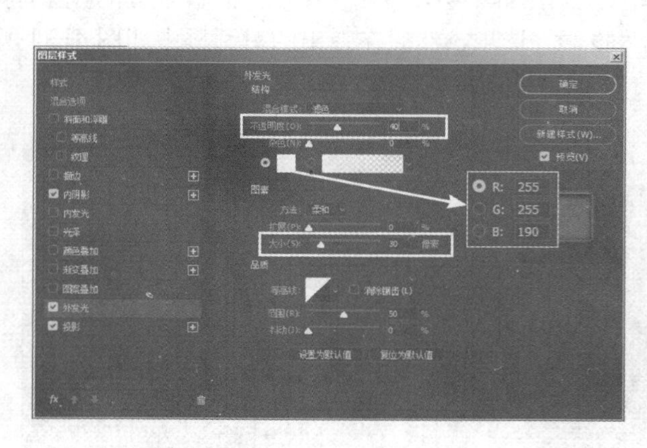

图 4-38　设置“外发光”参数

图 4-39　“外发光”效果

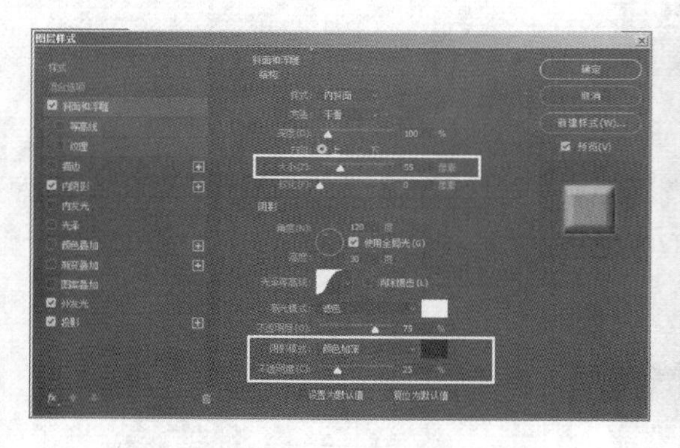

图 4-40　设置“斜面和浮雕”参数

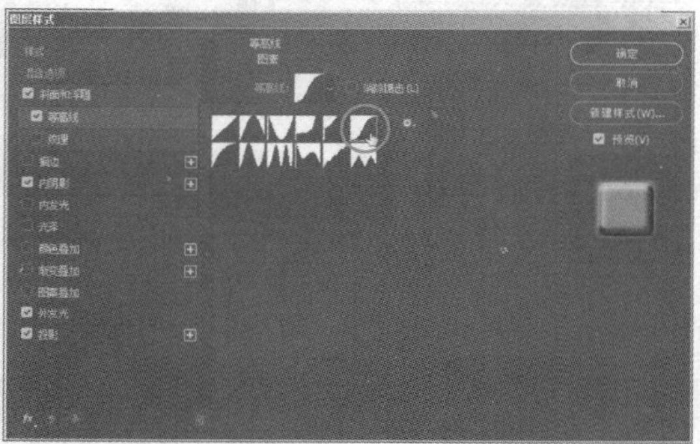

图 4-41　设置“等高线”参数

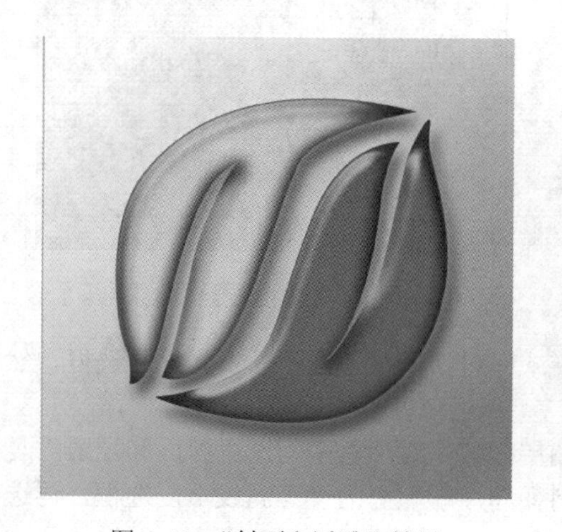

图 4-42　“斜面和浮雕”效果

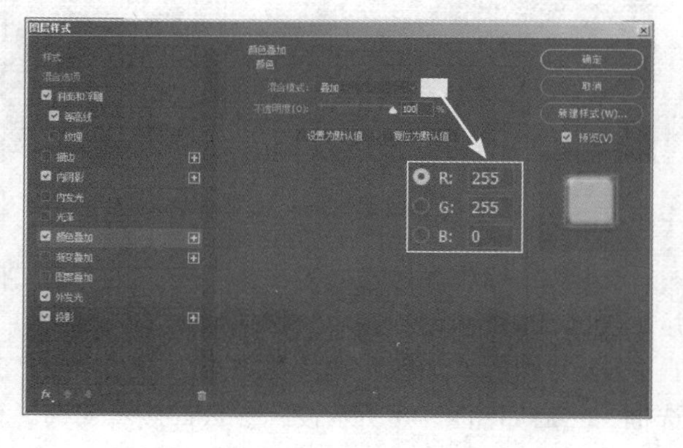

图 4-43　设置“颜色叠加”参数

10）对图标添加图案叠加效果。方法：在“图层样式”对话框中勾选“图案叠加”复选框，然后单击“图案”右侧图案，从弹出的图案列表中单击右上方的⚙按钮。接着从弹出的快捷菜单中选择“载入图案”命令，如图 4-45 所示，再在弹出的“载入”对话框中选择网盘中的“素材及结果\4.5 琥珀图标效果\琥珀.PAT”文件，如图 4-46 所示，单击“载入”按钮，从而载入琥珀图案。最后在“图层样式”对话框中单击“确定”按钮，确定操作。最终效果如图 4-47 所示。

图 4-44 “颜色叠加”效果

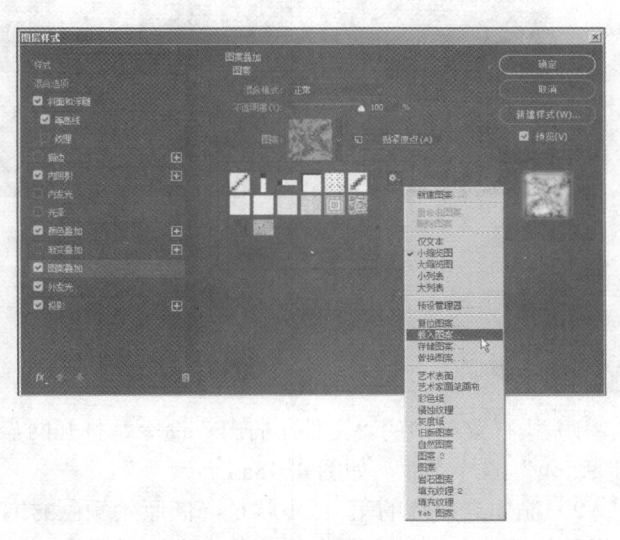

图 4-45 选择“载入图案”命令

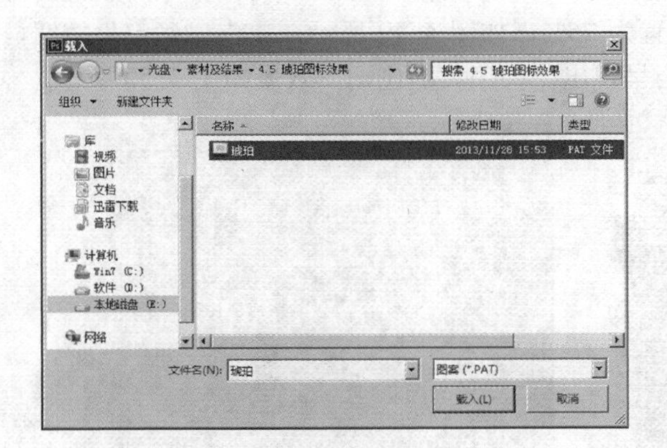

图 4-46 选择“琥珀.PAT”文件

图 4-47 琥珀图标效果

4.6 怀旧老照片效果

要点：

本例将把一张鲜艳的现代照片制作出老照片的效果，如图 4-48 所示。通过本例的学习，读者应掌握巧妙地应用“填充”功能来处理图像色彩的技巧，包括不同混合模式的填充效果、历史记录的填充效果等，另外，读者还应掌握暗角的制作、边框的添加、水印的重叠等老照片制作技巧。

a)

b)

图 4-48　怀旧老照片效果

a)“儿童.jpg”素材　b) 结果图

操作步骤：

1）执行菜单中的“文件｜打开”命令，打开网盘中的“素材及结果\4.6 怀旧老照片效果\儿童.jpg”图片文件，如图 4-48a 所示。

2）制作老照片的第 1 步就是降低原始颜色的饱和度，并使其呈现出由于年深日久而偏黄褐色的色调。方法：首先将“前景色”设置为一种黄褐色，参考色值：CMYK（35，37，65，20），然后执行菜单中的“编辑｜填充”命令，在弹出的“填充”对话框中将填充的混合模式设置为“颜色”，将“不透明度”设置为 75%，如图 4-49 所示，单击“确定”按钮，此时黄褐色会与底图进行颜色叠加，图片会呈现出一种偏黄的色调，效果如图 4-50 所示。

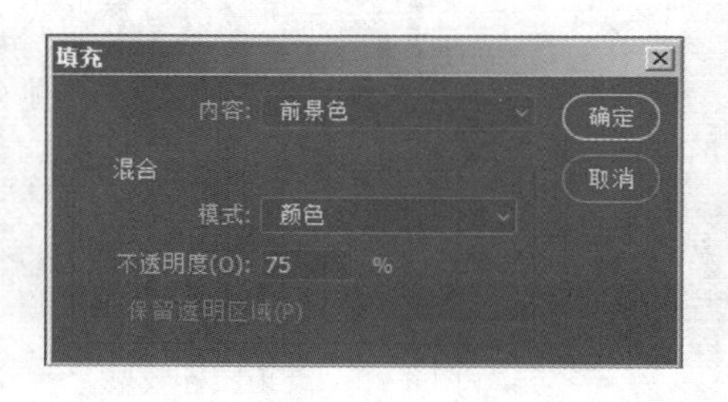

图 4-49　在“填充”对话框中设置参数

图 4-50　照片呈现一种偏黄的色调

3）下面继续为照片进行第 2 次填色处理，使其颜色更加具有怀旧的年代感。方法：首先将“前景色”设置为一种偏暖的褐色，参考色值：CMYK（35，50，70，30），然后再次执行菜单中的“编辑｜填充”命令，在弹出的“填充”对话框中将填充的混合模式依然设置为“叠加”，将“不透明度”设置为 90% ，如图 4-51 所示，单击“确定”按钮后，照片棕黄色的色调被加强，效果如图 4-52 所示。

4）两次填色之后照片变暗了，下面需要适当调整照片的亮度。方法：首先打开“历史记录”面板，然后将“历史记录”标识设定在填色之前的“打开”图像步骤，如图 4-53 所示，接着执行菜单中的“编辑｜填充”命令，在弹出的“填充”对话框中将填充的混合模式设为“明度”，并在“内容”选项组中的“使用”列表中选择“历史记录”命令，如图 4-54 所示，单击“确定”按钮，进行第 3 次填充后的效果如图 4-55 所示，图像在浓重的棕黄色调中恢复了一些原始的亮度。

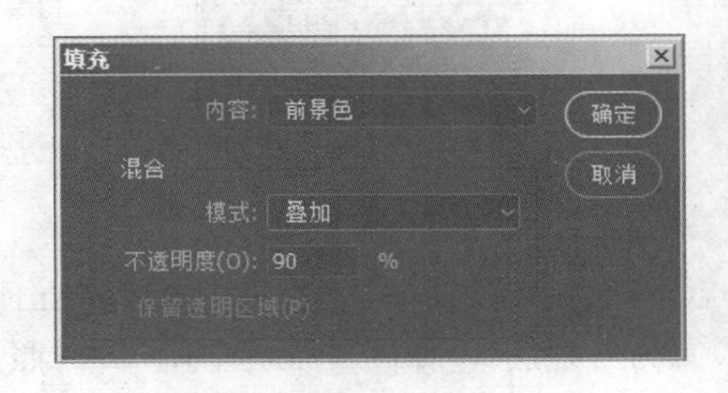

图 4-51　在“填充”对话框中再次设置参数

图 4-52　照片的棕黄色色调被加强

图 4-53　“历史记录”面板中的标识

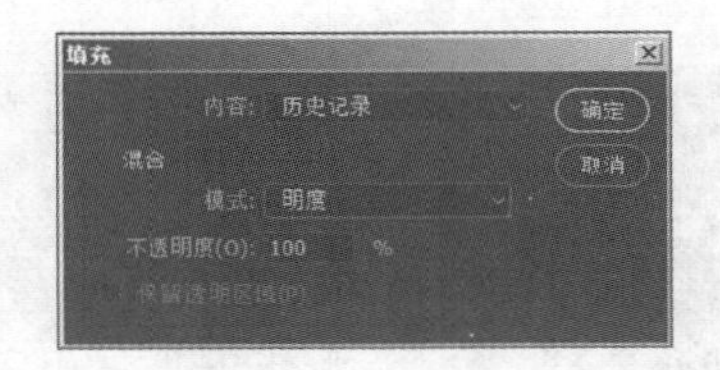

图 4-54　在“填充”对话框中设置参数

5）再对照片进行一些微妙的层次与色彩处理。方法：执行菜单中的“图像 | 调整 | 去色”命令，全部清除照片图像的彩色信息，然后执行菜单中的“编辑 | 渐隐去色”命令，在弹出的“渐隐”对话框中设置“不透明度”为 25%，如图 4-56 所示，单击“确定”按钮，效果如图 4-57 所示。

图 4-55　恢复一些原始亮度效果

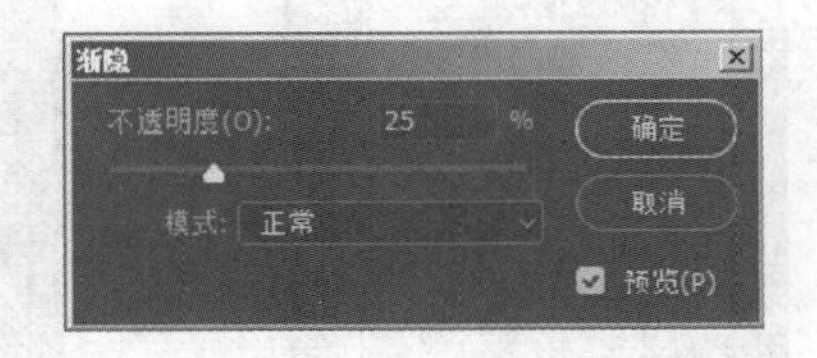

图 4-56　在“渐隐”对话框中设置参数

6）接下来，将照片 4 个边角的颜色加深，以便形成“暗角”效果。方法：首先单击“图层”面板下方的（创建新图层）按钮，新建一个名称为“暗角”的新图层，如图 4-58 所示，然后选择工具箱中的（矩形选框工具），并在工具设置栏中将“羽化”值设置为 100 像素。接着在画面中沿照片边缘内侧绘制一个大的矩形选框，此时带羽化值的矩形选区会自动形成圆角效果。

图 4-57　照片最后颜色定调效果

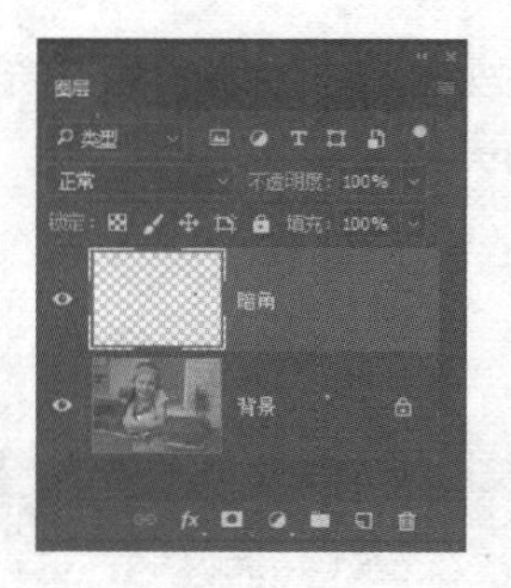

图 4-58　新建图层“暗角”

7）执行菜单中的“选择 | 反向”命令，然后用黑色填充选区。接着按快捷键〈Ctrl+D〉取消选区，再将“暗角”图层的“混合模式”设置为“叠加”，如图 4-59 所示，此时照片四周的边缘颜色会被加深，形成暗角效果，如图 4-60 所示。最后，将“暗角”图层拖至图层面板下方的（创建新图层）按钮上，从而得到“暗角拷贝”图层，再将其“不透明度”设置为 40%，如图 4-61 所示，此时照片的暗角效果就比较明显了，效果如图 4-62 所示。

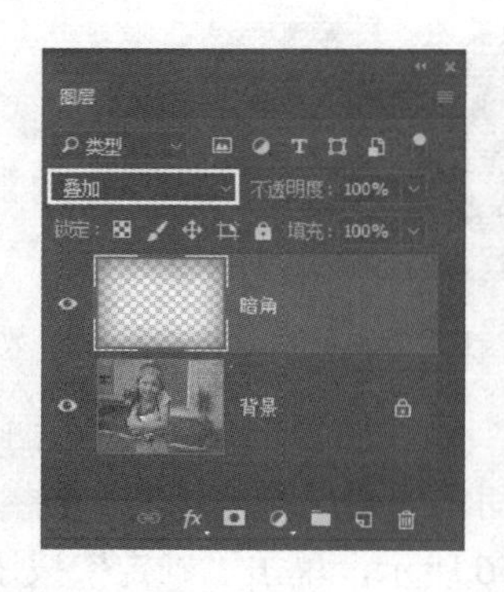

图 4-59　修改“暗角”图层的参数

图 4-60　添加暗角后图片四周变暗

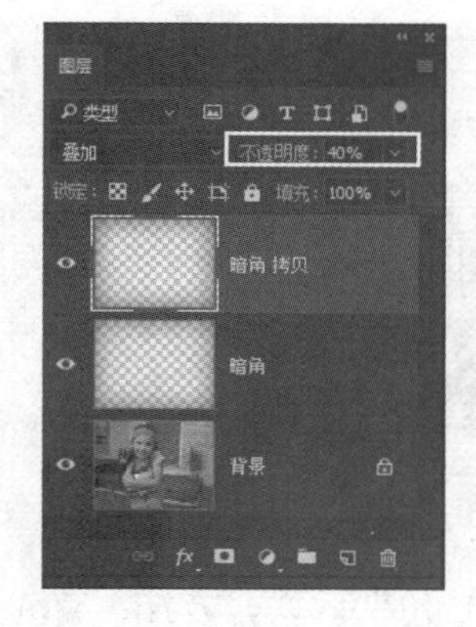

图 4-61　复制“暗角”图层并调整不透明度

图 4-62　增加图片四周变暗程度后的效果

8）下面利用一张水印污痕的图片，将其叠加在照片上，从而呈现出照片老旧的效果。方法：首先执行菜单栏中的“文件 | 打开”命令，打开网盘中的“素材及结果\4.6 怀旧老照片效果\污痕.jpg”图片文件，如图 4-63 所示，然后利用工具箱中的（移动工具）将其移到“老

照片制作”画面中，并利用快捷键〈Ctrl+T〉调整其大小和位置，效果如图 4-64 所示。最后将图层的“混合模式”设置为“颜色加深”，如图 4-65 所示，此时污痕水印就会被印在照片上，效果如图 4-66 所示。

图 4-63　素材“污痕.jpg”

图 4-64　将污痕图片置入窗口中并调整污痕大小和位置

图 4-65　调整图层的“混合模式”

图 4-66　照片与污痕合成后的效果

9）现在照片画面色调整体会变深，下面需要将添加的污痕图像亮调与中间调区域进行提亮。方法：选择“图层 1”，执行菜单中的“图像｜调整｜曲线”命令，在弹出的“曲线”对话框中调节曲线，提亮图片高光与中间调部分，如图 4-67 所示，单击“确定”按钮，此时图像会变亮，仅留下了水印污痕的形状，如图 4-68 所示。

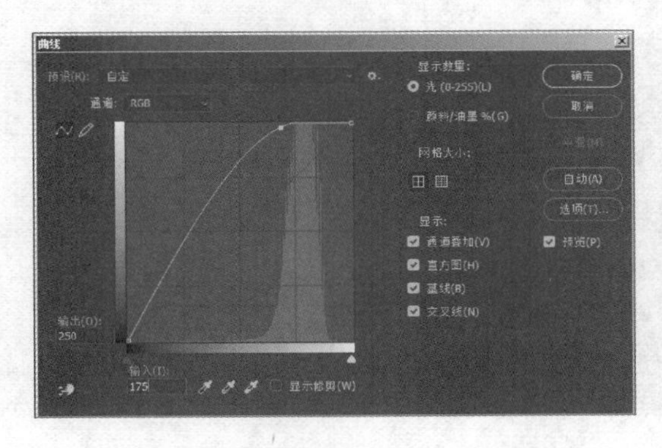

图 4-67　在“曲线”对话框中调整参数

图 4-68　图像变亮，仅留下水印污痕的效果

10）下面为照片添加一圈米色的边框。方法：首先选中所有图层，然后按快捷键〈Ctrl+E〉将 3 个图层合并为“背景层”，然后双击“背景”图层名称，在弹出的“新建图层”对话框中将图层名称改为“老照片”，单击“确定”按钮，此时图层分布如图 4-69 所示。接着单击“图层”面板下方的 fx（添加图层样式）按钮，在弹出的快捷菜单中选择“描边”命令，再在弹出的对话框中设置“描边”参数，如图 4-70 所示，描边颜色可以自己选择一种米黄色，颜色参考色值：（17，16，41，0），单击“确定”按钮，照片四周形成了一圈很窄的米色边框，如图 4-71 所示。

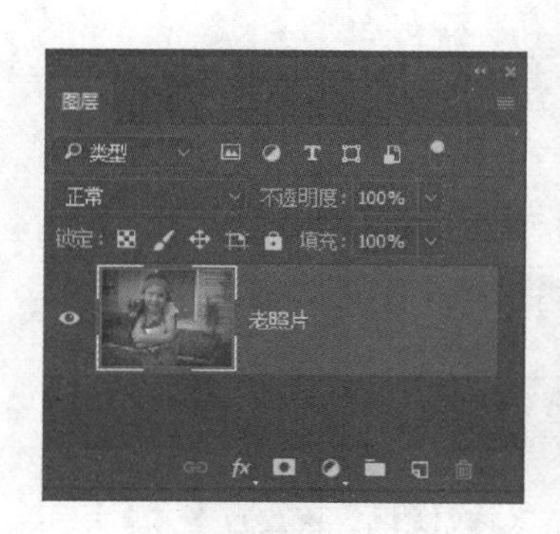

图 4-69　拼合所有图层

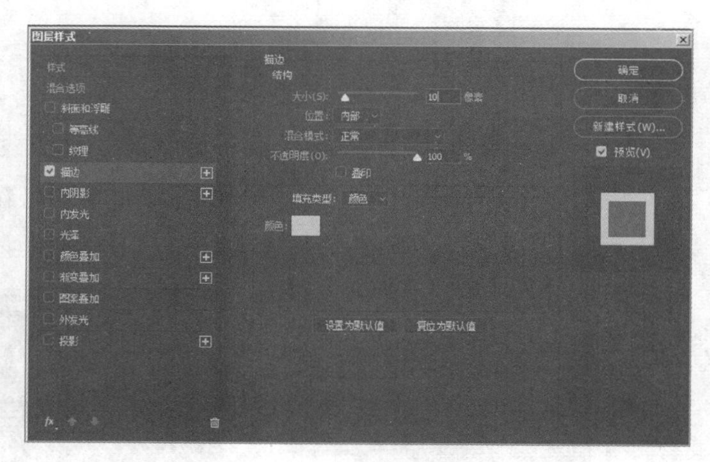

图 4-70　设置“描边”参数

11）对悬挂老照片的木板墙面进行处理。方法：首先打开网盘中的“素材及结果\4.6 制作怀旧老照片效果\木板.jpg”，如图 4-72 所示。然后执行菜单中的“图像｜调整｜色阶”命令，在弹出的“色阶”对话框中压缩亮调与暗调，如图 4-73 所示，单击“确定”按钮，此时图片的对比度会被增强，效果如图 4-74 所示。接着执行菜单中的“图像｜调整｜色相/饱和度”命令，在弹出的对话框中设置参数，如图 4-75 所示，单击“确定”按钮，此时木板已变为深褐色，同样呈现出一种老旧的效果，如图 4-76 所示。

图 4-71　添加米色边框的照片效果

图 4-72　素材“木板.jpg”

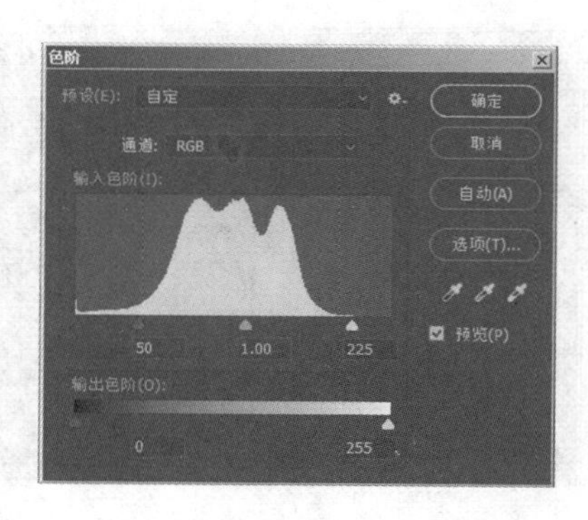

图 4-73　在“色阶”对话框中压缩亮调与暗调

图 4-74　图片调整色阶后效果

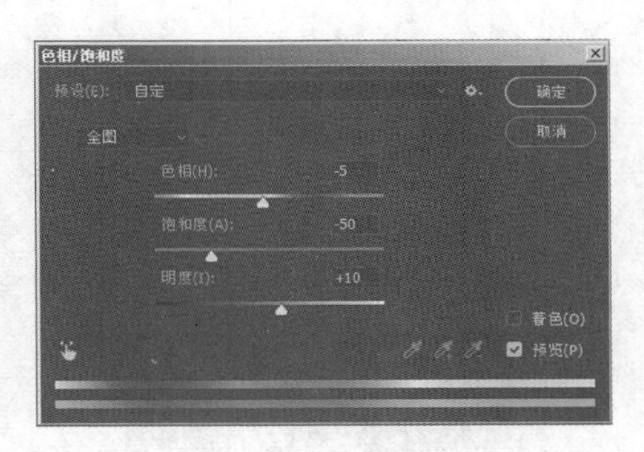

图 4-75　在“色相/饱和度”对话框中设置参数

12）接下来将老照片添加到木板上。方法：首先选中“老照片”图层，然后利用工具箱中的（移动工具）将其移到“木板”文件中，接着按快捷键〈Ctrl+T〉调出自由变换控制框，再调整“老照片”的大小、位置及旋转角度，最后按〈Enter〉键确认变换操作，使照片倾斜挂在木板墙上，效果如图 4-77 所示。

图 4-76　深褐色木板效果

图 4-77　调整照片的大小、位置和角度

13）在画面的左上角投射一束微弱的光，从而增加环境的真实感。方法：首先单击“图层”面板下方的（创建新图层）按钮，新建一个名称为“光束”的新图层，如图 4-78 所示，然后将“前景色”设置为米黄色，参考色值：CMYK（0，5，20，0），再选择工具箱中的（渐变工具），并在工具设置栏中选择（径向渐变）按钮，接着单击（点按可编辑渐变）按钮，在弹出的“渐变编辑器”对话框中选择“前景色到透明渐变”，如图 4-79 所示，单击“确定”按钮，再在画面中从左上角到中心拉出一条斜线，将渐变填充在画面的左上角部位，效果如图 4-80 所示。最后将该图层的“混合模式”设置为“叠加”，此时老照片和木板底纹的左上角位置仿佛被一束弱光照亮，效果如图 4-81 所示。

14）为“老照片”添加投影的效果。方法：首先选择“老照片”图层，然后单击“图层”面板下方的（添加图层样式）按钮，在弹出的快捷菜单中选择“投影”命令，再在弹出的“图层样式”对话框中设置参数，如图 4-82 所示，单击“确定”按钮，此时照片即有了投影的效果。

15）至此，仿旧照片效果制作完毕，最终效果如图 4-83 所示。

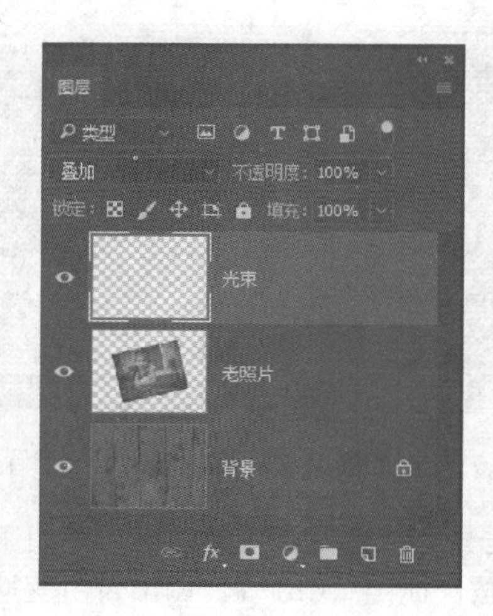

图 4-78　新建“光束”图层

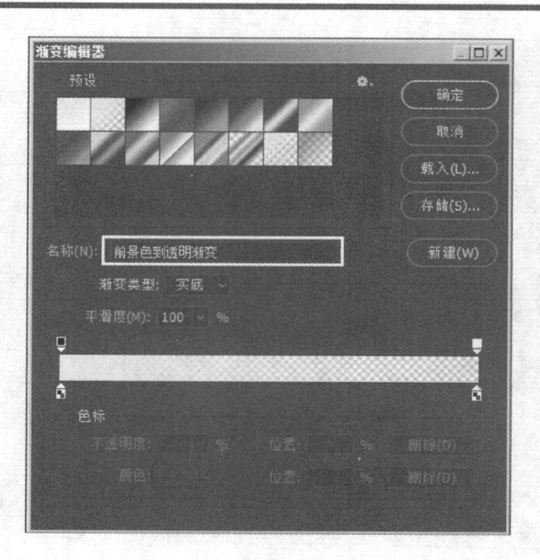

图 4-79　在“渐变编辑器”中设置参数

图 4-80　在画面左上角添加渐变效果

图 4-81　“混合模式”设置为“叠加”后效果

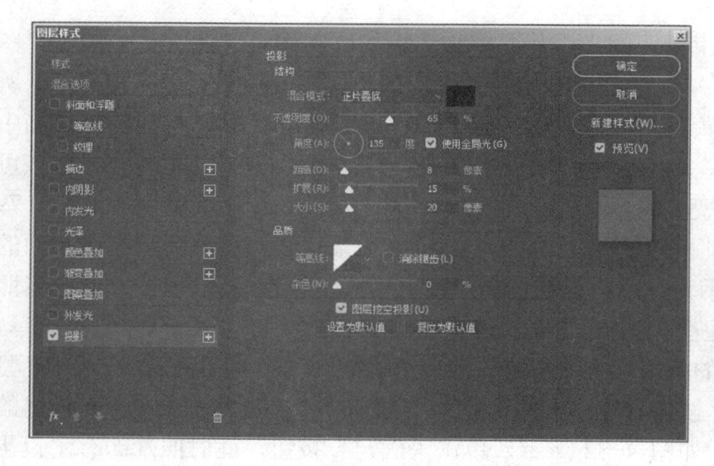

图 4-82　在“图层样式”对话框中设置参数

图 4-83　老照片制作最终效果

4.7　模拟半透明玻璃杯

要点：

本例将利用两张图片模拟玻璃的透明效果，如图 4-84 所示。通过本例的学习，读者应掌握图层蒙版、图层组蒙版、不透明度及链接图层的综合应用。

a)

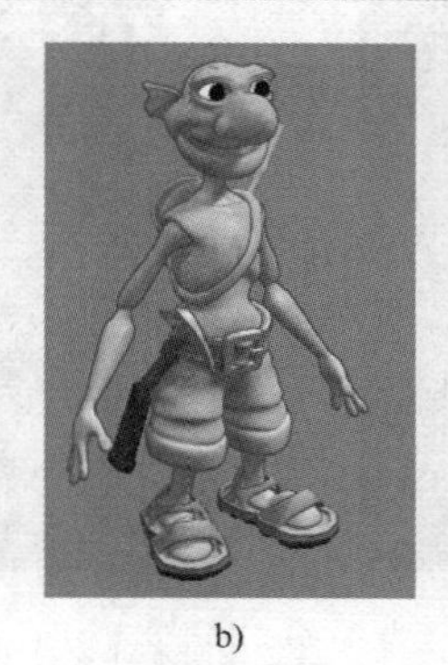
b)

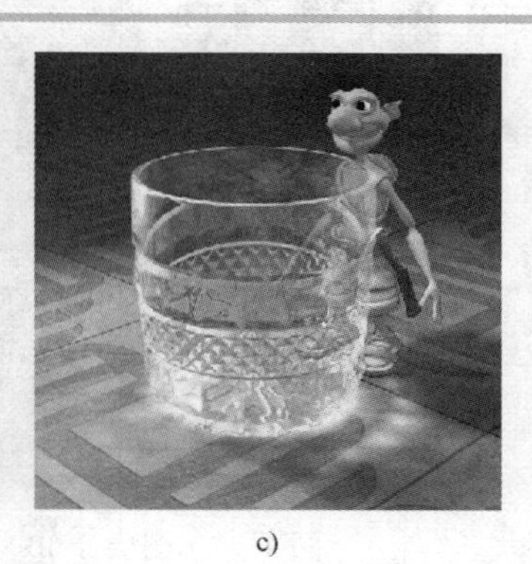
c)

图 4-84　模拟玻璃杯的透明效果

a) 原图 1　b) 原图 2　c) 结果图

操作步骤：

1）打开网盘中的“素材及结果\4.7 模拟半透明玻璃杯\原图 1.bmp”和“原图 2.bmp”文件，如图 4-84a 与图 4-84b 所示。

2）选择工具箱中的 （移动工具），将“原图 2.bmp”拖到“原图 1.bmp”文件中，效果如图 4-85 所示。

3）创建小怪人的选区，然后单击“图层”面板下方的 （添加图层蒙版）按钮，为“图层 1”添加一个图层蒙版，从而将小怪人以外的区域隐藏，效果如图 4-86 所示。此时，图层的分布如图 4-87 所示。

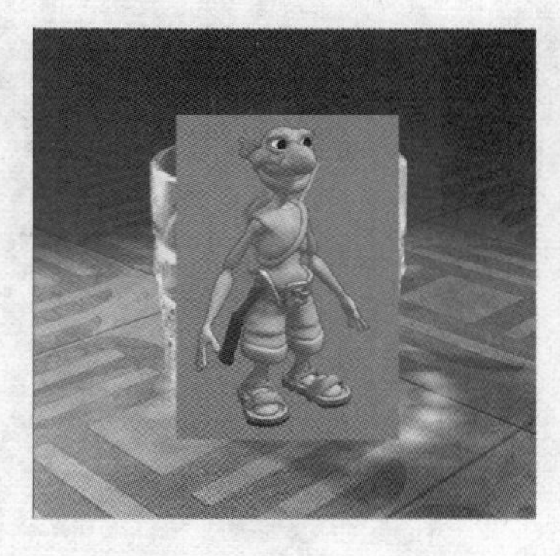

图 4-85　将“原图 2.bmp”拖到“原图 1.bmp”中

图 4-86　隐藏小怪人以外的区域

提示： 利用蒙版中的黑色将图像中不需要的部分隐藏，与直接将不需要的图像删除相比，前者具有不破坏原图的优点。

4）选择“图层 1”，执行菜单中的“编辑 | 变换 | 水平翻转”命令，将该层图像水平翻转，效果如图 4-88 所示。

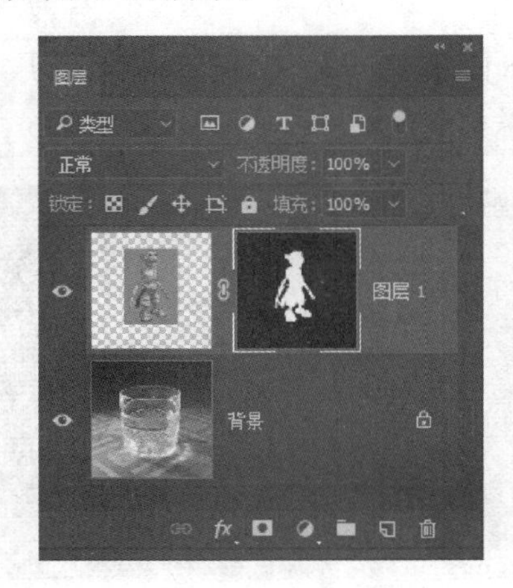

图 4-87　图层分布

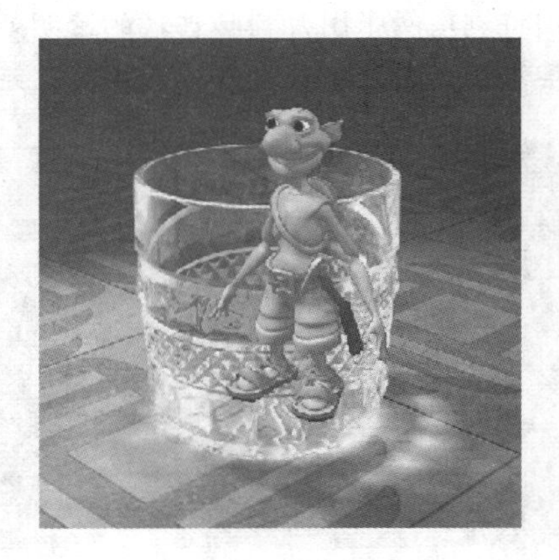

图 4-88　水平翻转图像

提示： 菜单中的“图像 | 图像旋转 | 水平翻转画布”命令，是对整幅图像进行水平翻转；菜单中的“编辑 | 变换 | 水平翻转”命令，只对所选择的图层进行水平翻转，而对未被选择的图层不进行翻转。

5）选择“背景”图层，单击“图层”面板下方的 （创建新图层）按钮，在背景层上方新建“图层 2”。

6）选择工具箱中的 （画笔工具），确定“前景色”为黑色，在新建的“图层 2”上绘制小怪人的阴影，效果如图 4-89 所示。

7）此时阴影颜色太深，为了解决这个问题，需要进入“图层”面板，将“图层 2”的“不透明度”设为 50%，效果如图 4-90 所示。此时，图层的分布如图 4-91 所示。

图 4-89　绘制阴影

图 4-90　将“图层 2”的“不透明度”改为 50% 后效果

8）制作小怪人在玻璃杯后的半透明效果。方法：关闭“图层 1”和“图层 2”前的（指示图层可视性）图标，从而隐藏这两个图层，如图 4-92 所示。

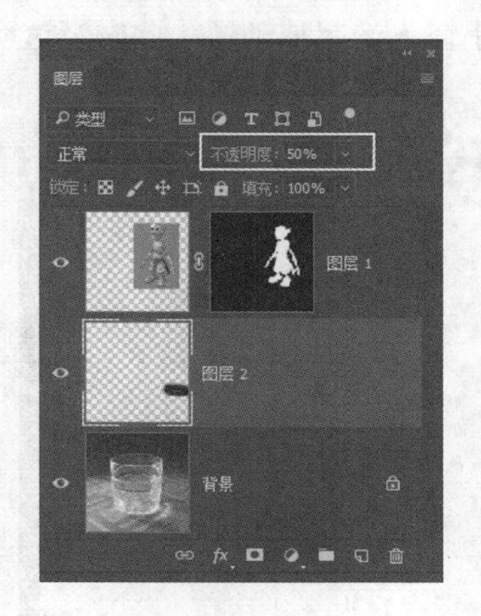

图 4-91 图层分布

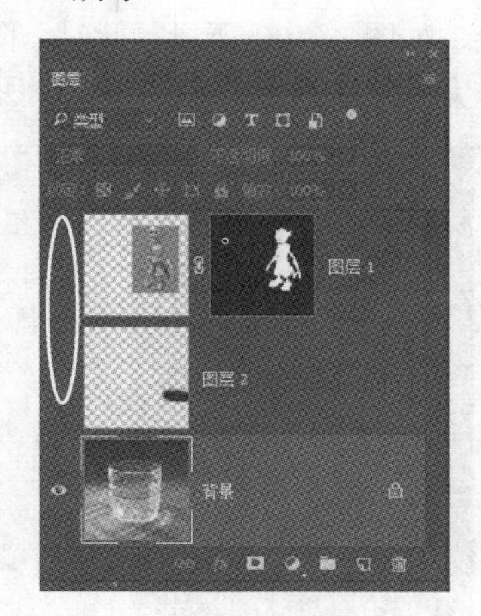

图 4-92 隐藏“图层 1”和“图层 2”

9）利用工具箱中的（多边形套索工具），在“背景”图层创建玻璃杯选区，如图 4-93 所示。然后恢复“图层 1”和“图层 2”的显示。

10）单击“图层”面板下方的（创建新组）按钮，新建一个图层组，然后将“图层 1”和“图层 2”拖入图层组中，效果如图 4-94 所示。

图 4-93 创建玻璃杯选区

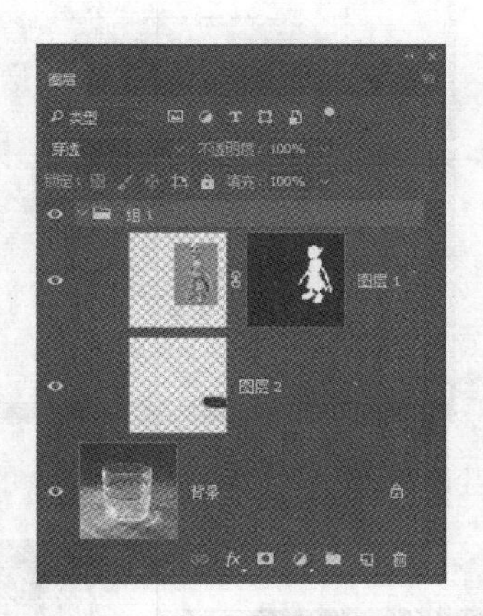

图 4-94 将“图层 1”和“图层 2”拖入图层组中

11）选择“组 1”层，单击“图层”面板下方的（添加图层蒙版）按钮，对图层组添加一个图层蒙版，此时的图层分布如图 4-95 所示。然后按住〈Alt〉键，单击图层组的蒙版，使其在视图中显示，效果如图 4-96 所示。

12）按快捷键〈Ctrl+I〉，对其颜色进行反相处理，然后用 RGB 值为（128，128，128 ）的颜色填充图层组蒙版中的玻璃杯选区，如图 4-97 所示，以便产生玻璃的透明效果，此时的图层分布如图 4-98 所示。接着按快捷键〈Ctrl+D〉取消选区，效果如图 4-99 所示。

13）再次按住〈Alt〉键，单击图层组的蒙版，使其在视图中取消显示。

14）恢复“图层 1”和“图层 2”的显示，然后利用工具箱中的（移动工具）在画面

上移动小怪人，此时会发现阴影并不随小怪人一起移动。为了使阴影和小怪人一起移动，同时选择“图层 1”和“图层 2”，并单击“图层”面板下方的 (链接图层) 按钮，将两个图层进行链接，如图 4-100 所示。此时，阴影即可随小怪人一起移动了，此时半透明玻璃杯效果也已制作完成，最终效果如图 4-101 所示。

图 4-95　对图层组添加图层蒙版

图 4-96　显示图层蒙版

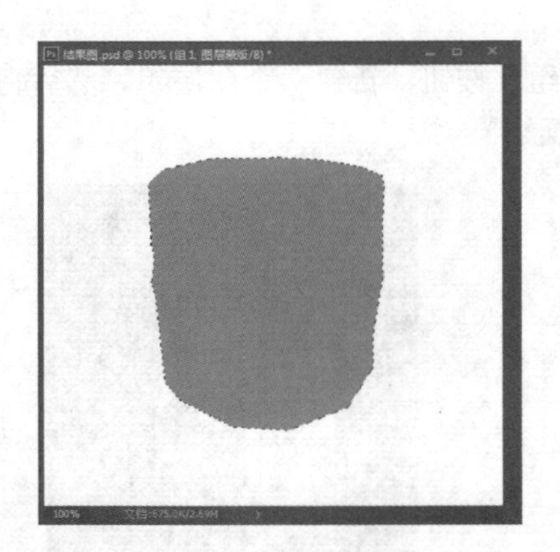

图 4-97　用 RGB 值为（128，128，128）的颜色填充选区

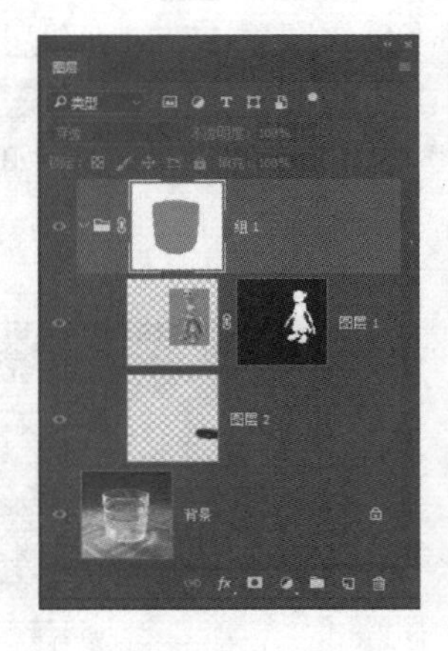

图 4-98　图层分布

图 4-99　取消选区后的效果

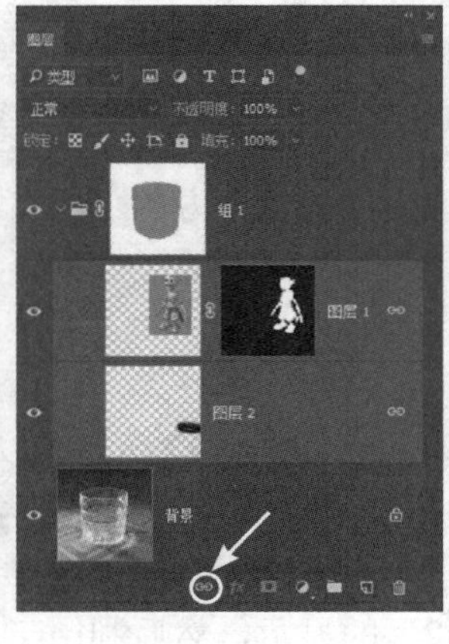

图 4-100　链接图层

图 4-101　最终效果图

4.8　光盘效果

要点：

本例将制作一个光盘的展示效果图，如图 4-102 所示。通过本例的学习，读者应掌握分别对图像的亮调区域与暗调区域填充颜色，从而形成一种特殊的色彩效果的方法。另外，还应掌握填充或调整图层、剪贴蒙版、通道的运用，以及利用“自动”功能绘制带厚度的立体字的技巧。

图 4-102　光盘展示效果图

操作步骤：

1）执行菜单中的“文件 | 新建”命令，在弹出的对话框中设置参数，如图 4-103 所示，然后单击“确定”按钮，新建一个文件。

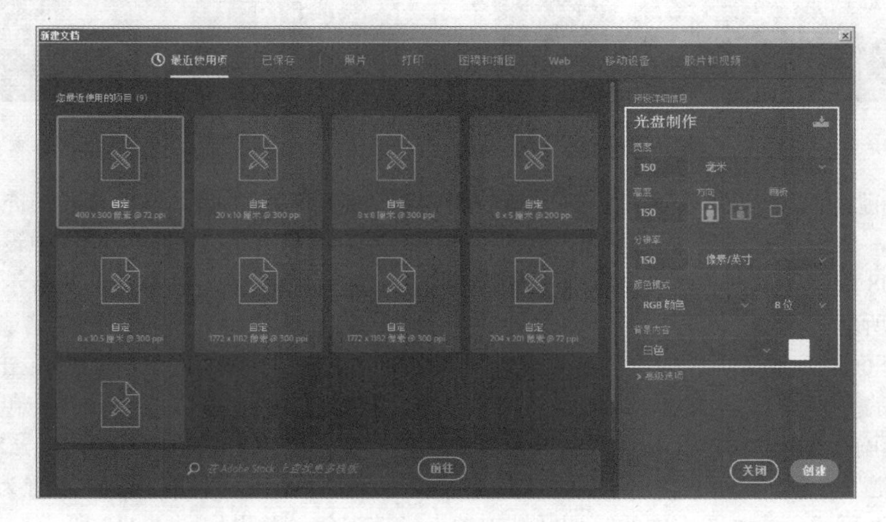

图 4-103　建立新文件

2）制作放置光盘的环境底色。方法：单击“图层”面板下方的（创建新的填充或调整图层）按钮，在弹出的快捷菜单中选择“渐变”命令，然后在弹出的“渐变填充”对话框中设置参数，如图 4-104 所示，单击“确定”按钮，效果如图 4-105 所示。

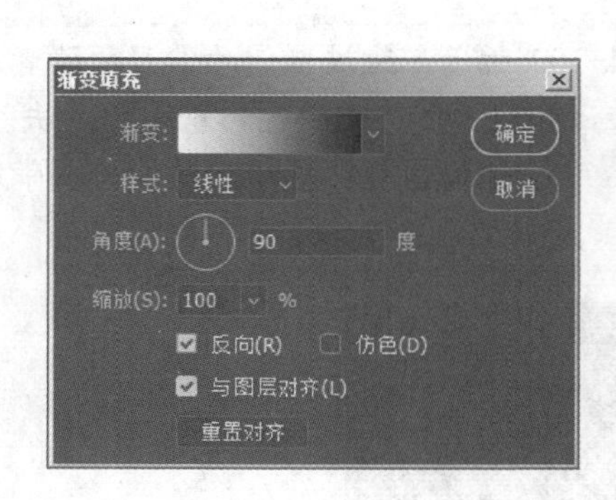

图 4-104　在“渐变填充”对话框中设置参数

图 4-105　填充渐变背景

3）执行菜单中的“文件 | 打开”命令，打开网盘中的“素材及结果\4.8 制作光盘效果\光盘图片.jpg”文件，如图 4-106 所示。下面首先去除图像的原始色彩信息，以便后面添加新的色彩特效。方法：执行菜单中的“图像 | 调整 | 去色”命令，将其处理为灰度图像，效果如图 4-107 所示。

图 4-106　素材“光盘图片.jpg”

图 4-107　将图像去色后的效果

4）加强图像的亮调部分。方法：单击“图层”面板下方的（创建新的填充或调整图层）按钮，然后从弹出菜单中选择“色阶”命令，接着在打开的“属性”面板中设置参数，如图 4-108 所示，此时在“图层”面板中会创建出“色阶 1”层，如图 4-109 所示，效果如图 4-110 所示。

5）下面进入重新填色的阶段，首先针对图像的暗调区域进行填色。方法：单击“图层”面板下方的（创建新的填充或调整图层）按钮，从弹出的快捷菜单中选择“纯色”命令，然后在弹出的“拾取实色”对话框中设置一种褐色，参考色值：CMYK（40，60，80，60），单击“确定”按钮，从而创建出“颜色填充 1”层。接着将图层的“混合模式”设置为“滤色”，如图 4-111 所示，此时图像中的暗调区域被填上了棕褐色，效果如图 4-112 所示。

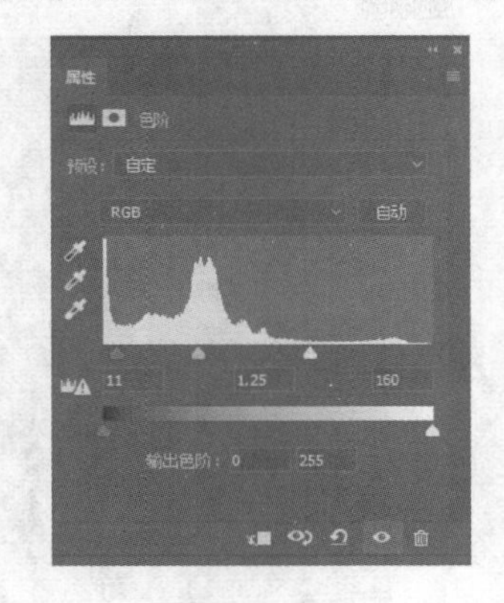

图 4-108　设置色阶参数

图 4-109　创建“色阶 1”层

图 4-110　调整色阶后夸大图像黑白对比效果

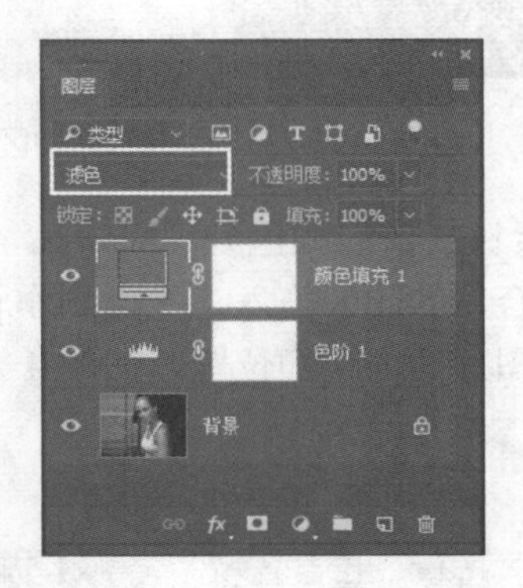

图 4-111　“滤色”模式

6）对图像亮调区域进行填色，首先需要自动得到亮调区域的选区。方法：打开“通道”面板，观察“红”“绿”“蓝”3 个颜色通道，此时“蓝”通道层次最好，如图 4-113 所示。下面按住〈Ctrl〉键用鼠标单击“通道”面板中 “蓝”通道的缩览图，从而得到如图 4-114 所示的图像的亮调区域浮动选区。然后回到“图层”面板，单击面板下方的 （创建新的填充或调整图层）按钮，从弹出的快捷菜单中选择“纯色”命令，再在弹出的“拾取实色”对话框中设置一种浅黄色，参考色值：CMYK（15，15，50，0），单击“确定”按钮，从而创建出“颜色填充 2”层，如图 4-115 所示，此时图像中的亮调区域被填充为浅黄色，效果如图 4-116 所示。

图 4-112　对暗调区域进行填色的效果

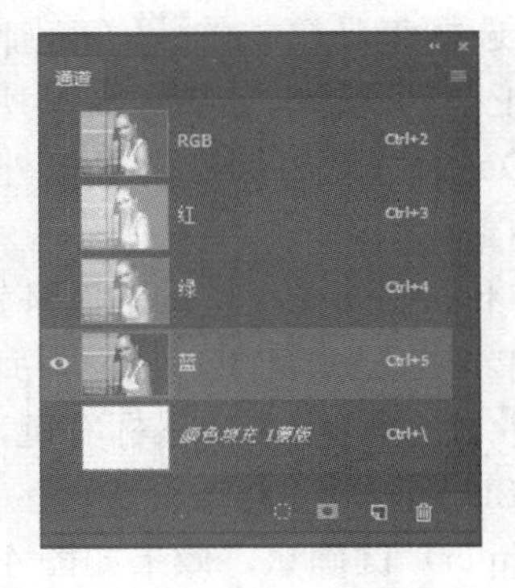

图 4-113　“通道”面板

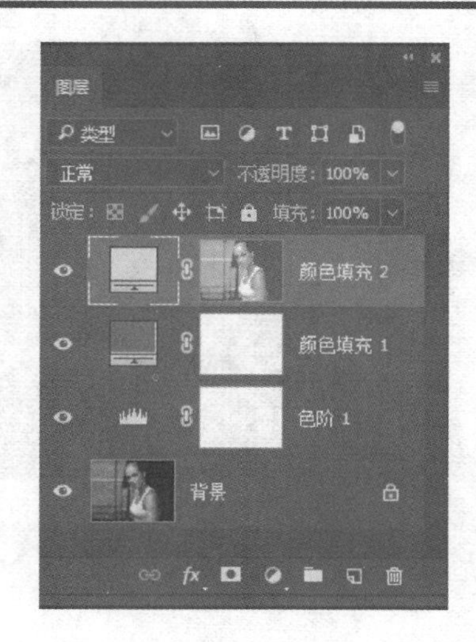

图 4-114　选中图像的亮调区域

图 4-115　创建“颜色填充 2”层

7）素材图像的颜色处理完毕后，下面拼合所有图层，然后利用工具箱中的（移动工具）将拼合后的图像拖入“光盘制作.psd”文件中，从而得到“图层 1”，如图 4-117 所示。接着调整图片的大小和位置，如图 4-118 所示。

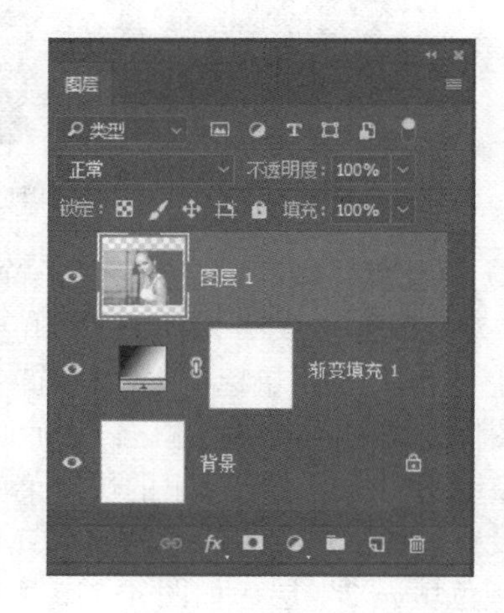

图 4-116　对亮调区域进行颜色填充的效果

图 4-117　将素材图像拖入背景图中

8）选择工具箱中的（椭圆选框工具），然后在按住〈Shift〉键的同时拖动鼠标绘制出一个正圆形选区，如图 4-119 所示，接着执行菜单中的“选择 | 反向”命令，反选选区，再按〈Delete〉键将圆形选区之外的图像部分删除，从而得到圆形图像，效果如图 4-120 所示。

9）下面制作光盘中间的圆环镂空区域。方法：选中“图层 1”，然后在按住〈Ctrl〉键的同时单击图层缩览图，从而得到光盘图像外形的选区。接着选择工具箱中的（椭圆选框工具），在选区中单击鼠标右键，从弹出的快捷菜单中选择“变换选区”命令，再按住快捷键〈Alt+Shift〉并向内拖动选区，等比例缩小控制框，使选区向内大幅度缩小，调整完毕后按〈Enter〉键确认，效果如图 4-121 所示。最后按〈Delete〉键将选区中的图像去除，效果如图 4-122 所示。

图 4-118　调整贴入图像的大小和位置

图 4-119　绘制正圆形选区

图 4-120　将圆形选区之外的图像删除

图 4-121　绘制同心圆形选区

提示：在变换选区的同时，按住〈Alt〉键，可以保证选区中心点的位置保持不变。

10）在光盘中心制作一个白色的圆环。方法：在保留上一步选区的情况下，新建一个图层，并将其命名为“内圆环”，然后将刚才的中心小圆形选区填充为白色，如图 4-123 所示，接着在选区中单击鼠标右键，从弹出的快捷菜单中选择“变换选区”命令，再按住快捷键〈Alt+Shift〉并向外拖动选区，从而等比例向外扩大选区，调整完毕后按〈Enter〉键确认，得到如图 4-124 所示的选区效果。

图 4-122　去除光盘中心的图像

图 4-123　将中心小圆形选区填充为白色

11）选择工具箱中的 （魔棒工具），然后按住〈Alt〉键单击白色小圆形，从而从现有选区中减去白色小圆形选区，得到圆环选区，再将圆形选区也填充为白色。接着按快捷键〈Shift+Ctrl+I〉反转选区，再按〈Delete〉键将选区部分内容去除，最后按快捷键〈Ctrl+D〉取消选区，从而得到如图 4-125 所示的白色圆环效果。再将“内圆环”图层的“混合模式”设置为“柔光”，此时白色圆环与光盘面图像会发生柔和的重叠，效果如图 4-126 所示。

图 4-124　得到向外扩大的圆形选区

图 4-125　白色圆环效果

12）同理，制作出光盘的外边框效果，如图 4-127 所示。

图 4-126　设置图层“混合模式”为“柔光”效果

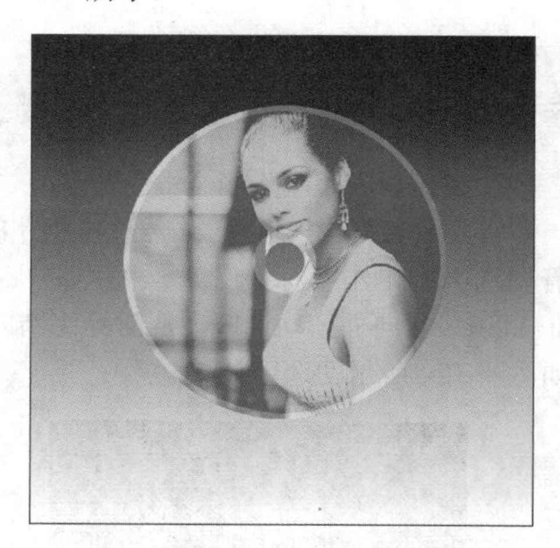

图 4-127　光盘外边框效果

13）接下来制作光盘边缘的厚度效果。方法：选中“图层 1”，然后单击“图层”面板下方的 （添加图层样式）按钮，从弹出的快捷菜单中选择“斜面和浮雕”命令，再在弹出的“图层样式”对话框中设置参数，如图 4-128 所示，单击“确定”按钮，此时图像四周会形成微微的浮雕效果，如图 4-129 所示。

14）同理，选择“内圆环”图层，为其添加“斜面和浮雕”图层样式，并设置参数，如图 4-130 所示，单击“确定”按钮，效果如图 4-131 所示。

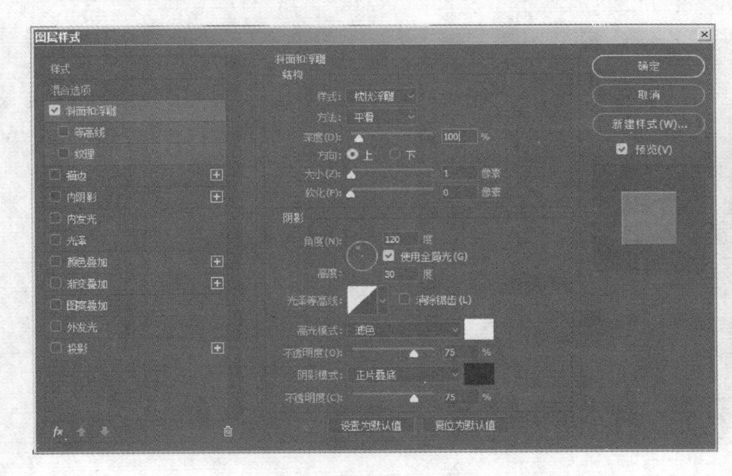

图 4-128　设置“斜面和浮雕”参数

图 4-129　光盘图像边缘形成浮雕的效果

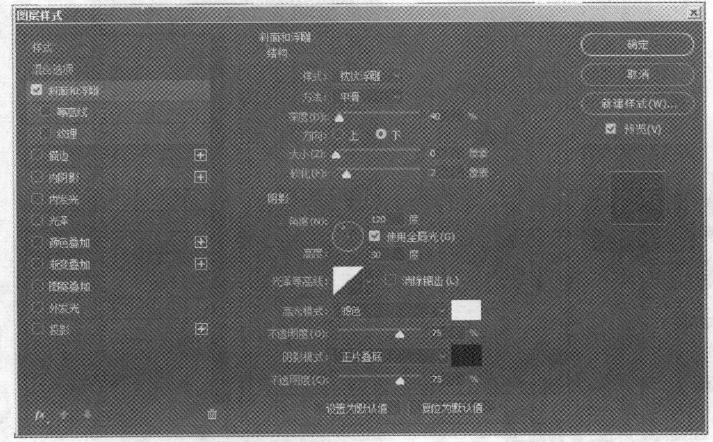

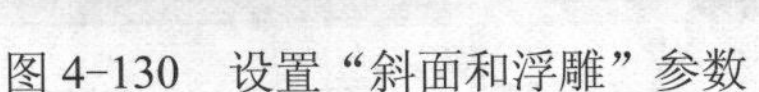

图 4-130　设置“斜面和浮雕”参数

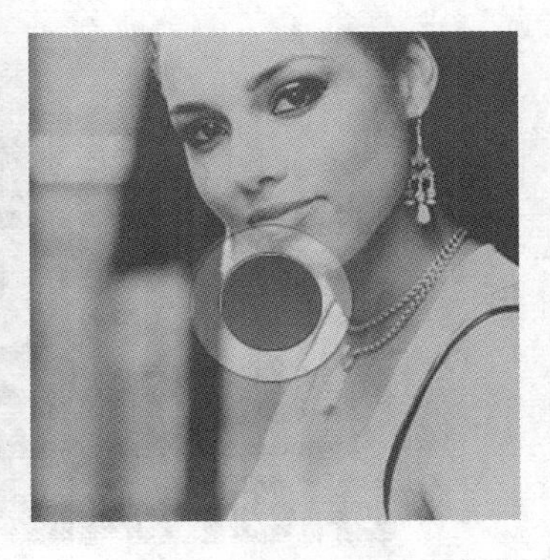

图 4-131　内圆环的斜面和浮雕效果

15）继续完善内圆环的效果。方法：首先在按住〈Ctrl〉键的同时用鼠标单击“内圆环”的图层缩览图，将圆环选区载入，然后新建“图层 2”，将其移动到“内圆环”图层之下，如图 4-132 所示。接着将“前景色”设置为褐色，参考色值：CMYK（30，50，85，35），再选择工具箱中的 （渐变工具），单击工具设置栏中的按钮，在弹出的“渐变编辑器”对话框中选择“前景色到透明渐变”类型，如图 4-133 所示，单击“确定”按钮。最后在圆环选区内自下而上拖动鼠标填充半透明渐变，再按快捷键〈Ctrl+D〉取消选区，效果如图 4-134 所示。

16）至此，光盘面基本处理完成，下面在光盘上添加标志及文字说明。方法：首先打开网盘中的“素材及结果\4.7　光盘效果\标志.png”文件，如图 4-135 所示，然后利用工具箱中的 （移动工具）将其拖入“光盘制作.psd”文件中，并将生成的新图层命名为“标志”，如图 4-136 所示。接着调整标志图像的大小和位置，使其位于如图 4-137 所示的位置。最后选择工具箱中的 T （横排文字工具），输入其他相应的文字（字体、字号读者可自行选择），如图 4-138 所示。

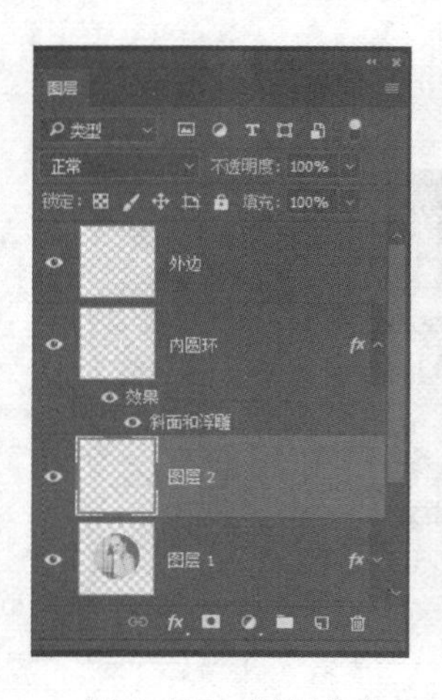

图 4-132　图层分布

图 4-133　选择“前景色到透明渐变”类型

图 4-134　继续完善内圆环的效果

图 4-135　素材“标志.png”

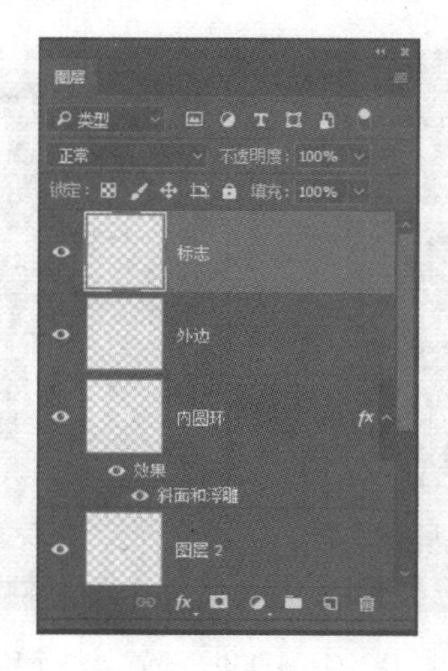

图 4-136　图层分布

图 4-137　调整标志的大小和位置

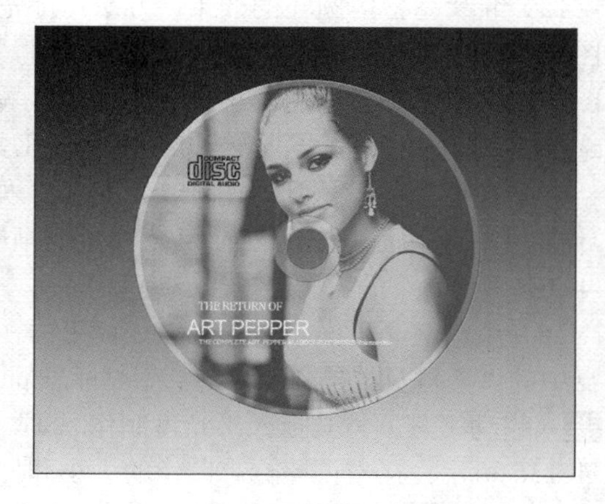

图 4-138　输入其他相关文字

17）下面为 CD 的标题文字“ART PEPPER”制作立体字效果，这里要应用的特殊功能是 Photoshop CC 2017 中的“自动”功能。方法：在按住〈Ctrl〉键的同时，单击“ART PEPPER”图层前的图层缩览图，从而得到文字的选区，然后新建一个图层并将其命名为“厚度”，接着将其置于“ART PEPPER”图层之下，并隐藏“ART PEPPER”图层，如图 4-139 所示。最后将“前景色”设置为一种深褐色，颜色色值：CMYK（35，60，80，55），再按快捷键〈Alt+Delete〉，用前景色填充选区，效果如图 4-140 所示。

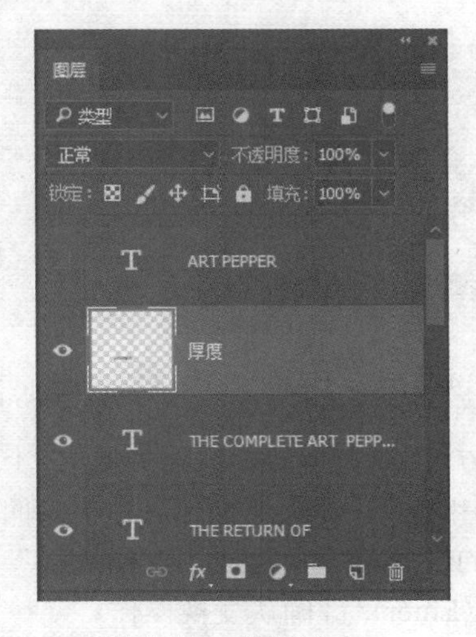

图 4-139　图层分布

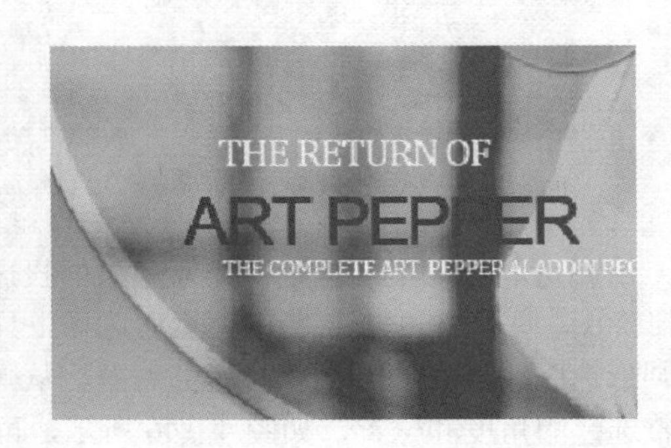

图 4-140　填充文字选区效果

18）利用“自动”功能制作文字的厚度感。方法：首先执行菜单中的“窗口 | 动作”命令，打开“动作”面板，然后单击“面板”下方的 （创建新动作）按钮，在弹出的“新建动作”对话框中输入动作的名称“制作厚度”，如图 4-141 所示，单击“记录”按钮，返回“动作”面板，开始动作的录制，如图 4-142 所示。

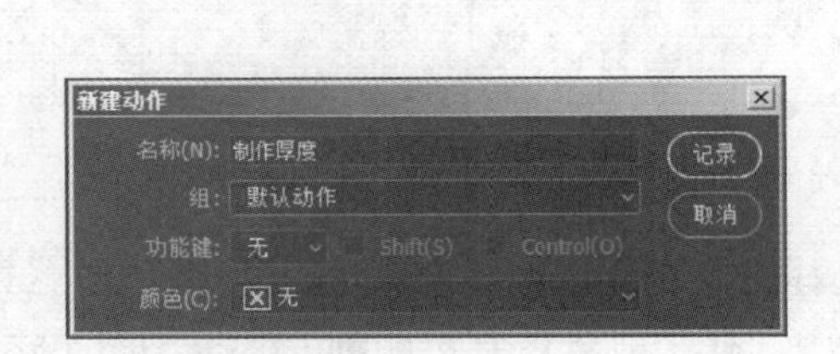

图 4-141　在“新建动作”对话框中设置动作名称

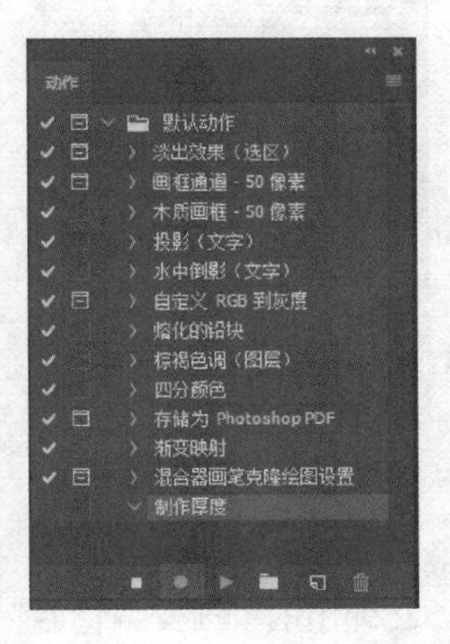

图 4-142　“动作”面板

19）接下来的每一步操作都将被记录：

① 选择工具箱中的 （移动工具）；

② 在按住〈Alt〉键的同时按键盘上的〈←〉和〈↑〉键各一次。

20）单击“动作”面板下方的■（停止播放/记录）按钮，完成以上动作的记录。

21）下面多次单击“动作”面板下方的▶（播放选定的动作）按钮（参考次数为 4 次），即可自动使文字具有立体的厚度效果，如图 4-143 所示。

22）单击“ART PEPPER”图层前的👁按钮，重新显示出该图层，效果如图 4-144 所示。然后选择所有厚度图层，按快捷键〈Ctrl+E〉将其合并为一个图层。

图 4-143　文字立体厚度效果

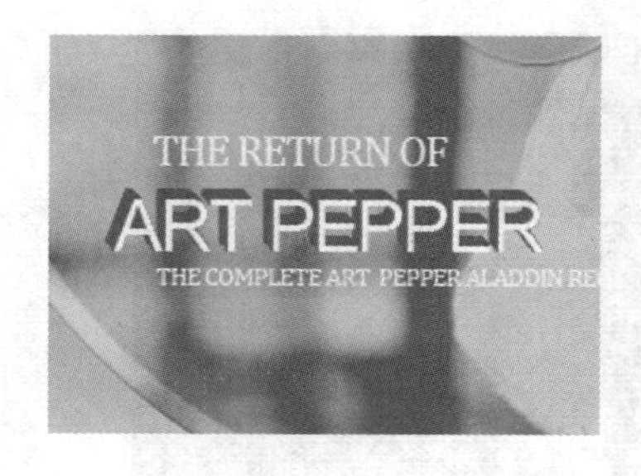

图 4-144　显示“ART PEPPER”图层

23）给光盘制作一个模拟正常光影效果的投影。方法：首先在渐变背景图层之上新建一个“投影”图层，如图 4-145 所示。然后选择工具箱中的◯（椭圆选框工具）在画面中绘制一个椭圆形选区，再在选区中单击鼠标右键，从弹出的快捷菜单中选择“变换选区”命令。接着调整选区的角度和位置，如图 4-146 所示，再按〈Enter〉键确认变换操作。

图 4-145　图层分布

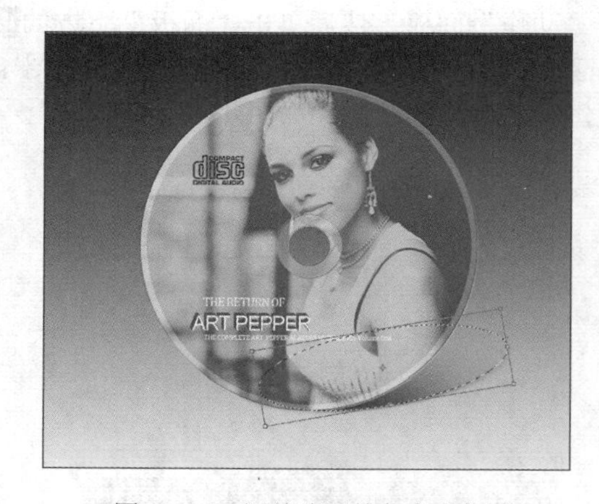

图 4-146　调整选区的角度和位置

24）将“前景色”设置为黑色，然后选择工具箱中的▣（渐变工具），单击工具设置栏中的按钮，在弹出的“渐变编辑器”对话框中选择“前景色到透明渐变”类型，单击“确定”按钮。接着在选区中自下而上拖动鼠标，从而完成选区填充，最后按快捷键〈Ctrl+D〉取消选区，效果如图 4-147 所示。

25）执行菜单中的“滤镜｜模糊｜高斯模糊”命令，然后在弹出的“高斯模糊”对话框中设置“半径”为 3 像素，单击“确定”按钮，投影被虚化处理，效果如图 4-148 所示。接着选择工具箱中的（橡皮擦工具），在工具设置栏中设置大小、硬度、流量等参数（参考数值分别为 220、3%、5%），再在投影后缘进行涂抹，最后再次调整投影的大小和位置，效果如图 4-149 所示。

图 4-147　添加渐变填充效果

图 4-148　高斯模糊效果

图 4-149　用橡皮擦虚化投影后的效果

26）最后，在光盘背后添加一圈浅浅的影迹。方法：选中“图层 1”，单击“图层”面板下方的（添加图层样式）按钮，从弹出的快捷菜单中选择“投影”命令，然后在弹出的“图层样式”对话框中设置参数，如图 4-150 所示，单击“确定”按钮。

27）至此，这个 CD 光盘的展示效果制作完毕，效果如图 4-151 所示。

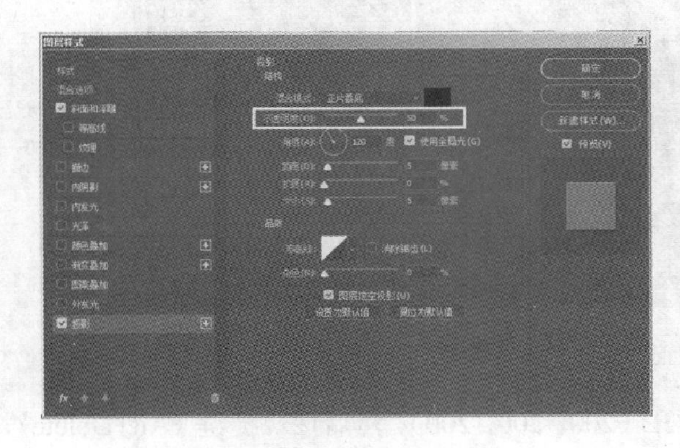

图 4-150　设置“投影”参数

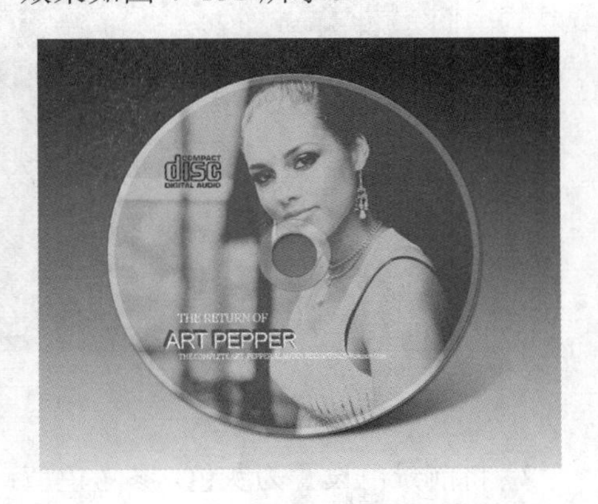

图 4-151　最终光盘展示效果

4.9 玻璃字效果

要点：

本例将制作玻璃字效果，如图 4-152 所示。通过本例的学习，读者应掌握文字工具、图层和“高斯模糊”滤镜的使用方法。

图 4-152　玻璃字效果

操作步骤：

1）执行菜单中的“文件 | 新建”命令，然后在弹出的“新建”对话框中如图 4-153 所示设置参数，单击“创建”按钮，新建一个图像文件。

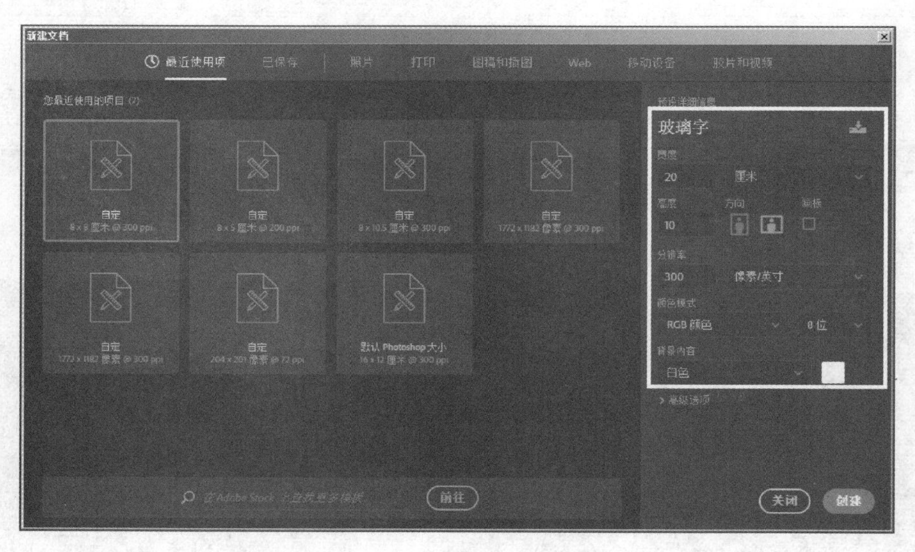

图 4-153　设置“新建”文件参数

2）将前景色设置为灰色，参考色值：RGB（200，200，200），然后按快捷键〈Alt+Delete〉，用前景色填充画面。

3）选择工具箱中的 T （横排文字工具），然后在设置栏中将“字体”设置为 Airal，“字体样式”为 Bold，“字号”为 200 点，“字色”为白色，接着在画面上输入文字 CC，再将其移动到画面中央位置，如图 4-154 所示。

4）执行菜单中的“图层 | 栅格化 | 文字”命令，将文字图层栅格化，此时图层分布如图 4-155 所示。

图 4-154　输入文字 CC

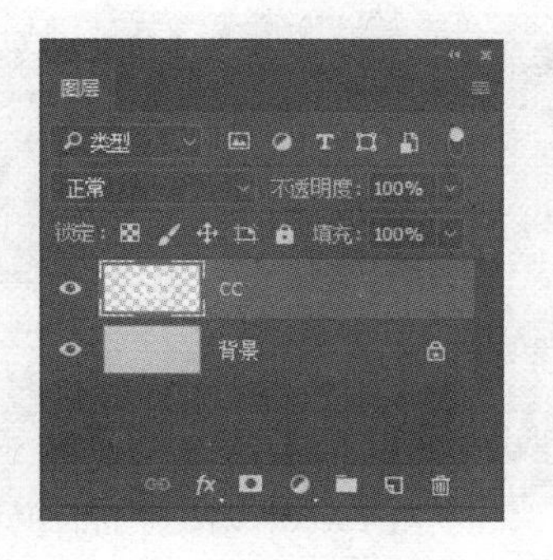

图 4-155　图层分布

5）对 CC 进行加粗处理。方法：按住键盘上的〈Ctrl〉键，单击“CC”层，从而载入 CC 的选区，如图 4-156 所示。然后执行菜单中的“选择 | 修改 | 扩展”命令，在弹出的“扩展选区”对话框中将“扩展量”设置为 20 像素，如图 4-157 所示，单击“确定”按钮，效果如图 4-158 所示。接着将前景色设置为白色，再按键盘上的〈Alt+Delete〉键，用前景色填充选区，效果如图 4-159 所示。最后按快捷键〈Ctrl+D〉，取消选区。

图 4-156　载入 CC 的选区

图 4-157　将“扩展量”设置为 20

图 4-158　将“扩展量”设置为 20 的效果

图 4-159　用白色填充选区

6）对文字进行变形处理。方法：按快捷键〈Ctrl+T〉应用自由变化命令，然后对文字进行变形处理，效果如图 4-160 所示。

7）制作文字的厚度感。方法：选择工具箱中的 ✥ （移动工具），然后确认选择“CC”层，再按住键盘上的〈Alt+Shift+↓〉键，从而向下 10 像素复制出一个 CC 层，此时图层分布如图 4-161 所示。同理，再复制出 7 个图层，如图 4-162 所示。接着选择所有复制的图层，按快捷键〈Ctrl+E〉，将它们合并为“CC 拷贝 8”层，效果如图 4-163 所示。

图 4-160　对文字进行变形处理

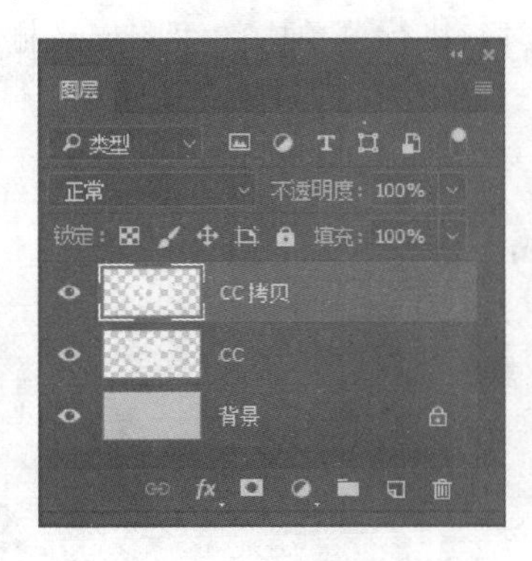

图 4-161　向下 10 像素复制图层

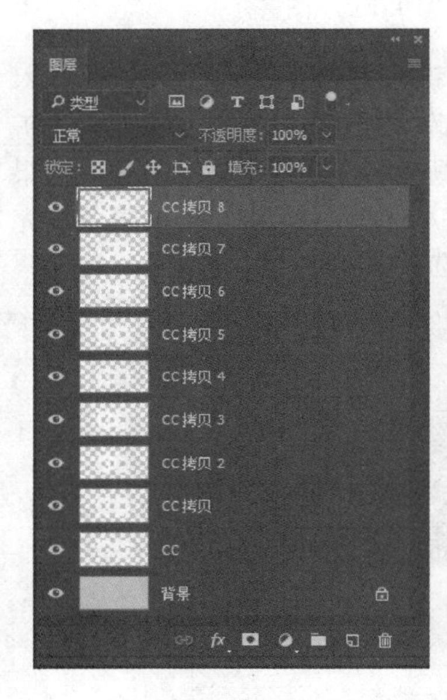

图 4-162　图层分布

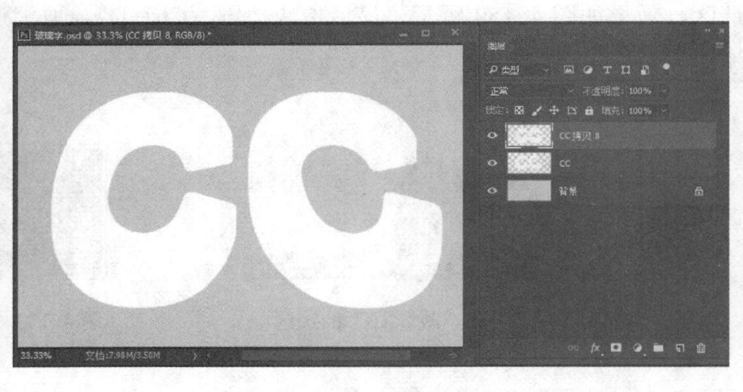

图 4-163　合并图层的效果

提示： 选择工具箱中的 (移动工具)，然后按住键盘上的〈Alt+↓〉键，可以将选定对象向下 1 个像素复制出一个副本。如果按住键盘上的〈Alt+Shift+↓〉键，可以将选定对象向下 10 个像素复制出一个副本。

8）对文字厚度部分添加图层样式。方法：将“CC 拷贝 8”层移动到“CC”层下方，然后单击图层面板下方的 fx（添加图层样式）按钮，从弹出的快捷菜单中选择“颜色叠加”命令，接着在弹出的“图层样式”对话框中将“颜色”设置为黑色，如图 4-164 所示。最后勾选左侧的“内发光”复选框，并设置“内发光”的参数如图 4-165 所示，单击“确定”按钮，效果如图 4-166 所示。

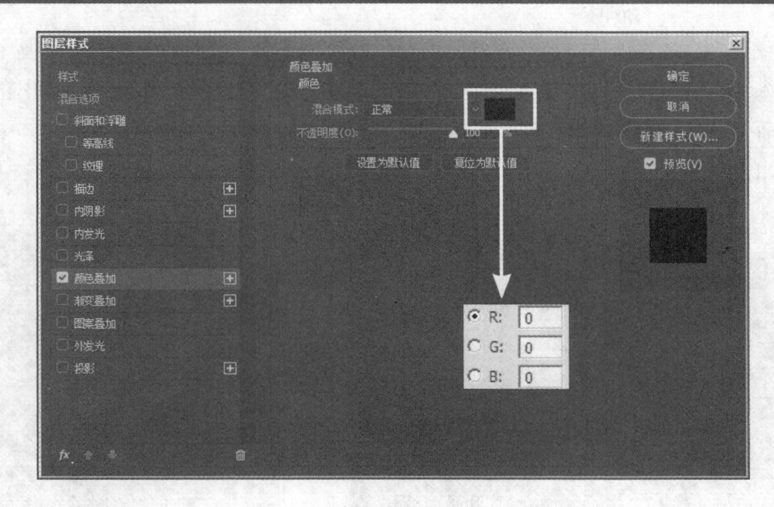

图 4-164 设置“颜色叠加”参数

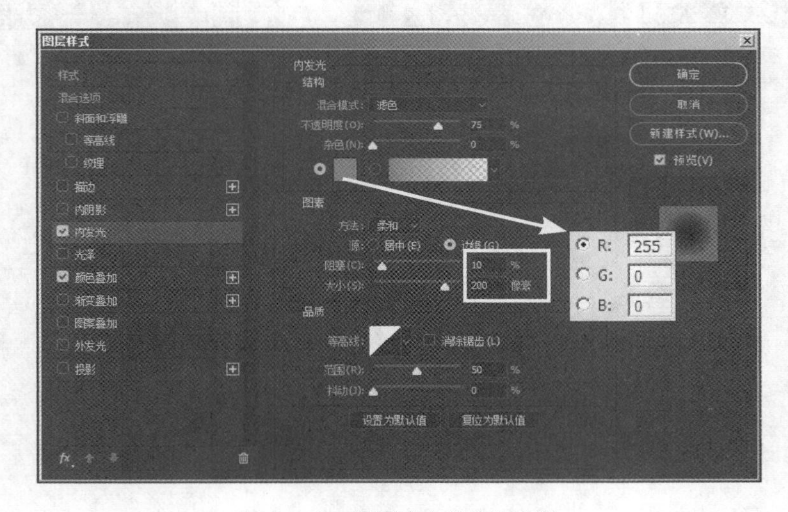

图 4-165 设置“内发光”参数

图 4-166 对文字厚度部分添加图层样式的效果

9）对文字部分添加图层样式。方法：选择“CC”层，然后单击图层面板下方的 fx （添加图层样式）按钮，从弹出的快捷菜单中选择“渐变叠加”命令，接着在弹出的“图层样式”对话框中设置渐变色，如图 4-167 所示。最后勾选左侧的“内发光”复选框，并设置“内发光”的参数，如图 4-168 所示，单击“确定”按钮，效果如图 4-169 所示。

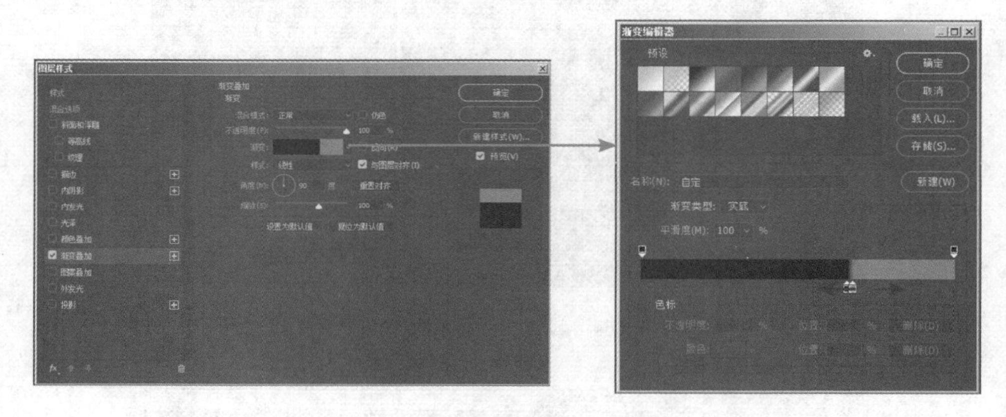

图 4-167　设置“渐变叠加”参数

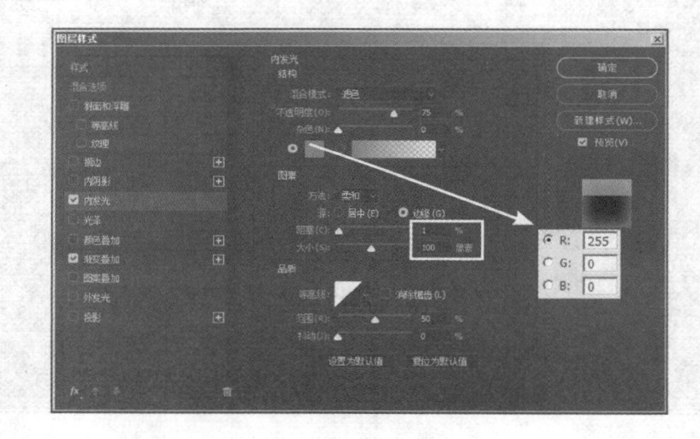

图 4-168　设置“内发光”参数

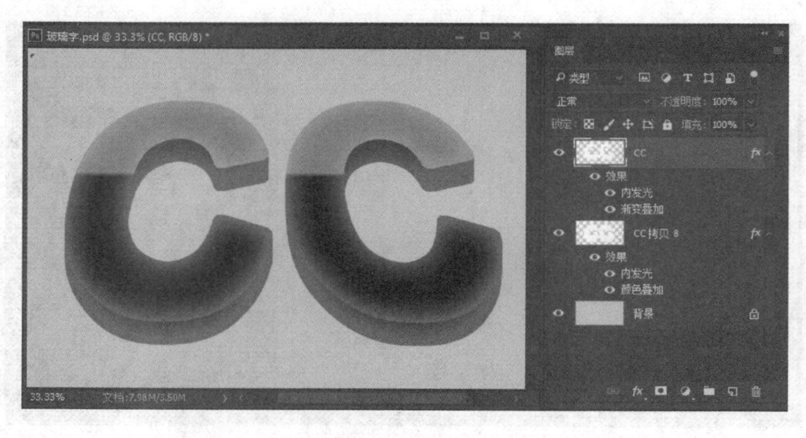

图 4-169　对文字部分添加图层样式的效果

10）制作文字的投影效果。方法：单击“背景”层前面的（指示图层可见性）图标，隐藏背景层，然后按快捷键〈Ctrl+Shift+Alt+E〉，将图像盖印到一个新的图层上。然后执行菜单中的“滤镜 | 模糊 | 高斯模糊”命令，在弹出的“高斯模糊”对话框中设置“半径”为30，如图 4-170 所示，单击“确定”按钮，效果如图 4-171 所示。

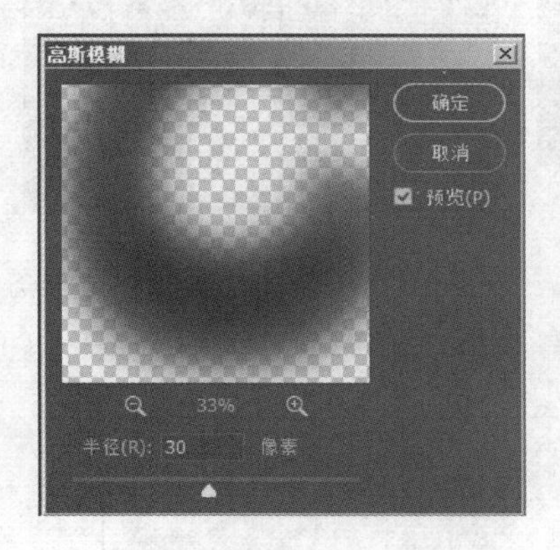

图 4-170　设置“高斯模糊”参数

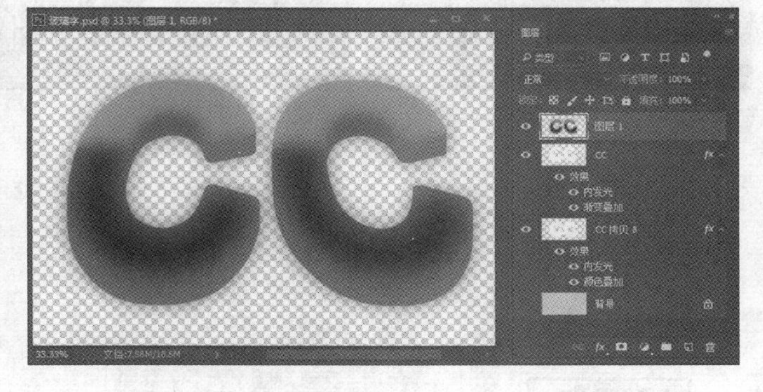

图 4-171　设置“高斯模糊”参数后效果

11）将盖印后的“图层 1”移动到背景层上方，然后显示出背景层。接着将“图层 1”的“不透明度”设置为 50%，再利用工具箱中的（移动工具）将“图层 1”中的图像向右下方移动，使之成为文字的投影，最终效果如图 4-172 所示。

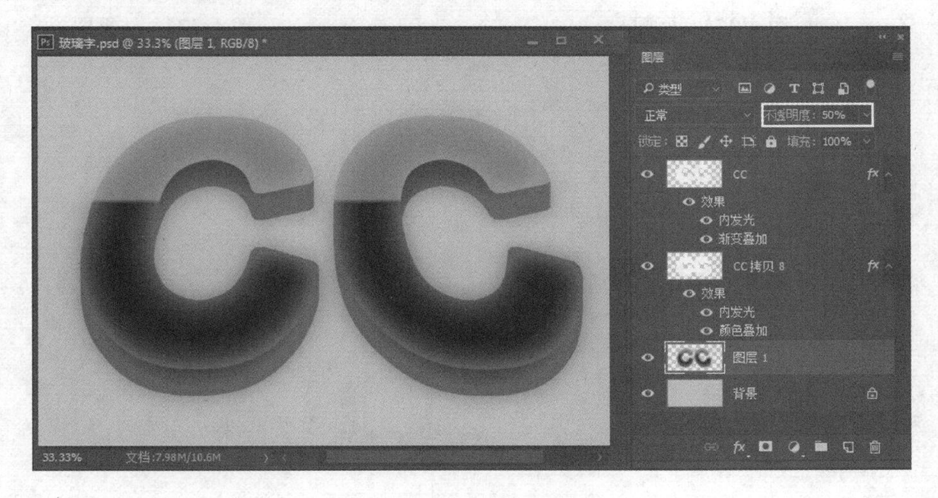

图 4-172　最终效果

4.10　课后练习

1）打开网盘中的“课后练习\第 4 章\闪电抠图\原图 1.jpg”和“原图 2.jpg”文件，如图 4-173 所示，然后利用图层混合模式和图层混合带制作出如图 4-174 所示的效果。

2）打开网盘中的“课后练习\第 4 章\随盒子变形的商标\原图 1.psd”和“原图 2.psd”文件，如图 4-175 所示，利用变形工具和图层混合模式制作出商标随盒子变形的效果，如图 4-176

所示。

a)

b)

图 4-173　原图

a) 原图 1　b) 原图 2

图 4-174　结果图

a)

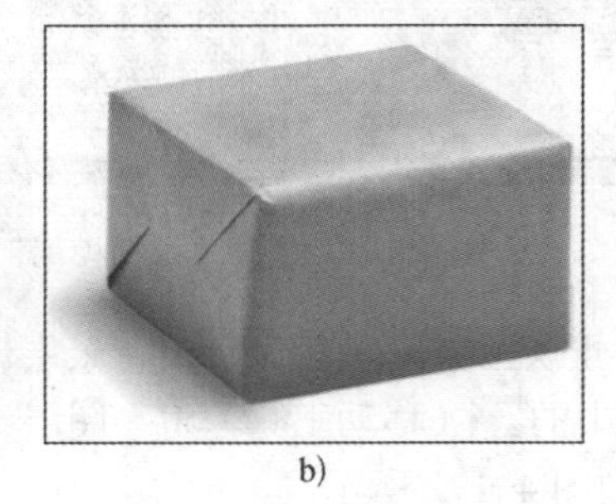

b)

图 4-175　原图

a) 原图 1　b) 原图 2

图 4-176　结果图

第 5 章　通道的使用

本章重点

通过本章的学习，读者应了解通道的基本概念和特性，正确使用通道和通道的相关选项，掌握颜色通道、专色通道和 Alpha 通道的原理和使用方法。

5.1　通道抠像

要点：

本例将介绍一种利用通道将图像中的人物抠出，放入另一幅图像中的方法，如图 5-1 所示，通过本例的学习，读者应掌握利用通道来处理带毛发人物抠像的方法。

a)

b)

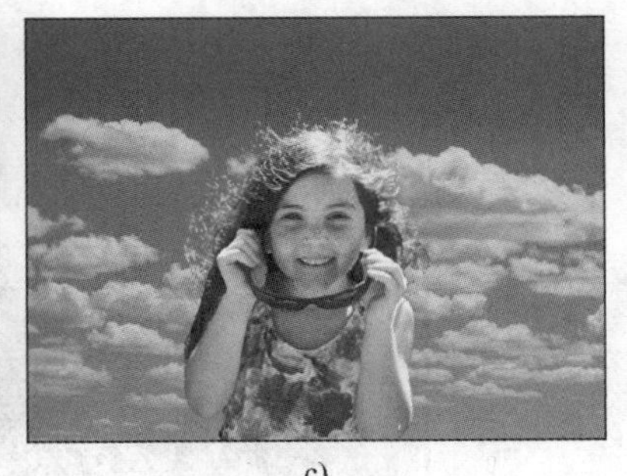

c)

图 5-1　通道抠像效果
a) 原图 1　b) 原图 2　c) 结果图

操作步骤：

1）执行菜单中的"文件 | 打开"命令，打开网盘中的"素材及结果\5.1 通道抠像\原图 1.jpg"文件，如图 5-1a 所示。

2）进入"通道"面板，如图 5-2 所示。然后选择红色通道，将其拖到 （创建新通道）按钮上，从而复制出"红拷贝"通道，此时"通道"面板如图 5-3 所示，效果如图 5-4 所示。

3）通道中白色的区域为选区，黑色的区域不是选区，灰色的区域为渐隐渐现的选区。下

面利用“亮度/对比度”命令将图像中的灰色区域去除。方法：执行菜单中的“图像丨调整丨亮度/对比度”命令，在弹出的“亮度/对比度”对话框中设置参数，如图 5-5 所示，然后单击“确定”按钮，效果如图 5-6 所示。

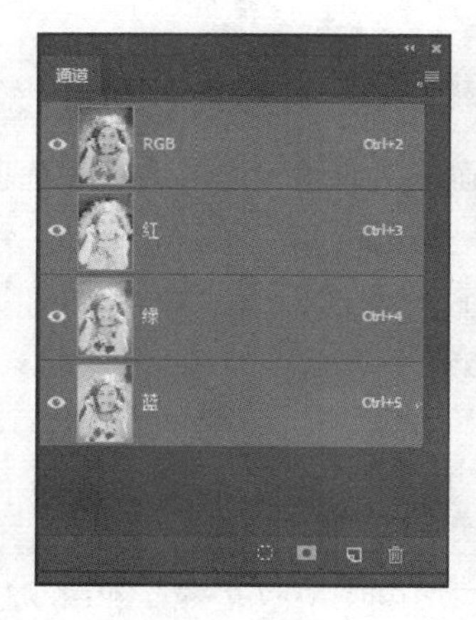

图 5-2　进入“通道”面板

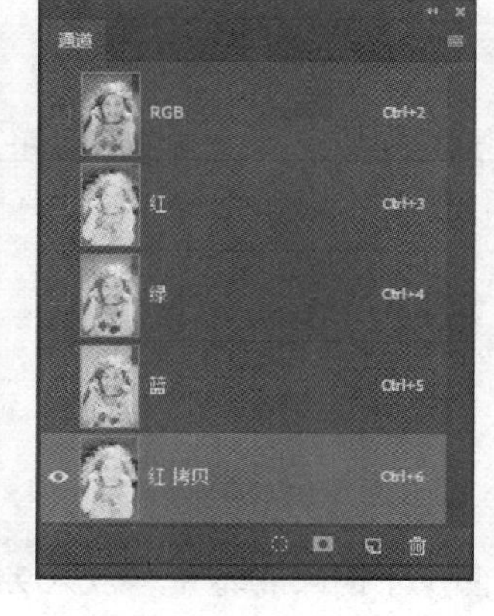

图 5-3　复制出“红拷贝”通道

图 5-4　复制的“通道”效果

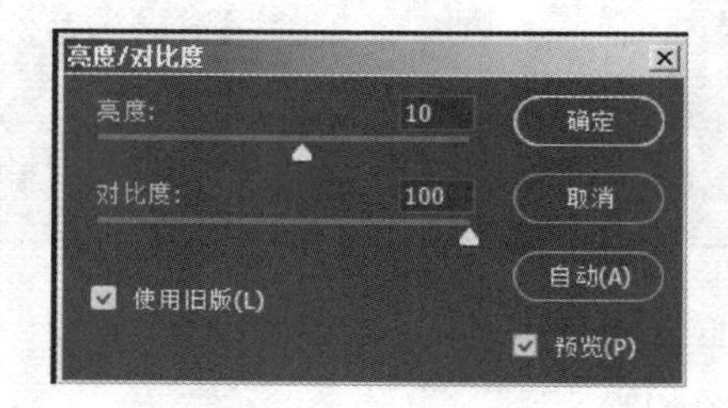

图 5-5　设置“亮度/对比度”参数

图 5-6　设置“亮度/对比度”后的效果

4）选择工具箱中的（套索工具），设置“羽化”值为 0，创建如图 5-7 所示的选区。然后用白色填充选区，效果如图 5-8 所示。接着按住〈Ctrl〉键单击“红 拷贝”通道，从而获得“红拷贝”通道的选区，效果如图 5-9 所示。

5）回到 RGB 通道，如图 5-10 所示。然后打开网盘中的“素材及结果\5.1 通道抠像\原图 2.tif”文件，如图 5-1b 所示。接着利用（移动工具）将选区内的图像移到“原图 2.tif”图像文件中，最终效果如图 5-11 所示。

图 5-7　创建选区

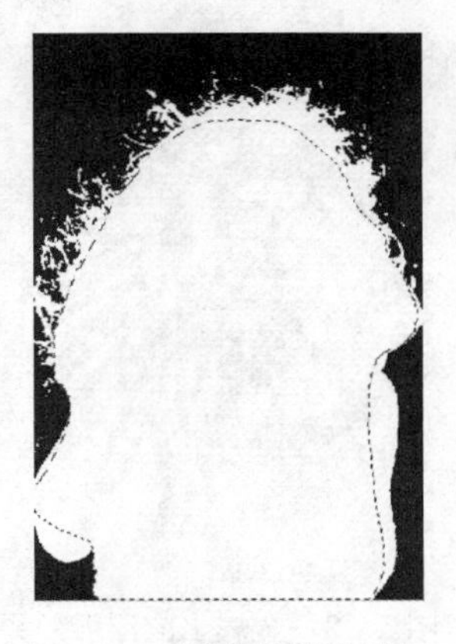

图 5-8　用白色填充选区

图 5-9　“红 拷贝”通道的选区

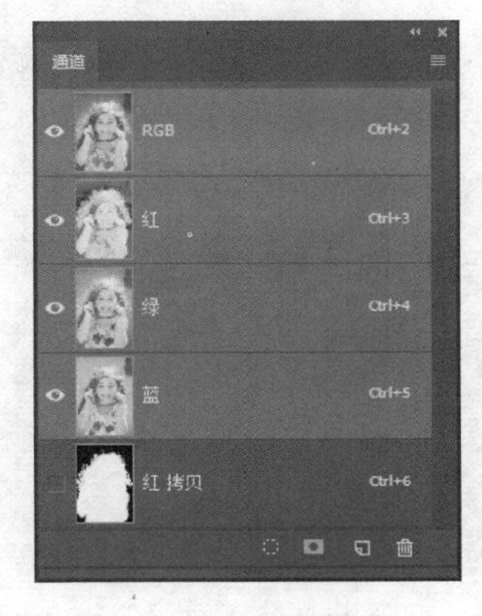

图 5-10　回到 RGB 通道

图 5-11　最终效果

5.2　金属上的浮雕效果

要点：

本例将制作金属上的浮雕效果，如图 5-12 所示。通过本例的学习，读者应掌握 Alpha 通道和“应用图像”命令的使用方法。

操作步骤：

1）执行菜单中的“文件 | 打开”命令，打开网盘中的“素材及结果\5.2 金属上的浮雕效果\原图.jpg”文件，如图 5-12a 所示。

2）置入印第安头像。方法：执行菜单中的“文件 | 置入嵌入的智能对象”命令，然后在弹出的“置入嵌入对象”对话框中选择网盘中的“素材及结果\5.2 金属上的浮雕效果\印第安头像.ai”文件，单击“置入”按钮。接着在弹出的“打开为智能对象”对话框中选择“1”，

如图 5-13 所示，单击“确定”按钮。

a)

b)

c)

图 5-12　金属上的浮雕效果

a) 原图　b) 印第安头像　c) 结果图

3）适当移动置入的图像位置，然后按〈Enter〉键，确认操作，效果如图 5-14 所示，此时图层分布如图 5-15 所示。

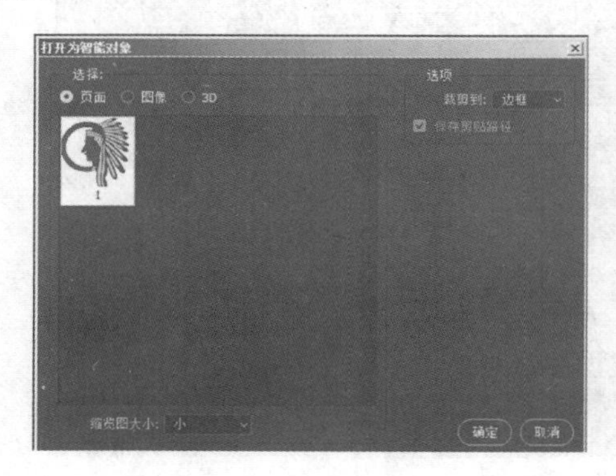

图 5-13　选择“1”

图 5-14　调整印第安头像的大小

4）确认当前图层为“印第安头像”层，然后按快捷键〈Ctrl+A〉全选，再按快捷键〈Ctrl+C〉复制。接着删除“印第安头像”层。

5）进入“通道”面板，单击“通道”面板下方的 （创建新通道）按钮，新建 Alpha 1 通道，最后按快捷键〈Ctrl+V〉粘贴，效果如图 5-16 所示。

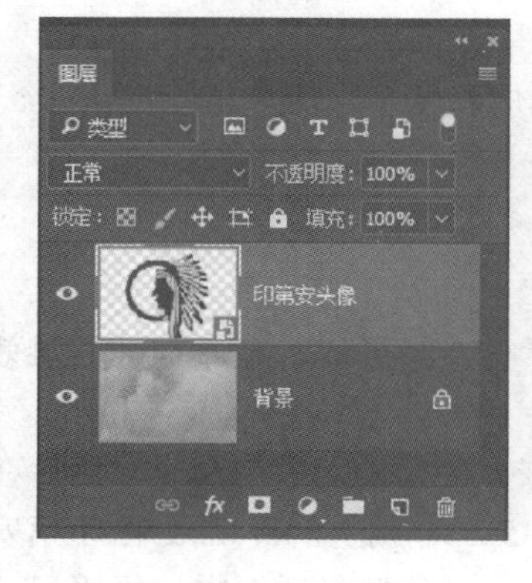

图 5-15　图层分布

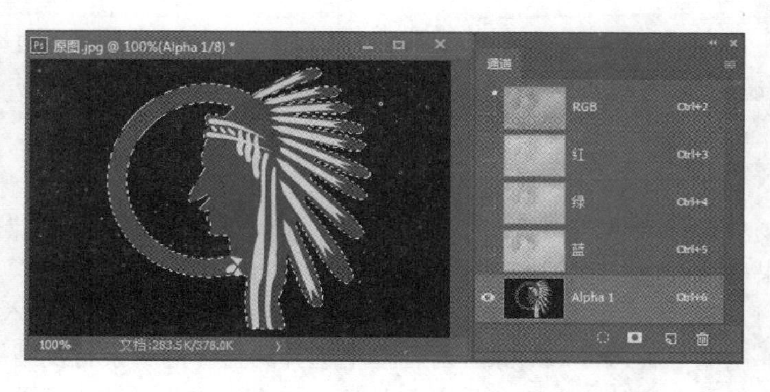

图 5-16　在“Alpha 1”通道粘贴印第安头像

6）按快捷键〈Ctrl+D〉取消选区，然后选择工具箱中的（魔棒工具），在设置栏中设置“容差”为 5，再在画面中圆环处单击鼠标，从而创建出深灰色选区。接着执行菜单中的“选择 | 选取相似”命令，选取画面中颜色相似的区域。

7）将背景色设置为白色，然后按快捷键〈Ctrl+Delete〉，用背景色填充选区，效果如图 5-17 所示。

8）按快捷键〈Ctrl+D〉取消选区。然后执行菜单中的“滤镜 | 风格化 | 浮雕效果”命令，在弹出的“浮雕效果”对话框中如图 5-18 所示设置参数，单击“确定”按钮，效果如图 5-19 所示。

图 5-17　用白色填充灰色区域

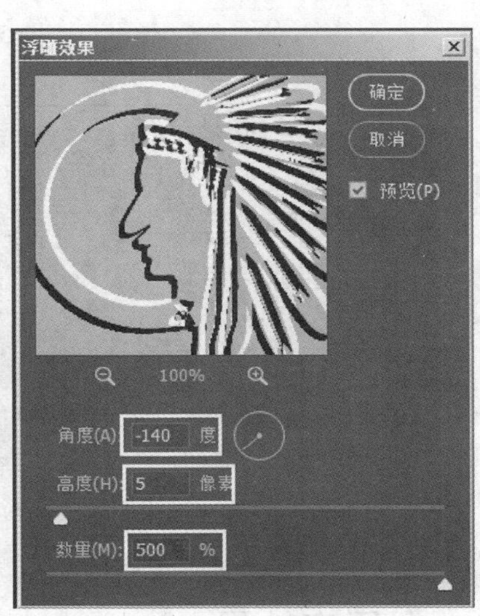

图 5-18　设置“浮雕”参数

图 5-19　浮雕效果

9）切换到 RGB 通道中，如图 5-20 所示。然后执行菜单中的“图像 | 应用图像”命令，接着在弹出的“应用图像”对话框中如图 5-21 所示设置参数，单击“确定”按钮，最终效果如图 5-22 所示。

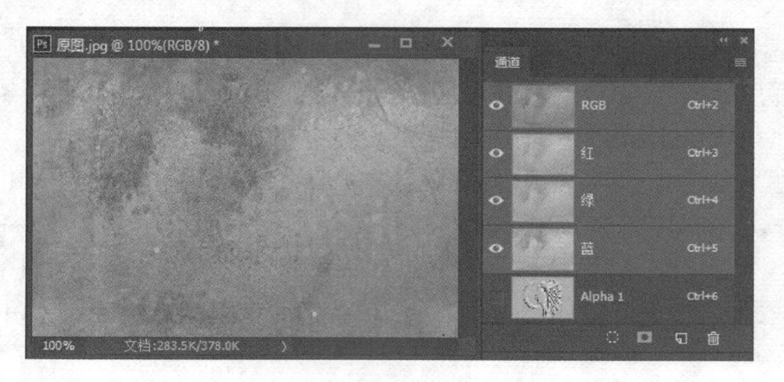

图 5-20　切换到 RGB 通道

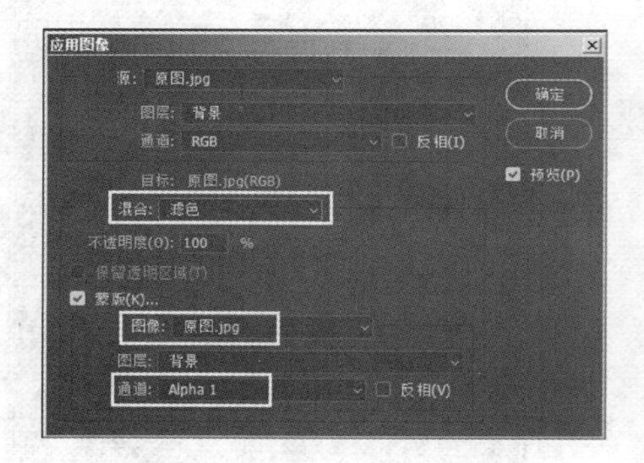

图 5-21　设置“应用图像”参数

图 5-22　最终效果

5.3　金属字效果

要点：

金属字是 Photoshop 软件中的经典案例，其主要利用对两个通道中相对应的像素点进行数学计算的原理，配合层次与颜色的调整，形成带有立体浮凸感和金属反光效果的特殊材质。本例将制作一种金属字效果，如图 5-23 所示。通过本例的学习，读者应掌握 Alpha 通道的创建，通道中的滤镜效果、通道运算、曲线功能，以及通过“变化”命令来上色等知识的综合应用。

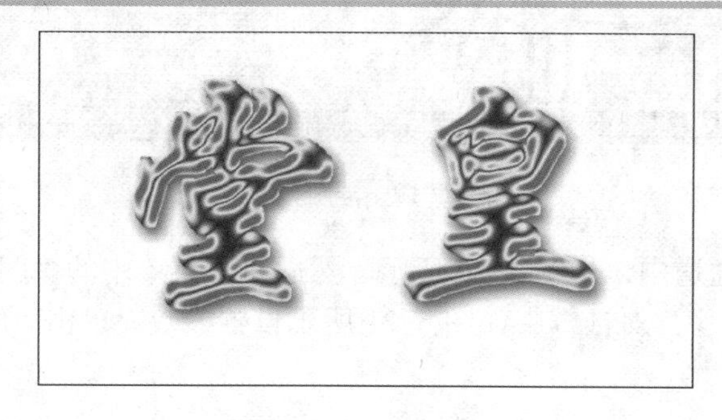

图 5-23　金属字效果

操作步骤：

1）执行菜单中的“文件 | 新建”命令，弹出“新建”对话框，在其中设置参数，如图 5-24 所示，然后单击“创建”按钮，新建“金属字.psd”文件。

2）创建通道并在通道中输入文字。方法：执行菜单中的“窗口 | 通道”命令，调出“通道”面板，然后单击“通道”面板下方的（创建新通道）按钮，创建通道“Alpha 1”。接着选择工具箱中的（横排文字工具），在画面中输入白色文字“堂皇”，在工具设置栏内设置“字体”为“汉仪行楷简”，“字体大小”为 90 点。最后，按快捷键〈Ctrl+D〉去除选区，效果如图 5-25 所示。

图 5-24　新建一个文件

3）复制出一个通道，并利用滤镜功能将文字加粗，因为金属字制作完成后需产生扩展和浮凸的效果，因此要先准备一个字体加粗的通道。方法：在“通道”面板中将“Alpha 1”通道拖动到面板下方的（创建新通道）按钮上，将其复制一份，并重命名为“Alpha 2”，如图 5-26 所示。然后执行菜单中的“滤镜 | 其他 | 最大值”命令，在弹出的“最大值”对话框中设置“半径”为 4 像素，如图 5-27 所示，单击“确定”按钮。“最大值”操作的结果是将图像中白色的面积扩宽，因此“Alpha 2”中的文字明显加粗，效果如图 5-28 所示。

图 5-25　在通道“Alpha1”中输入文字

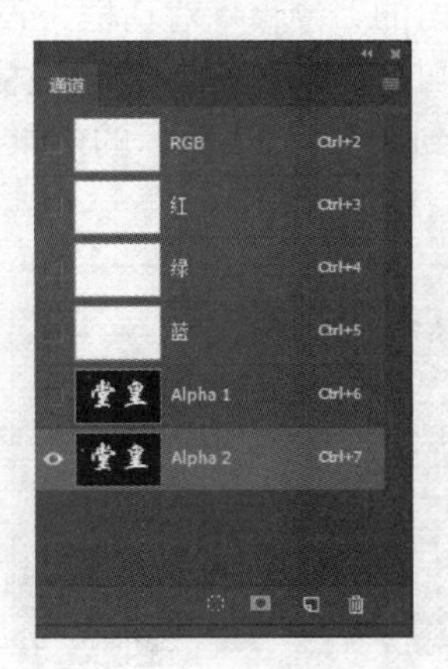

图 5-26　复制通道

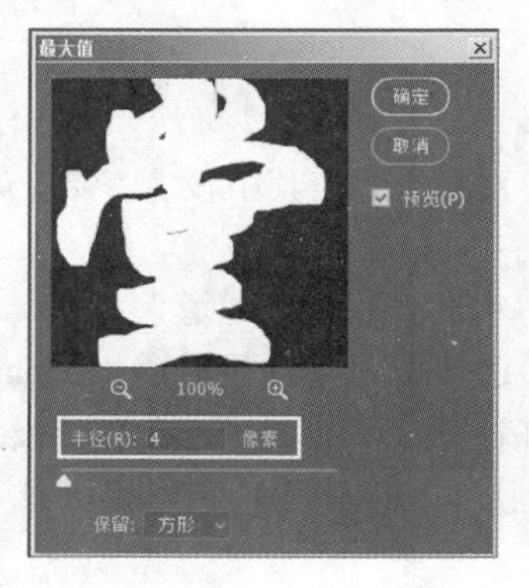

图 5-27 “最大值”对话框

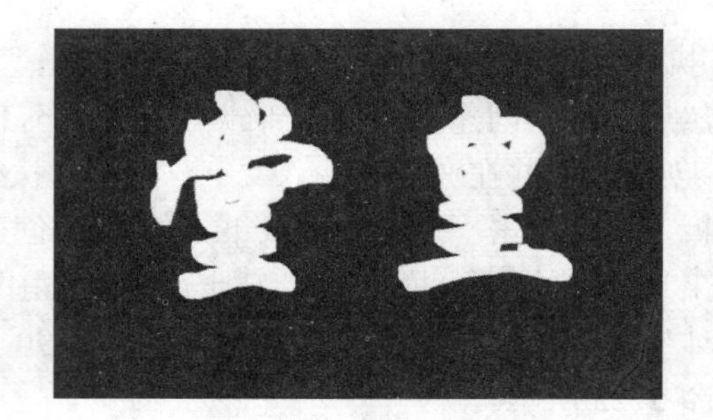

图 5-28 “Alpha 2”中的文字明显加粗

4）选中通道“Alpha 1”，将其再次拖动到面板下方的 （创建新通道）按钮上复制一份，并重命名为“Alpha 3”，然后执行菜单中的“滤镜｜模糊｜高斯模糊”命令，在弹出的“高斯模糊”对话框中设置“半径”为 4 像素，如图 5-29 所示。单击“确定”按钮后，“Alpha 3”中的文字变得模糊不清，如图 5-30 所示。

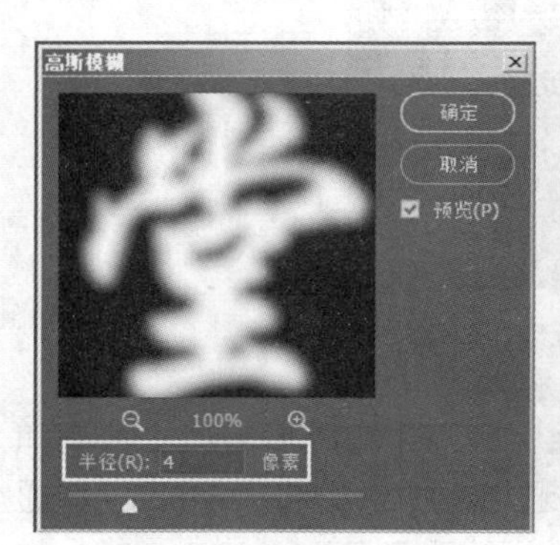

图 5-29 “高斯模糊”对话框

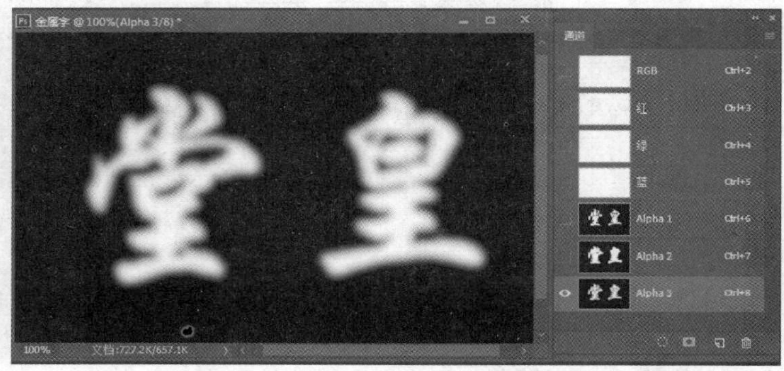

图 5-30 “Alpha 3”中的文字变得模糊不清

5）继续进行通道的复制与滤镜操作。先复制通道“Alpha 3”，将复制出的通道重命名为“Alpha 4”，然后在“通道”面板中选中“Alpha 3”，执行菜单中的“滤镜｜其他｜位移”命令，在弹出的“位移”对话框中设置“水平”与“垂直”的参数均为 2，如图 5-31 所示。“位移”操作可以让图像中的像素发生偏移，正的数值将产生右下方向的偏移。单击“确定”按钮，将得到如图 5-32 所示的效果。

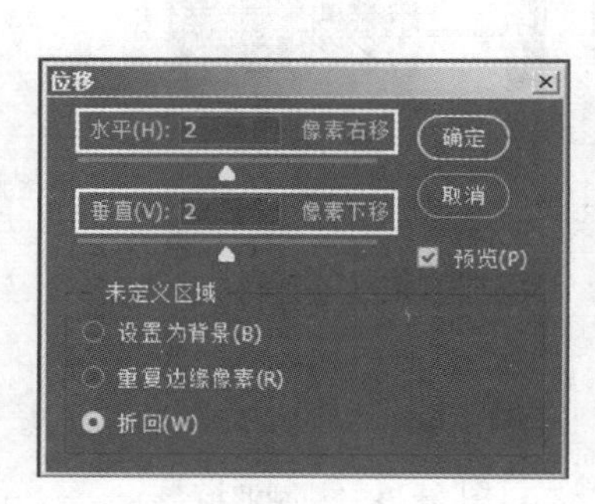

图 5-31 在“位移”对话框中输入正的数值

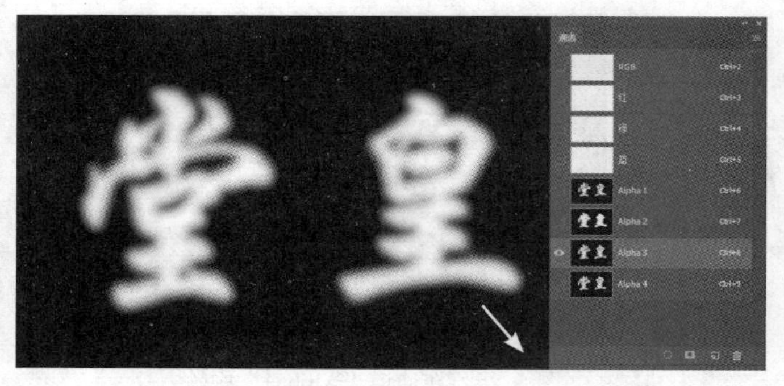

图 5-32 使“Alpha 3”中的文字往右下方向偏移 2 个像素

6）选中“Alpha 4”，执行菜单中的“滤镜 | 其他 | 位移”命令，在弹出的“位移”对话框中设置“水平”与“垂直”的参数均为-2 ，如图 5-33 所示。负的数值将产生左上方向的偏移。单击“确定”按钮，将得到如图 5-34 所示的效果。

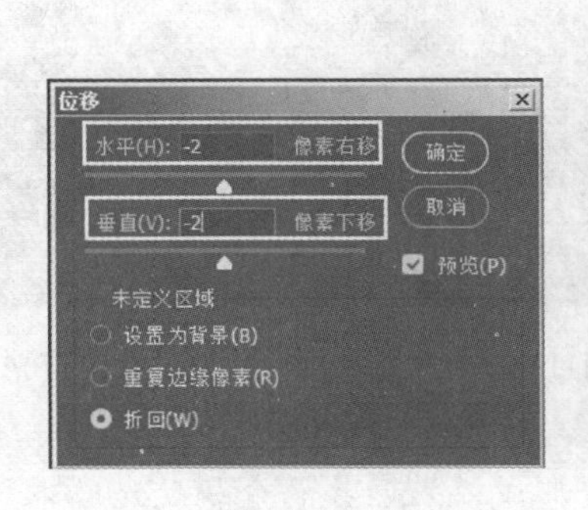

图 5-33　设置“位移”参数

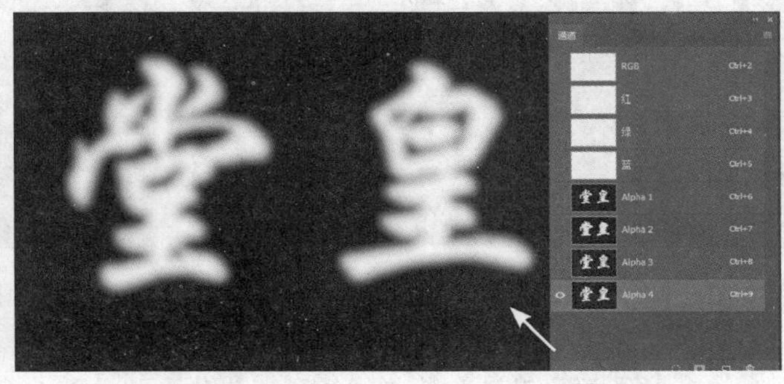

图 5-34　使“Alpha 4”中的文字往左上方向偏移 2 个像素

7）至此准备工作已完成，下面可以开始进行通道运算。要了解 Photoshop CC 2017“计算”功能的工作原理，必须先理解以下两个基本概念。

① 通道中每个像素点亮度的数值范围是 0～255，使用“计算”功能，是指对这些数值进行计算。

② 因为执行的是像素对像素的计算，所以执行计算的两个文件（通道）必须具有完全相同的大小和分辨率，也就是说，要具有相同数量的像素点。

方法：执行菜单中的“图像 | 计算”命令，将弹出“计算”对话框，将“源 1”的“通道”设为“Alpha 3”，将“源 2”的“通道”设为“Alpha 4”，并在“混合”下拉列表框中选择“差值”选项，在“结果”下拉列表框中选择“新建通道”选项，如图 5-35 所示。这一步骤的意义是将“Alpha 3”和“Alpha 4”经过差值相减的计算，生成一个新通道，新通道自动命名为“Alpha 5”。单击“确定”按钮，会得到如图 5-36 所示的效果。

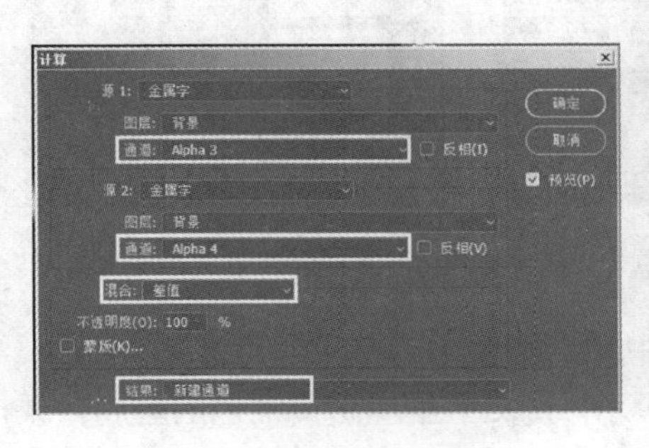

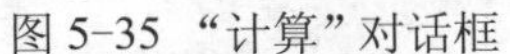
图 5-35 “计算”对话框

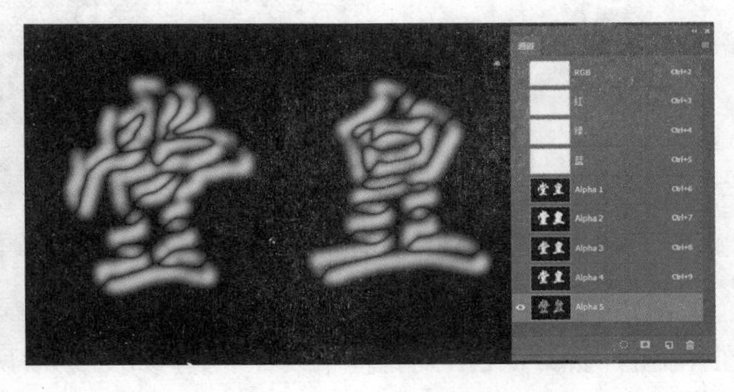

图 5-36　Alpha 3”和“Alpha 4”经过计算生成新通道“Alpha 5”

8）经过步骤 7)，“Alpha 5”中已初步形成了金属字的雏形，但是立体感和金属感都不够强烈，下面应用“曲线”功能来进行调节。方法：执行菜单中的“图像 | 调整 | 曲线”命令，在弹出的“曲线”对话框中调节曲线为近似“M”的形状，如图 5-37 所示（如果调整一次的效果不理想，还可以进行多次调整，使金属反光的效果变化更丰富），单击“确定”按钮，将得到如图 5-38 所示的效果。

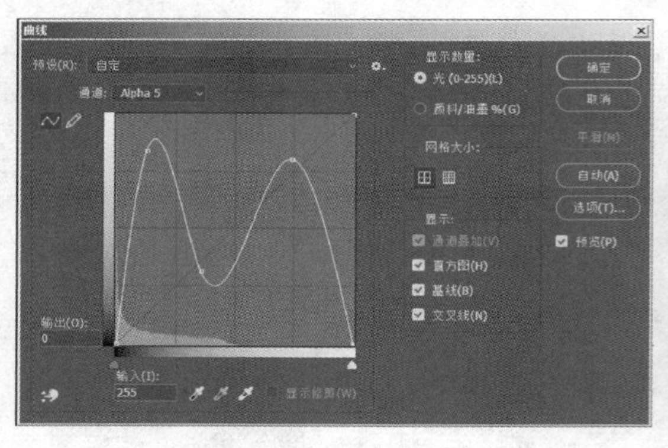

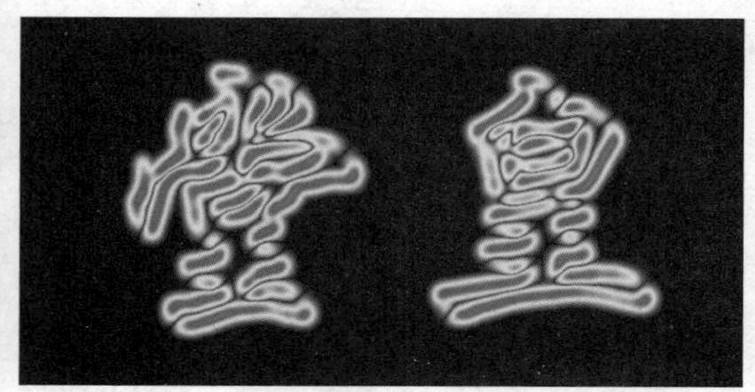

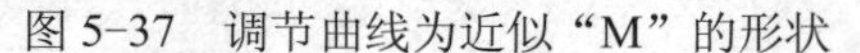

图 5-37　调节曲线为近似“M”的形状　　图 5-38　通过调节曲线形成变化丰富的金属反光

提示： 这一步骤的主观性和随机性较强，曲线形状的差异会形成效果迥异的金属反光效果，读者可以尝试多种不同的曲线形状，以得到最为满意的效果。

9）这一步骤很重要，要将金属字从通道转换到图层中去。方法：首先选中“Alpha 5”通道，然后按住〈Ctrl〉键，单击“Alpha 2”通道名称，这样就在“Alpha 5”中得到了“Alpha 2”的选区。接着，按快捷键〈Ctrl+C〉将其复制，在“通道”面板中单击 RGB 主通道，再按快捷键〈Ctrl+V〉将刚才复制的内容粘贴到选区内，效果如图 5-39 所示。现在打开“图层”面板，可以看到自动生成了“图层 1”，画面中是黑白效果的金属字，如图 5-40 所示。

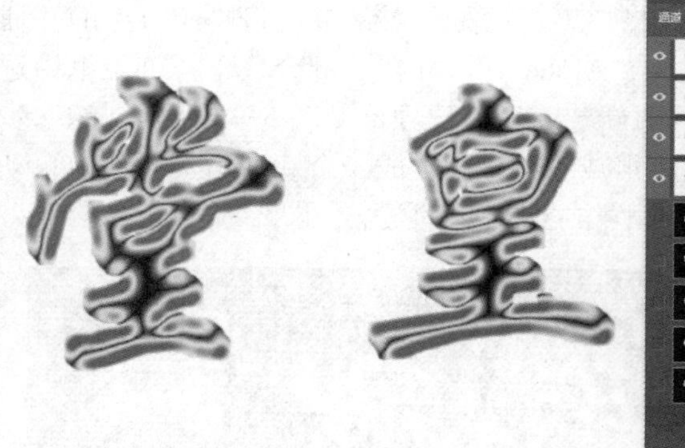

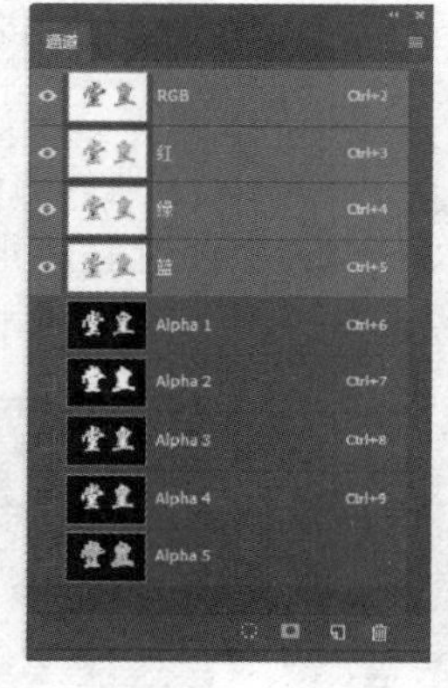

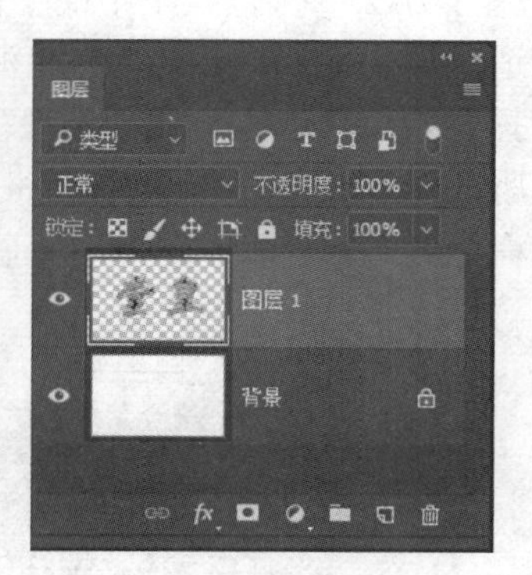

图 5-39　将通道“Alpha 5”中的内容复制到主通道中　　图 5-40　自动生成了“图层 1”

10）下面给黑白的金属字上色。方法：执行菜单中的“图像｜调整｜照片滤镜”命令，在弹出的“照片滤镜”对话框中设置参数，如图 5-41 所示，使文字呈现出黄铜色的金属效果，单击“确定”按钮，效果如图 5-42 所示。

11）为金属字添加投影，以增强字体的立体感。方法：选中“图层 1”，单击“图层”面板下方的 fx （添加图层样式）按钮，在弹出的菜单中选择“投影”命令。接着，在弹出的“图层样式”对话框中设置参数，如图 5-43 所示，然后单击“确定”按钮，此时图像右下方出现了半透明的投影。

12）至此，金属字制作完成，读者可以根据自己的喜好在上色时为文字添加不同色相的颜色，如蓝色和绿色的金属效果都不错。另外，对标志图形进行立体金属化的处理也是很有趣的尝试。最终完成的金属字效果如图 5-44 所示。

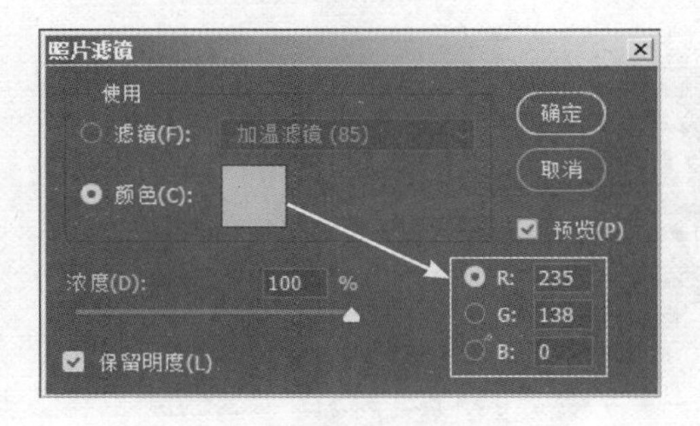

图 5-41　在“照片滤镜”对话框中调整参数

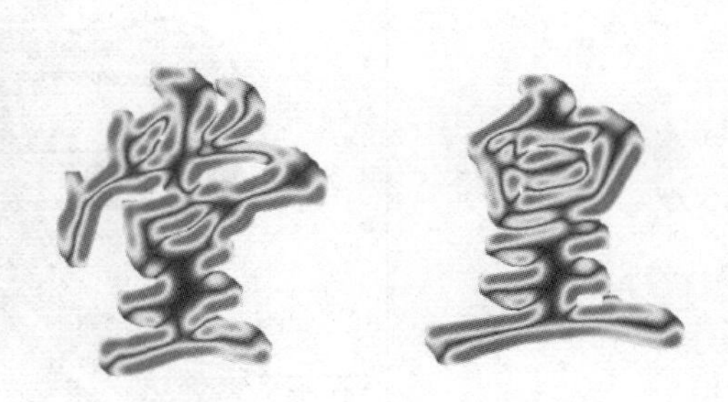

图 5-42　文字呈现出黄铜色的金属效果

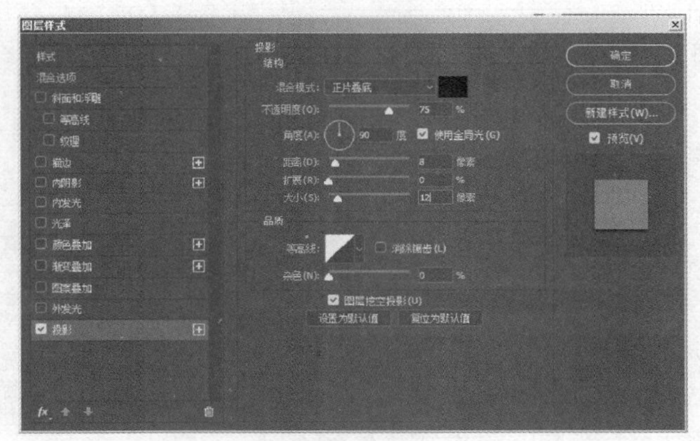

图 5-43　为“图层 1”设置“投影”参数

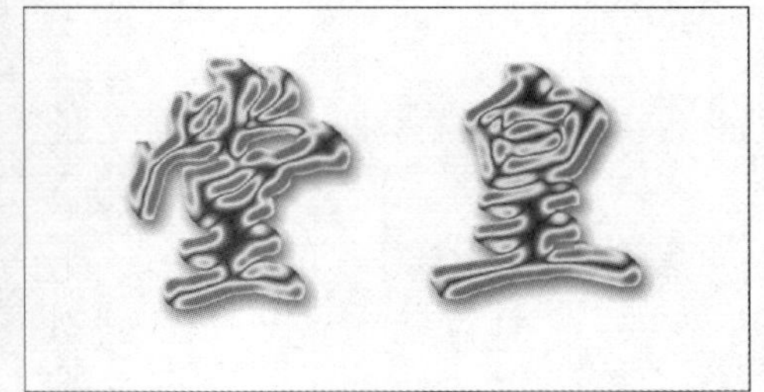

图 5-44　最终完成的金属字效果

5.4　课后练习

1）打开网盘中的“课后练习\第 5 章\雕花效果\原图.jpg”文件，如图 5-45 所示，利用“计算”命令制作出木板雕花效果，如图 5-46 所示。

图 5-45　原图

图 5-46　结果图

2）利用通道制作边缘文字效果，效果请参见网盘中的“课后练习\第 5 章\边缘效果\结果.psd”文件，如图 5-47 所示。

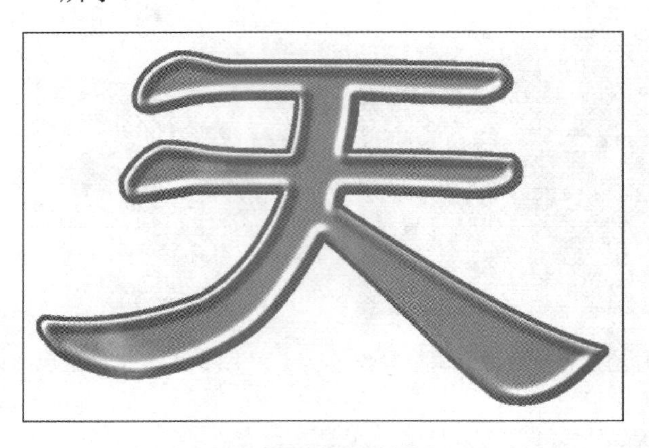

图 5-47　结果图

第6章　色 彩 校 正

本章重点

通过本章的学习，读者应掌握利用各种色彩校正命令对图像进行处理的方法。

6.1　变色的瓜叶菊

要点：

本例将对一幅图片上的蓝色花朵进行变色处理，使之分别变为红色和紫红色，如图 6-1 所示。通过本例的学习，读者应掌握利用“色相/饱和度”命令单独调整某一颜色的方法。

a)

b)

c)

图 6-1　变色的瓜叶菊效果

a) 原图　b) 结果图 1　c) 结果图 2

操作步骤：

1）打开网盘中的“素材及结果\6.1 变色的瓜叶菊\原图.jpg”文件，如图 6-1a 所示。

2）此时画面上蓝色花朵的颜色很突出，而周围环境中的蓝色成分极少。下面通过“色相/饱和度”命令来单独编辑“蓝色”的参数，从而将蓝色花朵处理为红色。方法：执行菜单中的“图像 | 调整 | 色相/饱和度”（快捷键〈Ctrl+U〉）命令，在弹出的“色相/饱和度”对话框中单击“预设”下方的下拉列表框，从中选择“蓝色”选项，然后设置参数，如图 6-2 所示，单击“确定”按钮后，效果如图 6-3 所示。

3）将红色花朵处理为紫红色。方法：执行菜单中的“图像 | 调整 | 色相/饱和度”（快捷键〈Ctrl+U〉）命令，在弹出的“色相/饱和度”对话框中单击“预设”下方的下拉列表框，从中选择“红色”选项，然后设置参数，如图 6-4 所示，单击“确定”按钮后，效果如图 6-5 所示。

图 6-2　设置蓝色的“色相/饱和度”参数

图 6-3　调整蓝色参数后的效果

图 6-4　设置红色的“色相/饱和度”参数

图 6-5　调整红色参数后的效果

6.2　绿掌花变红掌花

要点：

本例将把一幅图片中的绿掌花处理为红掌花，如图 6-6 所示。通过本例的学习，读者应掌握使用“色彩校正”中的“色相/饱和度”命令对图像中的某一选区调整颜色的方法。

a)

b)

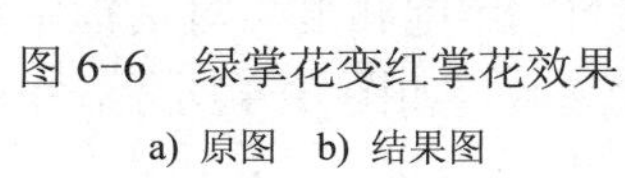

图 6-6　绿掌花变红掌花效果

a) 原图　b) 结果图

操作步骤：

1）打开网盘中的“素材及结果\6.2 绿掌花变红掌花\原图.jpg”文件，如图 6-6a 所示。

2）为了防止绿掌花的花梗变色，下面利用工具箱中的（魔棒工具）创建如图 6-7 所示的选区。

提示： 此时创建选区的目的是对选区进行颜色处理，而选区外的部分不受影响。

3）执行菜单中的“选择 | 反选”命令，反选得到绿掌花的选区，如图 6-8 所示。

图 6-7　创建选区

图 6-8　反选选区

4）执行菜单中的“图像 | 调整 | 色相/饱和度”命令，在弹出的“色相/饱和度”对话框中选中“着色”复选框，使图像变为单色。然后选中“预览”复选框，以便实时看到调整颜色后的结果。接着调整其他参数，如图 6-9 所示，再单击“确定”按钮，效果如图 6-10 所示。

图 6-9　设置“色相/饱和度”参数

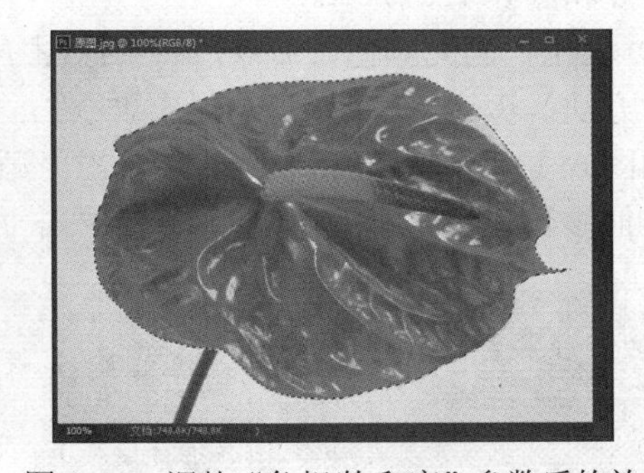

图 6-10　调整“色相/饱和度”参数后的效果

5）按快捷键〈Ctrl+D〉取消选区，效果如图 6-11 所示。

图 6-11　最终效果

6.3　颜色匹配效果

要点：

本例将利用“匹配颜色”功能将一张照片匹配成另一张照片的颜色，如图 6-12 所示。通过学习本例，读者应掌握利用菜单中的“匹配颜色”命令来处理照片的方法。

a)

b)

c)

图 6-12　颜色匹配

a) 原图 1　b) 原图 2　c) 结果图

操作步骤：

1）打开网盘中的“素材及结果\6.3 颜色匹配效果\原图 1.jpg”和“原图 2.jpg”文件，如图 6-12a 和图 6-12b 所示。

2）利用“匹配颜色”命令，将“原图 1.jpg”图像文件匹配为“原图 2.jpg”图像文件的颜色。方法：激活“原图 1.jpg”图像文件，执行菜单中的“图像 | 调整 | 匹配颜色”命令，弹出如图 6-13 所示的对话框。然后单击“源”右侧的下拉三角，从中选择“原图 2.jpg”，并调整其他参数，如图 6-14 所示。最后单击“确定”按钮，效果如图 6-15 所示。

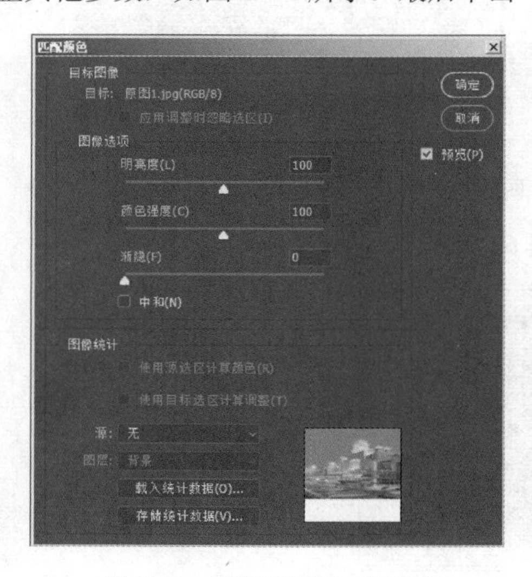

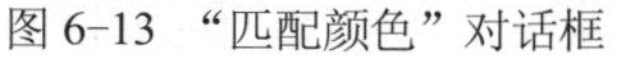

图 6-13　“匹配颜色”对话框

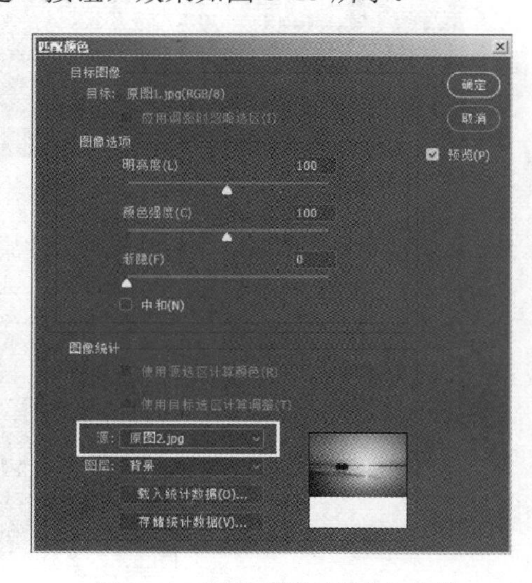

图 6-14　调整“匹配颜色”参数

图 6-15　匹配颜色的效果

6.4　彩色老照片色彩校正

要点：

本例将对一张色彩失衡的彩色照片进行色彩校正，如图 6-16 所示。通过本例的学习，读者应掌握利用“色彩校正”中的“曲线”命令对彩色老照片进行色彩校正的方法。

a)

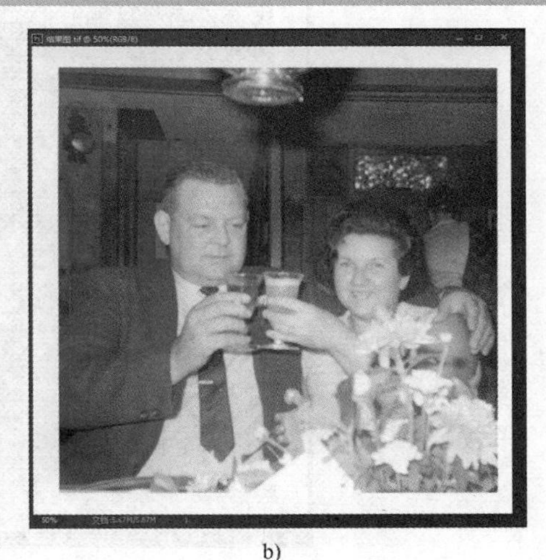

b)

图 6-16　彩色老照片色彩校正效果

a) 原图　b) 结果图

操作步骤：

1）打开网盘中的“素材及结果\6.4 彩色老照片色彩校正\原图.tif”文件，如图 6-16a 所示。

2）此时照片的整体对比度不强，为了解决这个问题，执行菜单中的“图像 | 调整 | 曲线”命令，在弹出的如图 6-17 所示的对话框中单击（在图像中取样设置黑场）按钮，然后在图像中吸取最暗点的颜色。接着单击（在图像中取样设置白场）按钮，在图像中吸取最亮点的颜色。单击“确定”按钮后，效果如图 6-18 所示。

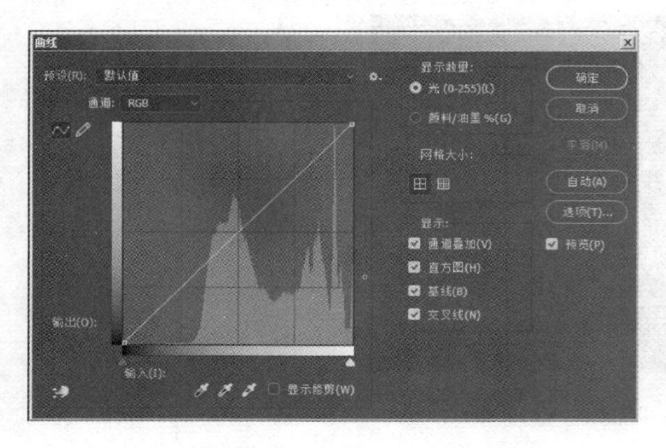

图 6-17 “曲线”对话框

设置黑场

设置白场

图 6-18 设置黑场和白场

3）执行菜单中的“图像 | 调整 | 自动色阶”命令，最终效果如图 6-19 所示。

提示： 使用“自动色阶”命令，可自动定义每个通道中最亮和最暗的像素作为白色和黑色，然后按比例重新分配其间的像素值。

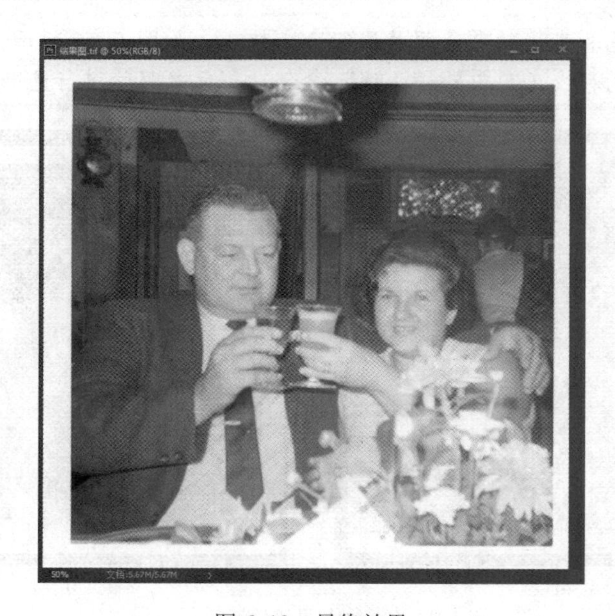

图 6-19 最终效果

6.5 黑白老照片去黄

要点：

本例将对一幅黑白老照片进行去黄处理，如图 6-20 所示。通过本例的学习，读者应掌握利用通道及“色彩校正”中的“曲线”命令对黑白老照片去黄的方法。

a)

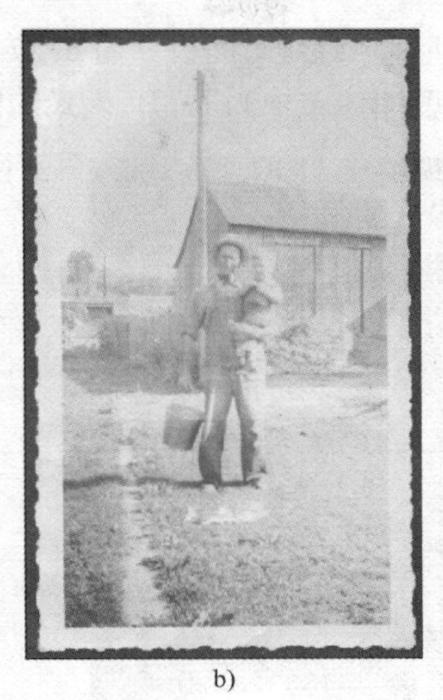

b)

图6-20　黑白老照片去黄效果

a) 原图　b) 结果图

操作步骤：

1）打开网盘中的“素材及结果\6.5 黑白老照片去黄\原图.tif”文件，如图6-20a所示。

2）进入“通道”面板，复制一个名称为“红拷贝”的红色通道，如图6-21所示。然后删除“红拷贝”通道以外的其他通道，如图6-22所示，效果如图6-23所示。

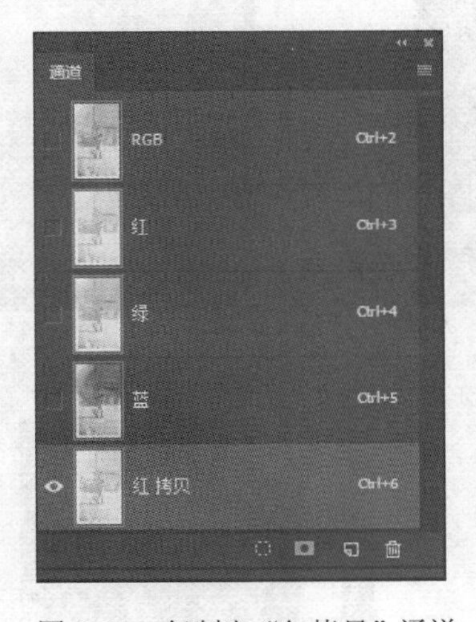

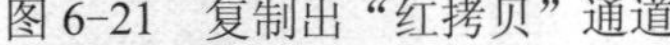

图6-21　复制出“红拷贝”通道

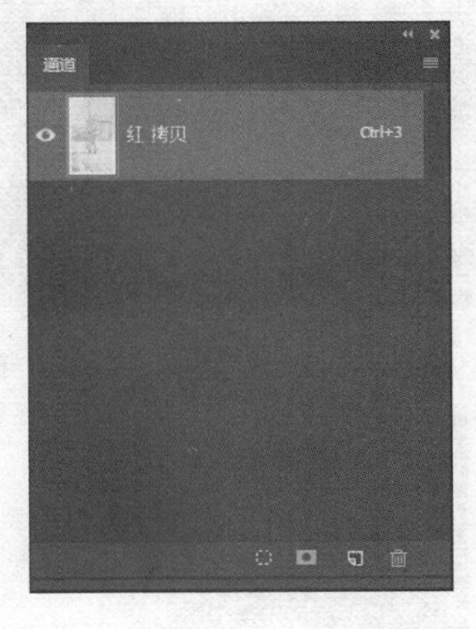

图6-22　删除“红拷贝”以外的通道

3）去除水印。方法：选择工具箱中的（套索工具），设置“羽化”值为20，然后在画面上创建如图6-24所示的选区。

4）执行菜单中的“图像｜调整｜曲线”命令，在弹出的“曲线”对话框中设置参数，如图6-25所示，然后单击“确定”按钮，效果如图6-26所示。

5）按快捷键〈Ctrl+D〉取消选区。

6）对照片进行上色处理。方法：执行菜单中的“图像｜模式｜灰度”命令，将图像转换

为灰度图像，此时的“通道”面板如图 6-27 所示。然后执行菜单中的“图像 | 模式 | RGB 颜色”命令，将灰度图像转换为 RGB 模式的图像，此时“通道”面板如图 6-28 所示。

图 6-23　删除通道后的效果

图 6-24　创建选区

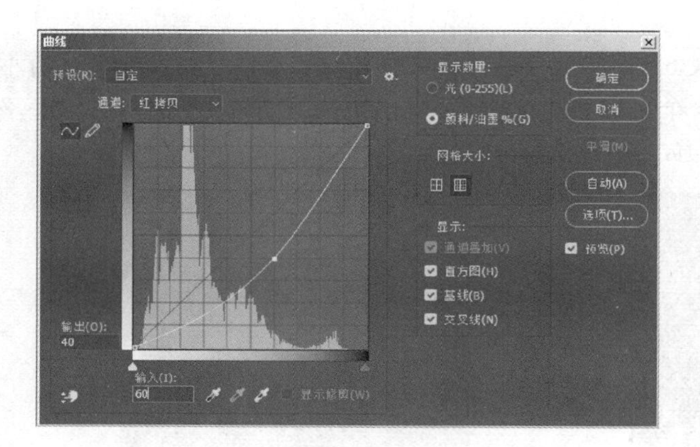

图 6-25　调整“曲线”参数

图 6-26　调整“曲线”参数后的效果

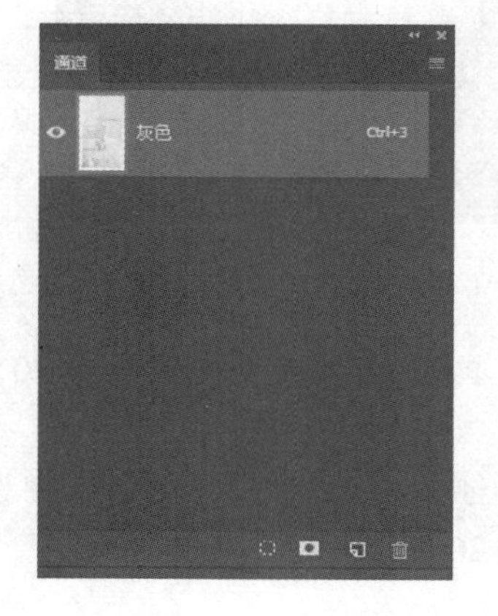

图 6-27　灰度模式的“通道”面板

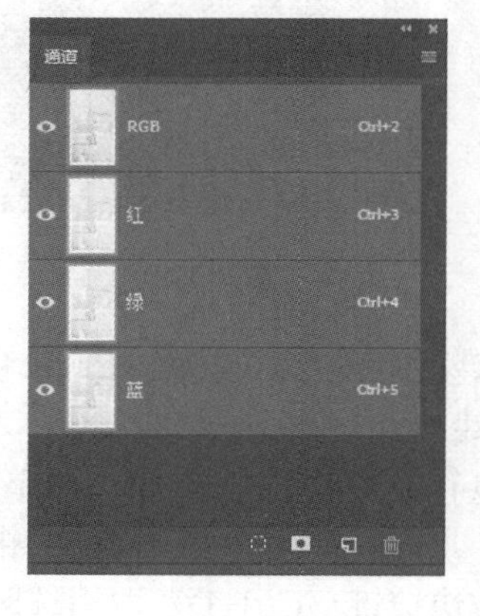

图 6-28　RGB 模式的“通道”面板

7）执行菜单中的“图像 | 调整 | 色相/饱和度”命令，在弹出的对话框中设置参数，如图 6-29 所示，然后单击“确定”按钮，效果如图 6-30 所示。

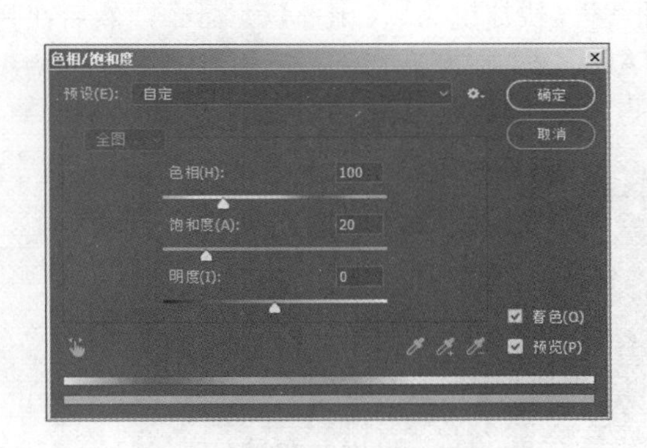

图 6-29　设置“色相/饱和度”参数

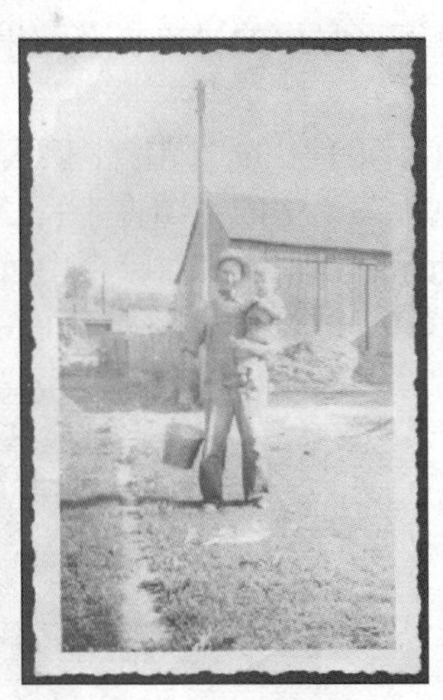

图 6-30　最终效果

6.6　Lab 通道调出明快色彩

要点：

本例将利用“曲线”调整 Lab 通道，从而将一幅图像调出明快色彩，如图 6-31 所示。通过本例的学习，读者应掌握利用“曲线”调整 Lab 通道来调整图像色彩的方法。

a)

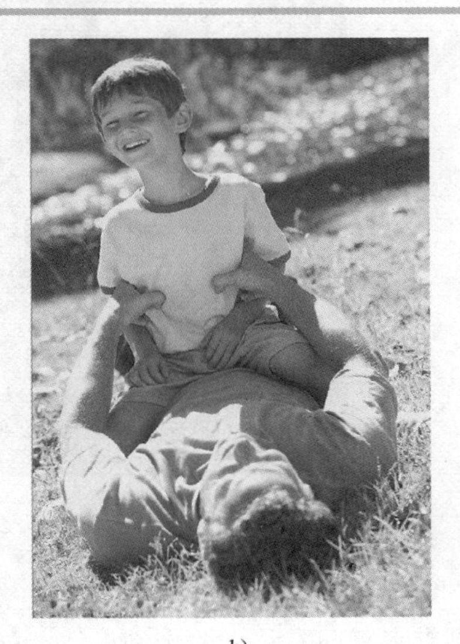

b)

图 6-31　Lab 通道调出明快色彩效果

a) 原图　b) 结果图

操作步骤：

1）打开网盘中的“素材及结果\6.6 Lab 通道调出明快色彩\原图.tif”文件，如图 6-31a 所示。

2）执行菜单中的“图像 | 模式 | Lab 颜色”命令，将图像转换为 Lab 颜色模式。

3）执行菜单中的“图像 | 调整 | 曲线”（快捷键为〈Ctrl+M〉）命令，然后在弹出的如图 6-32 所示的“曲线”对话框中按住〈Alt〉键，在网格上单击，从而以 25%的增量显示网格线，如图 6-33 所示，以便后面将控制点对齐到网格上。

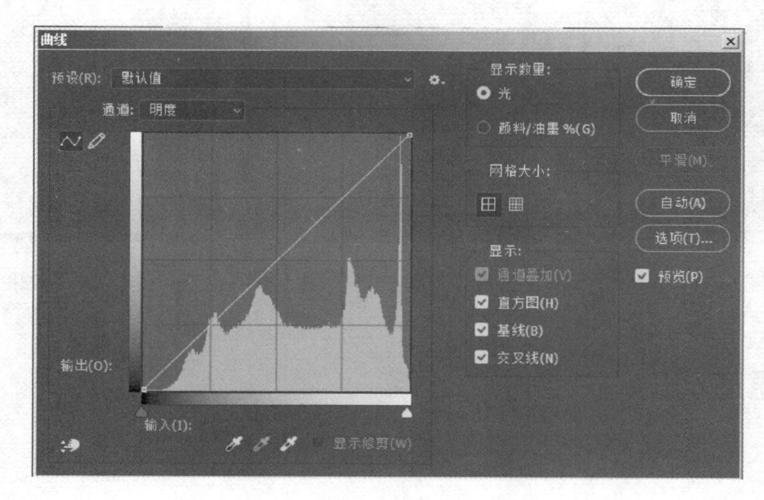

图 6-32 “曲线”对话框

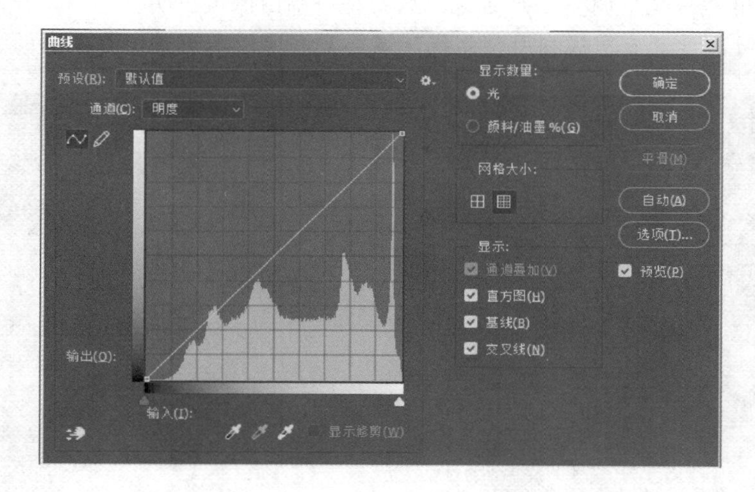

图 6-33 以 25%的增量显示网格线

4）在“通道”下拉列表中选择“a”，然后将上面的控制点水平向左移动两个网格线，将下面的控制点水平向右移动两个网格线，如图 6-34 所示，效果如图 6-35 所示。

5）在“通道”下拉列表中选择“b”，然后将上面的控制点水平向左移动两个网格线，将下面的控制点水平向右移动两个网格线，如图 6-36 所示，效果如图 6-37 所示。

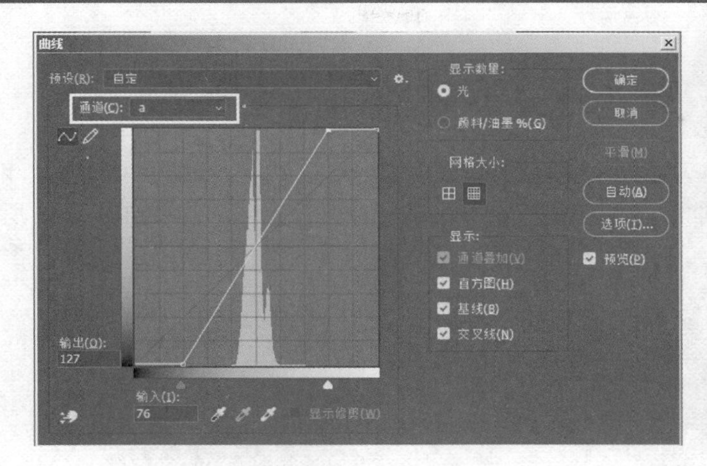

图 6-34　调整通道 a 的曲线

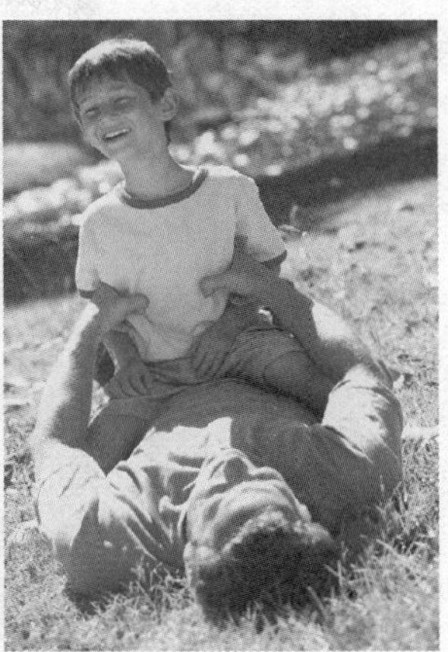

图 6-35　调整通道 a 的曲线后的效果

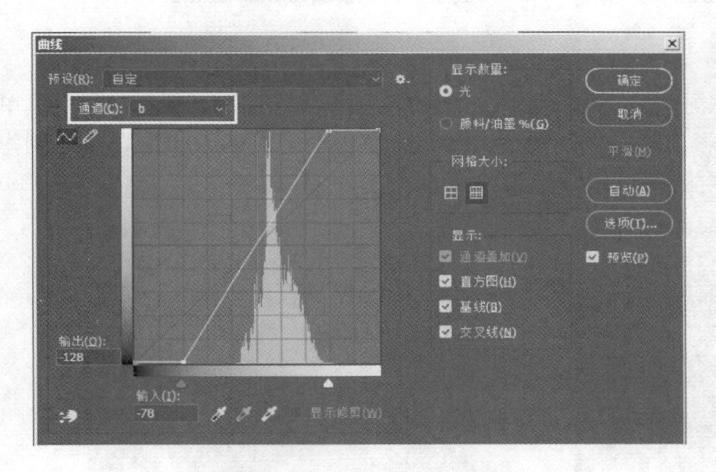

图 6-36　调整通道 b 的曲线

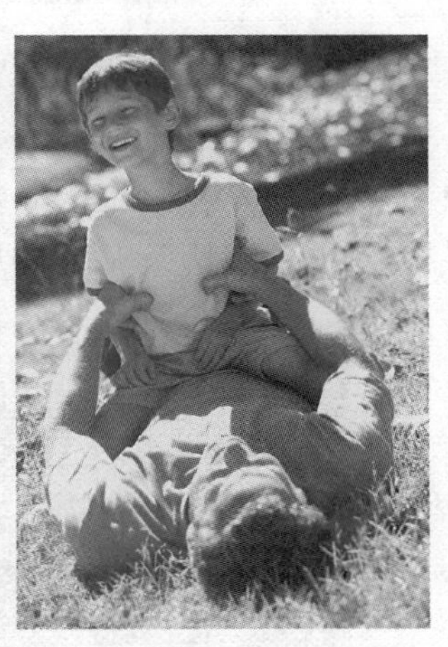

图 6-37　调整通道 b 的曲线后的效果

6）在“通道”下拉列表中选择“明度”，然后调整曲线的形状如图 6-38 所示，使画面增亮，最终效果如图 6-39 所示。

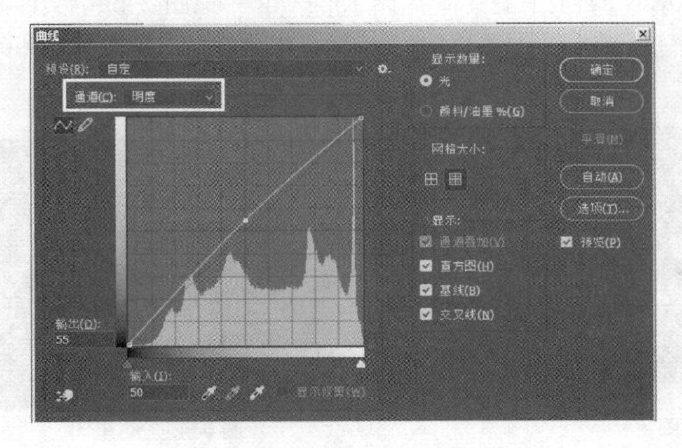

图 6-38　调整“明度”通道的曲线

图 6-39　最终效果

6.7 课后练习

1）打开网盘中的“课后练习\第 6 章\变色的玫瑰\原图.jpg”文件，如图 6-40 所示，利用“图像 | 调整 | 色相/饱和度”命令，对“原图.jpg”中的绿色进行处理，效果如图 6-41 所示。

图 6-40　原图

图 6-41　结果图

2）打开网盘中的“课后练习\第 6 章\冲刺\原图.jpg”文件，如图 6-42 所示，利用菜单中的“图像 | 调整”命令调整色彩，然后复制图层，使用菜单中的“滤镜 | 模糊”命令制作动感模糊效果，再利用蒙版对图层进行遮罩，效果如图 6-43 所示。

图 6-42　原图

图 6-43　结果图

3）打开网盘中的“课后练习\第 6 章\正午变黄昏\原图 1.jpg”和“原图 2.jpg”文件，如图 6-44 所示。利用菜单中的“图像 | 调整 | 匹配颜色”命令，制作出黄昏效果，效果如图 6-45 所示。

a)

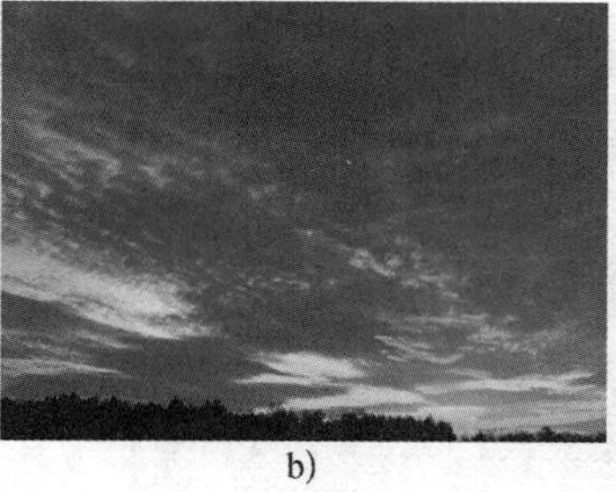

b)

图 6-44　素材图

a) 原图 1.jpg　b) 原图 2.jpg

图 6-45　结果图

第 7 章　路径的使用

本章重点

通过本章的学习，读者应掌握利用工具箱中的钢笔工具绘制路径、将路径作为选区载入、从选区生成工作路径、用画笔描边路径以及用前景色填充路径的方法。

7.1　卷页效果

要点：

本例将利用两幅图片，制作卷叶效果，如图 7-1 所示。通过本例的学习，读者应掌握钢笔工具、将路径转换为选区、魔棒工具和“贴入”命令的综合应用。

a)

b)

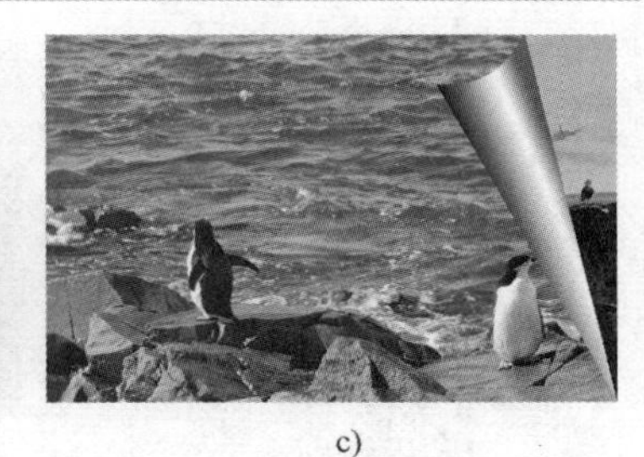

c)

图 7-1　卷页效果

a) 原图 1　b) 原图 2　c) 结果图

操作步骤：

1）打开网盘中的“素材及结果\7.1 卷页效果\原图 1.jpg”文件，如图 7-1a 所示。

2）选择工具箱中的（钢笔工具），并且在“钢笔工具”设置栏中选择路径，然后在画面上绘制出如图 7-2 所示的卷页路径。此时，“路径”面板中会出现一个工作路径。

提示： 适当使用工具箱中的（直接选择工具）调整路径上的各个锚点，使锚点与画面边缘相衔接。其目的是为后面利用魔棒工具创建选区做准备。

3）确定该路径为当前路径，单击“路径”面板下方的（将路径作为选区载入）按钮，将路径作为选区载入。然后单击“路径”面板上的工作路径以外的灰色区域，使路径不显示出来，效果如图 7-3 所示。

提示： 选择路径，按住键盘上的〈Ctrl+Enter〉键，也可以根据路径创建选区。

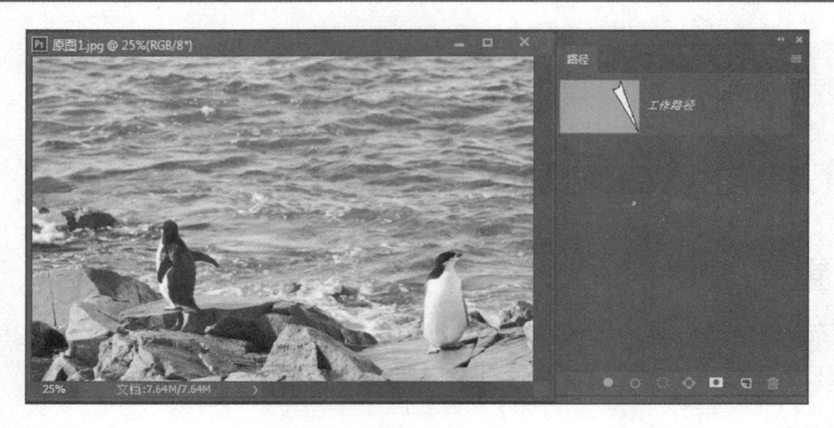

图 7-2　绘制卷页路径

4）单击“图层”面板下方的 （创建新图层）按钮，新建一个“图层 1”，然后选择工具箱中的 （渐变工具），选择渐变类型为 （线性渐变）。接着单击渐变工具条中的颜色框，在弹出的“渐变编辑器”对话框中设置一种黑—白—灰渐变，如图 7-4 所示，单击“确定”按钮。

5）确定当前层为“图层 1”，用设置好的渐变处理选区，效果如图 7-5 所示。

图 7-3　将路径转换为选区

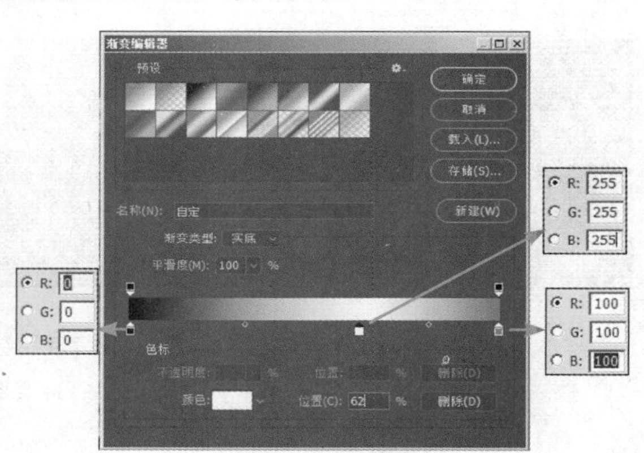

图 7-4　设置渐变色

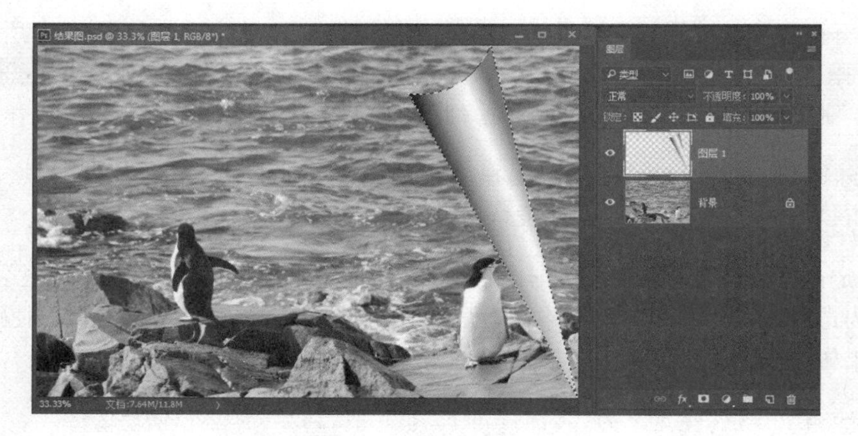

图 7-5　对选区渐变填充的效果

6）制作卷页时的上层页面。方法：选择工具箱中的（魔棒工具），确认当前图层为“图层 1”，然后单击画面的右半部分，从而创建如图 7-6 所示的选区。

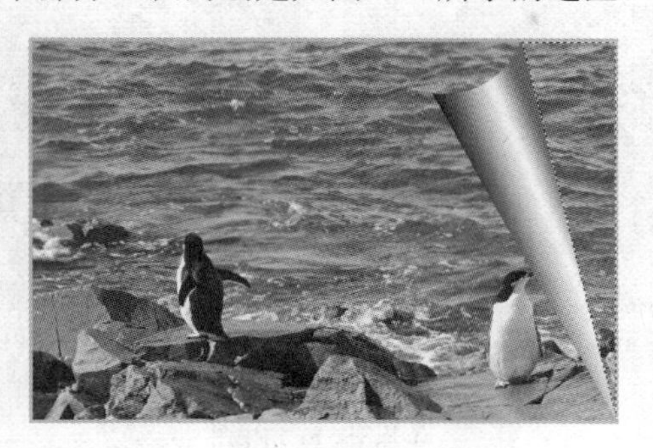

图 7-6　创建选区

7）打开网盘中的“素材及结果\7.1 卷页效果\原图 2.jpg”文件，如图 7-1b 所示，然后执行菜单中的“选择 | 全选”命令，接着执行菜单中的“编辑 | 复制”命令。再回到“原图 1.jpg”图像文件中，执行菜单中的“编辑 | 选择性粘贴 | 贴入”命令，接着使用工具箱中的（移动工具）移动贴入图像到合适的位置，最终结果如图 7-7 所示。

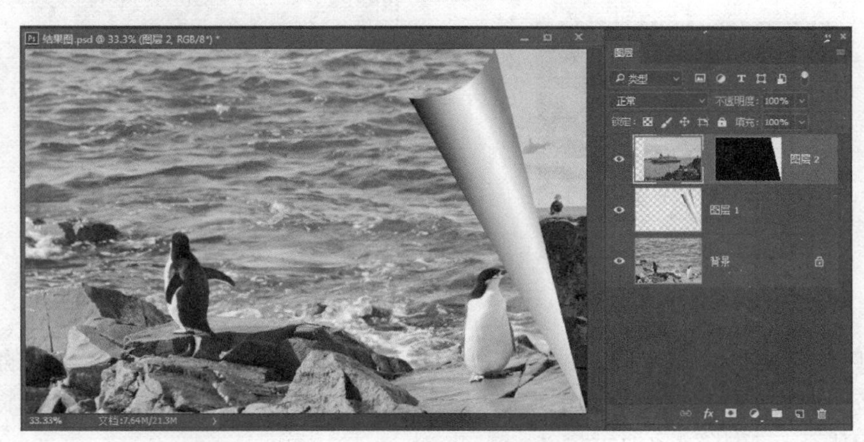

图 7-7　最终效果

7.2　猎豹奔跑的动感画面效果

要点：

本例将制作一幅猎豹奔跑的动感画面效果，如图 7-8 所示。通过本例的学习，读者应掌握“动感模糊”滤镜和历史记录填充路径区域的方法。

操作步骤：

1）打开网盘中的“素材及结果\7.2 猎豹奔跑的动感画面效果\原图.jpg”文件，如图 7-8a

所示，该文件保存有一个猎豹的工作路径，如图 7-9 所示。

a)

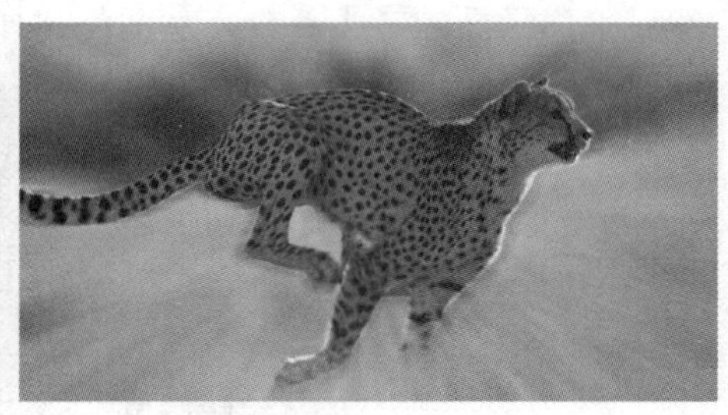

b)

图 7-8　猎豹奔跑的动感画面效果

a) 原图　b) 结果图

2）执行菜单中的“滤镜 | 模糊 | 镜像模糊”命令，然后在弹出的“径向模糊”对话框中设置参数如图 7-10 所示，单击“确定”按钮，效果如图 7-11 所示。

图 7-9　猎豹的工作路径

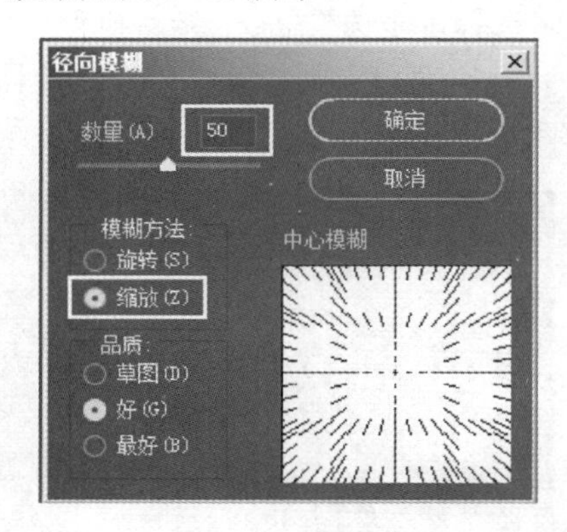

图 7-10　设置“径向模糊”参数

3）此时“历史记录”面板如图 7-12 所示。下面单击“历史记录”面板下方的 (创建新快照）按钮，然后将历史记录画笔定位在“快照 1”，接着选择“打开”步骤，将图像恢复到打开时的状态，如图 7-13 所示。

图 7-11 “径向模糊”效果

图 7-12　历史记录”面板

4）选择“路径”面板中的“工作路径”，然后单击“路径”面板右上角的按钮，从弹出的快捷菜单中选择“填充路径”命令，如图 7-14 所示。接着在弹出的“填充路径”对话框中将“使用”设置为“历史记录”，如图 7-15 所示，单击“确定”按钮，效果如图 7-16 所示。

图 7-13　创建新快照并恢复到图像打开状态

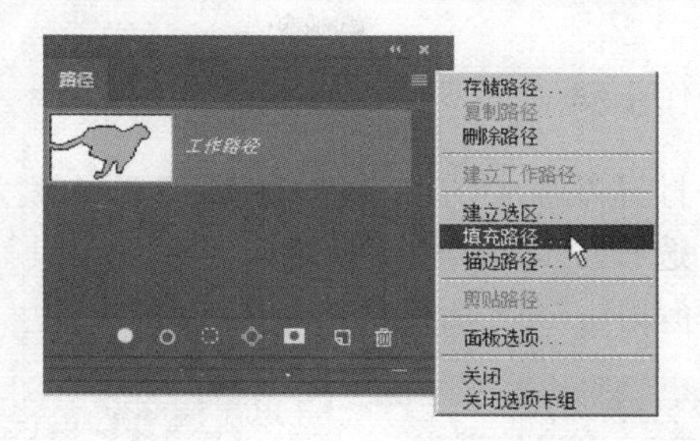

图 7-14　选择“填充路径”命令

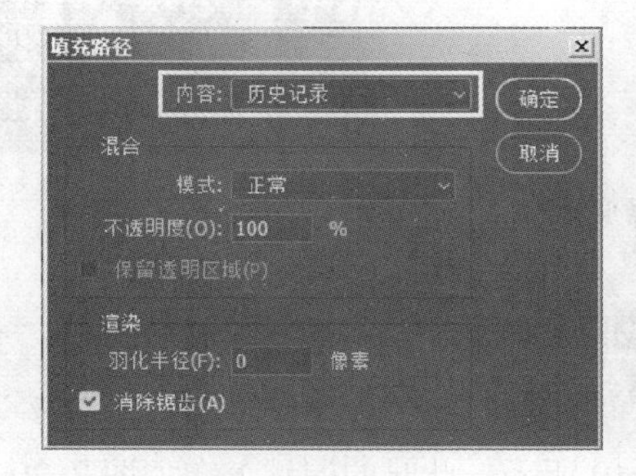

图 7-15　将“使用”设置为“历史记录”

图 7-16　使用“历史记录”填充路径后的效果

5）在“路径”面板的空白处单击鼠标，隐藏工作路径。至此，猎豹奔跑的动感画面效果制作完毕。

7.3　木刻效果

要点：

本例将在一幅木纹图片上制作木刻效果，如图 7-17 所示。通过本例的学习，读者应掌握图层样式、路径描边及形状图层的综合应用。

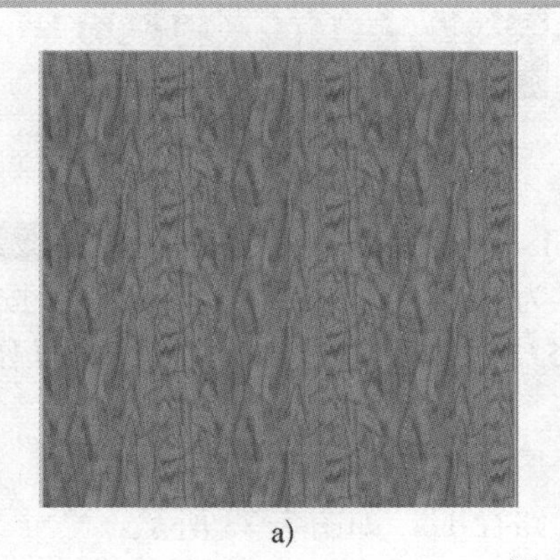

a)

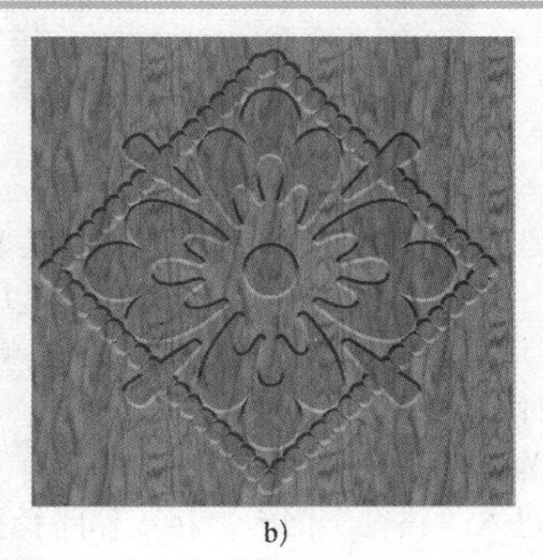

b)

图 7-17　木刻效果

a) 原图　b) 结果图

操作步骤：

1）打开网盘中的“素材及结果\7.3 木刻效果\原图.jpg”文件，如图 7-17a 所示。

2）选择工具箱中的（自定形状工具），然后在工具设置栏中设置类型为 形状，接着选择如图 7-18 所示的形状。

图 7-18 选择形状

提示： 如果没有这种自定形状，则单击形状旁的图标，从弹出的快捷菜单中选择“装饰”命令，然后在弹出的对话框中单击“追加”按钮，即可调出该形状。

3）在图像中拖动鼠标创建图形，效果如图 7-19 所示，此时的图层分布如图 7-20 所示。

图 7-19 创建图形

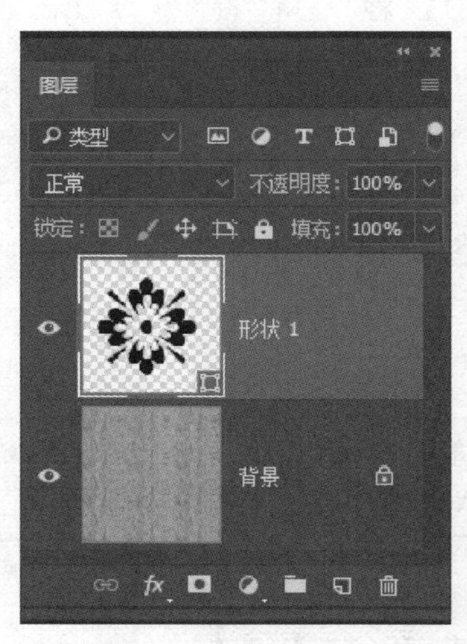

图 7-20 图层分布

4）选择工具箱中的（矩形工具），然后在工具设置栏中设置类型为 路径，再按快捷键〈Alt+Shift〉，在图像中创建以图像中心为中心的正方形路径。接着按快捷键〈Ctrl+T〉，再配合键盘上的〈Shift〉键将其旋转 45°，最后按〈Enter〉键确认操作，效果如图 7-21 所示。

5）为了对路径添加“描边”效果，下面新建“图层 1”，如图 7-22 所示。

6）进入“路径”面板，将工作路径重命名为“路径 1”，如图 7-23 所示。

7）选择工具箱中的（画笔工具），画笔设置如图 7-24 所示，然后单击“路径”面板下方的（用画笔描边路径）按钮，效果如图 7-25 所示。

图 7-21　旋转图形后效果

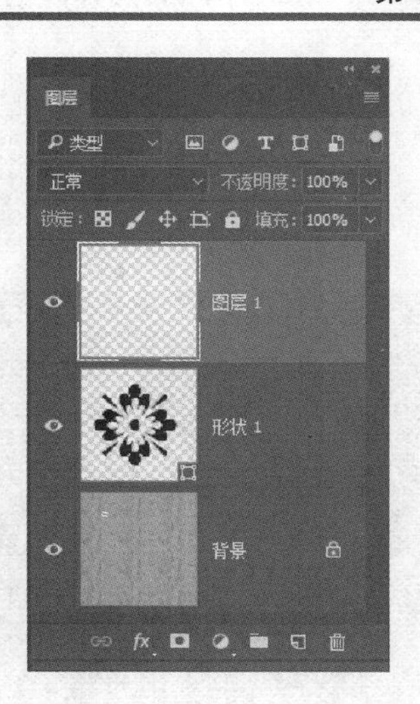

图 7-22　新建“图层 1”

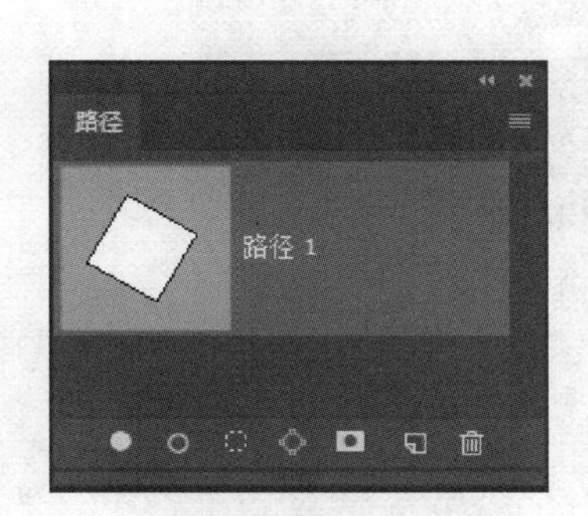

图 7-23　“路径”面板

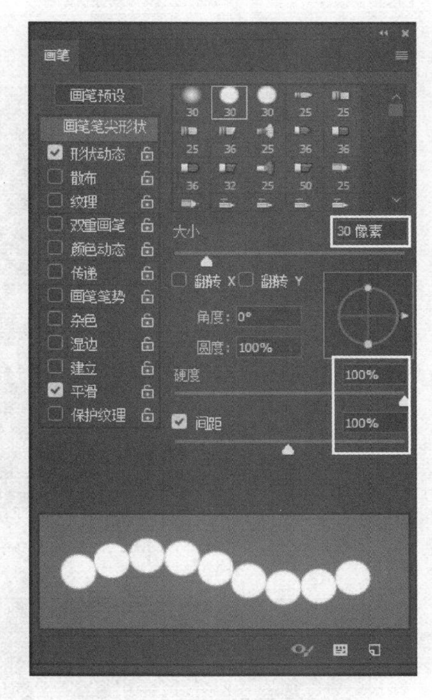

图 7-24　设置“画笔”参数

8）隐藏“背景”图层，然后合并“图层 1”和“形状”图层，然后重新显现“背景”图层。此时图层分布如图 7-26 所示。

9）为合并后的“图层 1”添加“斜面和浮雕”样式，并设置参数，如图 7-27 所示。然后单击“确定”按钮，效果如图 7-28 所示，此时的图层分布如图 7-29 所示。

10）将“图层 1”的“填充”设为 10%，如图 7-30 所示，最终效果如图 7-31 所示。

11）至此，木刻效果制作完成。

图 7-25　描边路径效果

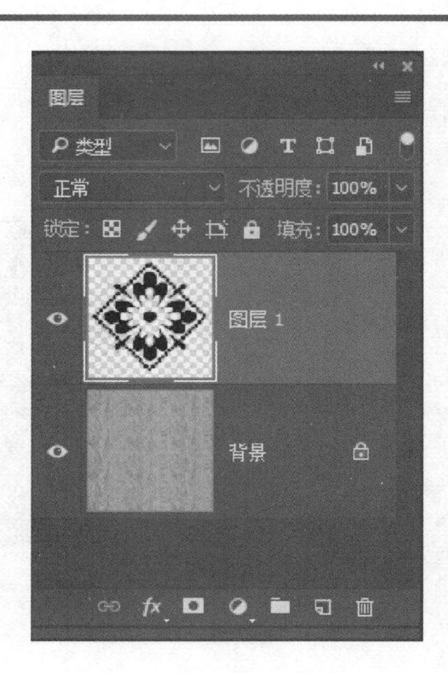

图 7-26　图层分布

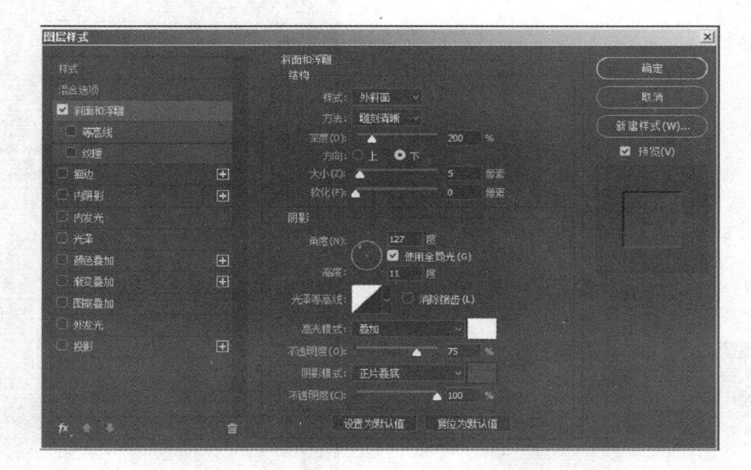

图 7-27　设置“斜面和浮雕”参数

图 7-28　“斜面和浮雕”效果

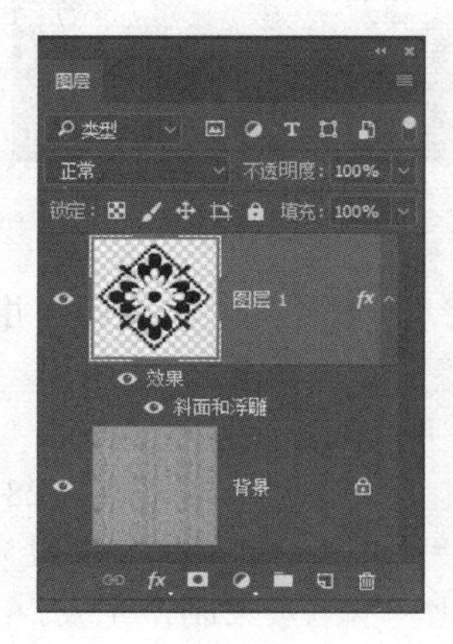

图 7-29　图层分布

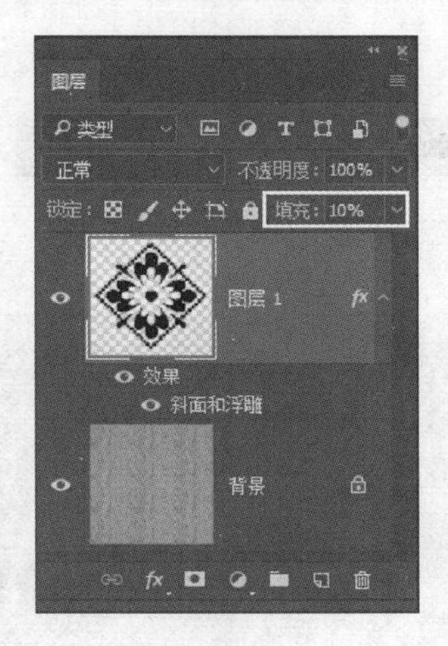

图 7-30　设置“填充”参数

图 7-31　设置“填充”后的效果

7.4　照片修复效果

要点：

本例将去除小孩脸部的划痕，如图 7-32 所示。通过本例的学习，读者应掌握 （污点修复画笔工具）和 （仿制图章工具）的综合应用。

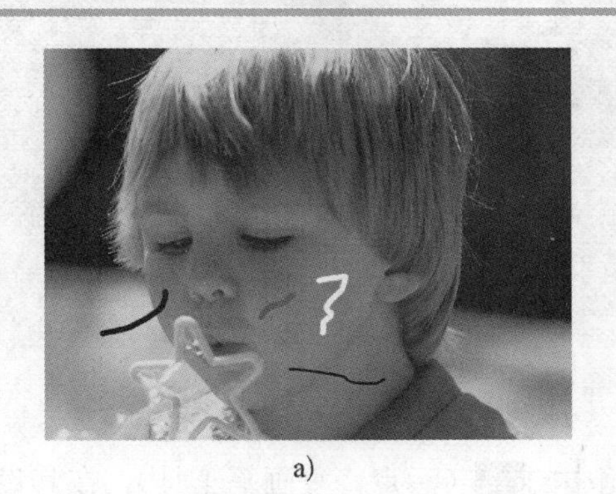

a)　　　　　　　　b)

图 7-32　照片修复效果

a) 原图　b) 结果图

操作步骤：

1. 去除人物左脸上的划痕

1）打开网盘中的“素材及结果\7.4 照片修复效果\原图.jpg”文件，如图 7-32a 所示。

2）去除白色的划痕。方法：选择工具箱中的 （污点修复画笔工具），在其设置栏中设置参数如图 7-33 所示。接着在如图 7-34 所示的位置上单击并沿要去除的白色划痕拖动鼠标，此时鼠标拖动的轨迹会以深灰色显示，如图 7-35 所示。当将要去除的白色划痕全部遮挡住后

松开鼠标，即可去除白色的划痕，效果如图 7-36 所示。

图 7-33　设置 （污点修复画笔工具）参数

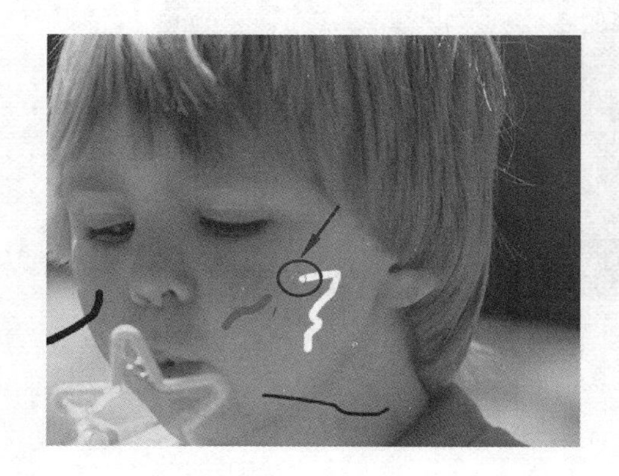

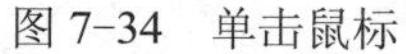

图 7-34　单击鼠标

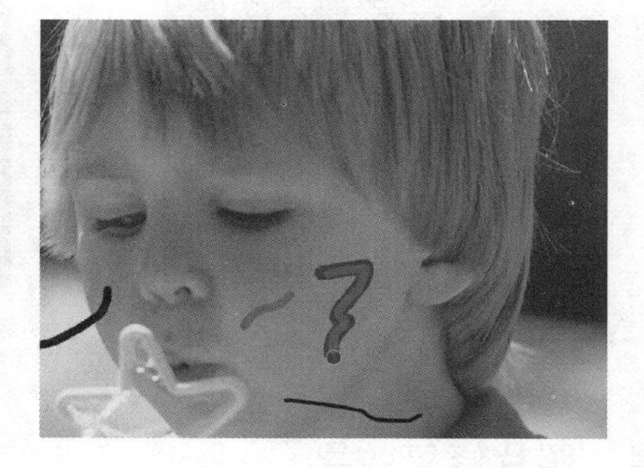

图 7-35　将要去除的白色划痕全部遮挡住

3）同理，将人物左脸上的另一条划痕去除，效果如图 7-37 所示。

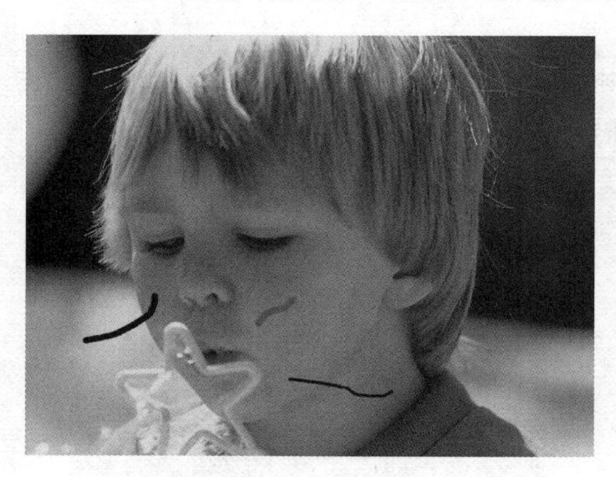

图 7-36　去除白色划痕效果

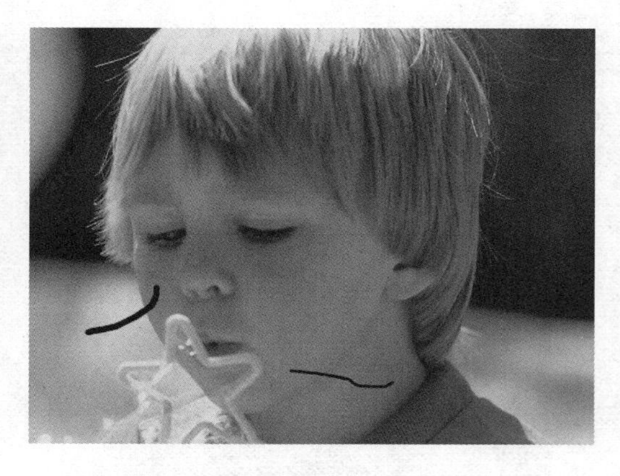

图 7-37　去除另一条划痕效果

4）去除人物脖子处的划痕。方法：选择工具箱中的 （污点修复画笔工具），在其设置栏中设置参数如图 7-38 所示。接着在如图 7-39 所示的位置上单击并沿要去除的划痕拖动鼠标，此时鼠标轨迹会以深灰色进行显示，如图 7-40 所示。当将要去除的划痕全部遮挡住后松开鼠标，即可去除划痕，效果如图 7-41 所示。

图 7-38　设置 （污点修复画笔工具）参数

2. 去除人物右脸上的划痕

1）使用工具箱中的 （钢笔工具）沿脸的轮廓绘制路径，如图 7-42 所示。

2）单击“路径”面板下方的 （将路径作为选区载入）按钮（见图 7-43），将路径转换为选区，效果如图 7-44 所示。

图 7-39　单击鼠标

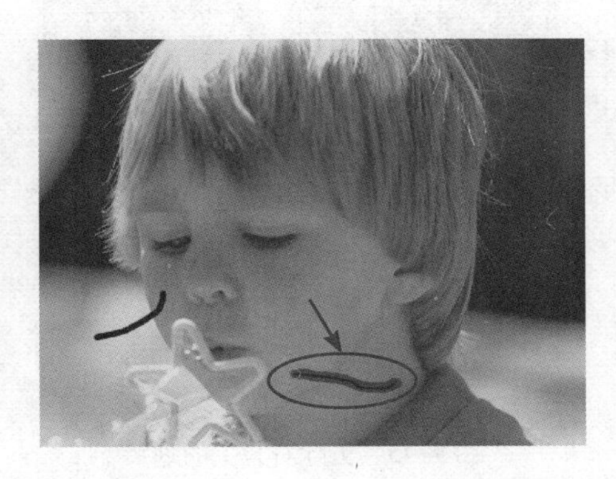

图 7-40　将要去除的划痕全部遮挡住

图 7-41　移动脖子处的划痕效果

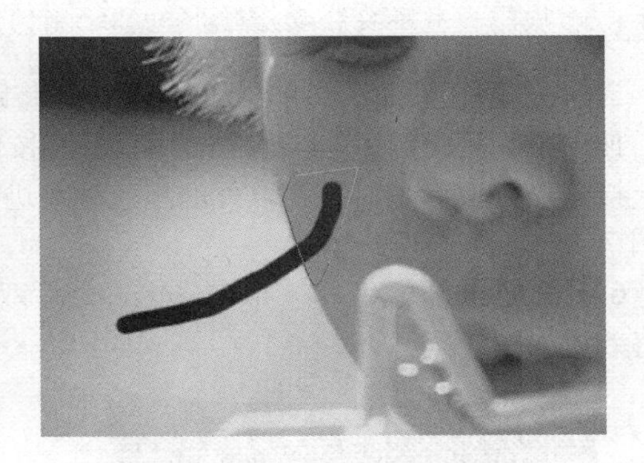

图 7-42　沿脸的轮廓绘制路径

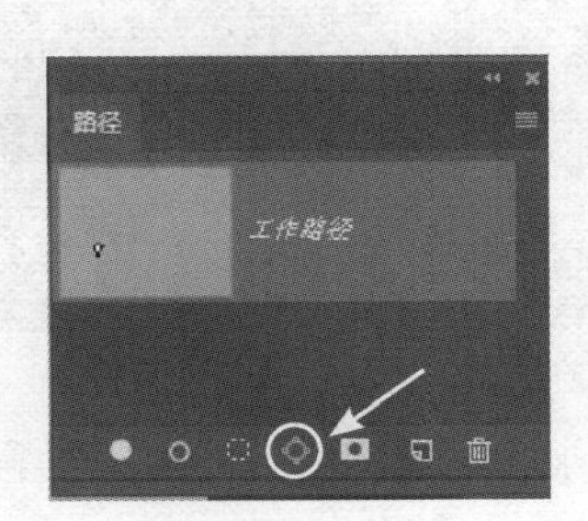

图 7-43　单击 （将路径作为选区载入）按钮

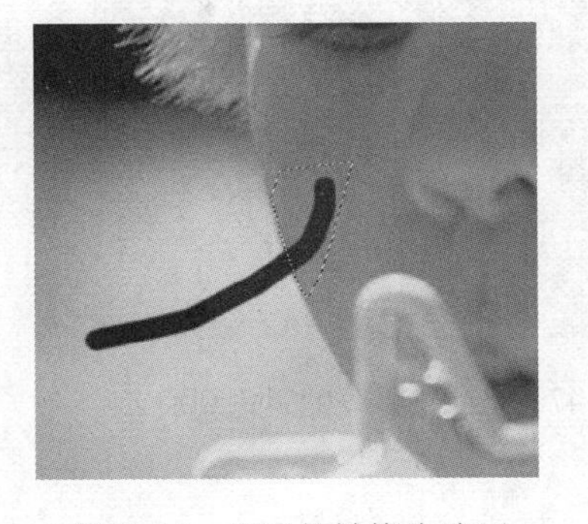

图 7-44　将路径转换为选区

3）选择工具箱中的 （仿制图章工具），按住键盘上的〈Alt〉键，吸取脸部黑色划痕周围的颜色，然后对脸部黑色划痕进行涂抹，直到将脸部黑色划痕完全去除为止，效果如图 7-45 所示。

4）按快捷键〈Ctrl+D〉取消选区，然后在“路径”面板中单击工作路径，从而在图像中重新显示出路径。接着使用工具箱中的 （直接选择工具）移动路径锚点的位置，如图 7-46 所示。

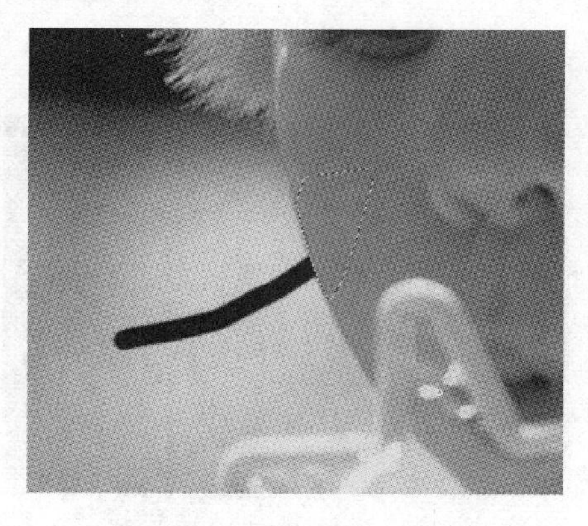

图 7-45　去除右脸上的划痕

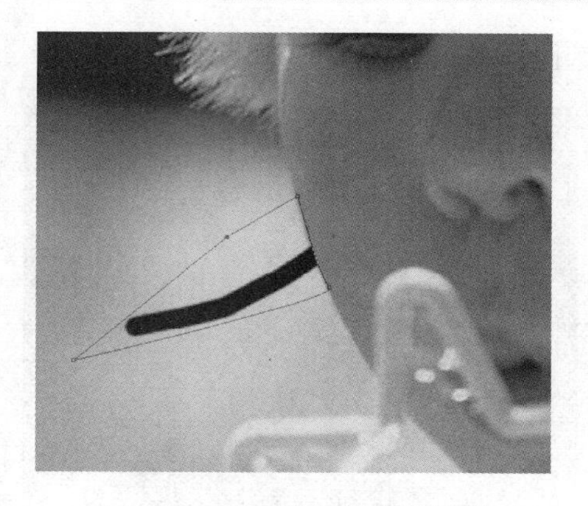

图 7-46　移动路径锚点的位置

提示： 此时，一定不要移动沿脸部轮廓绘制的锚点。

5）在“路径”面板中单击下方的 （将路径作为选区载入）按钮，将路径转换为选区。然后使用工具箱中的 （仿制图章工具），按住键盘上的〈Alt〉键，吸取黑色划痕周围的颜色。接着松开鼠标，对脸部以外的黑色划痕进行涂抹，直到将黑色划痕完全去除为止，效果如图 7-47 所示。

6）按快捷键〈Ctrl+D〉取消选区，然后双击工具箱中的 （抓手工具）满屏显示图像，最终效果如图 7-48 所示。

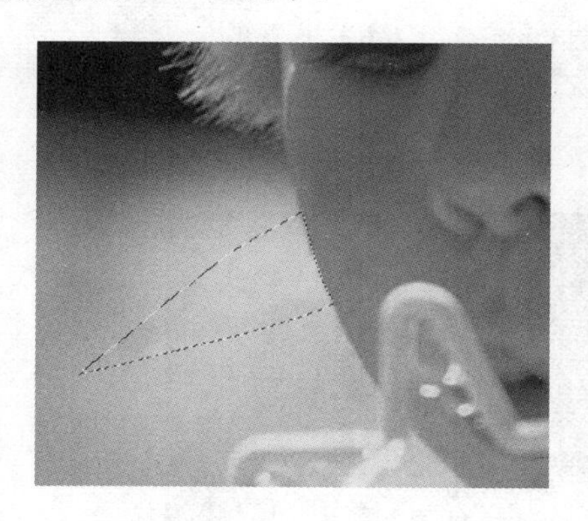

图 7-47　将脸部以外的黑色划痕去除

图 7-48　最终效果

7.5　用钢笔抠像效果

要点：

本例将利用钢笔工具抠除一幅图像中的企鹅，然后放置到另一幅图像中，并与背景色彩融合在一起，如图 7-49 所示。通过本例的学习，读者应掌握钢笔工具、将路径转换为选区和“内容识别”填充命令的综合应用。

a)

b)

c)

图7-49　用钢笔工具抠像效果

a) 原图 1　b) 原图 2　c) 结果图

操作步骤：

1．去除“原图 2.jpg”中的小鸟

1）打开网盘中的“素材及结果\7.5 用钢笔工具抠像\原图 2.jpg”文件，如图 7-49b 所示。

2）选择工具箱中的（套索工具），然后在设置栏中将“羽化”设置为 0，接着在画面上绘制出小鸟的选区，如图 7-50 所示。

图 7-50　创建小鸟的选区

3）执行菜单中的“编辑 | 填充”命令，然后在弹出的“填充”对话框中将“使用”设置为“内容识别”，如图 7-51 所示，单击“确定”按钮。接着按快捷键〈Ctrl+D〉取消选区，效果如图 7-52 所示。

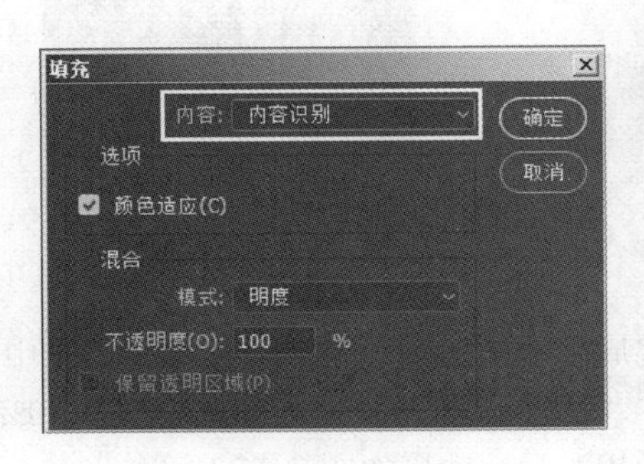

图 7-51　选择“内容识别”

图 7-52　“内容识别”填充后的效果

2. 利用钢笔工具创建企鹅的路径

1）打开网盘中的“素材及结果\7.5 用钢笔工具抠像\原图 1.jpg”文件，如图 7-49a 所示。

2）为了便于创建企鹅路径，下面利用工具箱中的（缩放工具）局部放大企鹅区域。然后利用工具箱中的（钢笔工具），并且在“钢笔工具”设置栏中选择路径，接着创建出企鹅的路径，如图 7-53 所示。

3）按键盘上的〈Ctrl+Enter〉键，将路径转换为选区，如图 7-54 所示。

图 7-53　创建企鹅路径

图 7-54　将企鹅路径转换为选区

3. 调整企鹅颜色，使之与背景融合在一起

1）利用工具箱中的（移动工具）将企鹅移动到“原图 2.jpg”中，效果如图 7-55 所示。

2）新建“图层 2”，然后按住键盘上的〈Ctrl+Alt+G〉，将其转换为剪贴蒙版，然后将“图层 2”的混合模式设置为“颜色”，此时图层分布如图 7-56 所示。

图 7-55　将企鹅移动到“原图 2.jpg”中

图 7-56　图层分布

3）利用工具箱中的（吸管工具）吸取企鹅周围雪地的颜色，然后选择工具箱中的（画笔工具），在设置栏中设置笔尖“大小”为 50、“硬度”为 0%、“不透明度”为 30%，接着在画面中对企鹅进行涂抹，即可使之色彩与背景相融合，效果如图 7-57 所示。

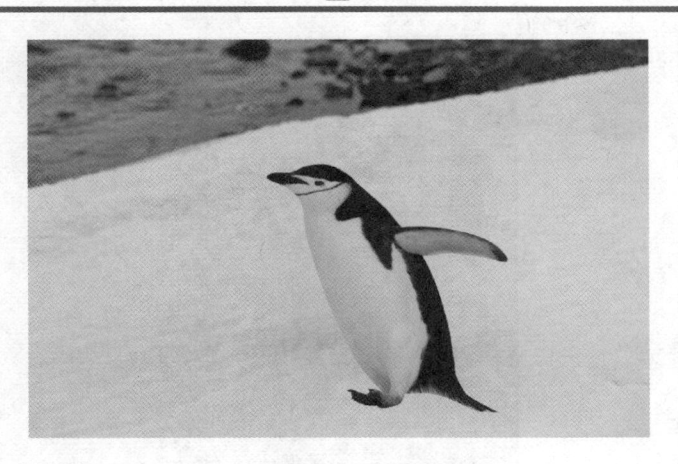

图 7-57　对企鹅进行色彩处理

4）制作企鹅在雪地上的投影。方法：在背景层上方新建“图层 3”，然后将前景色设置为一种蓝色，参考色值：RGB（150, 190, 255），接着利用工具箱中的（画笔工具）将“不透明度”设置为 100%，再在企鹅右下方绘制出淡淡的阴影，再将“图层 3”的不透明度设置为 70%，最终效果如图 7-58 所示。

图 7-58　最终效果

7.6　音乐海报效果

要点：

本例将制作一张音乐海报效果，如图 7-59 所示。通过本例的学习，读者应掌握钢笔工具、文本工具和渐变工具的综合应用。

图 7-59　音乐海报效果

 **操作步骤：**

1）执行菜单中的“文件｜新建”命令，弹出“新建”对话框，在其中设置参数，如图 7-60 所示，单击“确定”按钮，新建“音乐海报.psd”文件。然后将工具箱中的“前景色”设置为蓝色，参考色值：RGB（0，132，180），按快捷键〈Alt+Delete〉，将图像背景填充为蓝色。

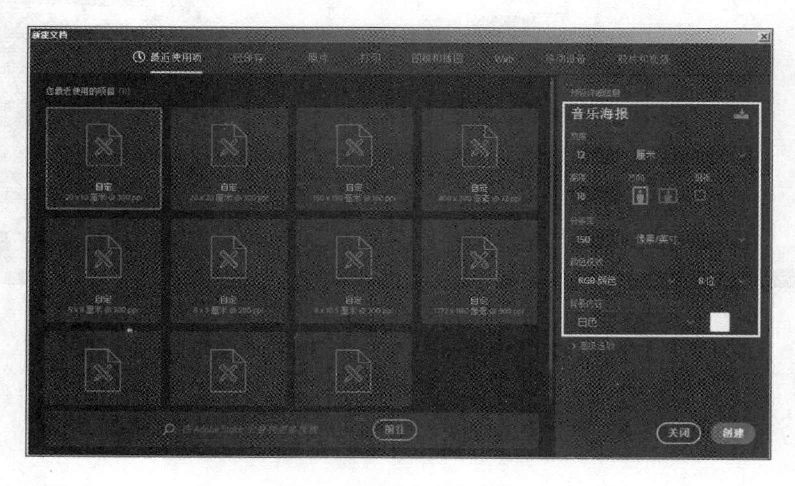

图 7-60　新建一个文件

2）下面先从简单的形状入手。选择工具箱中的（钢笔工具），在工具设置栏中设置类型为 路径 ，然后沿着画面下部边缘绘制建筑物群外轮廓路径（关于钢笔工具的具体使用方法请参看“2.6.3　使用钢笔工具创建路径”）。接着执行菜单中的“窗口｜路径”命令，调出“路径”面板，将绘制完成的路径存储为“路径 1”，如图 7-61 所示。该形状主要以直线路径为主，只在屋顶处有略微的曲线变化。在绘制的过程中，还可以选用工具箱中的（直接选择工具）调节锚点和两侧的方向线，如图 7-62 所示。

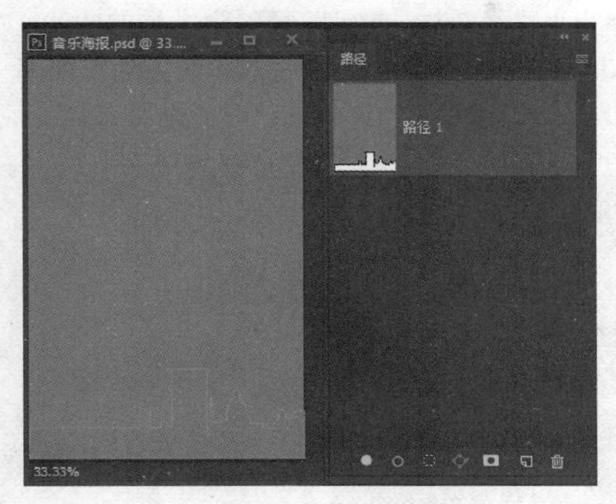

图 7-61　沿着画面下部边缘绘制建筑物群外轮廓路径

图 7-62　调节锚点和两侧的方向线

3）在“路径”面板中单击并拖动“路径 1”到面板下方的（将路径作为选区载入）按钮上，将路径转换为浮动选区。然后打开“图层”面板，新建“图层 1”，将工具箱中的“前景色”设置为深蓝色，参考色值：RGB（0，80，126），按快捷键〈Alt+Delete〉后，选区被填充为深蓝色，且在画面底端形成剪影的效果，如图 7-63 所示。

图 7-63　将建筑物填充为深蓝色，在画面底端形成剪影的效果

4）在画面左侧需要画一个面积较大的话筒图形，这也是该海报中的主体图形，先来勾勒出它的外形并填充颜色。方法：选择工具箱中的 （钢笔工具），参照图 7-64 所示的形状绘制出闭合路径（将其存储为“路径 2”），此段路径包含大量的曲线，在绘制路径的过程中，在曲线转折处，可按住〈Alt〉键单击锚点将一侧的方向线去除，如图 7-65 所示。然后继续向下设置锚点，可以不受上一条曲线方向的影响，这是绘制曲线路径常用的一个小技巧。

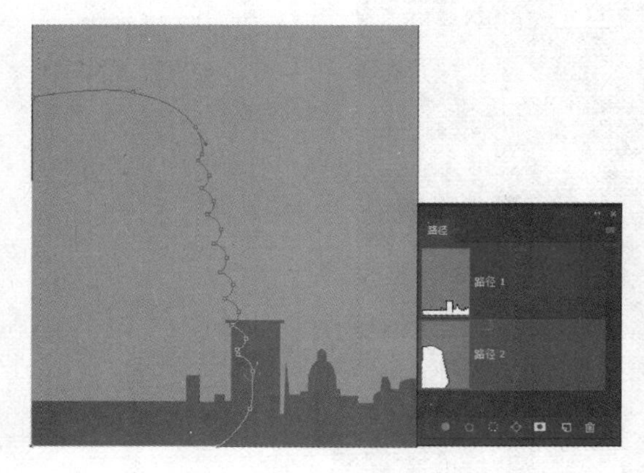

图 7-64　绘制出话筒图形闭合路径

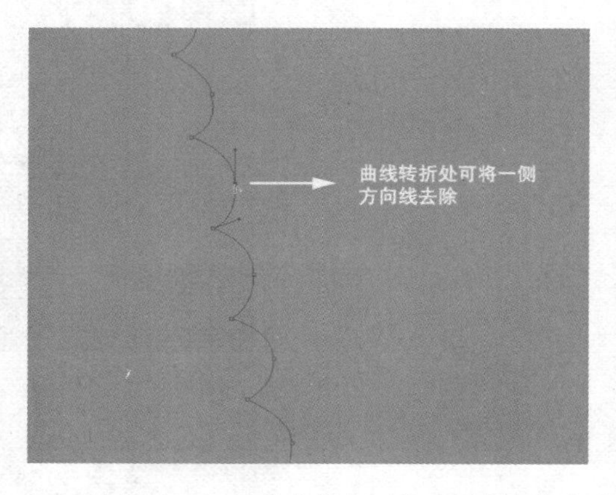

图 7-65　按住〈Alt〉键单击锚点可将一侧方向线去除

5）“路径 2”首尾闭合之后，在“路径”面板中单击并拖动“路径 2”到面板下方的 （将路径作为选区载入）按钮上，将路径转换为浮动选区。

6）在“图层”面板中新建“图层 2”，然后选择工具箱中的 （渐变工具），在工具设置栏内单击 （点按可编辑渐变）按钮，在弹出的“渐变编辑器”对话框中设置“深蓝（RGB：30，90，150）—天蓝（RGB：60，200，255）—淡蓝（RGB：215，255，255）”的三色渐变，如图 7-66 所示。单击“确定”按钮，接着在话筒图形选区内应用如图 7-67 所示的线性渐变。

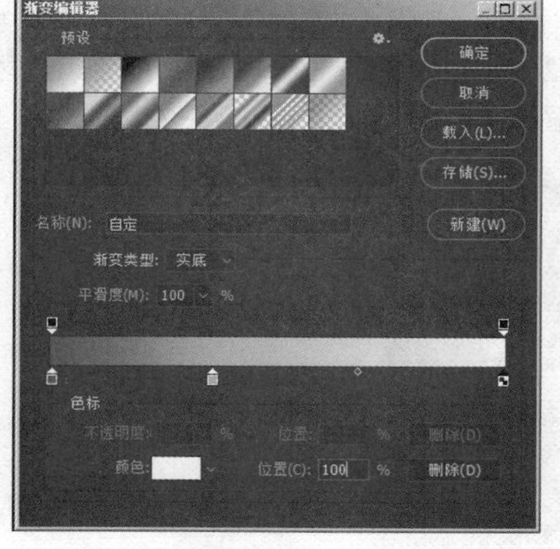
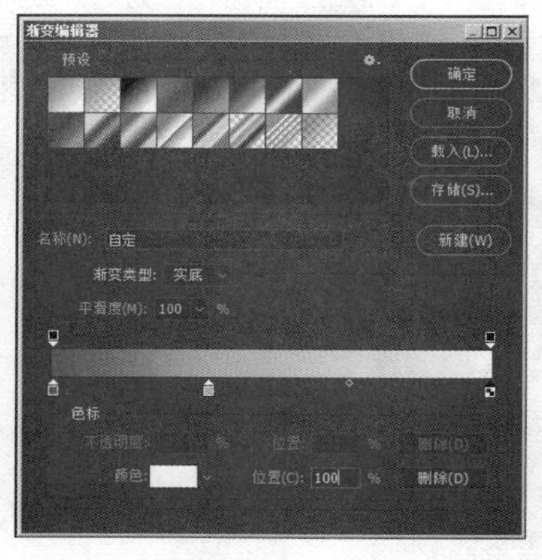

图 7-66　在“渐变编辑器”对话框中设置三色渐变

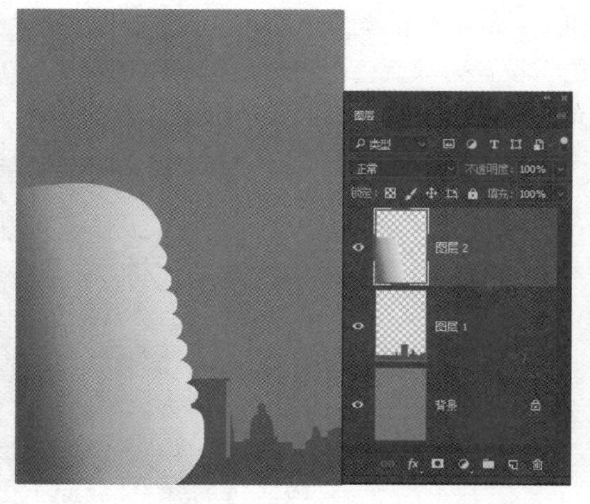

图 7-67　在“图层 2”中应用三色线性渐变

7）在“图层”面板中新建“图层 3”，选择工具箱中的 （钢笔工具），参照图 7-68 所示的形状绘制出两个闭合路径（将其存储为“路径 3”），将“路径 3”转换为选区后，填充一种深蓝灰色，参考色值：RGB（70，120，160），如图 7-69 所示。

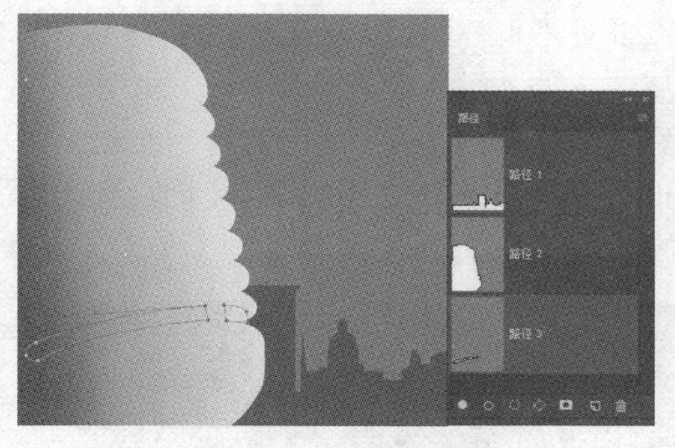

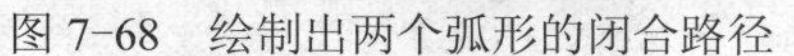

图 7-68　绘制出两个弧形的闭合路径

图 7-69　将“路径 3”转换为选区后，填充为一种深蓝灰色

8）在保持选区存在的情况下，选择工具箱中的 （移动工具），然后按住〈Alt〉键向左上方拖动鼠标，从而复制出一个条状图形。同理，继续向上复制平行排列，从而形成话筒上的棱状起伏，再按快捷键〈Ctrl+D〉取消选区，效果如图 7-70 所示。

9）新建“图层 4”，然后在话筒的底部区域绘制出如图 7-71 所示的曲线路径（将其存储为“路径 4”），接着选择“路径”面板右上角弹出菜单中的“填充路径”命令，如图 7-72 所示。再在弹出的如图 7-73 所示的“填充路径”对话框中设置由路径直接填充颜色的参数，单击“确定”按钮后，路径中被自动填充为深蓝灰色，参考色值：RGB（70，120，160），如图 7-74 所示。

图 7-70　将条状图形复制并平行排列，形成话筒上的棱状起伏

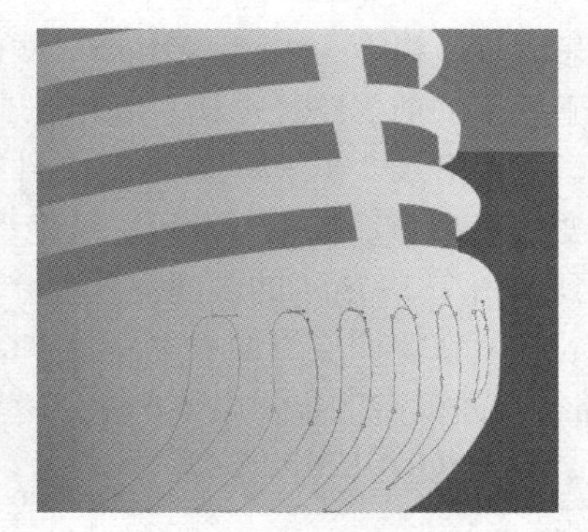

图 7-71　在话筒的底部区域绘制出曲线路径

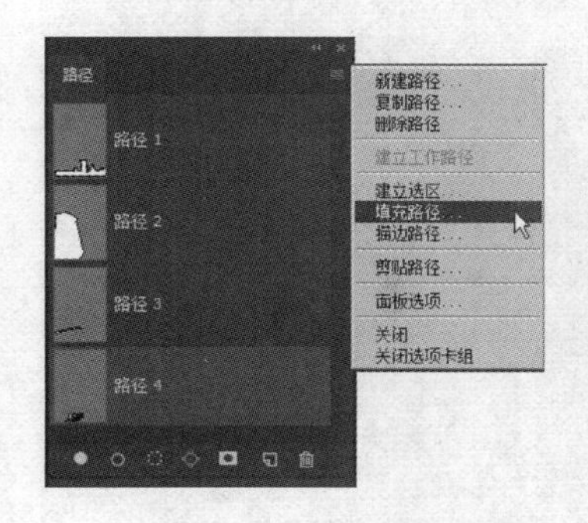

图 7-72　选择“路径”面板弹出菜单中的“填充路径”命令

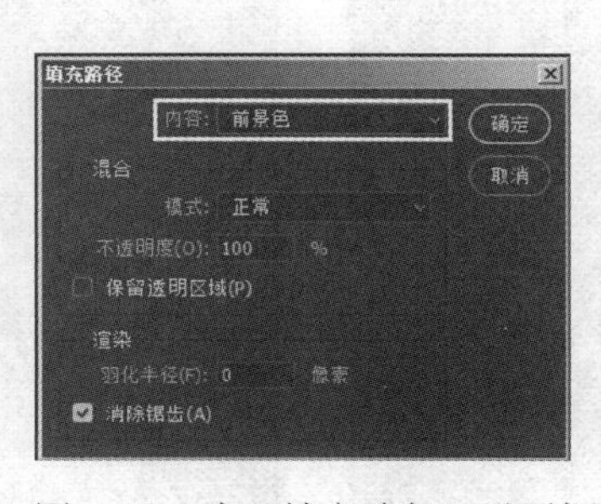

图 7-73　在“填充路径”对话框中设置参数

图 7-74　话筒底部图形填充颜色后的效果

10）同理，再添加顶部图形并填充为深蓝灰色（此处不再赘述），效果如图 7-75 所示，底部和顶部的曲线图形将话筒变得饱满而富有立体感。

11）在“图层”面板中新建“图层 5”和“图层 6”，利用 （钢笔工具）绘制出如图 7-76 所示的纵向长条。注意，要将“图层 5”和“图层 6”置于“图层 3”下面，到此为止，一个大概的话筒图形绘制完成。

图 7-75　添加顶部图形并填充颜色后的效果

图 7-76　一个大概的话筒图形绘制完成

12）执行菜单中的“文件｜打开”命令，打开如图 7-77 所示的网盘中的“素材及结果\7.6 音乐海报效果\爵士乐手轮廓.tif”文件。然后打开“路径”面板，该文件中已事先保存了一个爵士乐手的剪影路径。接着利用工具箱中的 （路径选择工具）将画面中的路径人形全部选中，直接拖入“音乐海报.psd”文件之中，如图 7-78 所示。最后按快捷键〈Ctrl+T〉应用“自由变换”命令，按住〈Shift〉键拖动控制框边角的手柄，将路径进行等比例缩放，并将其移动到如图 7-79 所示的画面位置，并将路径重命名为“爵士乐手”。

13）在“图层”面板中新建“图层 7”，并将“图层 7”移到“图层 1”下面。然后选择“路径”面板右上角弹出菜单中的“填充路径”命令，在路径中直接填充一种蓝灰色，参考色值：RGB（0，120，162），此时，爵士乐手以剪影的形式映在背景天空之中，效果如图 7-80 所示。

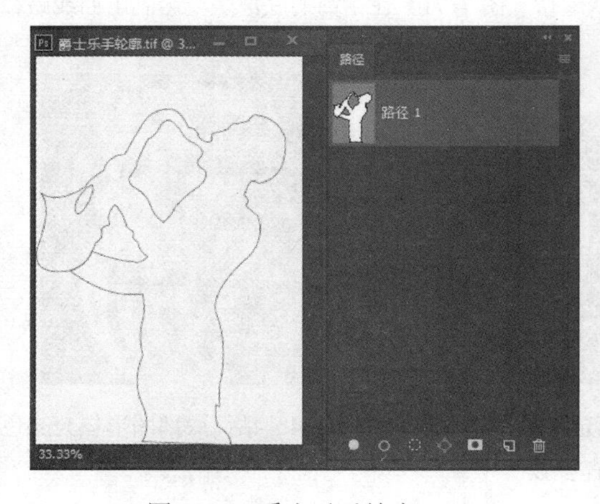

图 7-77　爵士乐手轮廓.tif

图 7-78　将路径人形拖入“音乐海报.psd”文件之中

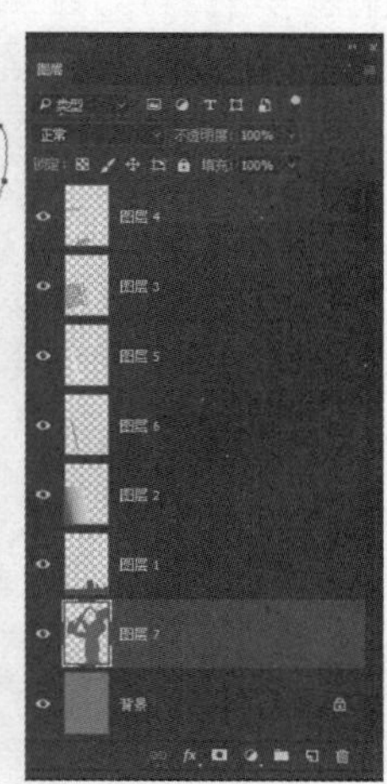

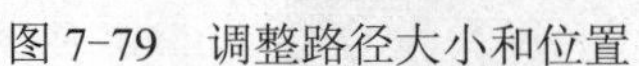

图 7-79　调整路径大小和位置　　　　图 7-80　新建“图层 7”并填充路径

14）制作从画面底端城市中放射出的光柱效果。方法：在“图层 1”的下方新建“图层 8”，利用（钢笔工具）绘制出如图 7-81 所示的闭合路径，作为放射性光线的光柱外形。然后在“路径”面板中单击并拖动光柱路径到下方的（将路径作为选区载入）按钮上，将路径转换为浮动选区。

15）选择工具箱中的（渐变工具），在其工具设置栏内单击（点按可编辑渐变）按钮，在弹出的“渐变编辑器”对话框中设置从黄色（RGB：255，255，115）到透明的渐变，如图 7-82 所示，单击“确定”按钮。然后在其工具设置栏内将“不透明度”设置为 40%，再在画面中由下到上在光柱图形选区内应用线性渐变，接着按快捷键〈Ctrl+D〉取消选区，效果如图 7-83 所示。此时黄色的光线从城市中射向夜空，逐渐消失在深蓝色的背景里。

16）在“图层 8”中再绘制出两条逐渐变窄的光柱图形，填充相同的渐变。此时，半透明的渐变图形重叠形成了光线逐渐扩散的效果，如图 7-84 所示。接下来，将“图层 8”复制一份，按快捷键〈Ctrl+T〉应用“自由变换”命令，拖动图形逆时针旋转一定角度，并将其移动到如图 7-85 所示的位置，以形成一条倾斜放射状的光柱。

图 7-81　绘制放射性光线的闭合路径

图 7-82　在“渐变编辑器”中设置渐变颜色

图 7-83　黄色的光线从城市中射向夜空

图 7-84　再绘制两条稍窄的光柱图形并填充渐变

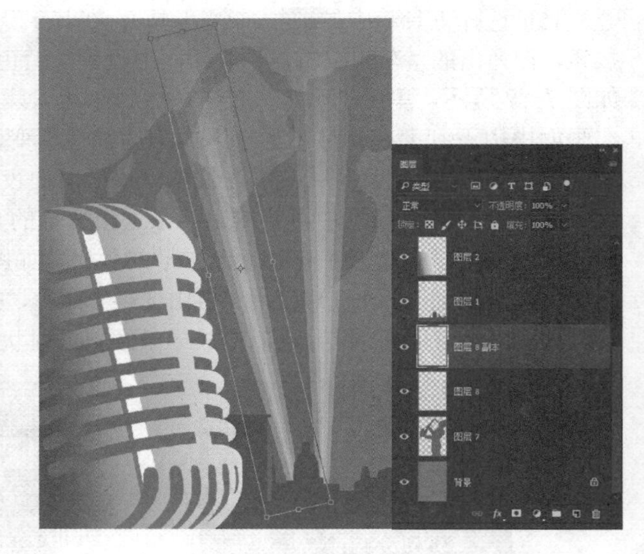

图 7-85　将“图层 8”复制一份并旋转一定角度

17）添加海报的标题文字，该海报的文字被设计为沿弧形排列的形式，需要先输入文字，再进行曲线变形。方法：选择工具箱中的 T（横排文字工具），单击操作窗口的中央位置，输入文字“Music Festival”，分两行错开排列。然后执行菜单中的“窗口｜字符”命令，调出“字符”面板，在其中设置“字体”为“Arial Black”，“字体大小”为 48 点，“行距”为 45 点，效果如图 7-86 所示。

图 7-86　输入文字分两行错开排列

18）在文本工具的设置栏内单击 （创建文字变形）按钮，弹出如图 7-87 所示的“变形文字”对话框，在“样式”下拉列表框中选择“扇形”选项，该种变形方式可以让文字沿扇形的曲面进行排列，然后单击“确定”按钮，得到如图 7-88 所示的效果。

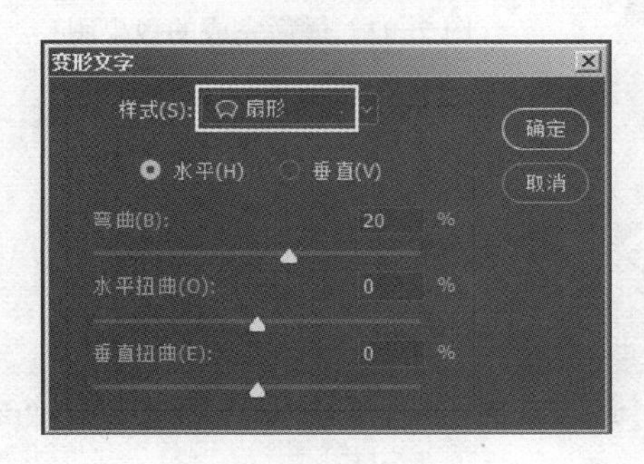

图 7-87　在“变形文字”对话框中设置变形参数

图 7-88　文字沿扇形的曲面进行排列

19）进行文字的艺术化处理，填充渐变并添加投影。方法：选中文本层，单击“图层”面板下部的 （添加图层样式）按钮，在弹出菜单中选择“渐变叠加”命令，然后在弹出的“图层样式”对话框中设置参数，如图 7-89 所示，设置渐变色为“浅蓝（RGB：35，200，250）—白色（RGB：255，255，255）”的线性渐变。接着在对话框左侧列表框中选中“投影”复选框，按照如图 7-90 所示设置参数。最后，单击“确定”按钮，标题文字效果如图 7-91 所示。

20）至此，该张音乐节海报制作完成。因为海报图形中包含了丰富的直线与曲线，读者可以在制作过程中全面了解与熟悉 Photoshop 强大的路径功能。本例的最终效果如图 7-92 所示。

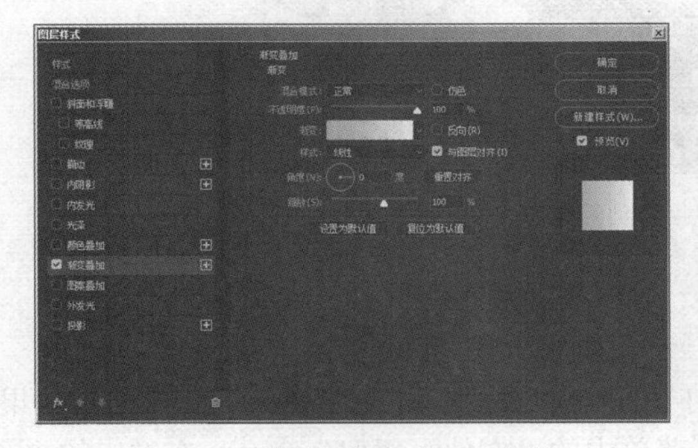

图 7-89　设置“渐变叠加”参数

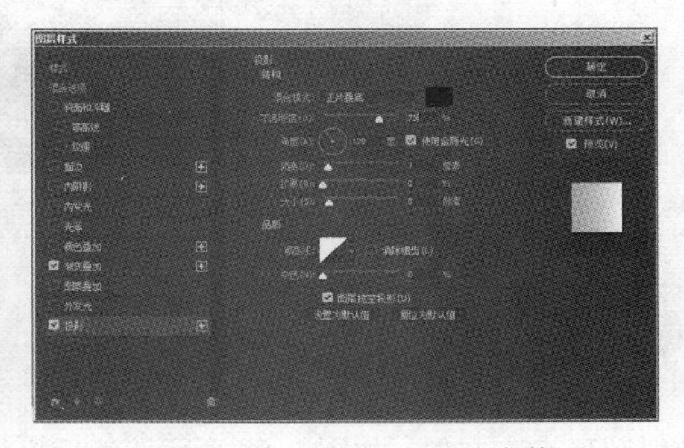

图 7-90　设置“投影”参数

图 7-91　标题文字效果

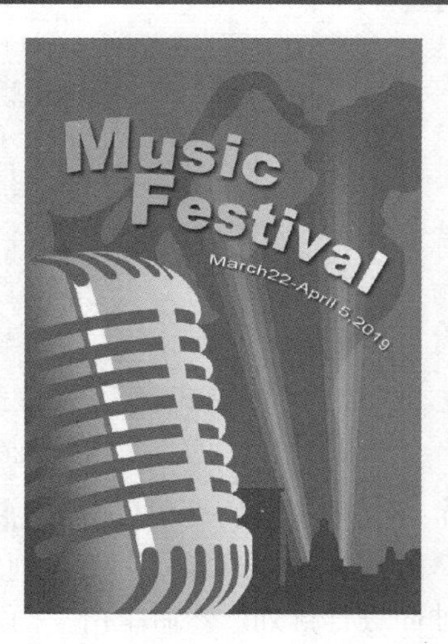

图 7-92　最后完成的效果图

7.7　商业插画效果

要点：

本例将制作商业插画效果，如图 7-93 所示。通过本例学习，读者应掌握图层、色彩校正和路径的综合应用。

图 7-93　商业插画效果

操作步骤：

1）执行菜单中的“文件｜打开”命令，打开网盘中的“素材及结果\7.8 商业插画效果\放射图形.tif”文件，如图 7-94 所示。然后执行菜单中的“文件｜新建”命令，在弹出的“新建文档”对话框中设置参数如图 7-95 所示，单击“创建”按钮，新建一个文件。

图 7-94　“放射图形.tif”文件

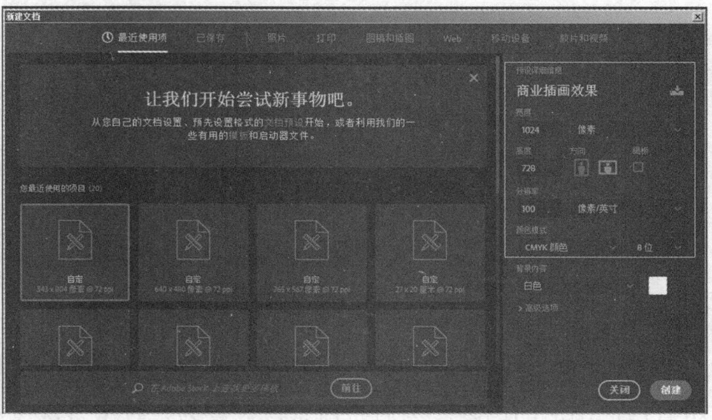

图 7-95　设置“新建文档”参数

2）将前景色设置为一种鲜艳的品红色，参考色值：CMYK（0，85，0，0），背景色设置为一种浅红色，参考色值：CMYK（0，20，0，0）。然后选择工具箱中的■（渐变工具），渐变类型选择■（径向渐变），再从窗口下端中间位置拖动到窗口左上角位置，从而形成图 7-96 所示的渐变效果。

3）利用工具箱中的■（魔棒工具），设置“容差”为 10，选中“连续”复选框，然后单击“放射图形.tif”任意一个白色图形，从而得到它的选区。接着执行菜单中的“选择 | 选取相似”命令，得到如图 7-97 所示的白色图形选区。

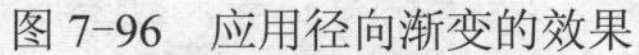

图 7-96　应用径向渐变的效果

图 7-97　得到白色放射状的选区

4）执行菜单中的“窗口 | 图层”命令，调出“图层”面板。然后选择工具箱中的■（移动工具），将选区内的白色图形拖动到“商业插画.psd”画面中间的位置，此时“图层”面板中会自动生成“图层 1”。接着按快捷键〈Ctrl+T〉，应用“自由变换”命令，向内拖动控制框边角的手柄使图像缩小，并将其移动到画面偏左的位置，从而形成不均衡的画面结构。

5）执行菜单中的“编辑 | 变换 | 旋转”命令，拖动控制框边角的手柄将白色图形旋转一定的角度，然后在控制框内双击鼠标确认旋转操作，效果如图 7-98 所示。

图 7-98　调整白色放射图形的大小、位置和角度

6）按住〈Ctrl〉键，单击“图层”面板上“图层 1”的缩略图标，从而得到“图层 1”上所有白色图形的选区。然后将前景色设置为一种中等深度的品红色，参考色值：CMYK（0，65，0，0），背景色设置为淡黄色，参考色值：CMYK（0，0，15，0），接着选择工具箱中的（渐变工具），渐变类型选择（径向渐变），再在白色图形内应用如图 7-99 所示的径向渐变效果。

图 7-99　在白色图形内应用径向渐变效果

7）执行菜单中的“文件 | 打开”命令，打开网盘中的“素材及结果\7.7 商业插画效果\动物褪底图.tif ”文件，如图 7-100 所示。该文件中事先保存了一个动物外形的路径。然后执行菜单中的“窗口 | 路径”命令，调出“路径”面板。接着在“路径”面板中选择“路径 1”，单击面板下方的（将路径作为选区载入）按钮，从而将路径转换为选区，如图 7-101 所示。

图 7-100　“动物褪底图.tif”文件

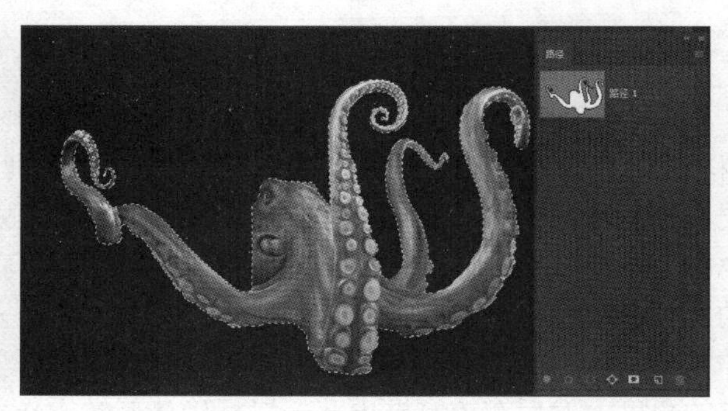

图 7-101　将“路径 1”转换为选区

8）选择工具箱中的 （移动工具），将选区内的动物图形拖动到“商业插画.psd”画面中间的位置，此时“图层”面板会自动生成“图层 2”。然后按快捷键〈Ctrl+T〉，应用“自由变换”命令，再按住〈Shift〉键拖动控制框边角的手柄，使图像进行等比例缩放，调整后的位置与大小效果如图 7-102 所示。接着在“图层”面板中将“图层 2”的混合模式设置为“正片叠底”，此时动物图像中亮调部分变为半透明状态，与底图形成更加自然的融合，效果如图 7-103 所示。

图 7-102　将动物图形拖入“商业插画.psd”文件中

图 7-103　将“图层 2”的图层混合模式设置为“正片叠底”的效果

9）执行菜单中的“文件｜打开”命令，打开网盘中的“素材及结果\7.7 商业插画效果\黑白建筑图-1.tif ”文件，如图 7-104 所示。该文件中事先保存了一个建筑外形的路径。然后在“路径”面板中选择“路径 1”，单击面板下方的 （将路径作为选区载入）按钮，从而将路径转换为选区。

10）选择工具箱中的 （移动工具），将选区内的建筑图形拖动到“商业插画.psd”画面中。此时“图层”面板会自动生成“图层 3”。然后按快捷键〈Ctrl+T〉，应用“自由变换”命令，再按住〈Shift〉键拖动控制框边角的手柄，使图像等比例放大直到左右撑满全图，再将其移动到如图 7-105 所示的画面下部位置。

图 7-104 “黑白建筑图-1.tif”文件

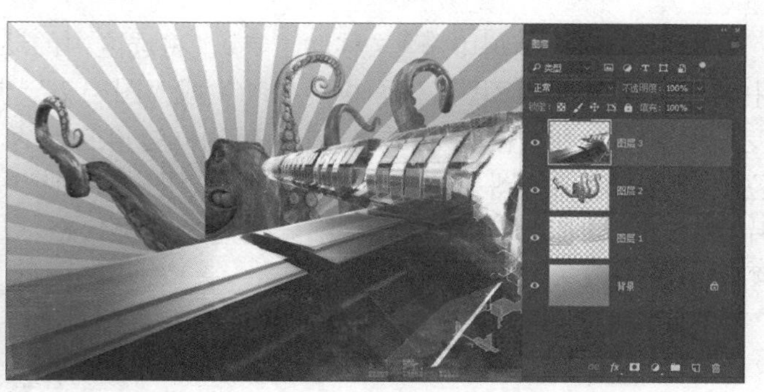

图 7-105 将黑白建筑图形拖入“商业插画.psd”文件中并调整大小

11）在“图层”面板中选择“图层 3”，然后执行菜单中的“图像 | 调整 | 色相/饱和度”命令，在弹出的对话框中设置如图 7-106 所示，单击“确定”按钮，从而将黑白图像处理为一种浅品红色调的效果，与底图色调协调一致，效果如图 7-107 所示。

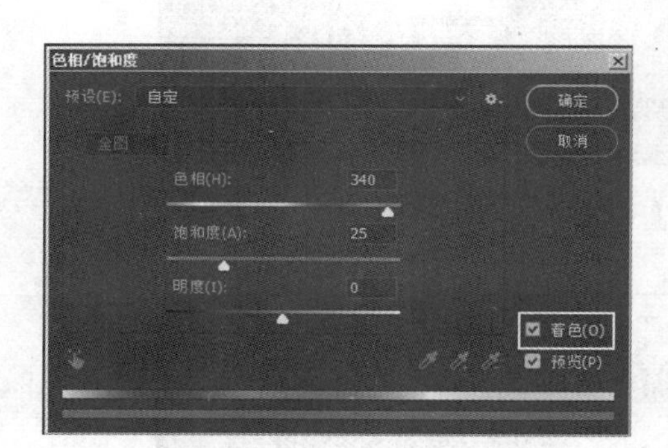

图 7-106 设置“色相/饱和度”参数

图 7-107 设置“色相/饱和度”参数后的效果

提示：在“色相/饱和度”对话框中要选中“着色”复选框。

12）执行菜单中的“文件 | 打开”命令，打开网盘中的“素材及结果\7.7 商业插画效果\黑白建筑图-2.tif”文件，如图 7-108 所示。请读者自己利用工具箱中的（钢笔工具），在设置栏内选择 路径 ，再绘制如图 7-109 所示的路径形状。然后调出“路径”面板，将绘制完成的路径存储为“路径 1”。

图 7-108 “黑白建筑图-2.tif”文件

图 7-109 用钢笔工具绘制建筑外形的路径

提示： 有关“路径的绘制”，请参看本书“2.6.3　使用钢笔工具创建路径”。另外，读者也可以思考应用其他的办法来绘制选区。

13）在“路径”面板中选择“路径 1”，单击面板下方的（将路径作为选区载入）按钮，从而将路径转换为选区。然后选择工具箱中的（移动工具），将选区内的建筑图形拖动到“商业插画.psd”画面中，此时“图层”面板中会自动生成“图层 4”。接着将“图层 4”拖动到“图层 3”的下方，并调整建筑图形的大小和位置，如图 7-110 所示。

图 7-110　将“图层 4”移动到“图层 3”的下方

14）将“图层 4”由灰度图像转换为对比强烈的黑白版画效果。方法：执行菜单中的“图像 | 调整 | 阈值”命令，然后在弹出的“阈值”对话框中设置如图 7-111 所示，单击“确定”按钮，此时建筑图像变为如图 7-112 所示的黑白效果。

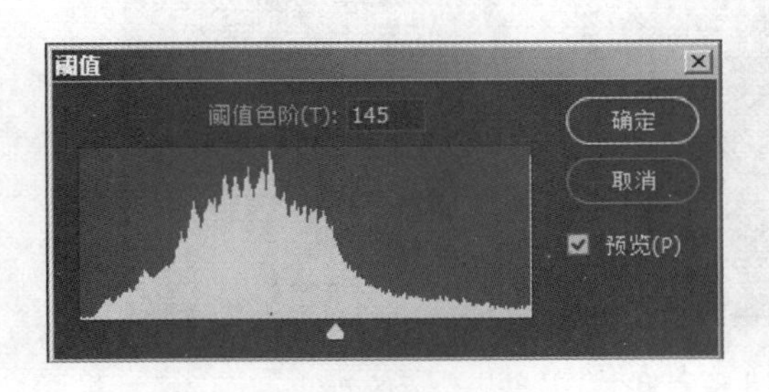

图 7-111　设置“阈值”参数

图 7-112　设置“阈值”参数后的黑白图像效果

15）按住〈Ctrl〉键，在“图层”面板中单击“图层 4”名称前的缩略图，从而得到黑白高楼图形的选区。然后选择工具箱中的（多边形套索工具），在其设置栏中单击（从选区减去）按钮后圈选建筑图形左侧的高楼部分，将其从选区中减去，从而只剩下如图 7-113

所示右侧的建筑图形选区。接着按快捷键〈Ctrl+J〉，使右侧选区内的图形生成一个新的图形，并将其命名为“图层 5”，此时图层分布如图 7-114 所示。

图 7-113　得到右侧高楼图形的选区

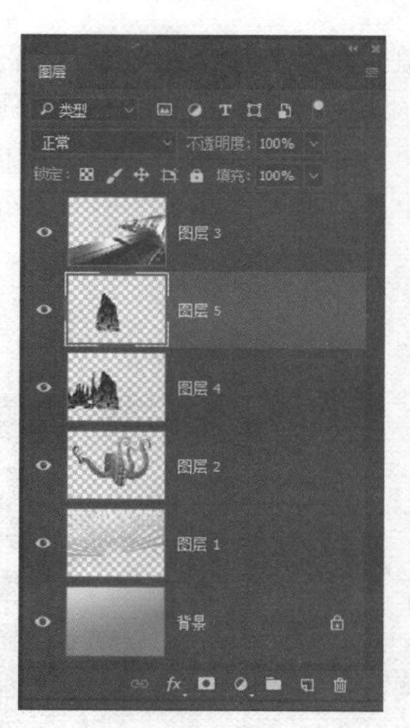

图 7-114　使右侧选区内的图形生成“图层 5”

16）将“图层 4”的混合模式设置为“正片叠底”，从而使楼群中白色的窗户部分都变为透明效果，而前面的高楼由于被“图层 5”覆盖，依然保持黑白对比，从而使前后楼群间形成明显的层次，效果如图 7-115 所示。

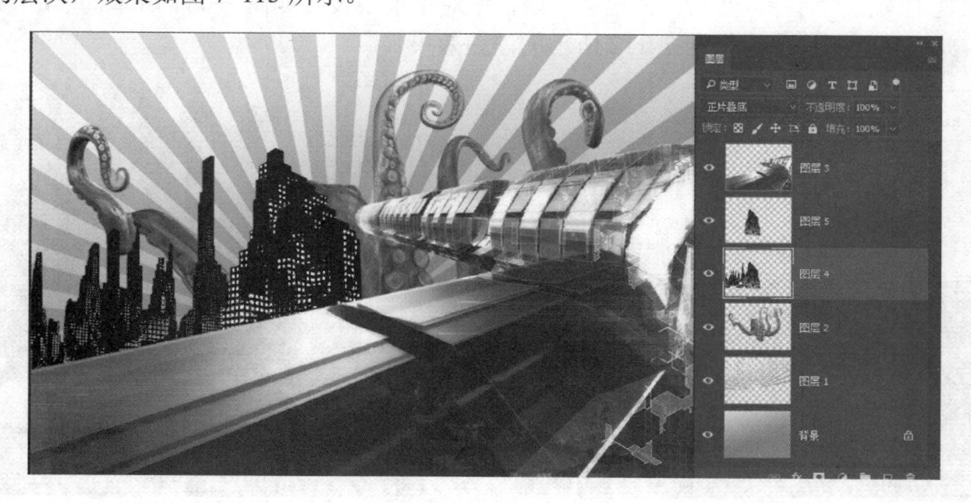

图 7-115　将“图层 4”的混合模式设置为“正片叠底”后的效果

17）单击“图层”面板下方的（创建新图层）按钮，创建一个新图层，并将其命名为“彩色条纹”。下面开始添加装饰彩色图形。方法：利用工具箱中的（多边形套索工具），在其设置栏内单击（新选区）按钮，然后一次绘制出沿建筑面走向排列的多边图形，再将这些图形填充为深浅各异的红色，如图 7-116 所示。

18）单击“图层”面板下方的（创建新图层）按钮，创建一个“图层 6”，然后如图 7-117 所示绘制出另一个建筑侧面上的彩色条纹。由于这个侧面位于整个画面的前景位置，考虑到透视的效果，因此这个侧面上绘制的图形要宽大一些。

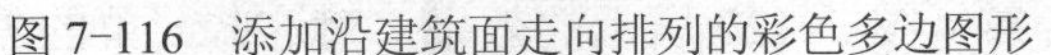
图 7-116　添加沿建筑面走向排列的彩色多边图形

图 7-117　添加另一个建筑侧面的彩色条纹

19）将“图层 6”图层的“不透明度”设置为 25%，从而使彩色条纹在建筑的阴暗面中变得隐约可见。然后按快捷键〈Ctrl+E〉，将“图层 6”和“彩色条纹”合并为一个层，如图 7-118 所示。

图 7-118　将调整“不透明度”后的“图层 6”和“彩色条纹”层合并为一层的效果

20）执行菜单中的“文件 | 打开”命令，打开网盘中的“素材及结果\7.7 商业插画效果\矢量素材-1.tif”文件，如图 7-119 所示。请读者参考图 7-120 所示的效果，对这一基本图形进行换色、复制粘贴、缩放、旋转等一系列操作，将它排列于画面的右下角位置。由于位置和大小的错落构成，使矢量图形成为画面中活泼的元素。

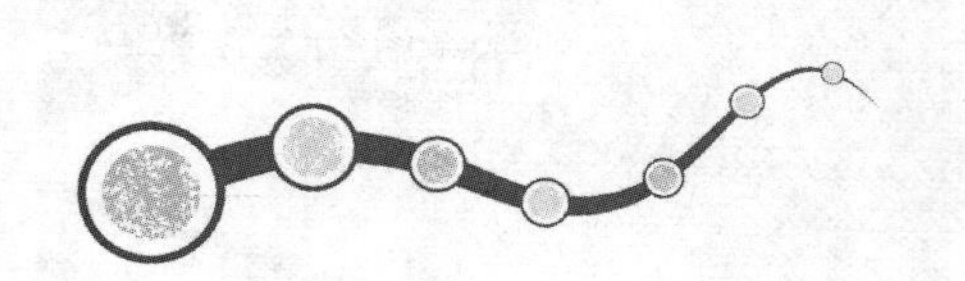

图 7-119 “矢量素材-1.tif”文件

图 7-120 在画面右下角添加活泼的矢量元素

21）为了使“图层”面板上保持清晰有序的图层排列，下面将所有由“矢量素材-1.tif”复制粘贴生成的图层拼合为一层，并命名为“矢量图形 1”。

22）执行菜单中的“文件｜打开”命令，打开网盘中的“素材及结果\7.7 商业插画效果\矢量素材-2.tif”文件，如图 7-121 所示。请读者参考图 7-122 所示的效果，对这些简单的矢量图形进行多次拷贝后，再在画面右下角位置进行随意的编排，使它们配合刚才“矢量图形 1”图层中的曲线元素，产生一种气泡般的漂浮感。最后将所有由“适量素材-2.tif”复制粘贴生成的图层拼合为一层，并命名为“矢量图形 2”。

图 7-121 “矢量素材-2.tif”文件

图 7-122 将贴入的矢量图形分别合并为“矢量图形 1”和“矢量图形 2”两层

23）同理，再利用这些简单的矢量图形，拼接出如图 7-123 所示的画面左上角位置的彩色圆圈图案，从而在构图上与右下角的矢量图形相呼应。然后将左上角的图形拼合成一层，并命名为“矢量图形 3”。

提示：这几个步骤涉及大量图形的复制粘贴，因此会自动生成繁复的图形关系，请读者一定要按步骤及时拼合图层。

图 7-123　将画面左上角贴入的矢量图形合并为“矢量图形 3”层

24）选择“彩色条纹”图层，利用工具箱中的（多边形套索工具），在如图 7-124 所示的位置绘制出两个简单的直线图形，用于引导视线以及限制文字的走向。然后使用（横排文本工具），在设置栏中设置“字体”为“Arial”，“字体样式”为“Bold”，“字体大小”为“48 点”，输入文本“Space at infinty”，此时会自动生成一个新的文字层“Space at infinty”。然后执行菜单中的“图层 | 栅格化 | 文字”命令，将该文字层转换为普通的图像图层。

图 7-124　输入文本“Space at infinty”

25）执行菜单中的“编辑 | 变换 | 扭曲”命令，拖动扭曲变形控制框边角的手柄，使文字沿地面方向发生透视变形，从而产生近大远小的视觉效果。下面在文字中填充渐变色。方法：单击“图层”面板中（锁定透明像素）按钮，将“Space at infinity”图层中文字之外的透明区域锁定。然后选择工具箱中的（渐变工具），将前景色设置为黑色，背景色设置

为一种紫红色，参考色值：CMYK（40，85，35，0），再在设置栏中设置渐变类型为■（线性渐变），接着对文字进行前景色到背景色的渐变处理，效果如图 7-125 所示。

图 7-125　将文字进行透视变形，并填充渐变颜色的效果

26）现在开始制作这幅插画的主题艺术标题字。此文字轮廓线是先手绘再扫描输入完成的。下面执行菜单中的“文件｜打开”命令，打开网盘中的“素材及结果\7.7 商业插画效果\文字手绘扫描.tif”文件，如图 7-126 所示。然后执行菜单中的“图像｜模式｜RGB 颜色”命令，将该文件的颜色模式转换为 RGB 模式。

27）创建要为黑色线条稿填上彩色的区域。方法：选择工具箱中的■（魔棒工具），在其设置栏中点中■（添加到选区）按钮，并设置“容差”值为 20，制作出如图 7-127 中用黑色标识出的选区范围。

图 7-126　“文字手绘扫描.tif”文件

图 7-127　将图中用黑色标识出的部分制作为选区

28）选择工具箱中的■（渐变工具），在其设置栏中单击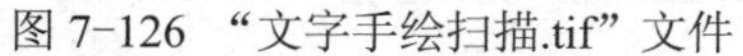（点按可编辑渐变）按钮，然后在弹出的“渐变编辑器”对话框中设置如图 7-128 所示的“黄色（CMYK：0，0，85，0）—浅红（CMYK：0，25，0，0）—粉红（CMYK：0，80，0，0）”的三色渐变，单击“确定”按钮。接着在设置栏中设置渐变类型为■（线性渐变），对前面创建的文字中的选

区进行从上往下的三色渐变填充，效果如图 7-129 所示。

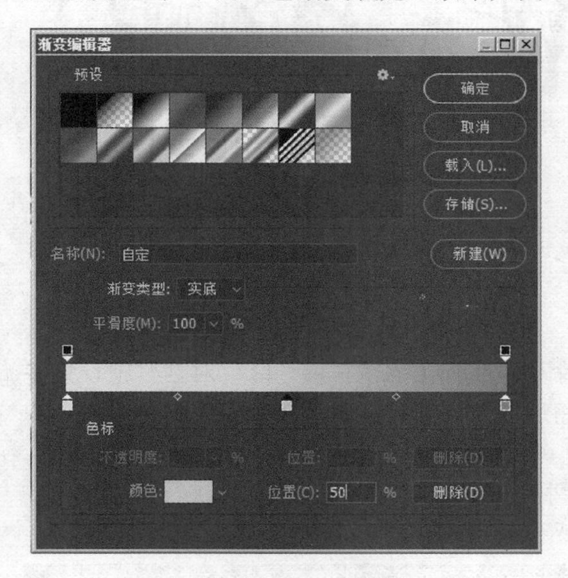

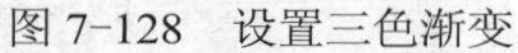
图 7-128　设置三色渐变

图 7-129　对文字从上往下填充线性渐变效果

29）接下来，将文字内部其他的空白区域填充为黑色，效果如图 7-130 所示，从而增强色彩的对比效果。

图 7-130　将文字内部其他的空白区域填充为黑色的效果

30）对文字进行描边处理。方法：利用工具箱中的（魔棒工具）制作出图像中白色背景的选区。然后按快捷键〈Ctrl+Shift+I〉，反选选区。接着将前景色设置为一种红色，参考色值：CMYK（0，100，40，0），再执行菜单中的“编辑｜描边”命令，在弹出的“描边”对话框中设置参数如图 7-131 所示，单击“确定”按钮，从而给文字外部边缘添加一圈红色的装饰轮廓，效果如图 7-132 所示。

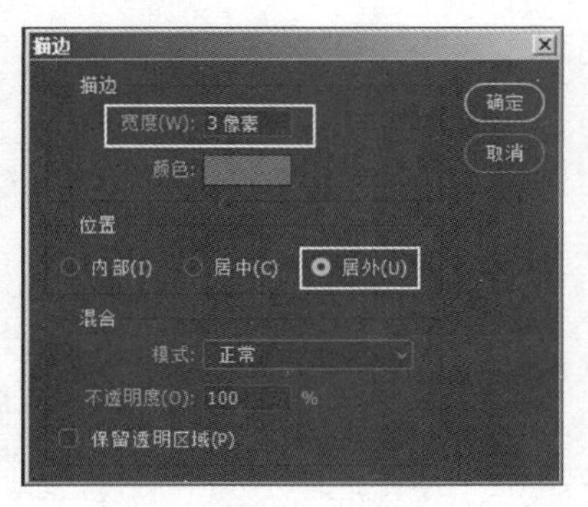

图 7-131　设置“描边”参数

图 7-132　对文字进行描边处理的效果

31）执行菜单中的“选择 | 修改 | 扩展”命令，在弹出的“扩展选区”对话框中设置参数如图 7-133 所示，单击“确定”按钮，从而将选区向外扩展了 6 像素，正好将刚才添加的红色边线也包含在内。然后利用工具箱中的（移动工具）将文字拖动到“商业插画.psd”中，此时会形成一个新的图层，将该层命名为“标题文字”。最后，再对文字进行位移、缩放和扭曲变形等一系列调整后，效果如图 7-134 所示。

图 7-133　设置“扩展选区”参数

图 7-134　将标题文字添加到“商业插画.psd”文件中

32）执行菜单中的“文件 | 打开”命令，打开网盘中的“素材及结果\7.7 商业插画效果\矢量素材-3.tif”和“矢量素材-4.tif”文件，如图 7-135 和图 7-136 所示。然后请读者参照图 7-137 所示的效果，将这些矢量小图拼接成复杂的组合图形。

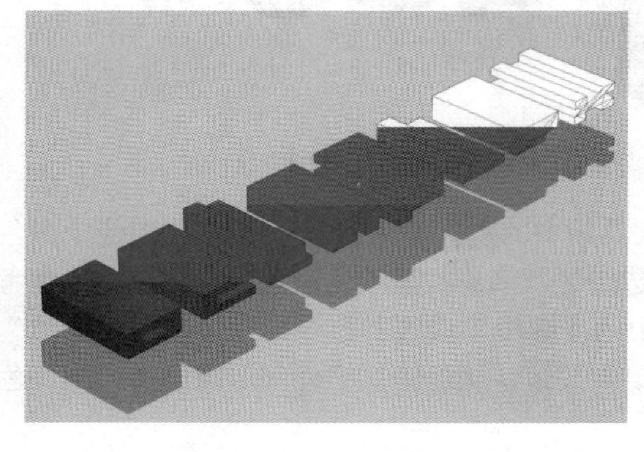

图 7-135　“矢量素材-3.tif”文件

图 7-136　“矢量素材-4.tif”文件

图 7-137　素材拼接参考效果图

提示：此步骤中，读者也可以根据自己的喜好对矢量图形元素进行取舍，尝试各种不同形式的自由拼接效果。

33）将图 7-137 中拼接的组合图形复制粘贴到“商业插画.psd”文件中，然后将产生的新图层命名为“组合图形”。接着将其拖动到“矢量图形 1”层的下方，如图 7-138 所示，最终完成的插画作品如图 7-139 所示。

图 7-138　最终图层分布

图 7-139　最终效果

7.8　课后练习

1）打开网盘中的“课后练习\第 7 章\汽车鼠标\汽车.jpg”和“鼠标.jpg”文件，如图 7-140

所示，利用钢笔工具创建路径，然后将路径转换为选区，并对两张图片进行合成，效果如图 7-141 所示。

a)

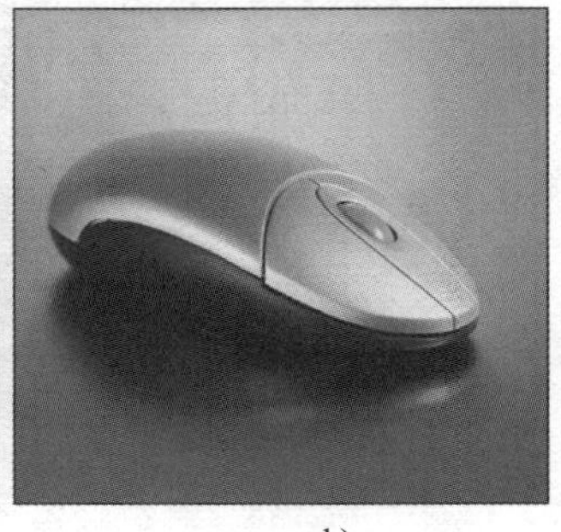

b)

图 7-140　原图

a) 汽车　b) 鼠标

图 7-141　结果图

2）打开网盘中的“课后练习\第 7 章\卷页效果\原图 1.jpg”和“原图 2.jpg”文件，如图 7-142 所示，利用钢笔工具制作卷页效果，效果如图 7-143 所示。

a)

b)

图 7-142　原图

a) 原图 1　b) 原图 2

图 7-143　结果图

第 8 章　滤镜的使用

本章重点

滤镜是 Photoshop CC 2017 最重要的功能之一，功能十分强大。使用滤镜可以很容易地制作出非常专业的效果。通过本章的学习，读者应掌握常用滤镜的使用方法。

8.1　暴风雪

要点：

本例将制作暴风雪效果，如图 8-1 所示。通过本例的学习，读者应掌握“色彩范围”命令与“绘图笔”滤镜、“模糊”滤镜、“锐化”滤镜的综合应用。

a)

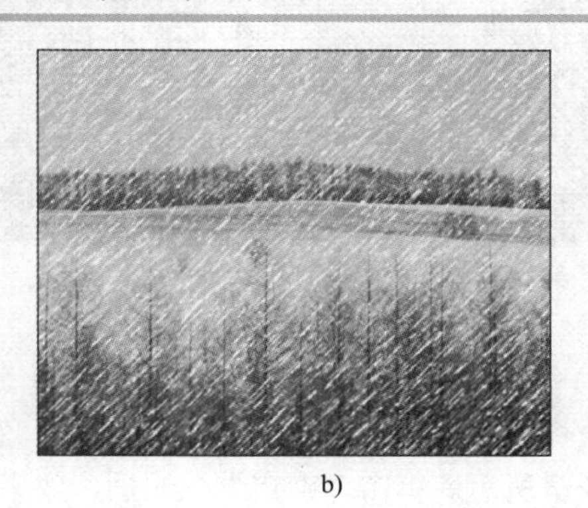

b)

图 8-1　暴风雪效果

a) 原图　b) 结果图

操作步骤：

1）打开网盘中的“素材及结果\8.1 暴风雪\原图.jpg”文件，如图 8-1a 所示。

2）单击“图层”面板下方的 （创建新图层）按钮，创建一个新的图层“图层 1”。

3）执行菜单中的“编辑 | 填充”命令，在弹出的“填充”对话框中选择“50%灰色”选项，如图 8-2 所示。然后单击“确定”按钮，填充完成后的图层分布如图 8-3 所示。

4）确定“前景色”为黑色，“背景色”为白色，当前图层为“图层 1”，执行菜单中的“滤镜 | 滤镜库”命令，在弹出的对话框中选择“素描”文件夹中的“绘图笔”滤镜，接着在右侧如图 8-4 所示设置相关参数，单击“确定”按钮，此时画面中产生了风刮雪粒的初步效果，如图 8-5 所示。

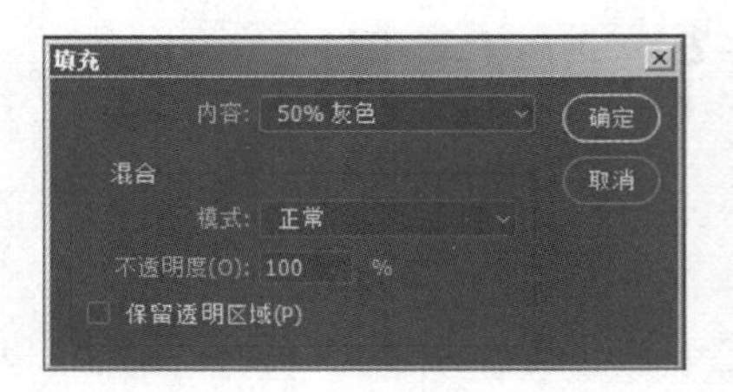

图 8-2 选择“50%灰色”选项

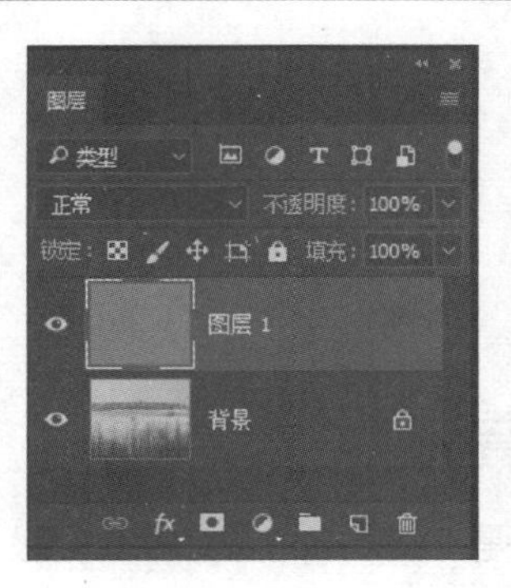

图 8-3 图层分布

图 8-4 设置“绘图笔”参数

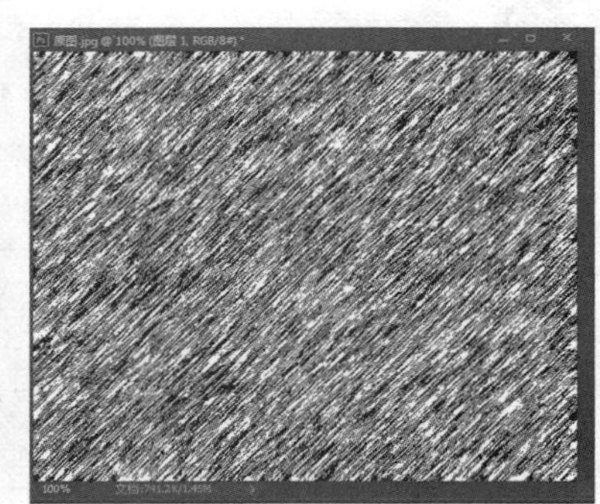

图 8-5 设置“绘图笔”效果

5）去掉更多的没有雪的部分。方法：选择没有雪的部分，执行菜单中的“选择 | 色彩范围”命令，弹出如图 8-6 所示的对话框，然后在“选择”下拉列表框中选择“高光”选项，如图 8-7 所示。单击“确定”按钮后，效果如图 8-8 所示。接着按〈Delete〉键删除选择的部分，效果如图 8-9 所示。

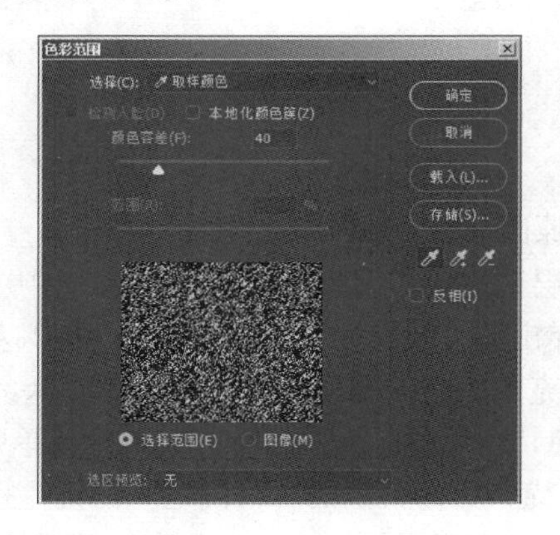

图 8-6 “色彩范围”对话框

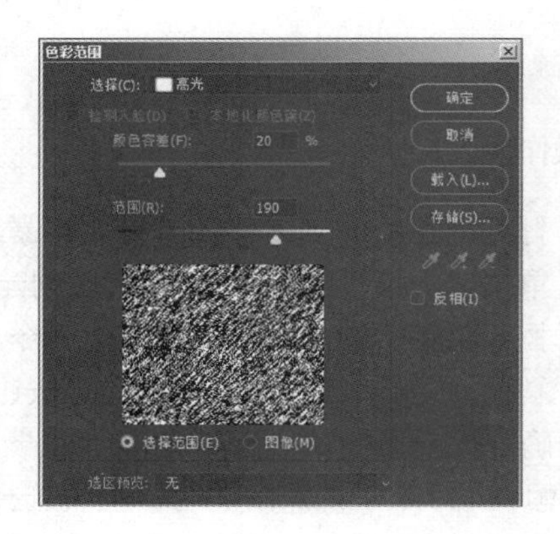

图 8-7 选择“高光”选项

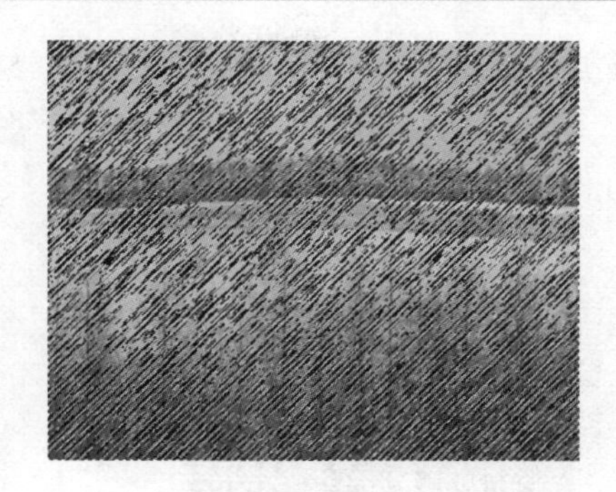

图 8-8 “高光”效果　　　　图 8-9 删除选区内的图像

6）按快捷键〈Ctrl+Shift+I〉反选选区，选中雪的部分。然后确定前景色为白色，按快捷键〈Alt+Delete〉进行前景色填充。

7）按快捷键〈Ctrl+D〉取消选区，效果如图 8-10 所示。

图 8-10　用白色填充选区

8）为了使雪片不至于太生硬，执行菜单中的“滤镜 | 模糊 | 高斯模糊”命令，在弹出的“高斯模糊”对话框中如图 8-11 所示设置参数，然后单击“确定”按钮，效果如图 8-12 所示。

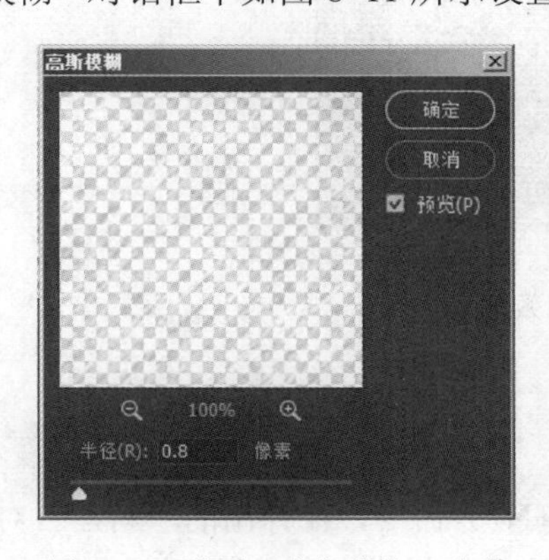

图 8-11　设置“高斯模糊”参数

图 8-12 “高斯模糊”效果

9）为了使图像效果更加鲜明，执行菜单中的“滤镜 | 锐化 | USM 锐化”命令，在弹出的“USM 锐化”对话框中设置相关参数，如图 8-13 所示，然后单击“确定”按钮，最终完

成的暴风雪效果如图 8-14 所示。

图 8-13　设置“USM 锐化”参数

图 8-14　暴风雪效果

8.2　高尔夫球

要点：

本例将制作高尔夫球效果，如图 8-15 所示。通过本例的学习，读者应掌握“玻璃化”“球面化”“镜头光晕”滤镜和“亮度/对比度”命令的综合应用。

图 8-15　高尔夫球效果

操作步骤：

1）执行菜单中的“文件 | 新建”（快捷键〈Ctrl+N〉）命令，在弹出的“新建”对话框中设置相关参数，如图 8-16 所示，然后单击“创建”按钮，新建一个文件。

2）新建“图层 1”，然后选择工具箱中的（渐变工具），设置渐变类型为（径向渐变），接着单击（点按可编辑渐变）按钮，在弹出的“渐变编辑器”对话框中调整渐变色，如图 8-17 所示，然后单击“确定”按钮。完成对“图层 1”的渐变处理，效果如图 8-18

所示。

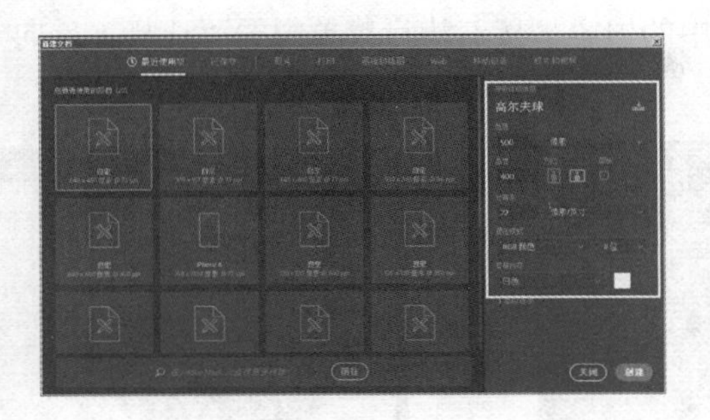

图 8-16　设置“新建”参数

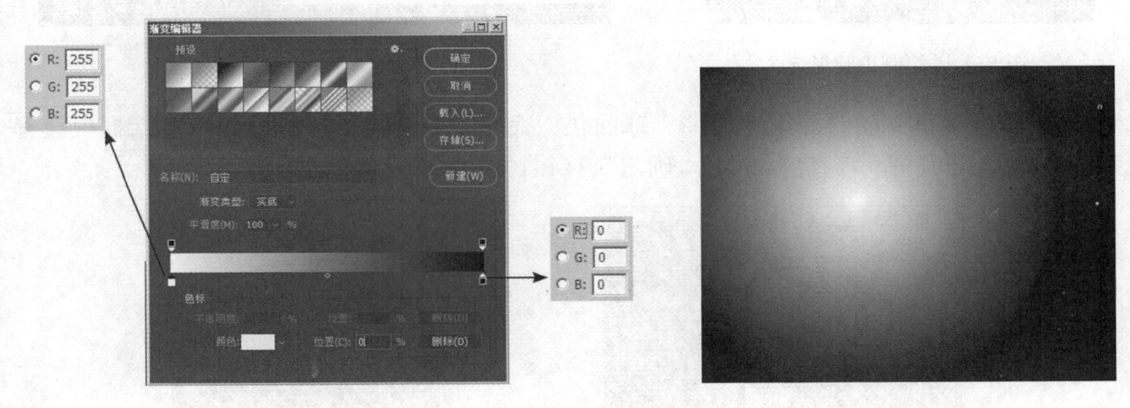

图 8-17　调整渐变色　　　　图 8-18　“渐变处理”效果

3）执行菜单中的“滤镜 | 滤镜库”命令，在弹出的对话框中选择“扭曲”文件夹中的“玻璃”滤镜，接着在右侧如图 8-19 所示设置参数，单击“确定”按钮，效果如图 8-20 所示。

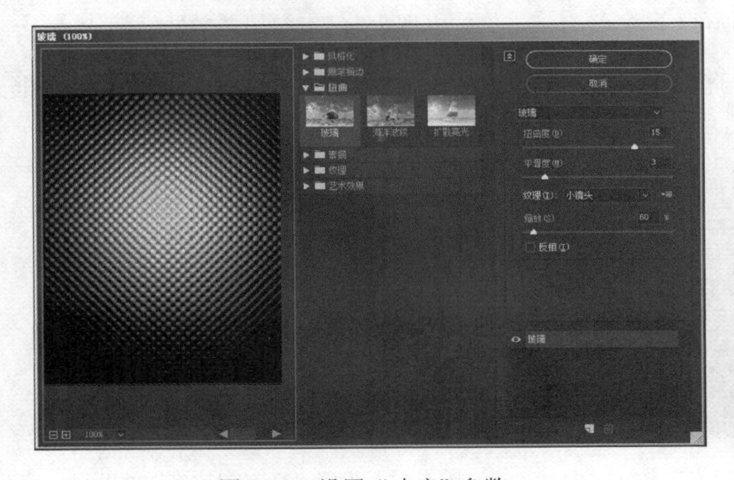

图 8-19　设置“玻璃”参数

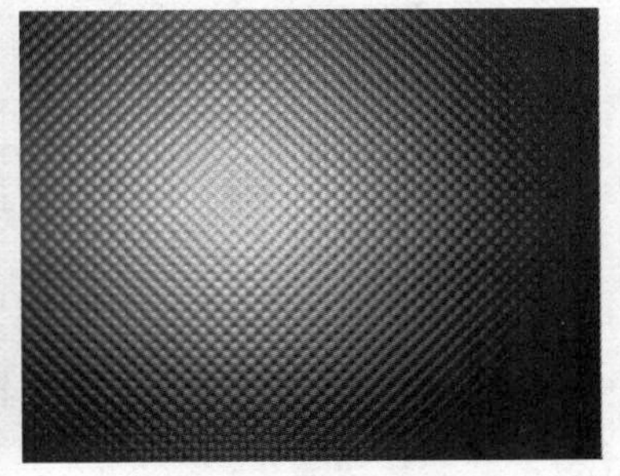

图 8-20　“玻璃”效果

4）选择工具箱中的 （椭圆选框工具），配合〈Shift〉键，在画面中创建一个正圆形区域，如图 8-21 所示。

5）执行菜单中的“选择 | 反向”命令（快捷键〈Ctrl+Shift+I〉），将选区反选，然后按〈Delete〉键，删除选区中的内容。接着执行菜单中的“选择 | 反向”命令，将选区反选，效果如图 8-22 所示。

图 8-21　绘制正圆形选区

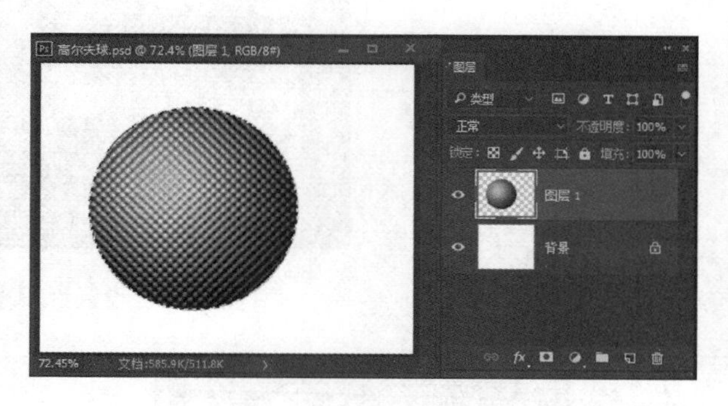

图 8-22　反选选区

6）执行菜单中的“滤镜 | 扭曲 | 球面化”命令，在弹出的“球面化”对话框中设置参数，如图 8-23 所示，然后单击“确定”按钮，效果如图 8-24 所示。

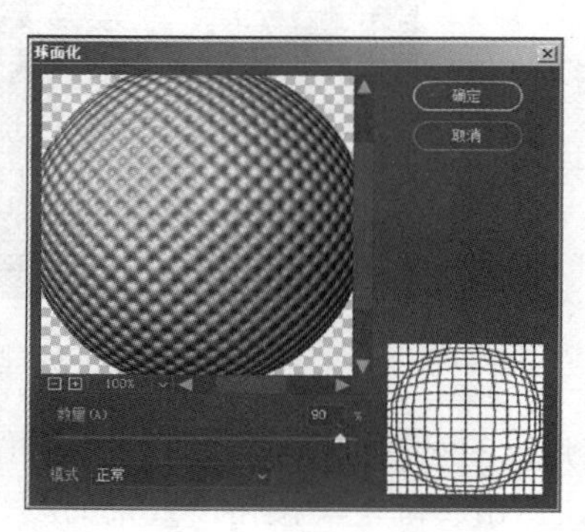

图 8-23　设置“球面化”参数

图 8-24　“球面化”效果

7）执行菜单中的“图像 | 调整 | 亮度/对比度”命令，在弹出的“亮度/对比度”对话框中设置参数，如图 8-25 所示，然后单击“确定”按钮，效果如图 8-26 所示。

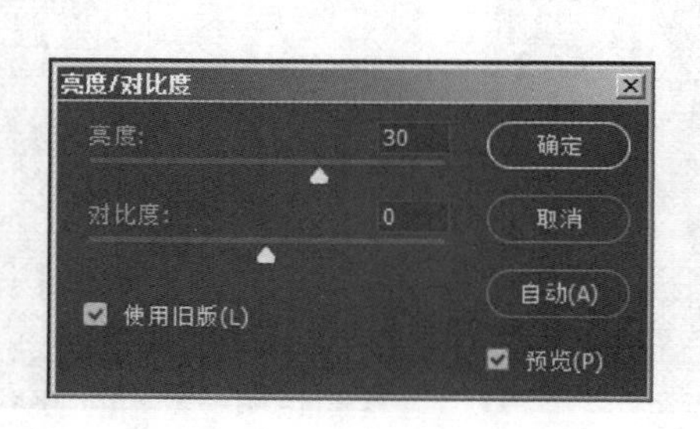

图 8-25　设置“亮度/对比度”参数

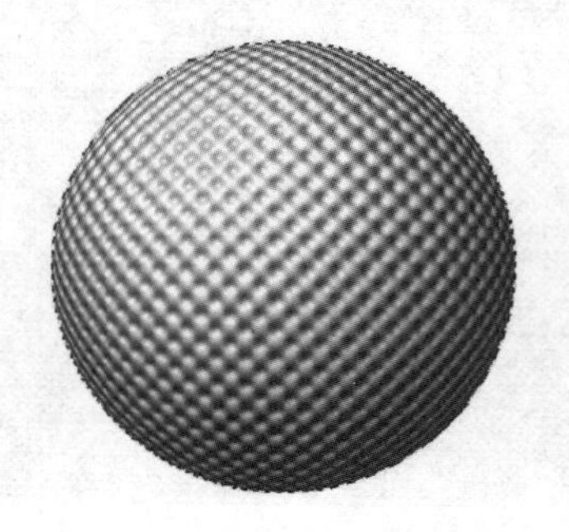

图 8-26　设置“亮度/对比度”效果

8）选择“图层 1”，单击“图层”面板下方的 fx（添加图层样式）按钮，在弹出的“图层样式”对话框中设置“投影”样式的相关参数，如图 8-27 所示，然后单击“确定”按钮，

效果如图 8-28 所示。

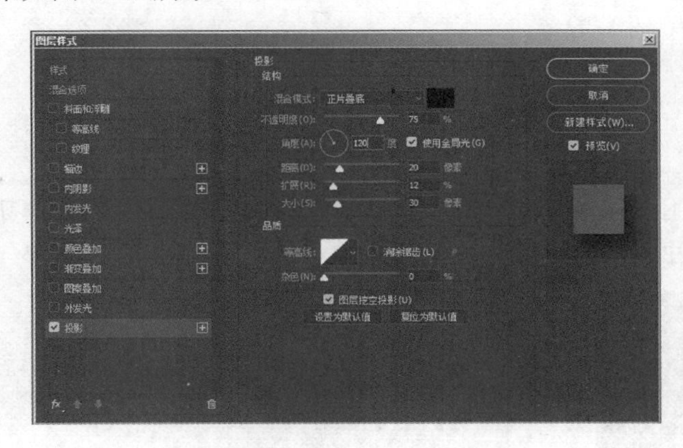

图 8-27　设置“投影”参数

图 8-28　“投影”效果

9）选择“图层 1”，执行菜单中的“滤镜 | 渲染 | 镜头光晕”命令，在弹出的“镜头光晕”对话框中设置参数，如图 8-29 所示，然后单击“确定”按钮，再按快捷键〈Ctrl+D〉取消选区，效果如图 8-30 所示。

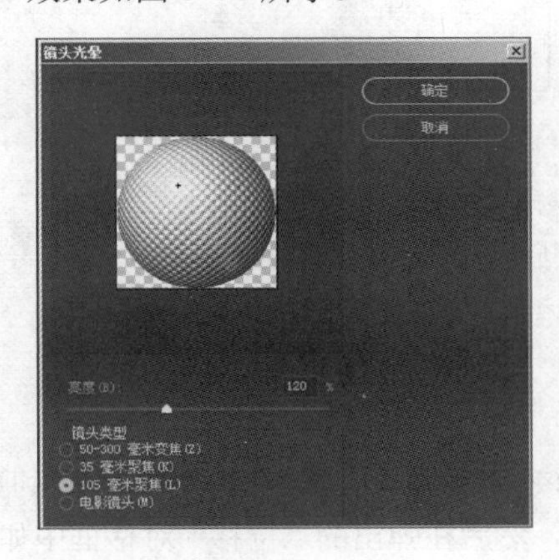

图 8-29　设置“镜头光晕”参数

图 8-30　“镜头光晕”效果

10）回到“背景”图层，选择一种喜欢的前景色，这里选择 RGB 值为（30，50，90）的颜色，然后按快捷键〈Alt+Delete〉，用前景色填充画面，最终完成的效果如图 8-31 所示。

图 8-31　最终效果

8.3 动感画面效果

要点：

本例将制作自行车运动员骑车时的动感模糊效果，如图 8-32 所示。通过本例的学习，读者应掌握自由套锁工具以及滤镜中“动感模糊”命令的使用。

a)

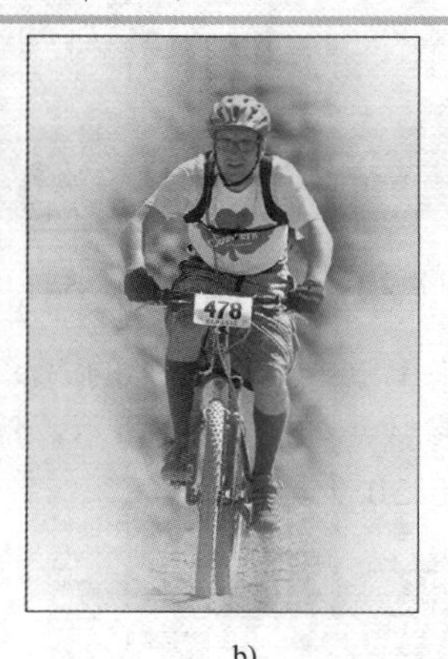

b)

图 8-32 “动感模糊”效果

a) 原图 b) 结果图

操作步骤：

1. 将运动员放置到画面中央位置

1）打开网盘中的“素材及结果\8.3 动感画面效果\原图.jpg”文件，如图 8-32a 所示。

2）执行菜单中的“滤镜 | 其它 | 位移”命令，然后在弹出的“位移”对话框中如图 8-33 所示设置参数，单击“确定”按钮，效果如图 8-34 所示。

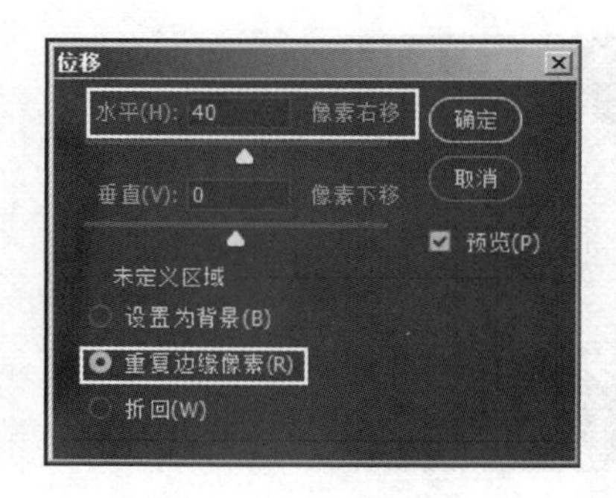

图 8-33 设置“位移”参数

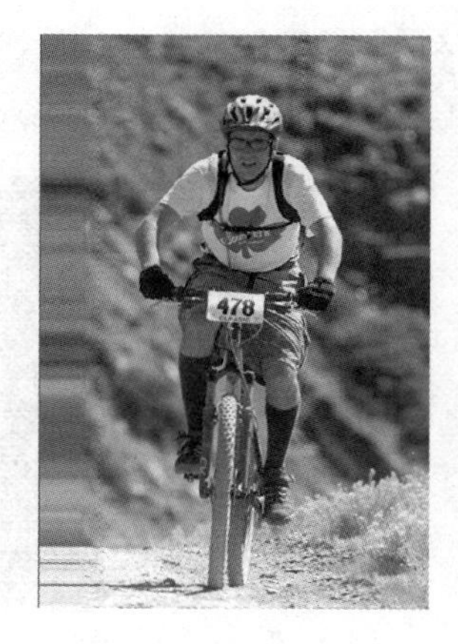

图 8-34 “位移”效果

3）选择工具箱中的（矩形选框工具），设置“羽化”值为 0，然后在画面中框选图像位移的区域，如图 8-35 所示。接着执行菜单中的“编辑 | 填充”命令，在弹出的“填充”对话框中如图 8-36 所示设置参数，单击“确定”按钮。最后按快捷键〈Ctrl+D〉取消选区，效果如图 8-37 所示。

4）利用工具箱中的（污点修复画笔工具）对图像接缝的区域进行处理，使之与原图融为一体，效果如图 8-38 所示。

图 8-35　框选图像位移的区域

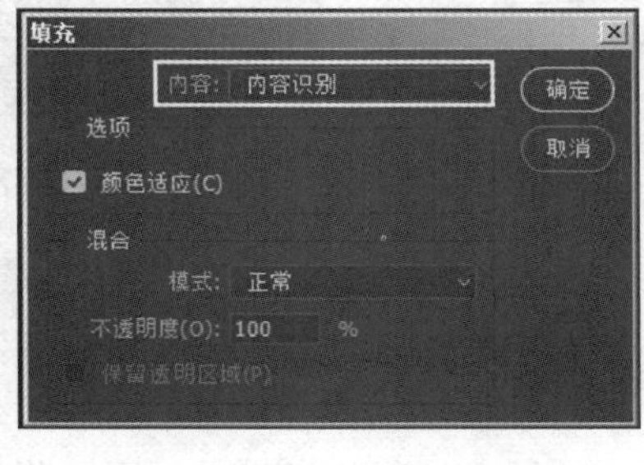

图 8-36　选择“内容识别”

图 8-37　“内容识别”效果

图 8-38　对图像接缝区域处理后的效果

2．制作画面动态模糊效果

1）选择工具箱中的（套索工具），设置“羽化”值为 30，在画面中创建出运动员的大体选区，如图 8-39 所示。

2）执行菜单中的“编辑 | 复制”命令（快捷键〈Ctrl+C〉），再执行菜单中的“编辑 | 粘

贴”（快捷键〈Ctr+V〉）命令，从而产生一个新的图层“图层 1”，如图 8-40 所示。

3）按快捷键〈Ctrl+D〉取消选区。然后回到背景层，设置前景色为白色，按快捷键〈Ctrl+Delete〉键，将背景层填充为白色，效果如图 8-41 所示。

图 8-39　创建人物的大体选区

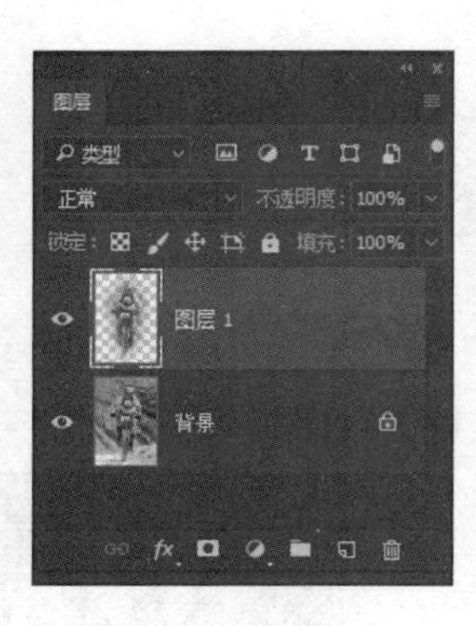

图 8-40　图层分布

图 8-41　用白色填充背景层

4）选择“图层 1”拖到图层面板下方的（创建新图层）按钮上，从而复制出一个名称为“图层 1 拷贝”的图层。重复此操作，复制出“图层 1 拷贝 2”，此时图层分布如图 8-42 所示。

5）确认“图层 1”为当前图层，执行菜单中的“滤镜 | 模糊 | 动感模糊”命令，在弹出的对话框中如图 8-43 设置参数所示，单击“确定”按钮，结果如图 8-44 所示。

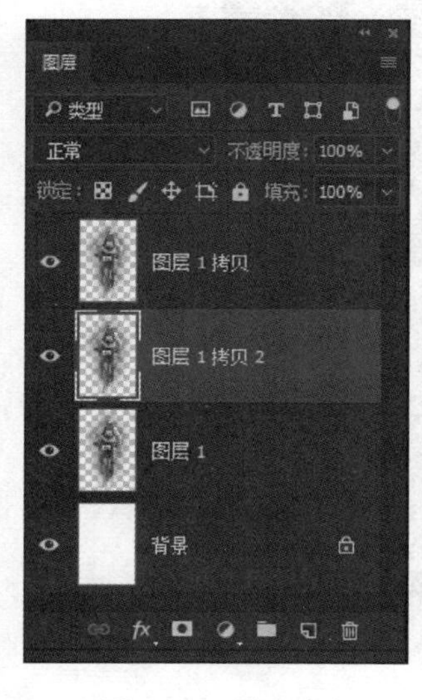

图 8-42　图层分布

图 8-43　设置“动感模糊”参数

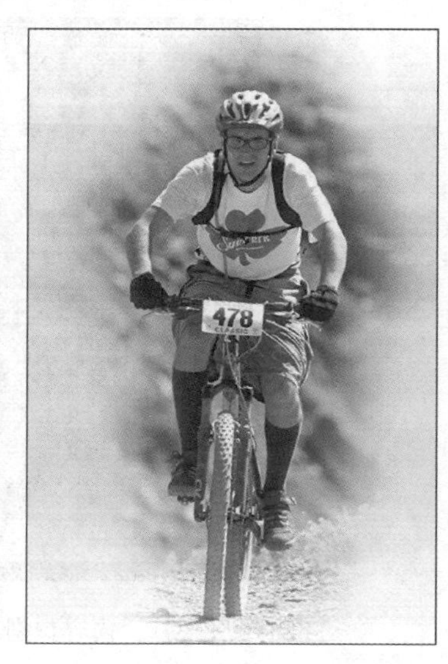

图 8-44　“动感模糊”效果

6）确认“图层 1 拷贝 2”为当前图层，同样执行菜单中的“滤镜 | 模糊 | 动感模糊”命令，在弹出的对话框中如图 8-45 所示设置参数，单击“确定”按钮，最终如图 8-46 所示。

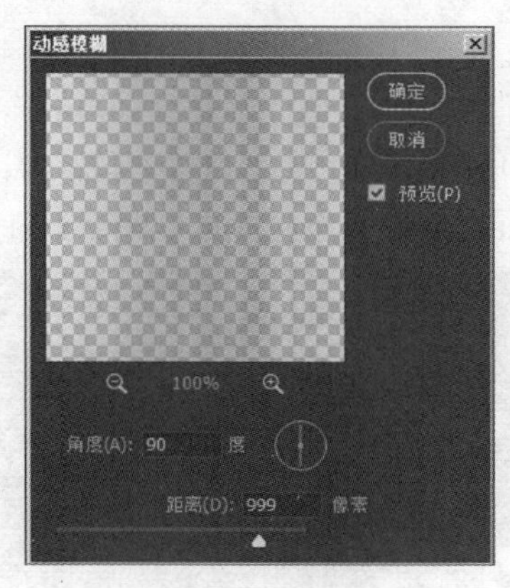

图 8-45　设置“动感模糊”参数

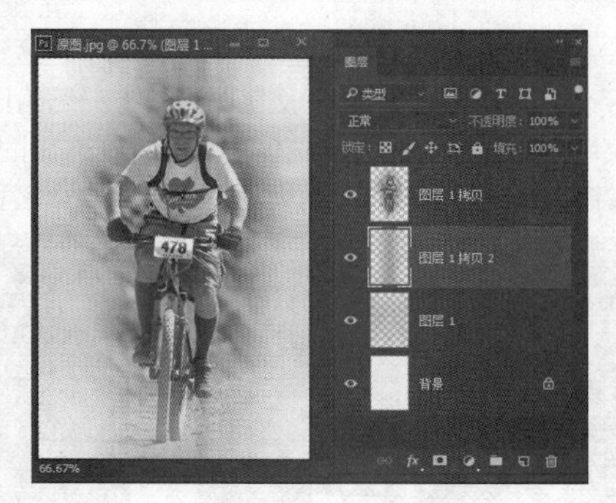

图 8-46　最终效果

8.4　火焰字效果

要点：

本例将制作平面广告中常见的火焰字效果，如图 8-47 所示。通过本例的学习，读者应掌握“图像旋转”命令、“高斯模糊”和“塑料包装”滤镜，以及多种颜色模式转换的综合应用。

图 8-47　火焰字

操作步骤：

1）执行菜单中的“文件 | 新建”命令，新建一个名称为“火焰字”，“宽度”为 720 像素，“高度”为 480 像素，“分辨率”为 72 像素/ 英寸，“颜色模式”为“RGB 颜色”，背景色为黑色的图像文件。

2）输入文字。方法：选择工具箱中的 T（横排文字工具），在设置栏中设置字体为“汉仪中隶书简”、字号为 200 点、字色为白色，然后在画面中输入文字“火焰”。再将其放置到画面中下方位置，效果如图 8-48 所示。

3）为了后面调用文字选区，下面将文字选区进行存储。方法：按住键盘上的〈Ctrl〉键，在“图层”面板中单击“火焰”文字图层前方的缩略图，从而得到文字选区，如图 8-49 所示。然后执行菜单中的“选择 | 存储选区”命令，在弹出的对话框中如图 8-50 所示设置参数，单击“确定”按钮。此时在“通道”面板中可以看到一个名称为 Alpha1 的文字选区通道，如图 8-51 所示。

图 8-48　输入文字

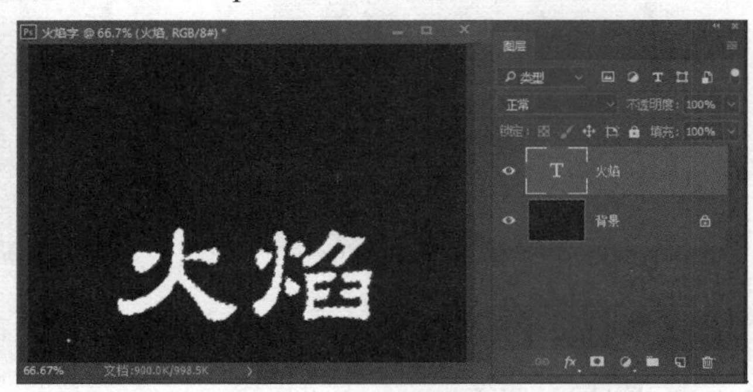

图 8-49　得到文字选区

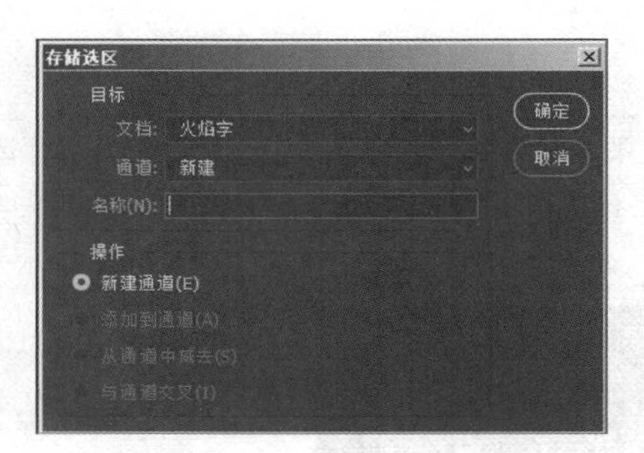

图 8-50　设置“存储选区”参数

图 8-51　“通道”面板

4）合并图层。方法：单击“图层”面板右上方的▤按钮，从弹出的快捷菜单中选择“向下合并”命令（快捷键〈Ctrl+E〉），从而将文字图层和背景图层合并为一个图层。

5）按快捷键〈Ctrl+D〉，取消选区。

6）为了使最终制作出的火焰文字能够产生一个边缘效果，下面对文字进行模糊处理。方法：执行菜单中的“滤镜 | 模糊 | 高斯模糊”命令，在弹出的“高斯模糊”对话框中如图 8-52 所示设置参数，单击“确定”按钮，效果如图 8-53 所示。

图 8-52　设置“高斯模糊”参数

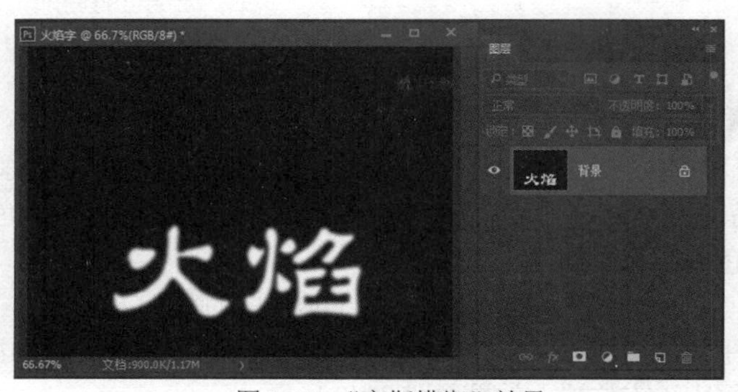

图 8-53　“高斯模糊”效果

7）旋转图像。方法：执行菜单中的“图像 | 图像旋转 | 顺时针 90 度”命令，将图像顺时针旋转 90 度，效果如图 8-54 所示。

提示： 后面我们是通过“风”滤镜来实现文字的火焰效果。而“风”滤镜只能产生“向左”和“向右”两个方向的风。为了制作出向上方向的风效果，需要先利用“图像旋转”命令对图像进行旋转操作。

8）制作文字火焰效果。方法：执行菜单中的“滤镜 | 风格化 | 风”命令，在弹出的“风”对话框中如图 8-55 所示设置参数，单击“确定”按钮，效果如图 8-56 所示。

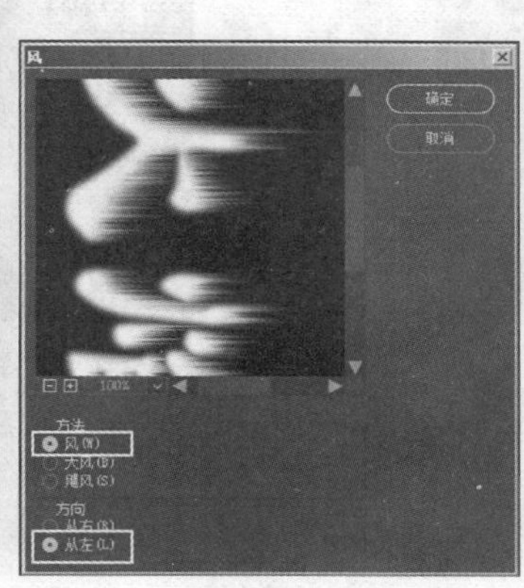

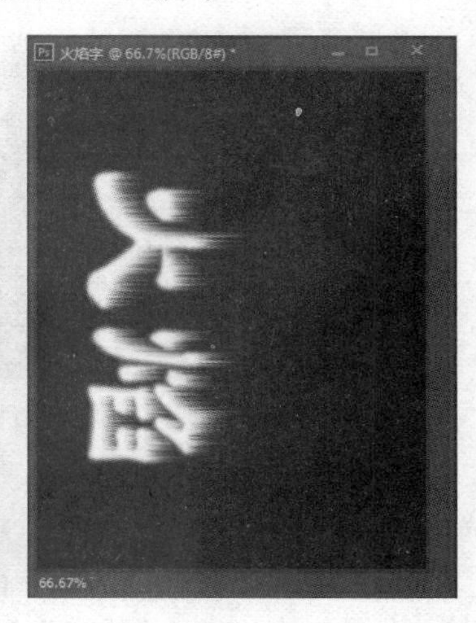

图 8-54　将文字顺时针旋转 90 度　　图 8-55　设置“风”参数　　图 8-56　设置“风”参数后的效果

9）此时文字火焰效果不明显，下面进一步强化文字火焰效果。方法：按快捷键〈Ctrl+Alt+F〉重复前面执行的“风”滤镜两次，效果如图 8-57 所示。

10）执行菜单中的“图像 | 旋转图像 | 逆时针 90 度”命令，将图像逆时针旋转 90 度，效果如图 8-58 所示。

图 8-57　重复“风”滤镜两次后的效果

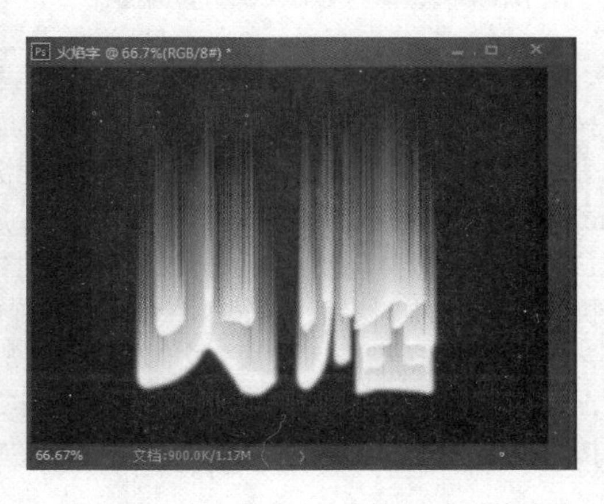

图 8-58　将图像逆时针旋转 90 度后的效果

11）将图像转换为灰度图像。方法：执行菜单中的“图像 | 模式 | 灰度”命令，将图像转换为灰度图像。

12）将图像转换为索引颜色模式。方法：执行菜单中的“图像 | 模式 | 索引颜色”命令，将图像转换为索引颜色模式。

提示：只有将图像颜色模式转换为索引颜色模式后，“颜色表”才能处于可用状态。

13）执行菜单中的“图像 | 模式 | 颜色表”命令，在弹出的“颜色表”对话框中选择颜色表类型为“黑体”，如图 8-59 所示，单击“确定”按钮，效果如图 8-60 所示。

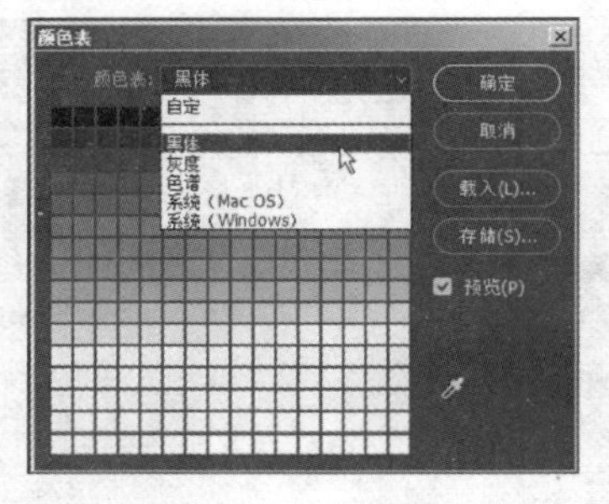

图 8-59　选择“黑体”颜色表类型

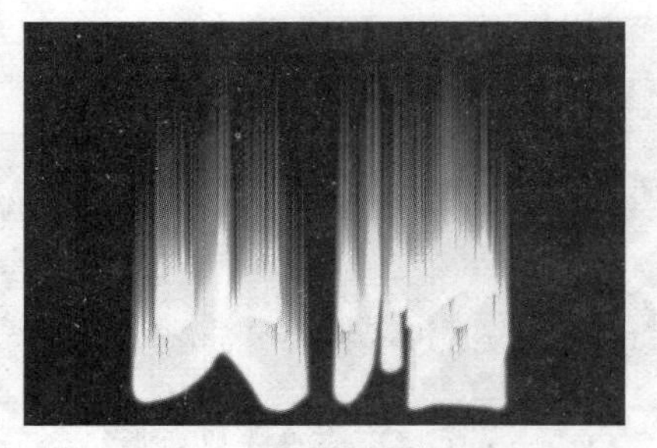

图 8-60　选择“黑体”颜色表类型的效果

14）将图像颜色模式转换为 RGB 颜色模式。方法：执行菜单中的“图像 | 模式 | RGB 颜色”命令，将图像转换为 RGB 颜色模式。

15）执行菜单中的“选择 | 载入选区”命令，在弹出的“载入选区”对话框中如图 8-61 所示设置参数，单击“确定”按钮，效果如图 8-62 所示。

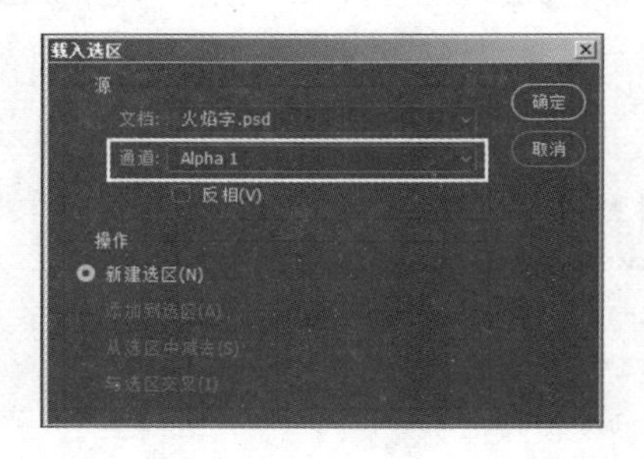

图 8-61　载入“Alpha 1”选区

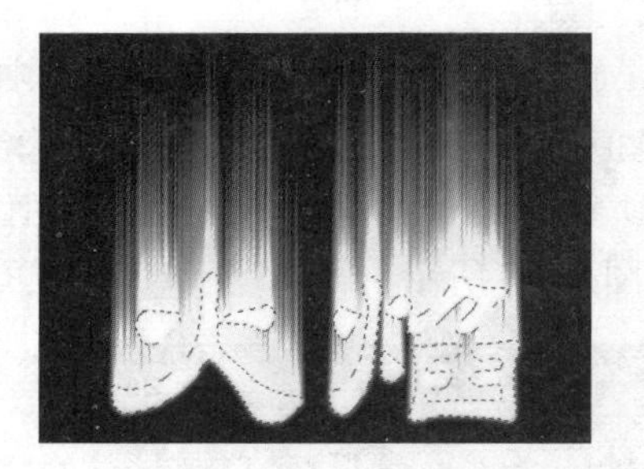

图 8-62　载入“Alpha 1”选区后的效果

16）按键盘上的〈D〉键，将前景色切换为默认的黑色，背景色切换为默认的白色。然后按快捷键〈Ctrl+Delete〉，用黑色填充文字选区，效果如图 8-63 所示。

图 8-63　用黑色填充文字选区的效果

17）给文字塑料包装效果。方法：选择“图层 1”，然后执行菜单中的“滤镜 | 滤镜库”命令，在弹出的“滤镜库”对话框中选择“艺术效果”文件夹中的“塑料包装”滤镜，并如图 8-64 所示设置参数，单击“确定”按钮。最后按快捷键〈Ctrl+D〉，取消选区，最终效果如图 8-65 所示。

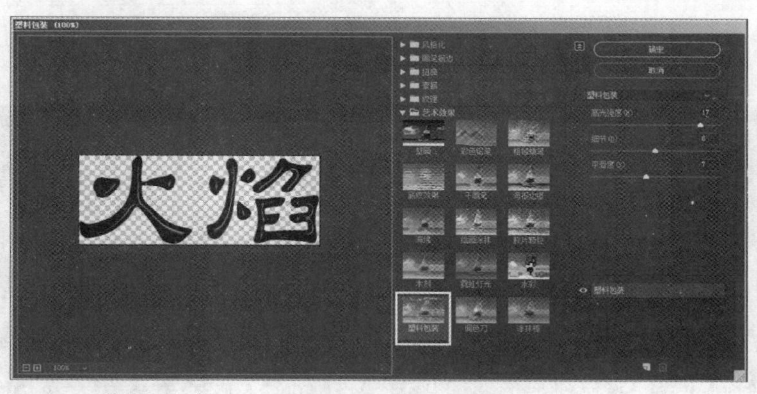

图 8-64　设置“塑料包装”滤镜参数

图 8-65　最终效果

8.5　梦幻效果

要点：

本例将制作梦幻效果，如图 8-66 所示。通过本例的学习，读者应掌握极坐标、旋转扭曲滤镜、渐变工具、图像变换和调整图层的综合应用。

图 8-66　梦幻效果

操作步骤：

1）执行菜单中的“文件｜新建”（快捷键〈Ctrl+N〉）命令，在弹出的“新建”对话框中设置相关参数，如图 8-67 所示，然后单击“创建”按钮，新建一个文件，并用黑色填充图像，如图 8-68 所示。

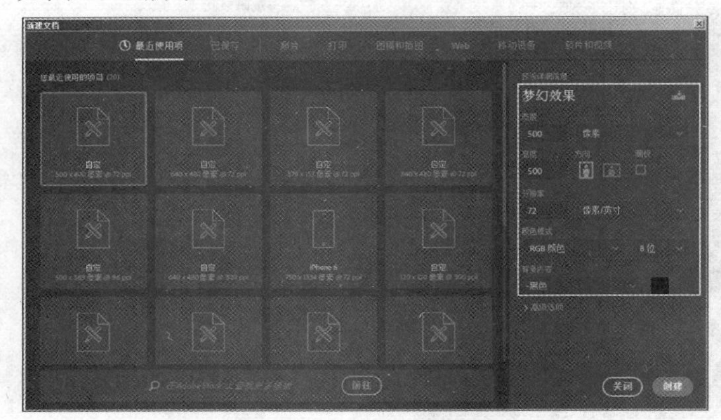

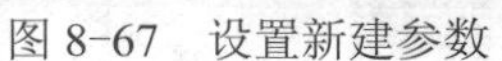
图 8-67 设置新建参数

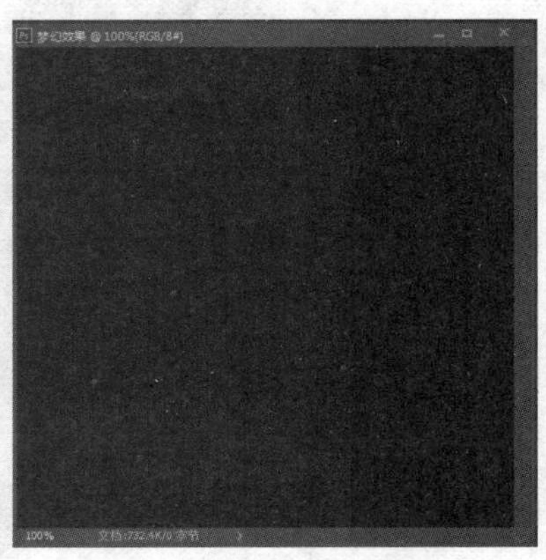
图 8-68 用黑色填充图像

2）绘制星空背景。方法：新建“图层 1”，然后选择工具箱中的（画笔工具），在画笔设置栏中如图 8-69 所示设置参数，接着设置前景色为白色，在图像中绘制白色的小点作为星空背景，如图 8-70 所示。

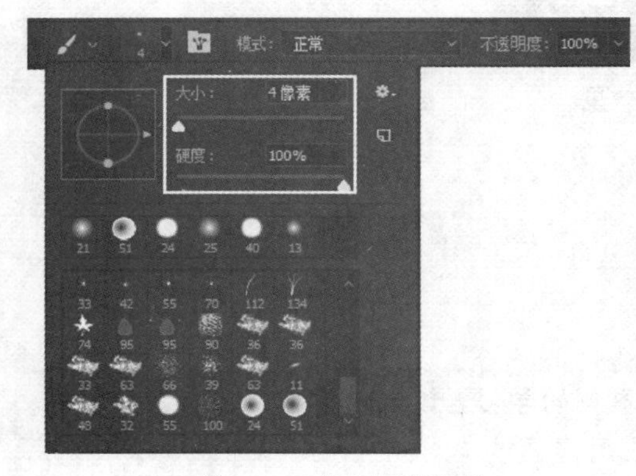

图 8-69 设置画笔属性

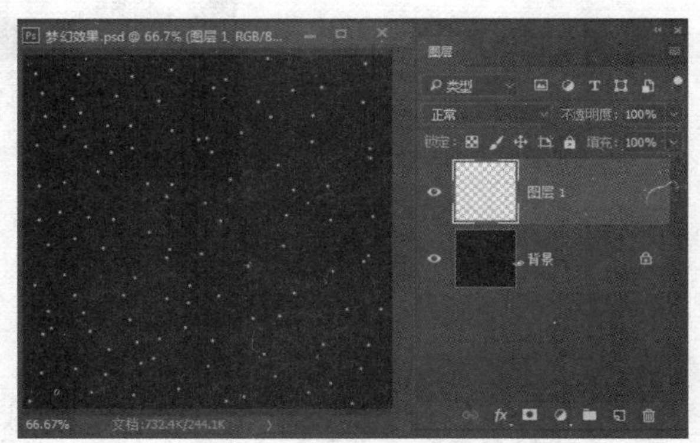

图 8-70 绘制星空背景

3）设置参考线。方法：执行菜单中的“视图 | 新建参考线”命令，在弹出的对话框中如图 8-71 所示设置参数，单击“确定”按钮。同理，新建垂直参考线，结果如图 8-72 所示。

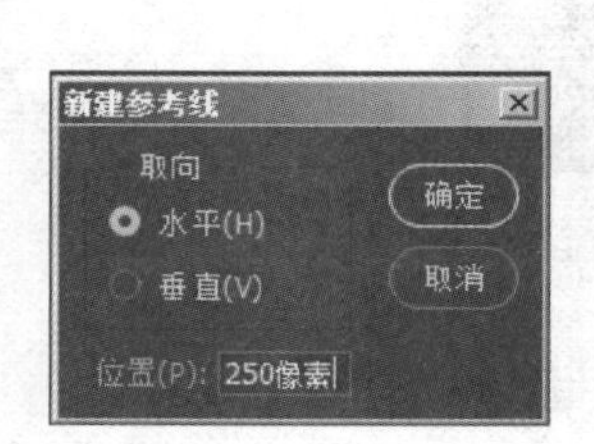

图 8-71 设置水平参考线参数

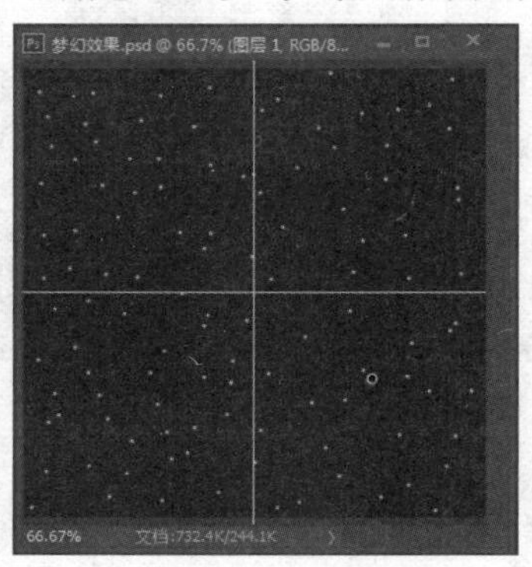

图 8-72 参考线效果

4）新建“图层 2”。然后选择工具箱中的（渐变工具），设置渐变类型为（菱形渐变），并确定渐变色为白—黑，从参考线中心向外绘制渐变，接着将“图层 2”的混合模式设置为“滤色”，结果如图 8-73 所示。

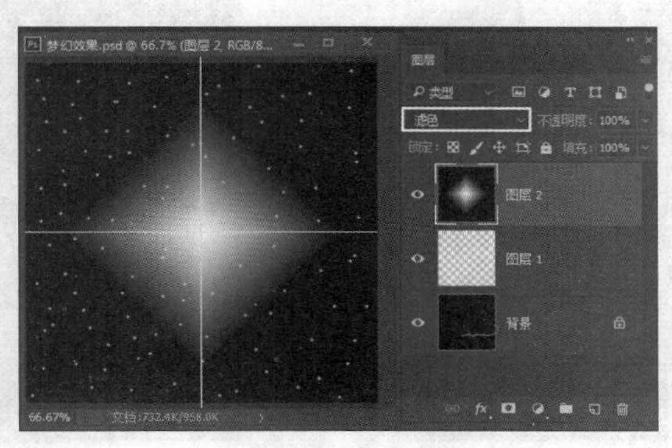

图 8-73　渐变效果

5）隐藏参考线。方法：执行菜单中的“视图 | 显示额外内容”命令，即可将参考线隐藏。

6）选择“图层 2”，执行菜单中的“滤镜 | 扭曲 | 旋转扭曲”命令，在弹出的对话框中如图 8-74 所示设置参数，单击“确定”按钮，结果如图 8-75 所示。

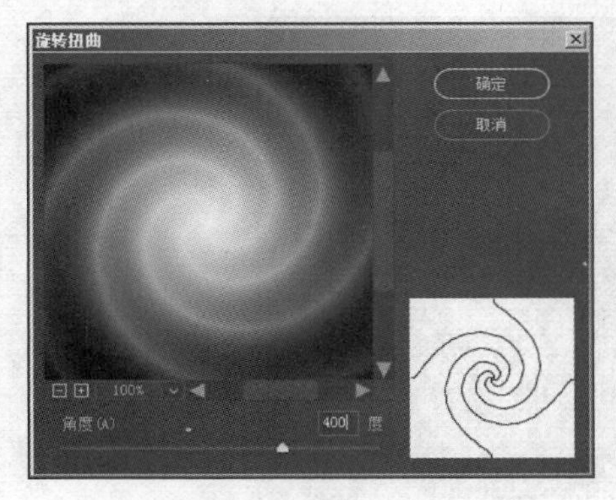

图 8-74　设置“旋转扭曲”参数

图 8-75　“旋转扭曲”效果

7）执行菜单中的“滤镜 | 扭曲 | 极坐标”命令，在弹出的对话框中如图 8-76 所示设置参数，单击“确定”按钮，结果如图 8-77 所示。

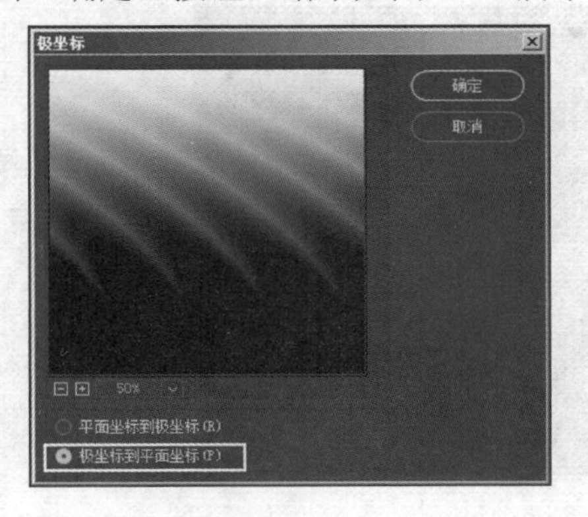

图 8-76　设置“极坐标”参数

图 8-77　“极坐标”效果

8）调整画布大小。方法：执行菜单中的“图像 | 画布大小”命令，在弹出的对话框中设置如图 8-78 所示设置参数，单击“确定”按钮，结果如图 8-79 所示。

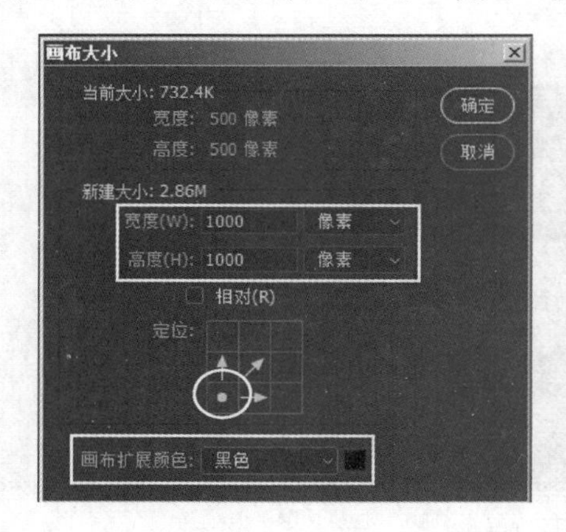

图 8-78　设置画布大小

图 8-79　设置“画布大小”后的效果

9）复制星空中的星星。方法：选择“图层 1”，然后按住键盘上的〈Alt+Shift〉键，向上和向右进行复制，接着将复制出的星星图层合并为“星星”图层，如图 8-80 所示。

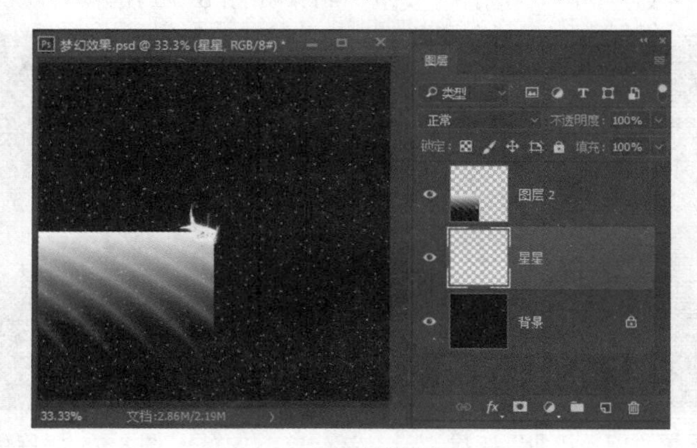

图 8-80　复制星空背景

10）选择“图层 2”，然后按键盘上的〈Ctrl+T〉键，水平拉伸图像，结果如图 8-81 所示。

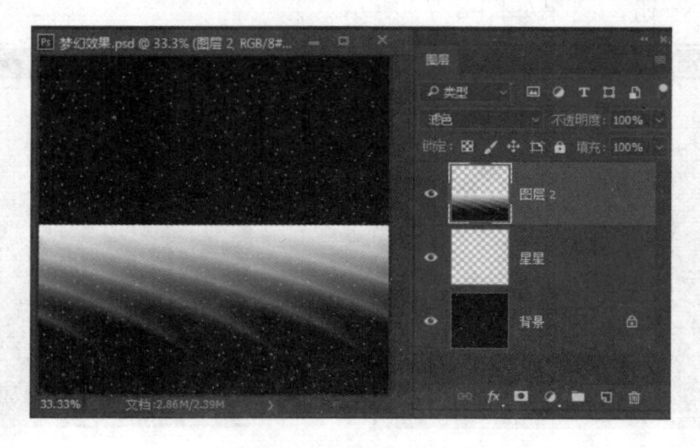

图 8-81　水平拉伸图像

11）将“图层 2”拖到（创建新图层）按钮上，从而复制出“图层 2 拷贝”层。然后按快捷键〈Ctrl+T〉，垂直拉伸复制出的图像，效果如图 8-82 所示，再按键盘上的〈Enter〉键，确认操作。接着按快捷键〈Ctrl+E〉，将“图层 2”和“图层 2 拷贝”合并为“图层 2”，如图 8-83 所示。

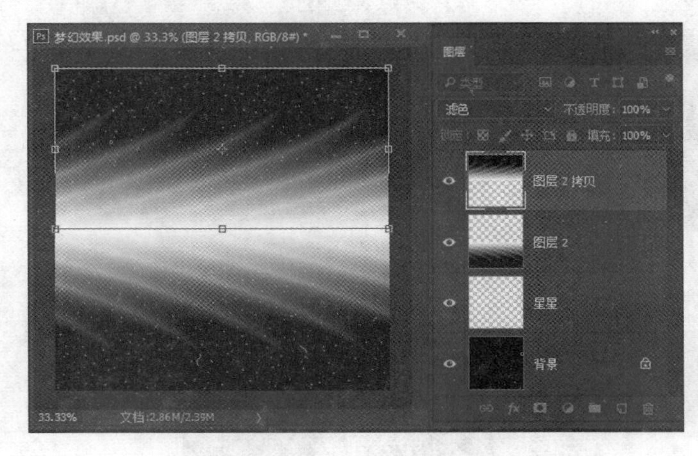

图 8-82　垂直复制图像

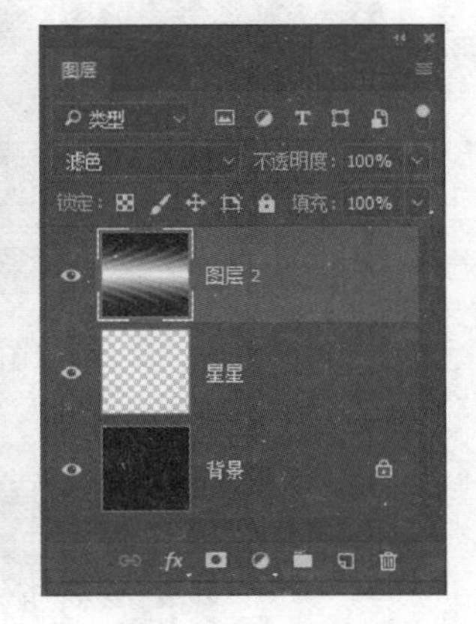

图 8-83　图层分布

12）选择“图层 2”，执行菜单中的“滤镜 | 扭曲 | 极坐标”命令，在弹出的对话框中如图 8-84 所示设置参数，单击“确定”按钮，结果如图 8-85 所示。

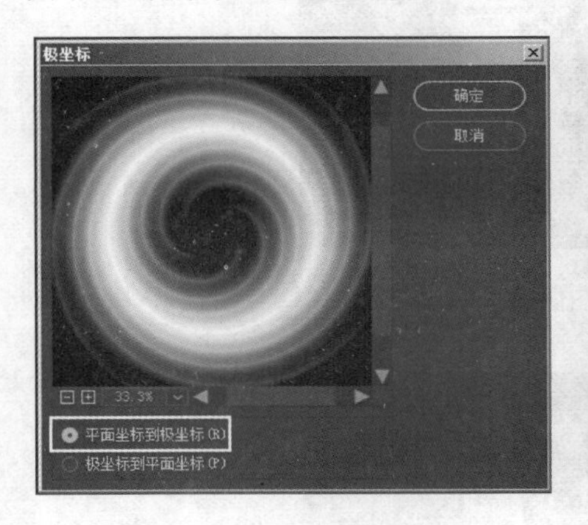

图 8-84　设置“极坐标”参数

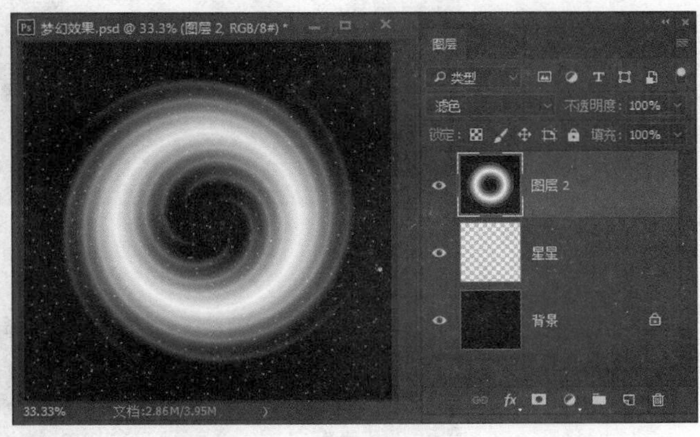

图 8-85　“极坐标”效果

13）按快捷键〈Ctrl+T〉，将“图层 2”上的图像适当缩放，如图 8-86 所示。然后按〈Enter〉键，确认操作。

14）制作其他梦幻图像。方法：将“图层 2”拖到（创建新图层）按钮上，复制出“图层 2 拷贝”，然后按快捷键〈Ctrl+T〉，配合〈Ctrl〉键，对复制后的图像进行变换处理，结果如图 8-87 所示。

15）同理，再复制“图层 2 拷贝”层，并对其进行变换处理，结果如图 8-88 所示。然后再复制几个“图层 2”，并适当缩放放置到适当位置作为点缀，最后将作为点缀的图层合并为“点缀”图层，并将不透明度设置为 30%，如图 8-89 所示。

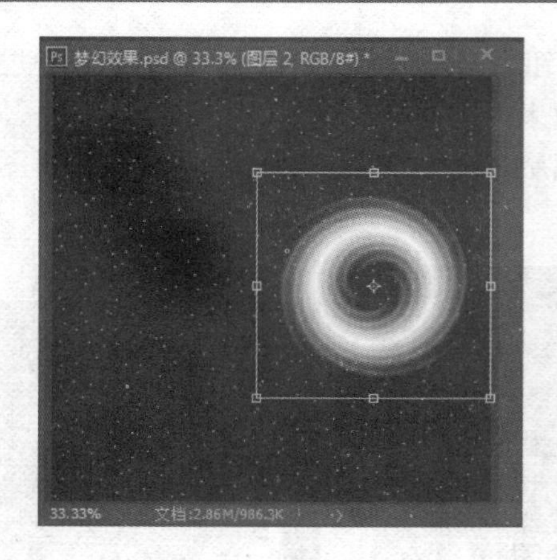

图 8-86　缩放图像

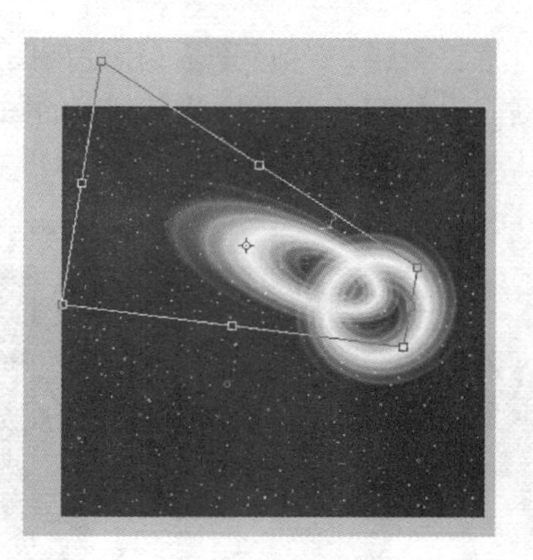

图 8-87　对复制后的图像进行变换处理

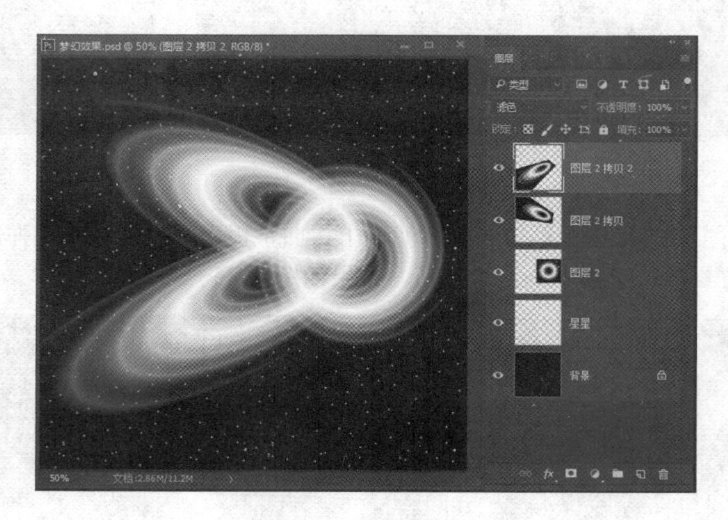

图 8-88　复制并变换图像

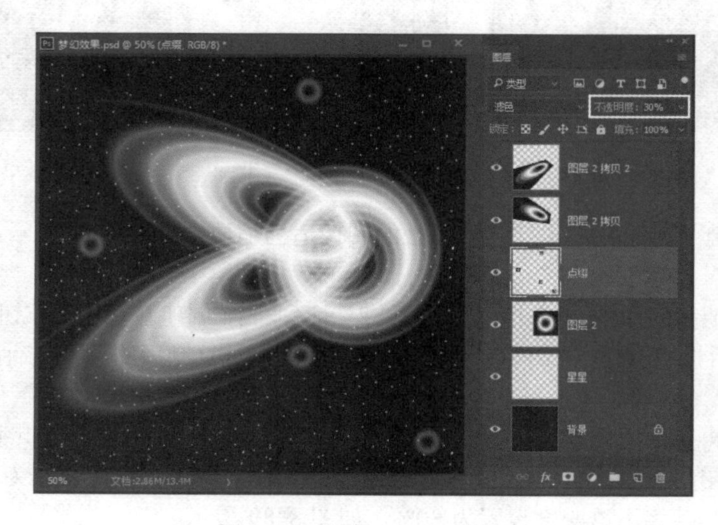

图 8-89　创建“点缀”图层

16）对图像进行色彩处理。方法：单击“图层 2 副本 2”层，然后单击图层面板下方的 （创建新的填充或调整图层）按钮，从弹出的下拉菜单中选择“渐变”命令。接着在弹出的对话框中如图 8-90 所示设置参数，单击“确定”按钮。最后将“渐变填充 1”层的图层混合模式设置为“颜色”，最终结果如图 8-91 所示。

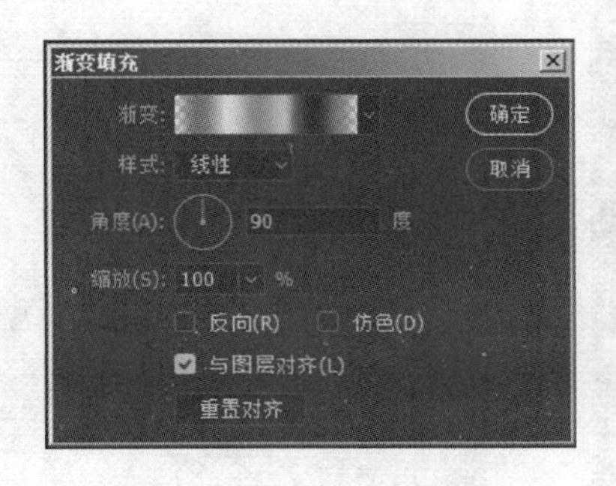

图 8-90　设置渐变填充参数

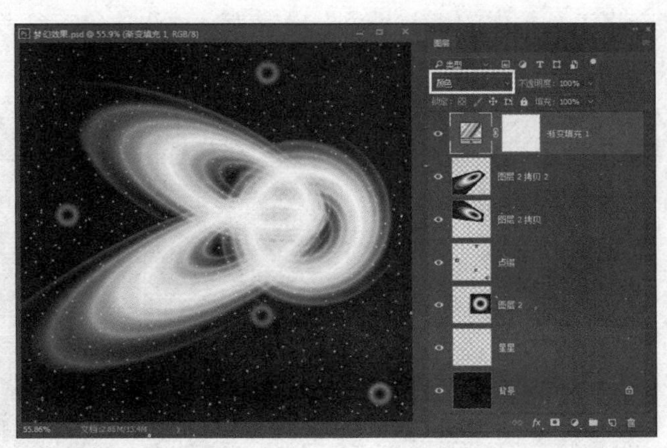

图 8-91　最终效果

8.6　肌理海报效果

要点：

本例将制作一张以简单几何形状为构成元素的海报作品，如图 8-92 所示。海报中每个几何形状的填充内容都是带有动感的彩色模糊线条，形成了一种简洁明快、带有纺织感的新颖肌理效果。通过本例的学习，读者应掌握利用“动感模糊”命令和“色相/饱和度”命令制作这种彩色模糊线条的方法。

图 8-92　肌理海报效果

操作步骤：

1）执行菜单中的“文件 | 新建”命令，然后在弹出的对话框中设置“名称”为“肌理海报制作”，并设置其他参数，如图 8-93 所示，单击“创建”按钮，从而新建一个空白文件。接着将工具箱中的“前景色”设置为一种浅黄色，参考色值：CMYK（0，5，35，0），并按快捷键〈Alt+Delete〉填充全图，效果如图 8-94 所示。

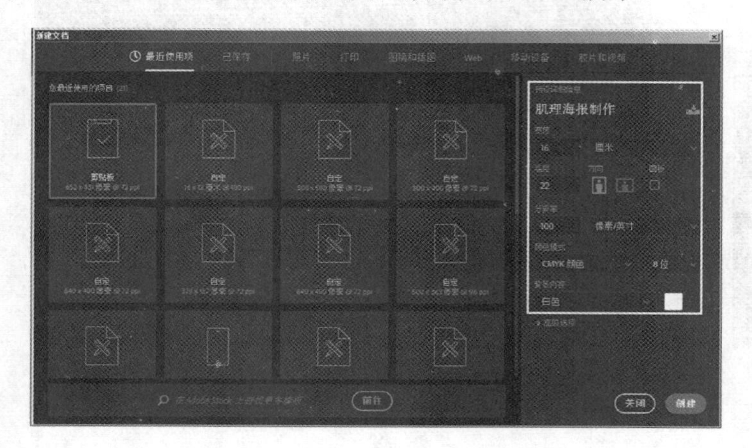

图 8-93　建立新文档并设置参数

图 8-94　将背景填充浅黄色

2）制作一组彩色模糊线条。方法：首先打开网盘中的“素材及结果\8.6 肌理海报效果\风景1.jpg”文件，如图 8-95 所示。然后执行菜单中的“滤镜 | 模糊 | 动感模糊”命令，在弹出的“动感模糊”对话框中设置模糊参数，如图 8-96 所示，单击“确定”按钮，此时图像被模糊成纵向的直线条。如果直线条不够明显，可以按快捷键〈Ctrl+F〉进行反复操作（参考次数为两次），效果如图 8-97 所示。

图 8-95　素材“风景 1.jpg”

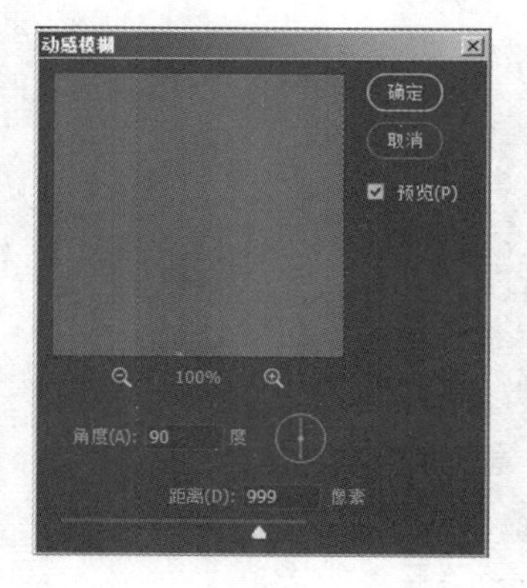

图 8-96　设置“动感模糊”参数

图 8-97　图像被模糊成纵向的直线条

3）利用工具箱中的（矩形选框工具），在模糊的图像中选取图像下方线条效果清晰的部分，如图 8-98 所示，然后执行菜单中的“图像 | 调整 | 色相/饱和度”命令，在弹出的对话框中调节各项参数，如图 8-99 所示，单击“确定”按钮，此时选取的图像变为如图 8-100 所示的暖色调。

提示：色彩具有很大的主观性，可以根据自己的审美喜好进行颜色的调整。

图 8-98　选取画面中线条效果清晰的部分

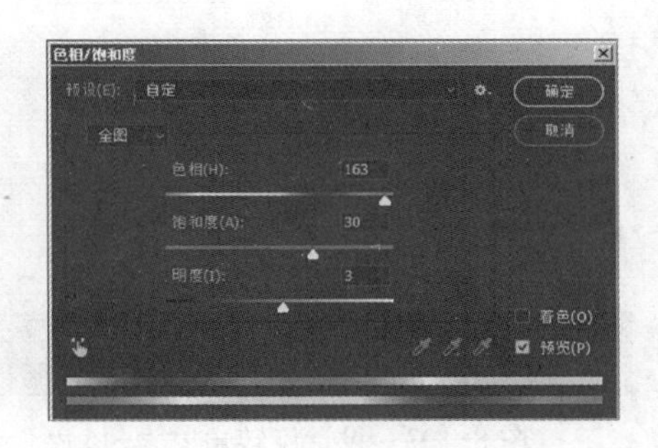

图 8-99　在“色相/饱和度”对话框中设置参数

图 8-100　图像变为暖色调效果

4）目前线条的对比度还不够，为了得到更加清晰和强烈对比的彩色线条肌理，下面执行菜单中的“滤镜 | 锐化 | USM 锐化”命令，在弹出的对话框中设置参数，如图 8-101 所示，单击“确定”按钮，此时线条变得清晰可辨，效果如图 8-102 所示。

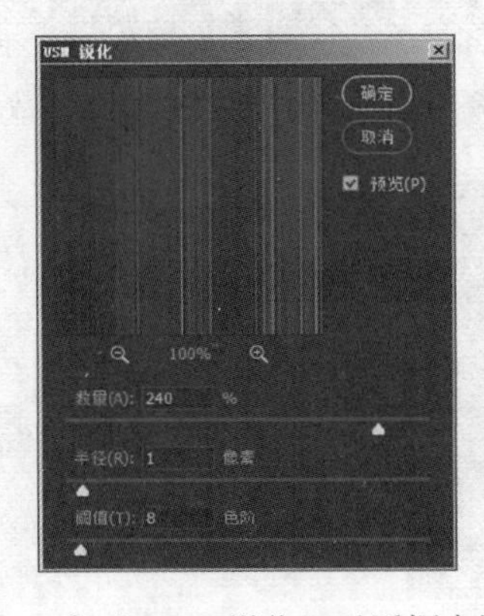

图 8-101　在“USM 锐化”对话框中设置参数

图 8-102　清晰可辨的线条效果

5）接下来执行菜单中的“编辑｜拷贝”命令，然后回到“肌理海报制作”文件，执行菜单中的“编辑｜粘贴”命令，将制作好的彩色线条肌理复制粘贴到黄色背景图中。接着按快捷键〈Ctrl+T〉调出自由变换控制框，并在工具属性栏的左侧将旋转角度设置为-45 度，如图 8-103 所示，再调整图像的大小和位置，按〈Enter〉键确认变换操作，此时画面效果如图 8-104 所示。

-45.00 度 H: 0.00 度 V: 0.00 度

图 8-103　设置旋转角度为-45 度

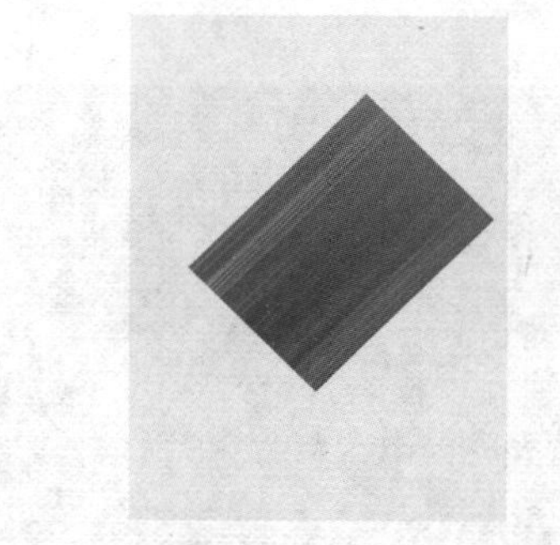

图 8-104　调整图像大小和位置后的效果

6）制作另一组彩色抽象线条。方法：首先打开网盘中的“素材及结果\8.6 肌理海报效果\风景 2.jpg”文件，如图 8-105 所示。然后执行菜单中的“滤镜｜模糊｜动感模糊”命令，在弹出的“动感模糊”对话框中设置模糊参数，如图 8-106 所示，单击“确定”按钮，此时图像被模糊成为纵向的直线条。如果直线条不够明显，可以按快捷键〈Ctrl+F〉反复操作（参考次数为两次），效果如图 8-107 所示。

图 8-105　素材“风景 2.jpg”

图 8-106　设置“动感模糊”参数

图 8-107　图像被模糊成纵向的直线条

7）利用工具箱中的（矩形选框工具），在图像中选取右下角线条效果清晰的局部，如图 8-108 所示。然后执行菜单中的“图像 | 调整 | 色相/ 饱和度”命令，在弹出的对话框中调节各项参数，如图 8-109 所示，单击“确定”按钮，此时选取的图像变为如图 8-110 所示的偏绿色调。

图 8-108　选取图像右下角线条效果清晰的局部

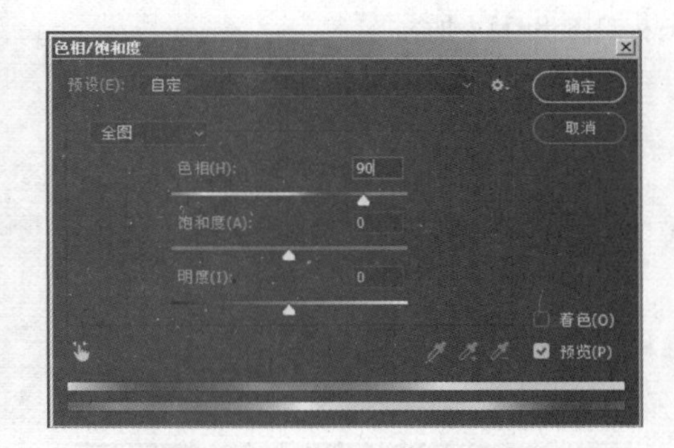

图 8-109　在“色相/饱和度”对话框中设置参数

图 8-110　图像变为偏绿色调

8）执行菜单中的“滤镜 | 锐化 | USM 锐化”命令，在弹出的对话框中设置参数，如图 8-111 所示，单击“确定”按钮，此时线条变得更加清晰，效果如图 8-112 所示。

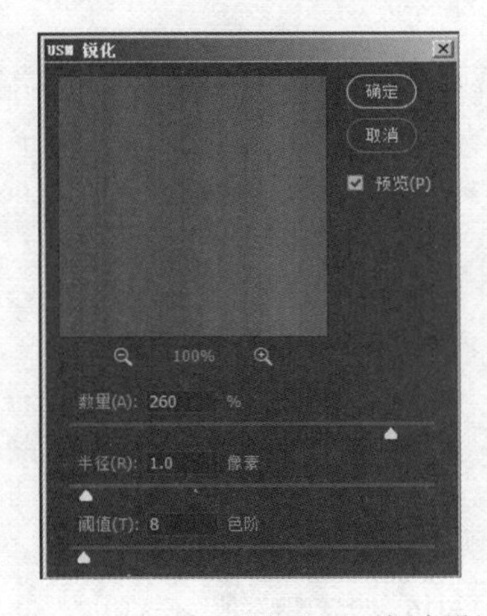

图 8-111　在“USM 锐化”对话框中设置参数

图 8-112　线条变得更加清晰

9）接下来，执行菜单中的“编辑｜拷贝”命令后，再次回到“肌理海报制作”文件，然后执行菜单中的“编辑｜粘贴”命令，将制作好的彩色线条肌理复制粘贴到黄色背景图中。接着按快捷键〈Ctrl+T〉调出自由变换控制框，再在工具属性栏的左侧将旋转角度设置为 45 度，如图 8-113 所示，最后调节图像的大小和位置，按〈Enter〉键确认变换操作，此时画面效果如图 8-114 所示。

45 度 H: 0.00 度 V: 0.00 度

图 8-113　设置旋转角度为 45 度

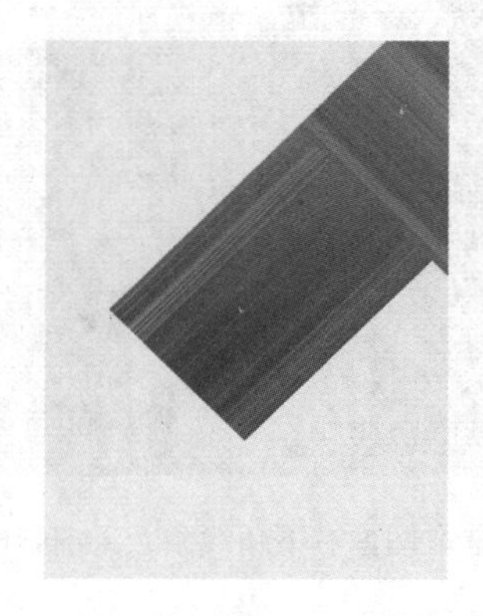

图 8-114　调节图像的大小和位置后的效果

10）同理，不断从模糊后的风景素材图片中选取局部并改变颜色，然后复制粘贴到画面中合适的位置，旋转 45 度或-45 度，从而使矩形块严丝合缝地拼接在一起。色彩效果可以按照不同的喜好进行设计和安排，参考效果如图 8-115 所示。

11）彩色抽象线条色块排布好之后，下面对其进行一些细节的调整，使画面更加协调丰富。方法：选取画面中心最大的红色矩形所在的图层，然后在“图层”面板中将其“不透明度”设置为 80%，如图 8-116 所示，这样它和下面的图形就产生了半透明的纹理交错效果，如图 8-117 所示。

12）现在有一些色块面积过大，例如，中心的红色肌理和右下角的橙色肌理，可以利用工具箱中的（多边形套索工具）在其中选取局部，然后按〈Delete〉键进行删除。用这个方法对一些色块进行修整，可以使它们更加错落有致地排列。画面色块排布最终效果如图 8-118 所示。

图 8-115　不同颜色大小的矩形块拼接后的效果

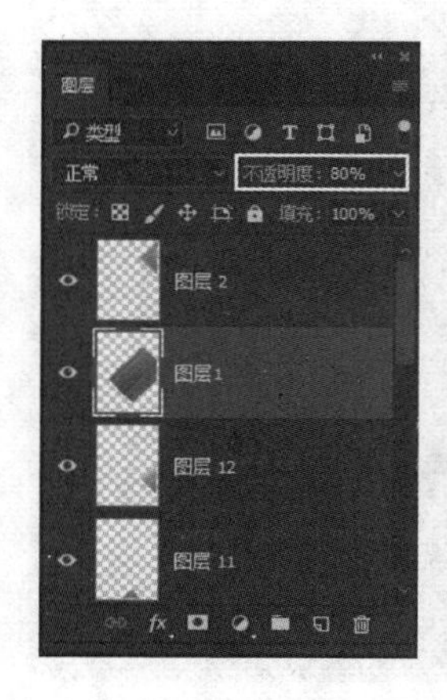

图 8-116　设置图层的“不透明度”

图 8-117　图像产生半透明的纹理交错效果

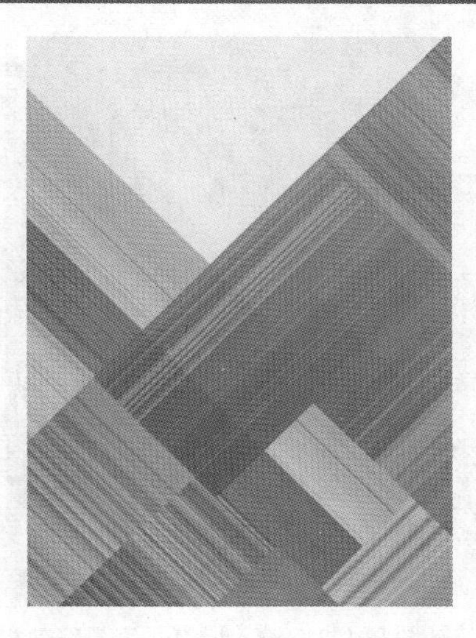

图 8-118　修整后的色块排布效果

13）接下来制作海报中的文字部分。方法：首先选择工具箱中的 T （横排文字工具），并在“字符”面板中设置输入文字的各项参数，如图 8-119 所示，参考色值：CMYK（65，60，55，5），然后在画面上方输入标题文字“Design is”。接着按快捷键〈Ctrl+T〉调出自由变换控制框，并在工具属性栏中将旋转度数设置为-45 度。最后按〈Enter〉键确认变换操作，效果如图 8-120 所示。

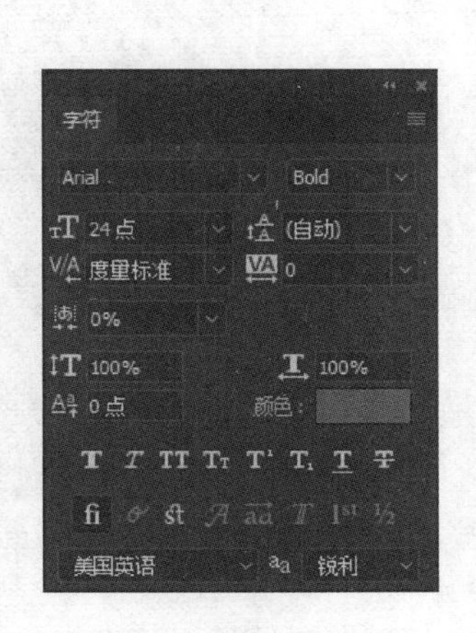

图 8-119　设置文本相关属性

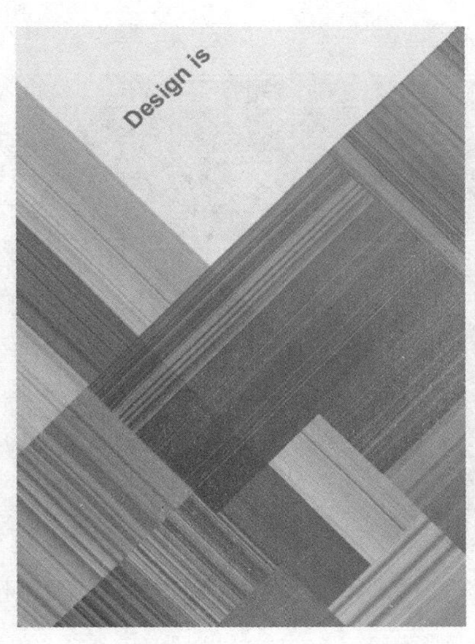

图 8-120　旋转标题文字后的效果

14）同理，输入其他文字（字体、字号等可自行设定），效果如图 8-121 所示。

15）选择工具箱中的 （剪裁工具），此时画面边缘会形成剪裁框，接着按〈Enter〉键确认裁切边框，然后在属性栏的右侧单击 ✓（提交当前剪裁操作）按钮，将画面之外的图像全部裁掉，如图 8-122 所示。

图 8-121 输入所有文字最终效果

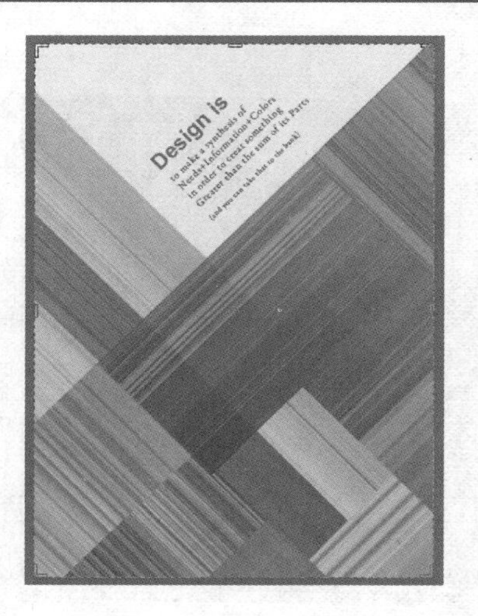

图 8-122 将画面之外的图像全部裁掉

16）将工具箱中的背景色设置为浅黄色，参考色值：CMYK（0，5，25，0），然后执行菜单中的“图像 | 画布大小”命令，在弹出的对话框中将“宽度”和“高度”都扩充“0.8 厘米”，如图 8-123 所示，单击“确定”按钮，此时画面向四周各扩出了“0.4 厘米”，形成了一种边缘衬托的效果，如图 8-124 所示。至此，一张以特殊的模糊线条为构成元素的海报就制作完成了，利用这种方法生成的线条会根据原稿的不同而产生随机变化，形成虚实交错的自然纹理效果。

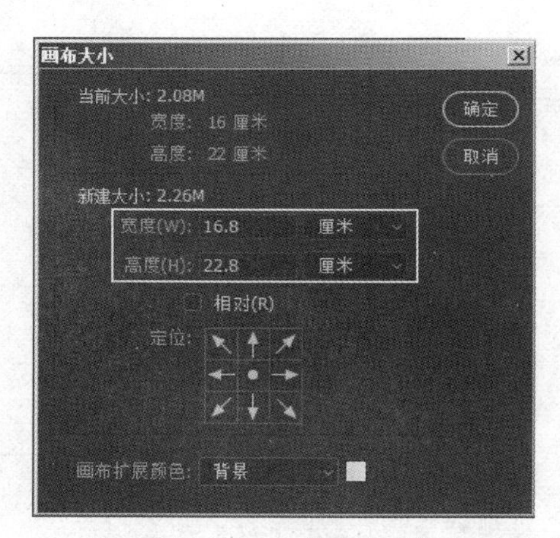

图 8-123 在“画布大小”对话框中设置宽度和高度值

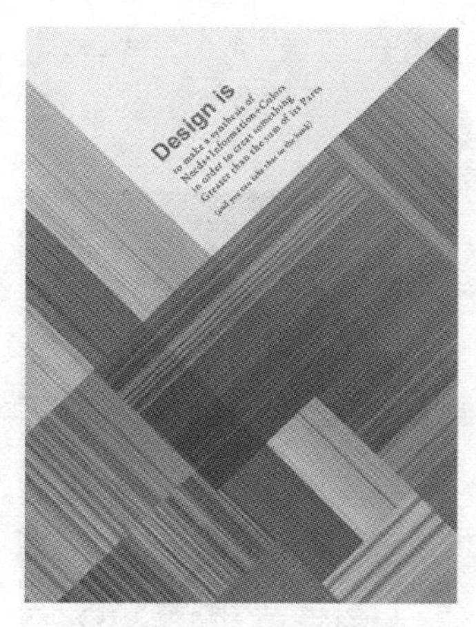

图 8-124 海报最终效果

8.7 钞票的褶皱效果

要点：

本例将制作钞票的褶皱效果，如图 8-125 所示。通过本例的学习，读者应掌握“云彩”“分层云彩”“置换”滤镜与图层混合模式、图层样式的综合应用。

a)

b)

图 8-125　钞票的褶皱效果

a) 原图　b) 结果图

操作步骤：

1）打开网盘中的“素材及结果\8.7 钞票的褶皱效果\原图.jpg”文件，如图 8-124a 所示。

2）揉皱的纸张不再有规则的边缘，因此要为边缘的变形留出一些空间。在使用“画布大小”命令加大画布大小之前，应先将“背景”图层转换为普通图层。方法：执行菜单中的“图层 | 新建 | 图层背景”命令，或直接在“背景”图层上双击，在弹出的“新建图层”对话框中保持默认设置，如图 8-126 所示，这样“背景”图层就转换为了“图层 0”。此时，图层的分布如图 8-127 所示。

图 8-126　“新建图层”对话框

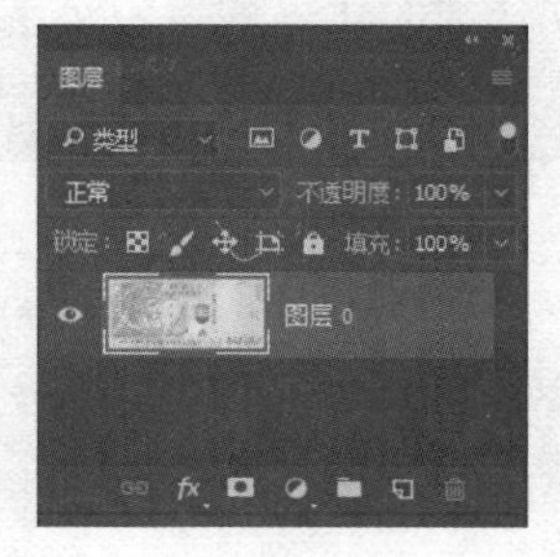

图 8-127　图层分布

3）执行菜单中的“图像 | 画布大小”命令，弹出如图 8-128 所示的对话框。此时保持原有的画布格局，将画布的宽度和高度都适当增加一些，大致在 50 个像素左右，不用太大，图像周围有一定空余就可以了，如图 8-129 所示。然后单击“确定”按钮，效果如图 8-130 所示。

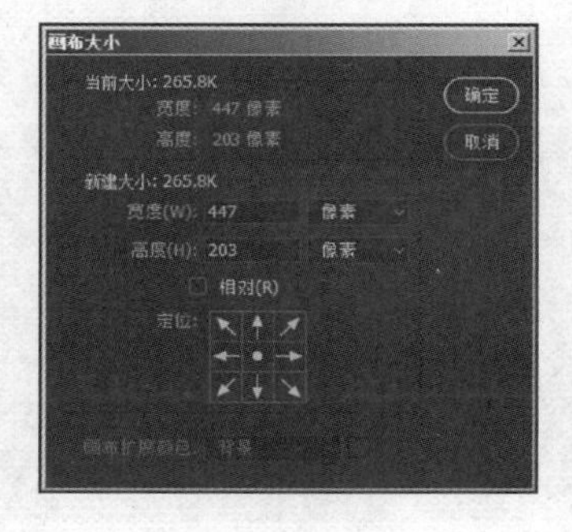

图 8-128　“画布大小”对话框

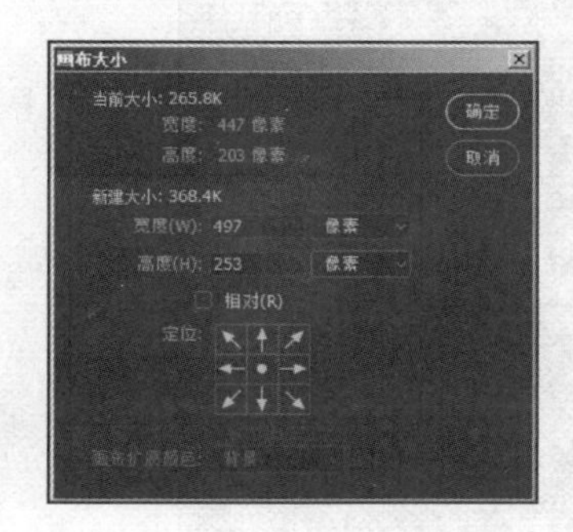

图 8-129　调整“画布大小”

图 8-130　调整“画布大小”后的效果

4）制作置换图。在“图层 0”上新建一个图层，将其命名为“纹理”。然后在输入法为英文状态下按〈D〉键，将“前景色”和“背景色”恢复为默认状态。接着执行菜单中的“滤镜 | 渲染 | 云彩”命令填充图层，效果如图 8-131 所示。

5）多次执行菜单中的“滤镜 | 渲染 | 分层云彩”命令，直到图像较为均匀为止，效果如图 8-132 所示。在此用了 4 次“分层云彩”滤镜。

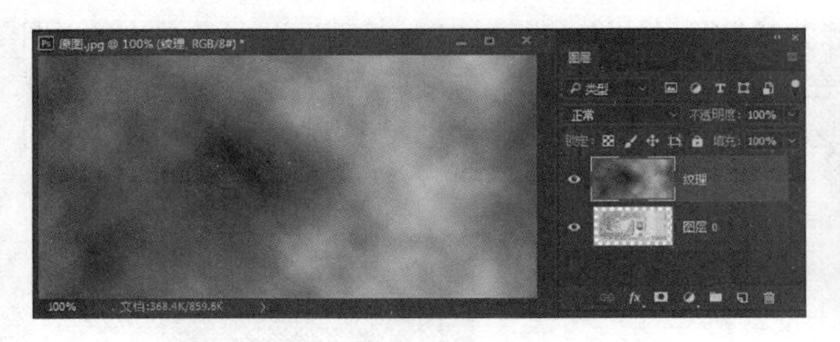

图 8-131　1 次“分层云彩”效果

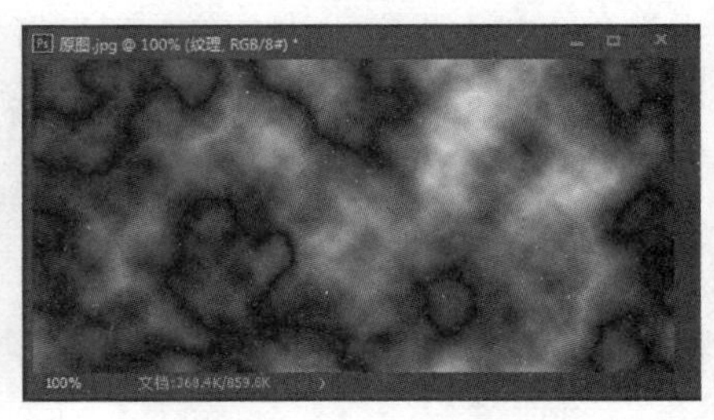

图 8-132　4 次“分层云彩”效果

提示： “分层云彩”滤镜在很多时候会被用于创建类似于大理石纹理的图案。使用的次数越多，纹理就越明显。

6）为图像添加一些立体效果。选择“纹理”图层，执行菜单中的“滤镜 | 风格化 | 浮雕效果”命令，在弹出的“浮雕效果”对话框中设置参数，如图 8-133 所示，然后单击“确定”按钮。此时，图像呈现出逼真的纸纹效果，如图 8-134 所示。

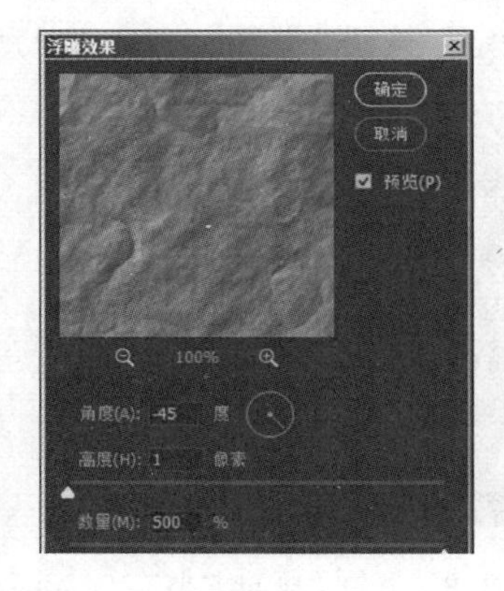

图 8-133　“浮雕效果”对话框

图 8-134　逼真的纸纹效果

7）将“纹理”图层拖到“图层”面板下方的 ◻（创建新图层）按钮上，从而复制出“纹理拷贝”图层，此时的图层分布如图 8-135 所示。该副本层才是真正需要的置换图。然后在“纹理拷贝”图层执行菜单中的“滤镜 | 模糊 | 高斯模糊”命令，在弹出的对话框中设置参数，如图 8-136 所示，单击“确定”按钮后，效果如图 8-137 所示。

提示： 执行“高斯模糊”命令的目的，是为了防止太过鲜明的纹理图像使置换后的图像扭曲过于夸张。

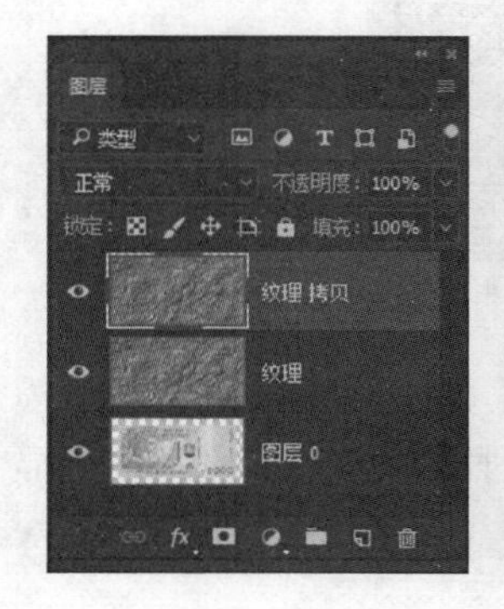

图 8-135　复制图层

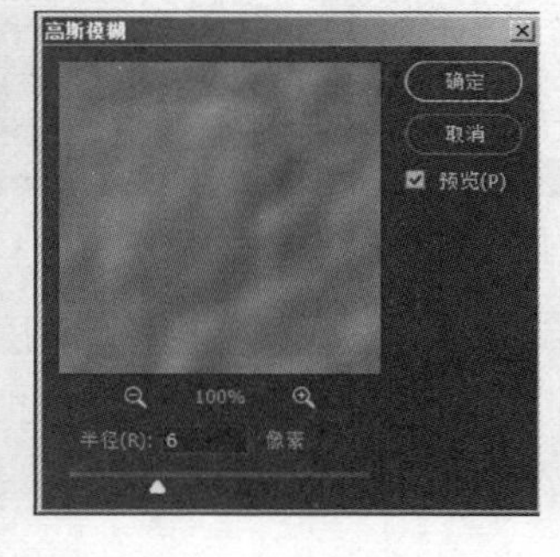

图 8-136　“高斯模糊”对话框

图 8-137　“高斯模糊”效果

8）至此扭曲的置换图制作完毕，执行菜单中的“文件 | 存储为”命令，将其另存为名为“纹理.psd”的文件。

9）制作扭曲图像。方法：暂时关闭“纹理”和“纹理拷贝”图层前的眼睛图标，然后确定当前图层为“图层 0”，如图 8-138 所示。执行菜单中的“滤镜 | 扭曲 | 置换”命令，在弹出的“置换”对话框中设置参数，如图 8-139 所示，再单击“确定”按钮。接着在打开的选择置换图窗口中选择文件的保存路径，选择文件“纹理.psd”，单击“打开”按钮，效果如图 8-140 所示。

提示： 关于置换滤镜的原理，简单地说，就是以置换图中的像素灰度值来决定目标图像的扭曲程度，置换图必须是“.psd”格式的文件。像素置换的最大值为 128 个像素，当置换图的灰度值为 128 时，像素不产生置换，只要高于或低于这个数值，像素就会发生扭曲。

图 8-138　选择“图层 0”

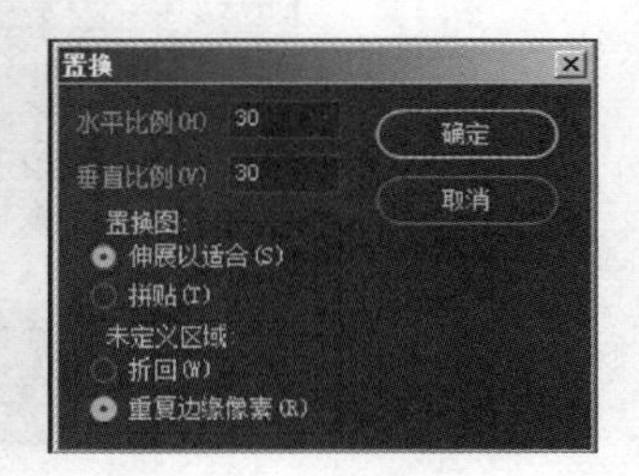

图 8-139　“置换”对话框

图 8-140　“置换”效果

10）步骤 9）的置换效果可能不太理想，图像的扭曲程度非常轻微。进一步加大扭曲程度的方法：首先按住〈Ctrl〉键，单击“图层 0”，从而载入“图层 0”的不透明度区域。然后按快捷键〈Ctrl+Shift+I〉反选选区，接着选择“纹理”图层并显示该图层，按〈Delete〉键删除，效果如图 8-141 所示。最后按快捷键〈Ctrl+D〉取消选区。

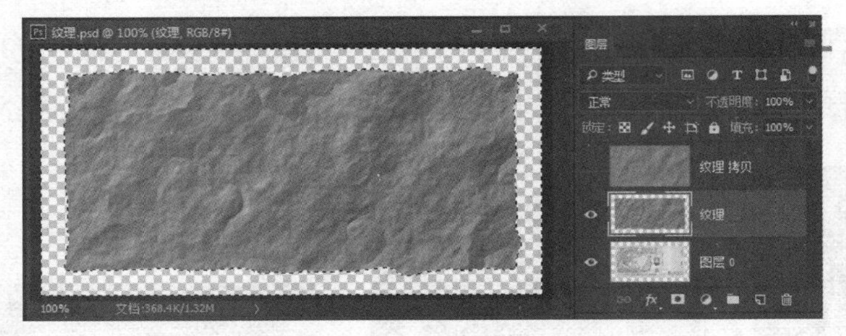

图 8-141　删除多余区域

11）将“纹理”图层移动到“图层 0”的下方。然后选择“图层 0”，将其图层“混合模式”改为“叠加”，如图 8-142 所示，效果如图 8-143 所示。可见此时的褶皱效果已经很明显了，按快捷键〈Ctrl+D〉取消选区。

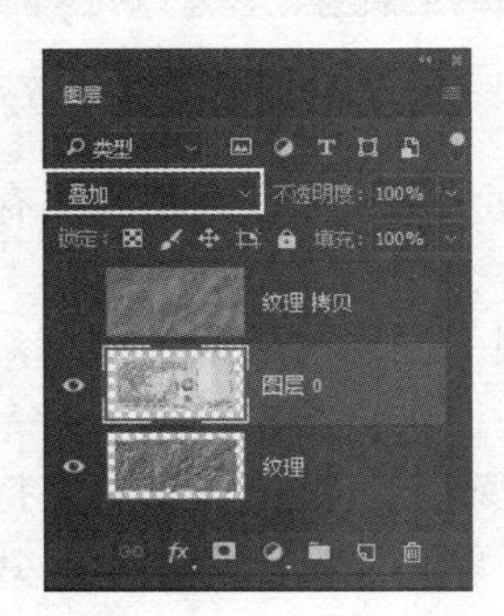

图 8-142　将图层“混合模式”改为“叠加”　　　　图 8-143　“叠加”效果

12）由常识可知，褶皱到如此程度的纸张颜色都会有些灰旧，而现在的图像颜色显然太光鲜了。下面选择“纹理”图层，单击“图层”面板下方的（创建新的填充和调整图层）按钮，在弹出的下拉菜单中选择“色相/饱和度”命令，然后在“属性”面板中设置参数，如图 8-144 所示，模拟脏污破损的纸张颜色，单击“确定”按钮后，图层分布如图 8-145 所示，效果如图 8-146 所示。

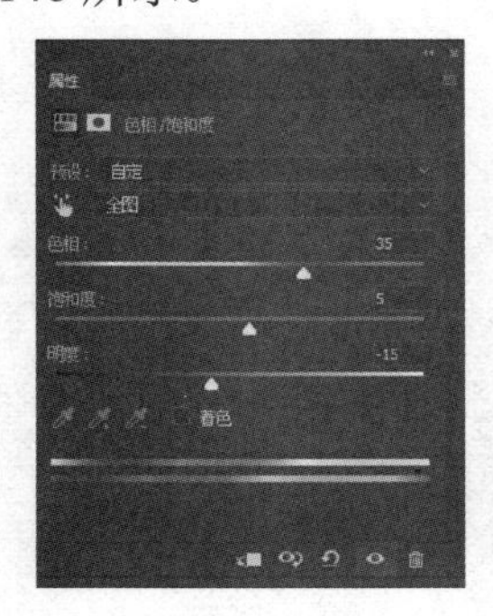

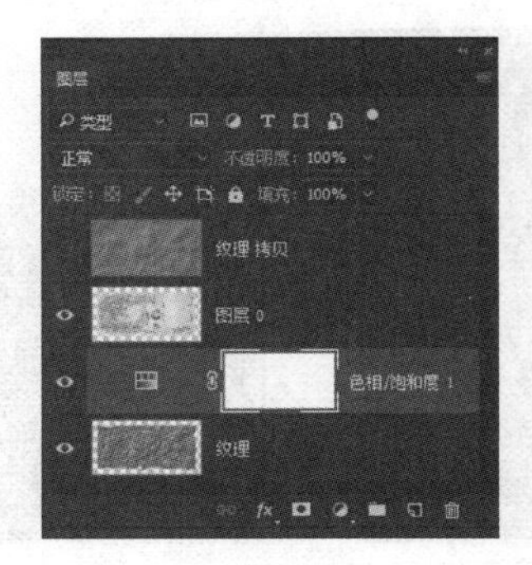

图 8-144　设置“色相/饱和度”参数　　　　图 8-145　图层分布

图 8-146　调整“色相/饱和度”后的效果

13）选择“图层 0”，单击“图层”面板下方的 fx（添加图层样式）按钮，在弹出的“图层样式”对话框中设置“投影”参数，如图 8-147 所示。然后单击“确定”按钮，此时的图层分布如图 8-148 所示，效果如图 8-149 所示。

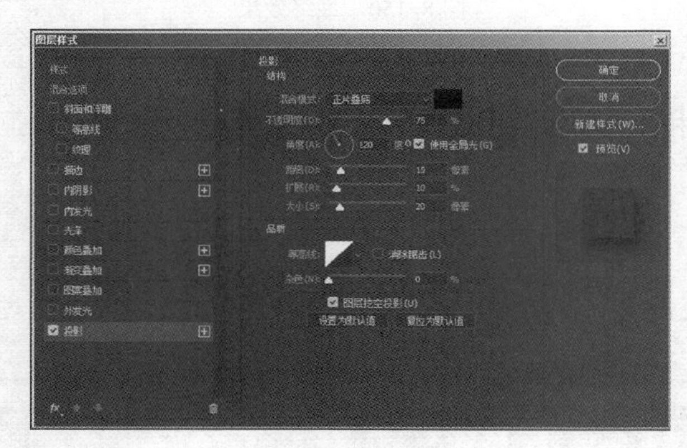

图 8-147　调整“投影”参数

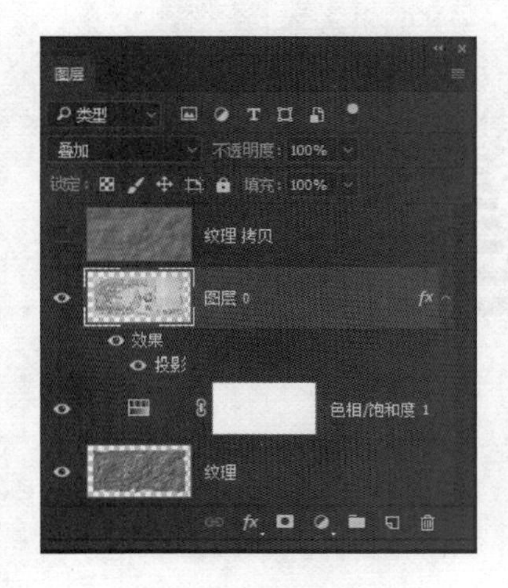

图 8-148　图层分布

图 8-149　“投影”效果

14）为便于观看效果，可新建一个“图层 1”，将其置于底层，并用白色填充。

15）至此，钞票的褶皱效果制作完毕，为了强化褶皱效果，可以显示“纹理拷贝”图层，将其图层“混合模式”设为“叠加”，最终效果如图 8-150 所示。

图 8-150　最终效果

8.8　地面的延伸效果

要点：

本例将用自定义图案制作延伸的地面效果，如图 8-151 所示。通过本例的学习，读者应掌握自定义图案和通过建立消失点来形成透视变化图形的方法。

a)

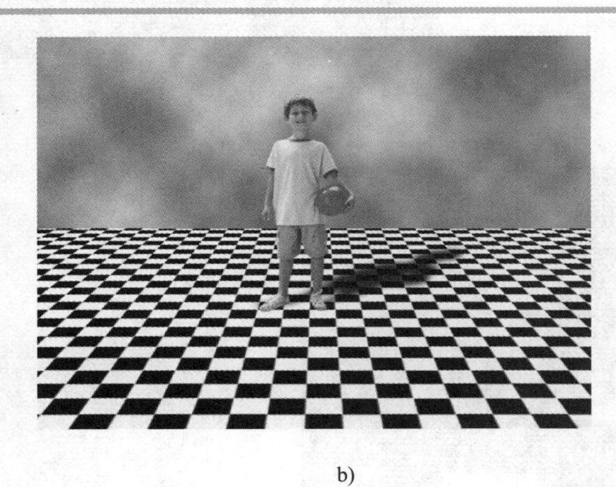

b)

图 8-151　延伸的地面效果

a) 原图　b) 结果图

操作步骤：

1）执行菜单中的“文件｜新建”命令，在弹出的对话框中如图 8-152 所示设置参数，然后单击“创建”按钮，新建一个文件，存储为“图案.psd”。

2）制作蓝色的云纹效果作为底图。方法：指定工具箱中的前景色为“白色”，背景色为“蓝色”，参考色值：RGB（28，106，200），然后执行菜单中的“滤镜｜渲染｜云彩”命令，在画面中自动生成不规则的蓝白云纹图像，如图 8-153 所示。

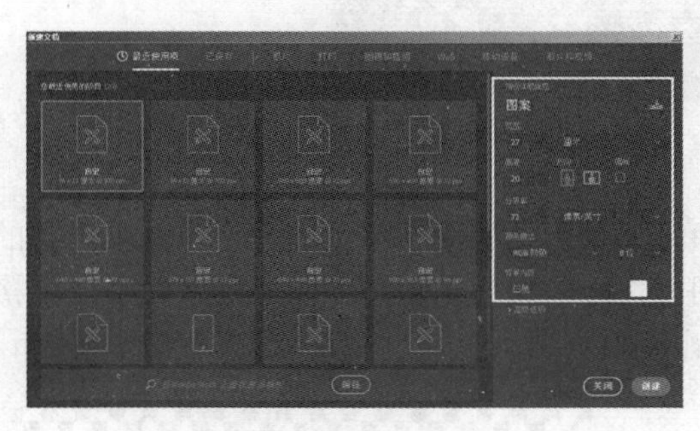
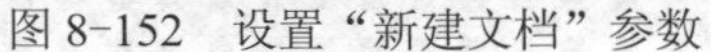
图 8-152　设置“新建文档”参数

图 8-153　制作蓝白云纹效果

3）执行菜单中的“窗口 | 图层”命令，调出“图层”面板，单击面板下部的（创建新图层）按钮创建“图层 1”。然后将工具箱中的前景色设置为“白色”，按快捷键〈Alt+Delete〉将“图层 1”填充为白色。

4）本例要制作填充为黑白格图案的纵深延展地面，下面先来制作黑白格图案单元。方法：选择工具箱中的（矩形选框工具），在其设置栏中如图 8-154 所示设置参数。然后在画面中单击，从而创建一个正方形选区。接着将前景色设置为“黑色”，再按快捷键〈Alt+Delete〉键将正方形选区填充为黑色。最后将这个正方形复制一份，摆放到如图 8-155 所示位置。

提示： 黑色正方形不要绘制得太大，图形单元的大小会影响填充图案的效果。

5）选择工具箱中的（矩形选框工具）拖动鼠标，得到一个如图 8-156 所示的正方形选区，这就是形成黑白格图案的一个基本图形单元。

图 8-154　设置矩形选框参数

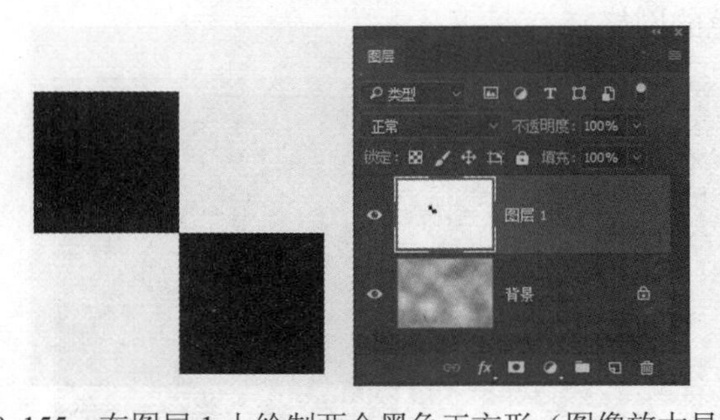

图 8-155　在图层 1 上绘制两个黑色正方形（图像放大显示）

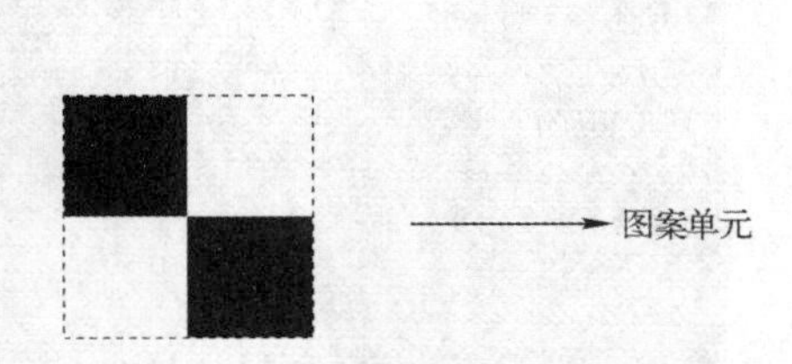

图 8-156　制作黑白格图案单元

提示： Photoshop 中定义图案单元时必须应用“矩形选框工具”，并且选区的羽化值一定要设为 0。

6）下面来定义和填充黑白格图案。方法：执行菜单中的“编辑 | 定义图案”命令，打开如图 8-157 所示的“图案名称”对话框，在“名称”栏内输入“黑白格”，单击“确定”按钮，使其存储为一个新的图案单元。

图 8-157　在“图案名称”对话框中将黑白格存储为一个图案单元

7）按快捷键〈Ctrl+D〉取消选区，然后执行菜单中的“编辑 | 填充”命令，在弹出的对话框中如图 8-158 所示设置参数，在“自定图案”弹出式列表中选择刚才定义的“黑白格”图案单元，单击“确定”按钮，填充后图像中出现连续排列的黑白格图案，如图 8-159 所示。

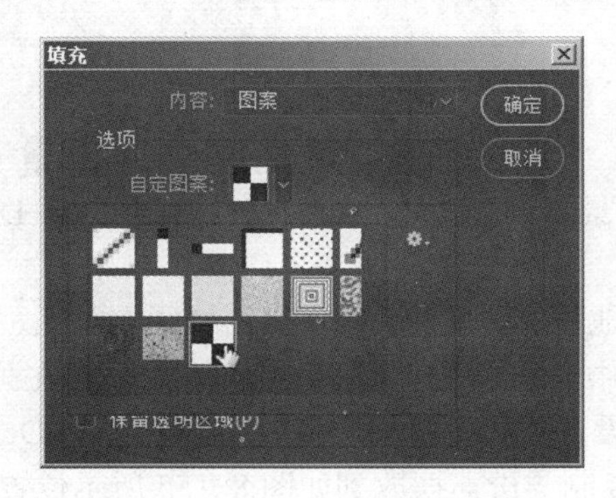

图 8-158　在“填充”对话框中选中刚才定义的图案单元

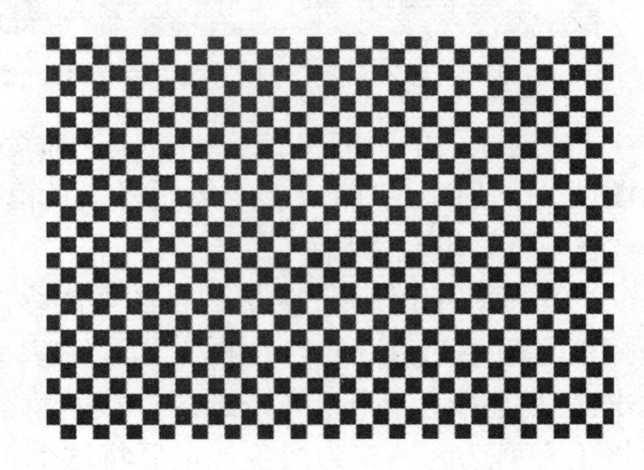

图 8-159　在“图层 1”上填充图案

8）按快捷键〈Ctrl+A〉全选全图，然后按快捷键〈Ctrl+C〉复制全图（黑白图案），将其复制到裁剪板中。然后单击图层面板上“图层 1”名称前的 （指示图层可视性）图标将该层暂时隐藏。

9）接下来，单击面板下方的 （创建新图层）按钮创建“图层 2”，然后执行菜单中的“滤镜 | 消失点”命令，打开“消失点”编辑框。接着选择对话框左上角的 （创建平面工具）按钮（其使用方法与钢笔工具相似），开始绘制如图 8-160 所示的梯形（作为透视变形的参考图形），绘制完成后梯形中自动生成了浅蓝色的网格。

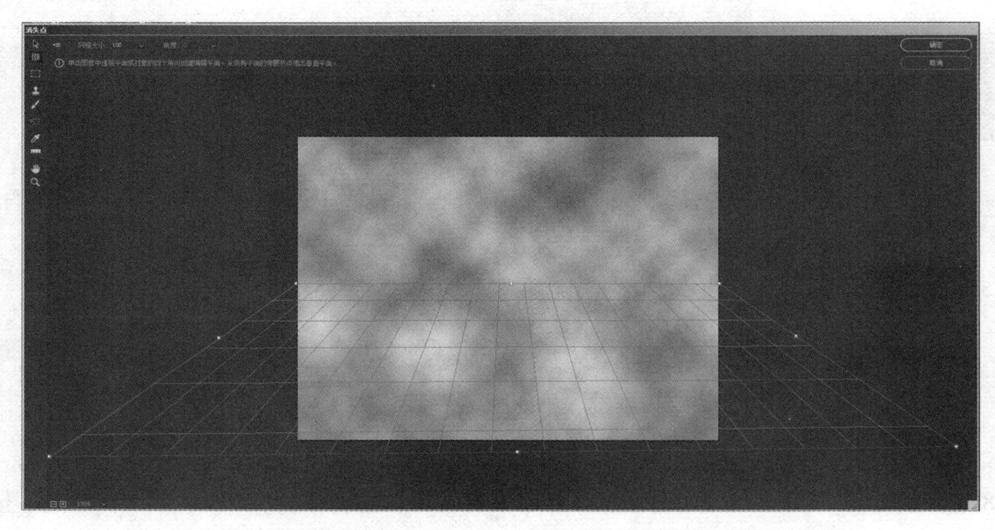

图 8-160　在“消失点”编辑框内绘制梯形（作为透视变形的参考图形）

10）现在按快捷键〈Ctrl+V〉将刚才复制到裁剪板中的内容粘贴进来，刚开始贴入时黑白格图案还位于线框之外，如图 8-161 所示，用鼠标将它直接拖到刚才设置的网格线框里，平面贴图被自动适配到刚才创建的梯形内，并且符合透视变形，如图 8-162 所示。如果贴图的尺寸远远大于梯形范围，那么接着利用对话框左上角的（变换工具）在梯形内拖动鼠标，找到贴图一个角的转换控制点，单击并拖动它使贴图缩小到合适的尺寸，最后单击“确定”按钮。黑白格图案以符合透视原理的方式形成向远处延伸的地面，效果如图 8-163 所示。

图 8-161　刚开始贴入时黑白格图案还位于线框之外

图 8-162　平面贴图被自动适配到刚才创建的梯形内，并且符合透视变形

图 8-163　黑白格图案形成向远处延伸的地面

11）执行菜单中的“文件｜打开”命令，打开网盘中的“随书素材及结果\8.8 地面的延伸效果\原图.tif”文件，该文件中事先保存了一个男孩外形的路径。执行菜单中的“窗口｜路径”命令，调出“路径”面板，在面板中单击并拖动“路径 1”到面板下方的 （将路径作为选区载入）图标上，将路径转换为浮动选区，如图 8-164 所示。

图 8-164　素材图“原图.tif ”及其所带的路径

12）选择工具箱中的 （移动工具），将选区内的男孩图形拖动到“图案.psd”画面中间的位置，“图层面板”中自动生成“图层 3”。然后，按快捷键〈Ctrl+T〉应用“自由变换”命令，按住〈Shift〉键拖动控制框边角的手柄，使图像进行等比例放缩，调整后的位置与大小效果如图 8-165 所示。

图 8-165　将男孩图形拖动到“图案.psd”画面中间的位置

13）在黑白格形成的虚拟的“地面”上，为小男孩制作一个投影，以削弱硬性拼贴的感觉。方法：将“图层 3”拖动到图层面板下方的 （创建新图层）按钮上，复制出“图层 4”，然后选中“图层 3”（“图层 3”位于“图层 4”下面），执行菜单中的“编辑｜变换｜扭曲”命令，拖动出现的控制框边角的手柄使图像进行扭曲变形，得到如图 8-166 所示的效果。

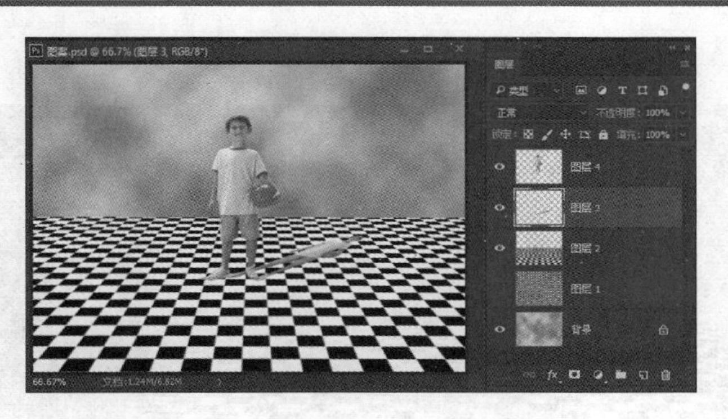

图 8-166　复制图层 3 并进行拉伸变形

14）按住〈Ctrl〉键单击“图层 3”名称前的缩略图，得到“图层 3”的选区，将其填充为黑色，然后按快捷键〈Ctrl+D〉取消选区，如图 8-167 所示。现在投影边缘不够自然，接下来再执行菜单中的“滤镜｜模糊｜高斯模糊”命令，在弹出的“高斯模糊”对话框中如图 8-168 所示设置参数，将“半径”设置为 3 像素，单击“确定”按钮，模糊后的阴影效果如图 8-169 所示。

图 8-167　将地面的投影形状填充为黑色

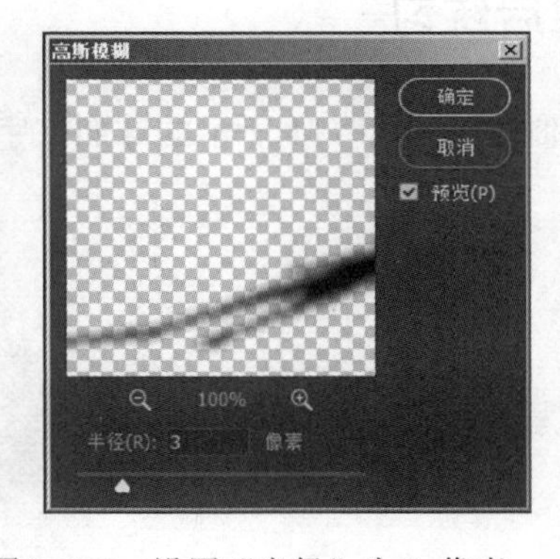

图 8-168　设置“半径”为 3 像素

图 8-169　模糊化处理之后的投影

15）将图层面板上“图层 3”的不透明度调为 85%，使阴影形成半透明感，最终效果如

图 8-170 所示。

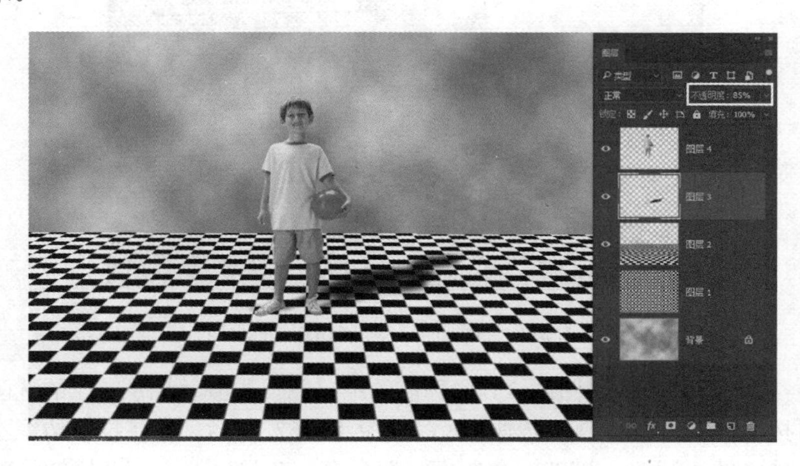

图 8-170　最终效果

8.9 课后练习

1）制作如图 8-171 所示的球面文字效果。

图 8-171　球面文字效果

2）打开网盘中的“课后练习\第 8 章\图片的褶皱效果\原图.jpg”文件，如图 8-172 所示，制作出如图 8-173 所示的褶皱效果。

图 8-172　原图

图 8-173　结果图

第3部分　综合实例演练

- 第9章　综合实例

第9章　综 合 实 例

本章重点

通过前面8 章的学习，大家已经掌握了 Photoshop CC 2017 的一些基本操作。在实际工作中，通常要综合运用这些知识来设计和处理图像。下面通过3 个综合实例来帮助大家拓宽思路，提高综合运用 Photoshop CC 2017 的能力。

9.1　反光标志效果

要点：

本例将制作反光标志效果，如图 9-1 所示。通过本例的学习，读者应掌握图层样式、通道和滤镜的综合应用。

a)

b)

c)

图 9-1　反光标志效果

a)“反光风景.jpg ”素材　b)“反光标志.tif ”素材　c) 结果图

操作步骤：

1）执行菜单中的“文件｜打开”命令，打开网盘中的“素材及结果\9.1 反光标志效果\反光标志.tif”文件，如图 9-1b 所示。

2）按快捷键〈Ctrl+A〉，将其全选。然后按快捷键〈Ctrl+C〉，对其进行复制。接着，执行菜单中的“窗口｜通道”命令，调出“通道”面板，单击面板下方的 （创建新通道）按钮创建“Alpha 1”。最后，按快捷键〈Ctrl+V〉，将刚才复制的黑白图标粘贴到“Alpha 1”通道中，如图 9-2 所示。

3）在“Alpha 1”通道中，按快捷键〈Ctrl+I〉反转黑白，然后将“Alpha 1”拖动到“通道”面板下方的 （创建新通道）按钮上，将其复制一份，并命名为“Alpha 2”，再按快捷键〈Ctrl+D〉取消选区，效果如图 9-3 所示。

图 9-2　将图标复制贴入“Alpha 1”通道中

图 9-3　反转通道黑白后将“Alpha 1”复制为“Alpha 2”

4）选中“Alpha 2”，执行菜单中的“滤镜｜模糊｜高斯模糊”命令，在弹出的“高斯模糊”对话框中设置参数，如图 9-4 所示，将模糊“半径”设置为 7 个像素，以对“Alpha 2”中的图形进行虚化处理，单击“确定”按钮后，效果如图 9-5 所示。

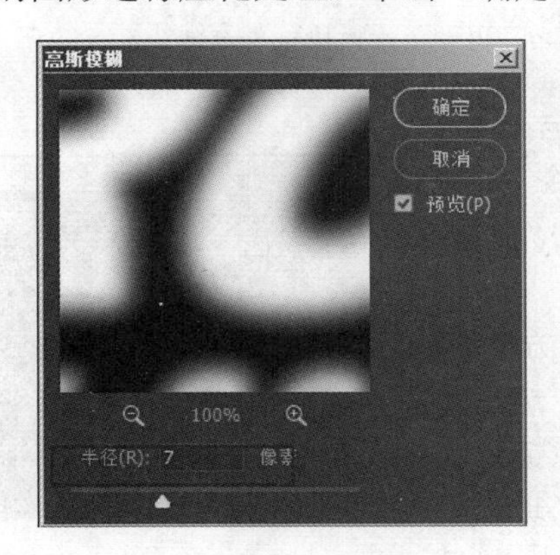

图 9-4　设置“高斯模糊”参数

图 9-5　“高斯模糊”效果

5）将“Alpha 2”中的图像单独存储为一个文件。方法：按快捷键〈Ctrl+A〉，将其全选，然后按快捷键〈Ctrl+C〉，对其进行复制。接着按快捷键〈Ctrl+N〉，新建一个空白文件，单击“确定”按钮。最后按快捷键〈Ctrl+V〉，将刚才复制的“Alpha 2”通道内容粘贴到新文件中，并将该文件保存为“Logo-blur.psd”。

6）回到“反光标志.tif”文件，在“通道”面板中单击“RGB”主通道。然后执行菜单中的“窗口｜图层”命令，调出“图层”面板，接着按〈D〉键，将工具箱中的“前景色”和“背景色”分别设置为默认的黑色和白色。再按快捷键〈Ctrl+Delete〉，将“背景”图层填充为白色。最后按快捷键〈Ctrl+D〉取消选区。

7）执行菜单中的“文件｜打开”命令，打开网盘中的“素材及结果\9.1 反光标志效果\反光风景.jpg”文件，如图 9-1a 所示。然后选择工具箱中的（移动工具），将风景图片直接拖动到“反光标志.tif”文件中，此时在“图层”面板中会自动生成一个新的图层，将该图层命名为“风景图片”。接着，按快捷键〈Ctrl+T〉应用“自由变换”命令，按住控制框一角的手柄向外拖动，适当放大图像，使其充满整个画面。

8）在“图层”面板中拖动“风景图片”图层到下方的（创建新图层）按钮上，将其复制一份，命名为“模糊风景”，此时的图层分布如图 9-6 所示。然后执行菜单中的“滤镜｜模糊｜高斯模糊”命令，在弹出的“高斯模糊”对话框中设置参数，如图 9-7 所示，将模糊“半径”设置为 5 个像素，使图像稍微虚化，以消除一些分散注意力的细节，单击“确定”按钮。

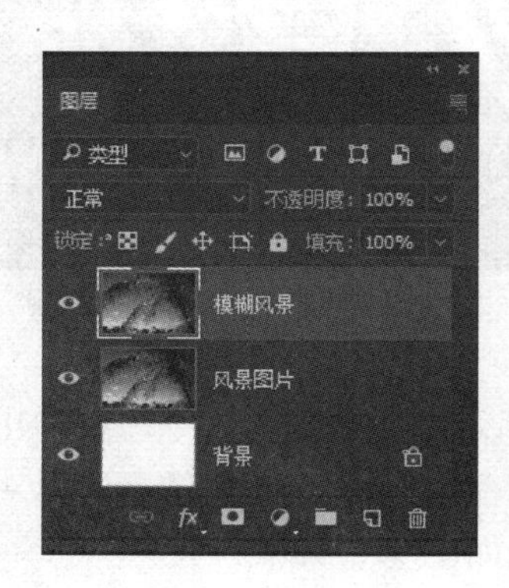

图 9-6 图层分布

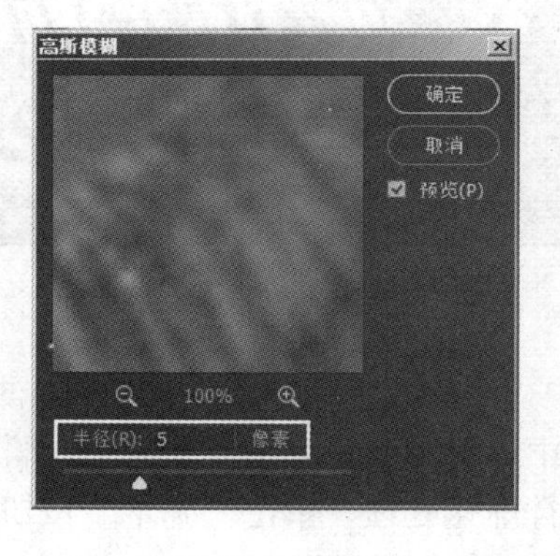

图 9-7 设置“高斯模糊”参数

9）这一步骤很重要，作用是将生成的标志位置限定在可视的图层边缘内。方法：执行菜单中的“图像｜裁切”命令，在弹出的“裁切”对话框中按照如图 9-8 所示设置参数，单击“确定”按钮。

图 9-8 “裁切”对话框

10）在“图层”面板中拖动“模糊风景”图层到下方的（创建新图层）按钮上，从而复制出一个新的图层，然后将该层命名为“标志”。接着执行菜单中的“滤镜｜滤镜库”命令，在弹出的对话框中选择“扭曲”文件夹中的“玻璃”滤镜，再单击右上部的按钮，从弹出的快捷菜单中选择“载入纹理”命令，如图 9-9 所示。最后在弹出的“载入纹理”

对话框中选择刚才存储的“Logo-blur.psd”，单击“打开”按钮，返回“玻璃”对话框。此时，在左侧的预览框内可看到具有立体感的标志图形已从背景中浮凸出来，再次单击“确定”按钮。

图 9-9　在“玻璃”对话框中载入“Logo-blur.psd”

11）在“图层”面板中选中“标志”图层，然后打开“通道”面板，按住〈Ctrl〉键，单击如图 9-10 所示的“Alpha 1”通道图标以生成选区。

12）单击“图层”面板下方的■（添加图层蒙版）按钮，在“标志”图层上创建一个图层蒙版，如图 9-11 所示。

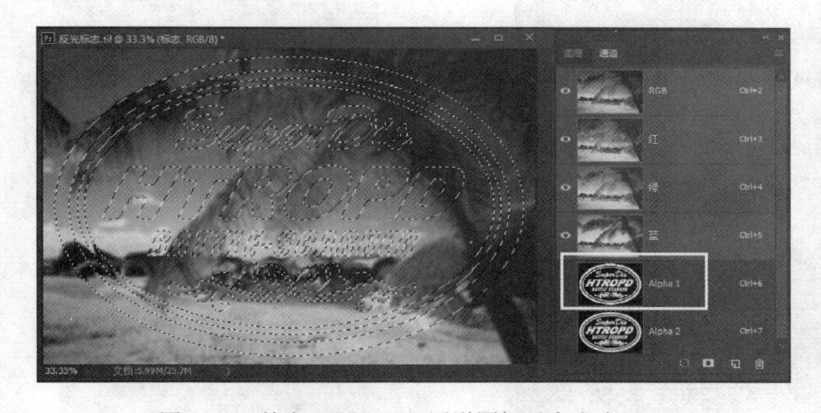

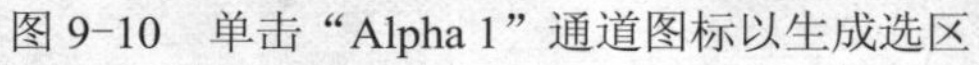

图 9-10　单击“Alpha 1”通道图标以生成选区

图 9-11　创建图层蒙版

13）为“标志”图层添加一些图层样式，以强调标志图形的立体感。方法：单击“图层”面板下方的 fx（添加图层样式）按钮，在弹出的菜单中选择“投影”命令。然后在弹出的“图层样式”对话框中设置参数，如图 9-12 所示，单击“确定”按钮，效果如图 9-13 所示。

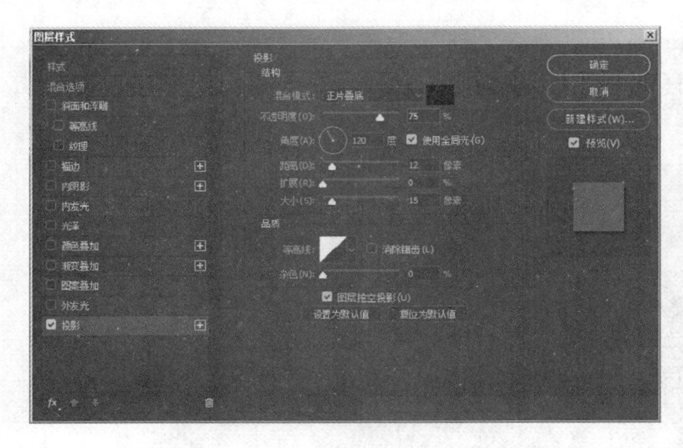

图 9-12　设置“投影”参数

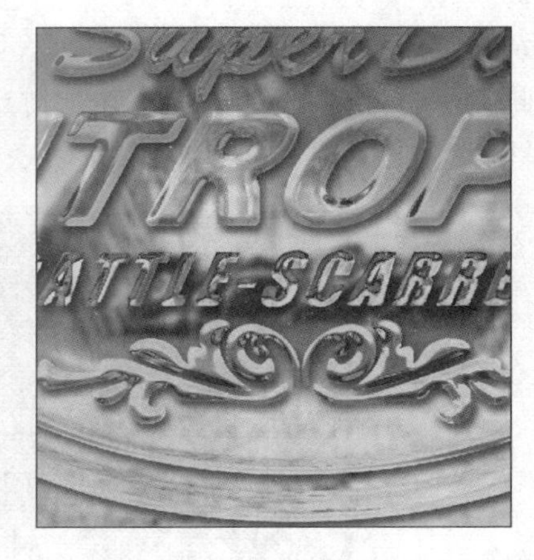

图 9-13　添加“投影”后的标志效果

14）在“图层样式”对话框左侧的列表框中选中“内阴影”复选框，参数设置如图 9-14 所示，以添加暗绿色的内阴影，然后单击“确定”按钮，效果如图 9-15 所示。

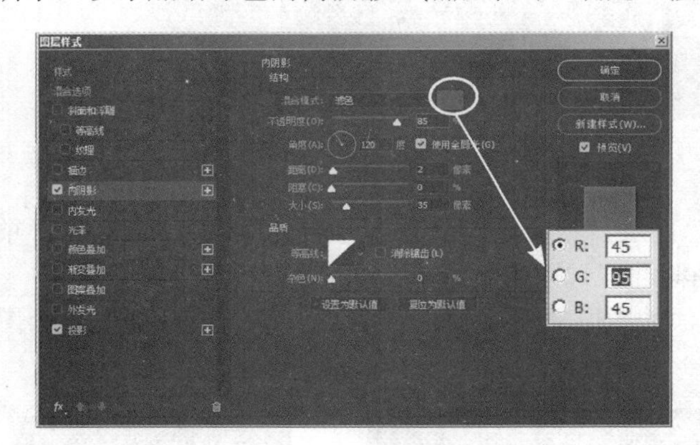

图 9-14　设置“内阴影”参数

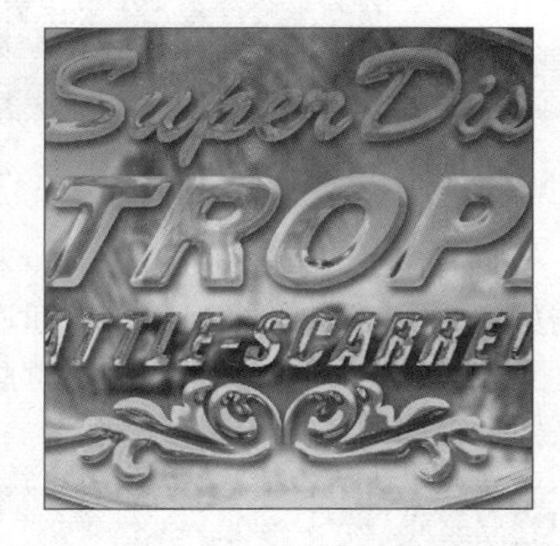

图 9-15　添加“内阴影”后的标志效果

15）在“图层样式”对话框左侧的列表框中选中“斜面和浮雕”复选框，参数设置如图 9-16 所示，以在标志外侧产生更为明显的雕塑感，然后单击“确定”按钮，效果如图 9-17 所示。

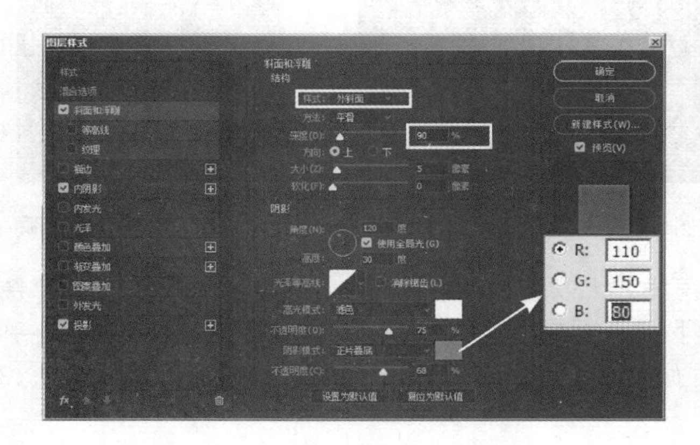

图 9-16　设置“斜面和浮雕”参数

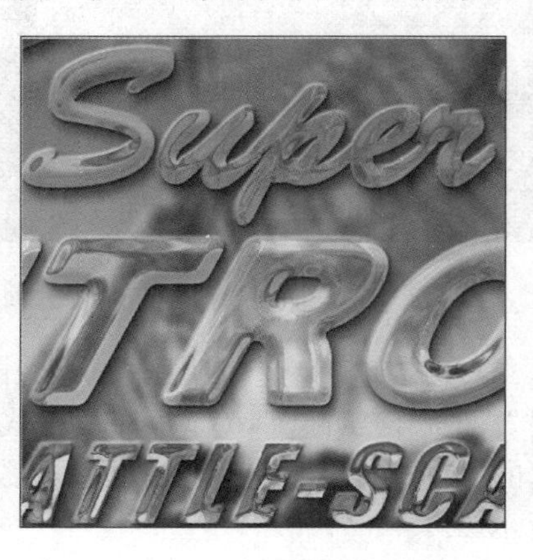

图 9-17　“斜面和浮雕”效果

16）将工具箱中的“前景色”设置为一种蓝绿色，RGB 值为（0，80，90），然后在“图层”面板中“模糊风景”层的上方创建“图层 1”。接着按快捷键〈Alt+Delete〉，将“图层 1”填充为深绿色。再将图层“混合模式”设为“正片叠底”“不透明度”设为 88%，如图 9-18 所示。可见，深暗的背景图像起到了衬托主体的作用，此时，标志图形呈现出一种类似铬合金的光泽效果。

提示：如图 9-19 所示，“图层 1”位于“标志”层和“模糊风景”层之间。

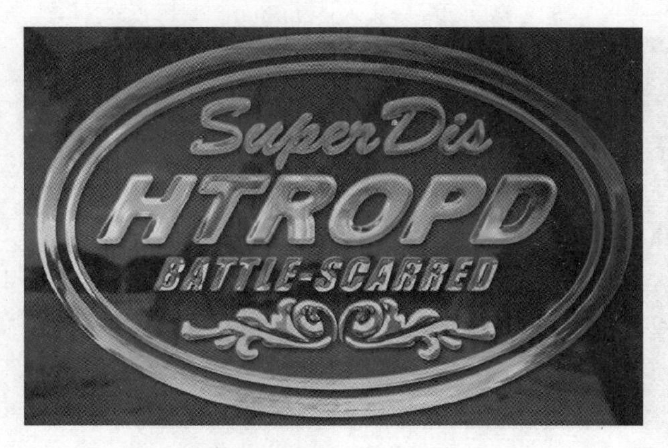

图 9-18　深暗的背景图像起到了衬托主体的作用

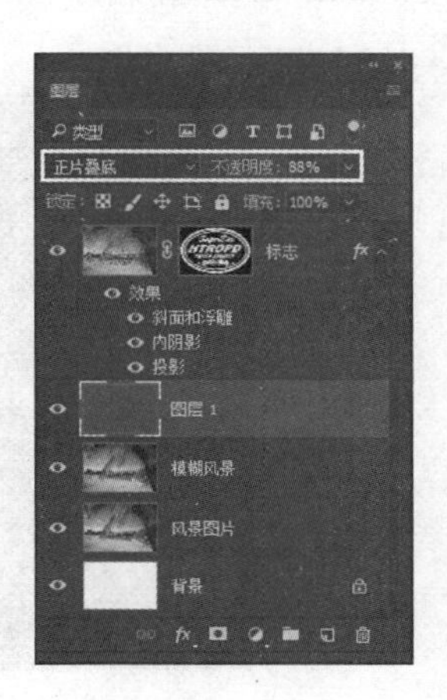

图 9-19　图层分布

17）在标志的中间部分制作较亮的反光。方法：打开“通道”面板，拖动“Alpha 1”通道到面板下方的（创建新通道）按钮上，将其复制一份，命名为“Alpha 3”。然后按快捷键〈Ctrl+I〉，将通道图像黑白反转。接着选择“Alpha 3”通道，执行菜单中的“滤镜｜滤镜库”命令，在弹出的对话框中选择“艺术效果”文件夹中的“塑料包装”滤镜，接着在右侧设置参数，如图 9-20 所示，从左侧预览框中可以看出加上光感的效果，然后单击“确定”按钮。

图 9-20　在“Alpha 3”中添加“塑料包装”滤镜效果

图 9-21 设置“收缩选区”参数

18）按住〈Ctrl〉键单击“Alpha 1”前的通道缩略图，从而获得“Alpha 1”中图标的选区。然后单击“Alpha 3”，执行菜单中的“选择 | 修改 | 收缩选区”命令，在弹出的“收缩选区”对话框中设置参数，如图 9-21 所示，以使选区向内收缩 1 个像素，然后单击“确定”按钮。

19）按快捷键〈Shift+Ctrl+I〉，反选选区，将工具箱中的“背景色”设置为黑色。然后按快捷键〈Ctrl+Delete〉，将选区填充为黑色。接着按快捷键〈Ctrl+D〉取消选区，效果如图 9-22 所示。

图 9-22 用黑色填充“Alpha 3”

20）在通道“Alpha 3”中按快捷键〈Ctrl+A〉进行全选，然后按快捷键〈Ctrl+C〉进行复制。接着打开“图层”面板，选中“标志”图层，按快捷键〈Ctrl+V〉，将“Alpha 3”中的内容粘贴成为一个新图层，并将此图层命名为“高光”。

21）选中“高光”图层，在“图层”面板上将其图层“混合模式”更改为“滤色”，将“不透明度”更改为 70% ，如图 9-23 所示。此时，标志的中间部分像被一束光直射一般，产生了明显的反光效果，如图 9-24 所示。

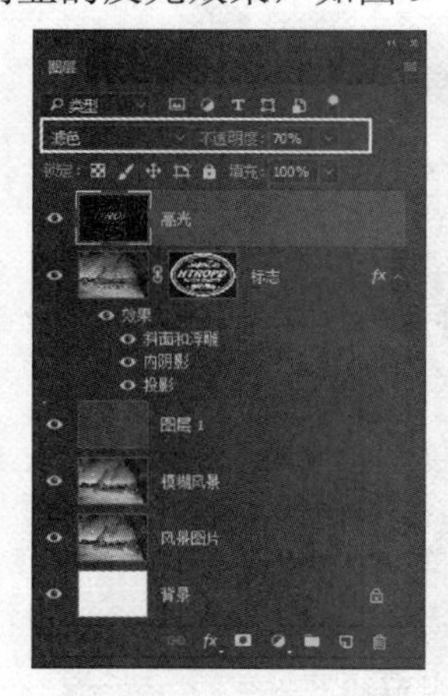

图 9-23 设置图层属性

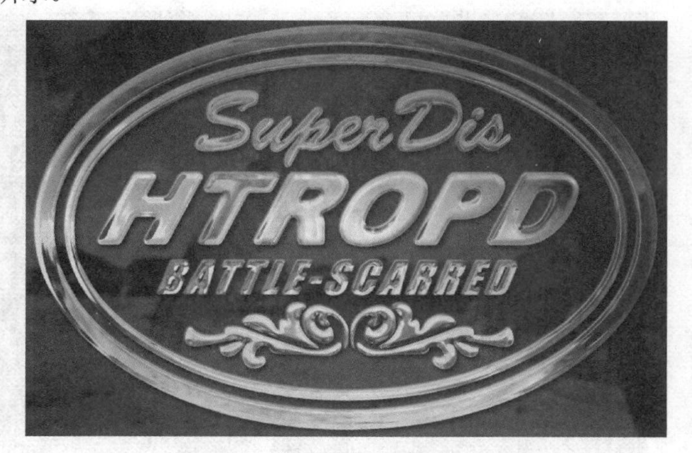

图 9-24 在标志中部添加光照效果

22）在“通道”面板中，拖动“Alpha 1”到面板下方的 （创建新通道）按钮上，将其复制一份，并将其命名为“Alpha 4”。然后利用工具箱中的 （画笔工具），在如图 9-25 所示的画笔工具设置栏中设置参数。接着，将工具箱中的“前景色”设置为白色，用画笔工具将“Alpha 4”中标志的内部全部描绘为白色，目的是为了选取标志的外轮廓，如图 9-26 所示。

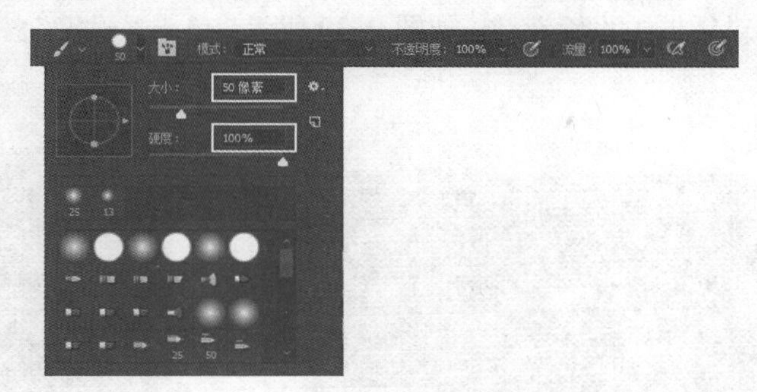

图 9-25　画笔工具设置栏

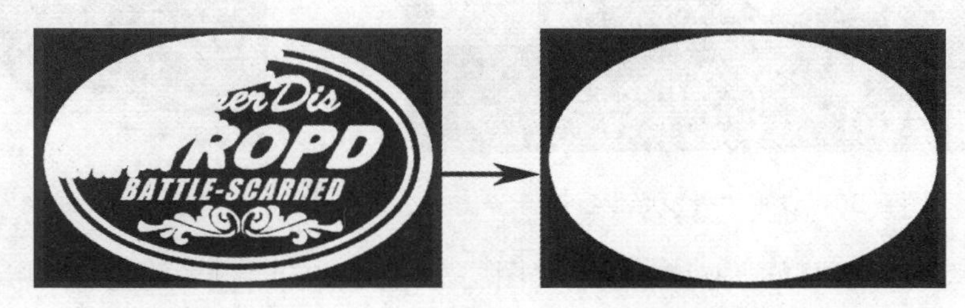

图 9-26　用画笔工具将“Alpha 4”中标志的内部全部描绘为白色

23）按住〈Ctrl〉键单击“Alpha 4”前的通道缩览图，获得“Alpha 4”中图标外轮廓的选区。然后打开“图层”面板，单击“背景”图层，接着单击面板下方的（创建新图层）按钮，创建一个新图层，并将其命名为“剪贴蒙版”。最后按快捷键〈Ctrl+Delete〉，将该图层上的选区填充为黑色，如图 9-27 所示。

24）按住〈Alt〉键，在“剪贴蒙版”上的每一个图层中的下边缘线上单击，则所有图层都会按“剪切蒙版”图层的形状进行裁切，且每个被裁切过的图层缩览图前都出现了（剪贴蒙版）图标，如图 9-28 所示。此时，标志从背景中被隔离了出来，按快捷键〈Ctrl+D〉取消选区，效果如图 9-29 所示。

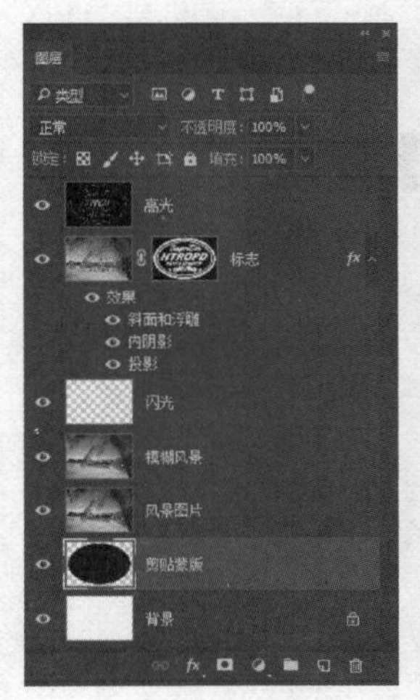

图 9-27　填充黑色

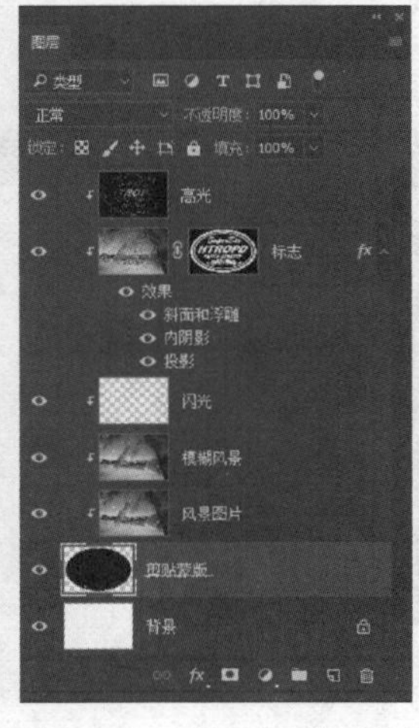

图 9-28　裁切图层形状

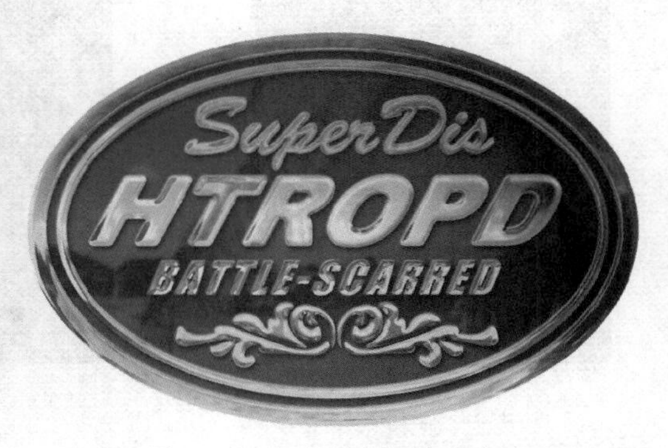

图 9-29　标志从背景中隔离出来

25）为整个标志再增添一圈外发光。方法：在“图层”面板中选中“剪切蒙版”图层，单击面板下部的 fx（添加图层样式）按钮，在弹出的菜单中选择“外发光”命令。然后在弹出的“图层样式”对话框中设置参数，如图 9-30 所示，单击“确定”按钮，效果如图 9-31 所示。

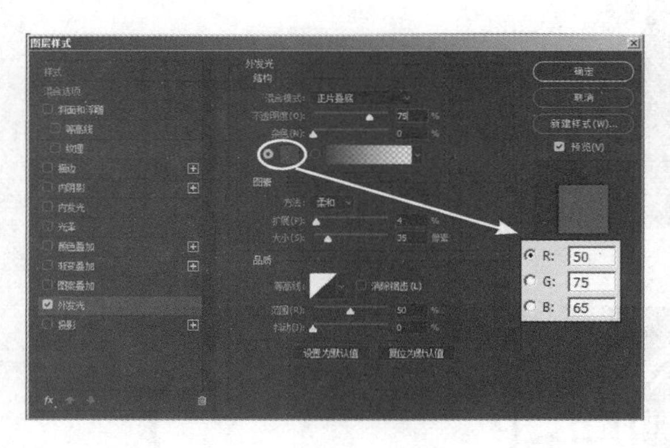

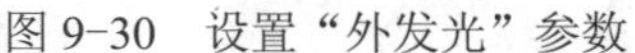

图 9-30 设置“外发光”参数

图 9-31 添加“外发光”后的标志效果

26）手动添加喷漆闪光。方法：单击“图层”面板下方的（创建新图层）按钮，创建一个新图层，并将其命名为“闪光”，将该图层移至所有图层的上面，如图 9-32 所示。然后选择工具箱中的（画笔工具），在如图 9-33 所示的画笔工具设置栏中设置参数。接着将工具箱中的“前景色”设置为白色，用画笔工具在标志图像上的一些高光区域涂画，效果如图 9-34 所示。

提示：标志上小字体的高光部分要注意换用小尺寸的笔刷进行涂画。

27）至此，整个立体反光标志制作完毕，效果如图 9-35 所示。

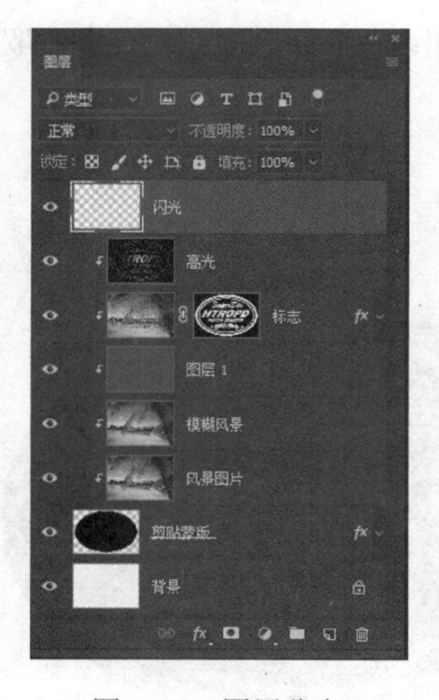

图 9-32 图层分布

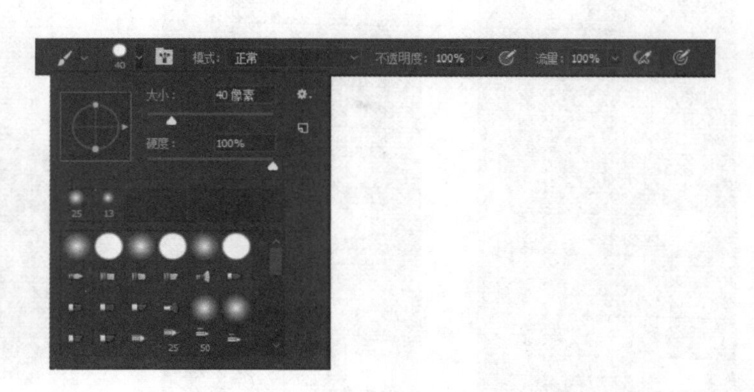

图 9-33 “闪光”的画笔工具设置栏

图 9-34　在图像中的高光区域画上白色的闪光点

图 9-35　最终效果

9.2　电影海报效果

要点：

本例将制作电影海报效果，如图 9-36 所示。通过本例的学习，读者应掌握图层、色彩调整、路径和滤镜的综合应用。

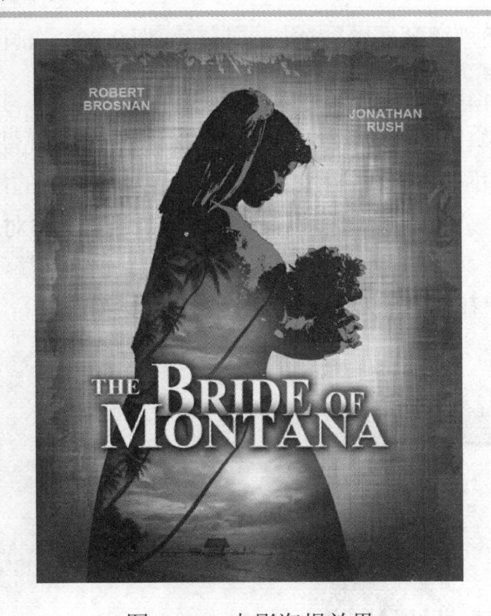

图 9-36　电影海报效果

操作步骤：

1）执行菜单中的“文件 | 新建”命令，创建一个宽为 8 厘米、高为 10.5 厘米、分辨率为 300 像素/英寸、颜色模式为“RGB 颜色”（8 位）的文件，然后将其存储为“电影海报-1.psd”。

2）该张海报的背景是被局部光照亮的类似织布纤维的纹理效果，这种带有粗糙感的自然

纹理是利用 Photoshop 的功能创造出来的。因此，制作海报的第一步，要先来生成织布底纹。设置工具箱中的前景色为“黑色”、背景色为“白色”，执行菜单中的“滤镜 | 杂色 | 添加杂色”命令，然后在弹出的对话框中如图 9-37 所示设置参数，即将“数量”设置为 300%，将“分布”设置为“高斯分布”，并选中“单色”复选框，此时画面上出现了黑白色杂点。单击“确定”按钮，效果如图 9-38 所示。

图 9-37 “添加杂色”对话框

图 9-38 在画面中添加黑白色杂点

3）执行菜单中的“窗口 | 图层”命令，调出“图层”面板，按快捷键〈Ctrl+J〉，将背景层复制为“图层 1”。然后单击“图层 1”前的 ◉（指示图层可视性）图标，将该层暂时隐藏。

4）将杂点转成色块，并在画面中初步生成模糊的纵横交错的纤维组织。方法：选中背景层，执行菜单中的“滤镜 | 杂色 | 中间值”命令，然后在弹出的对话框中如图 9-39 所示设置参数，即将“半径”设置为 40 像素。此时，图像中细小的杂点凝结成颗粒，并呈现出隐约可见的纤维纹理图像。单击“确定”按钮，效果如图 9-40 所示。

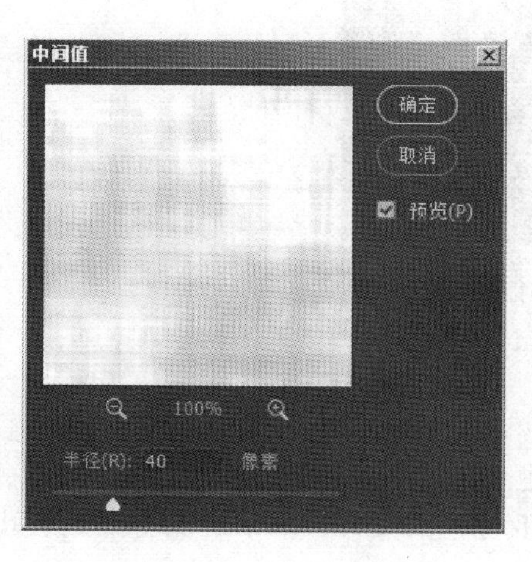

图 9-39 “中间值”对话框

图 9-40 画面中初步生成模糊的纵横交错的纤维组织

5）由于目前画面中的纤维纹理效果还比较模糊，要对其进行清晰化处理。执行菜单中的“图像 | 调整 | 色阶”命令，在弹出的如图 9-41 所示的对话框中将直方图下方的黑色色标向右侧移动，使图像对比度增大，清晰程度得到改善。单击“确定”按钮，效果如图 9-42 所示。

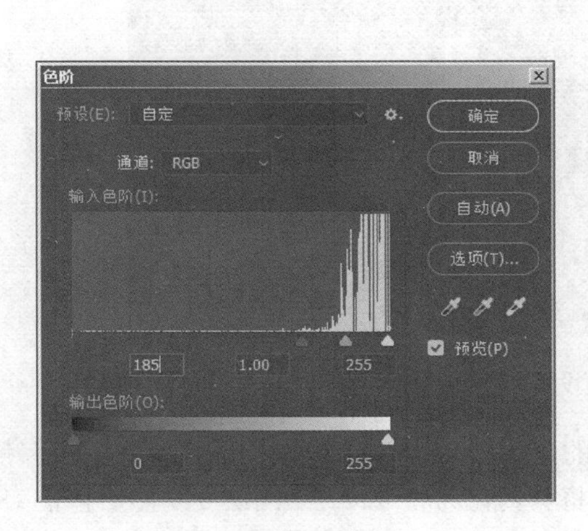

图 9-41　将黑色色标向右侧移动

图 9-42　纤维图像对比度增大

6）生成清晰细致的纤维纹理。方法：在“图层”面板中选中“图层 1”，并将“图层 1”前的 (指示图层可视性）图标打开。然后执行菜单中的“滤镜 | 滤镜库”命令，在弹出的对话框中选择“素描”滤镜组中的“水彩画纸”命令，并在右侧如图 9-43 所示设置参数，即设置“纤维长度”为 50、“亮度”为 90、“对比度”为 75。单击“确定”按钮，画面中出现了灰色的纵横交错的纤维纹理图案。

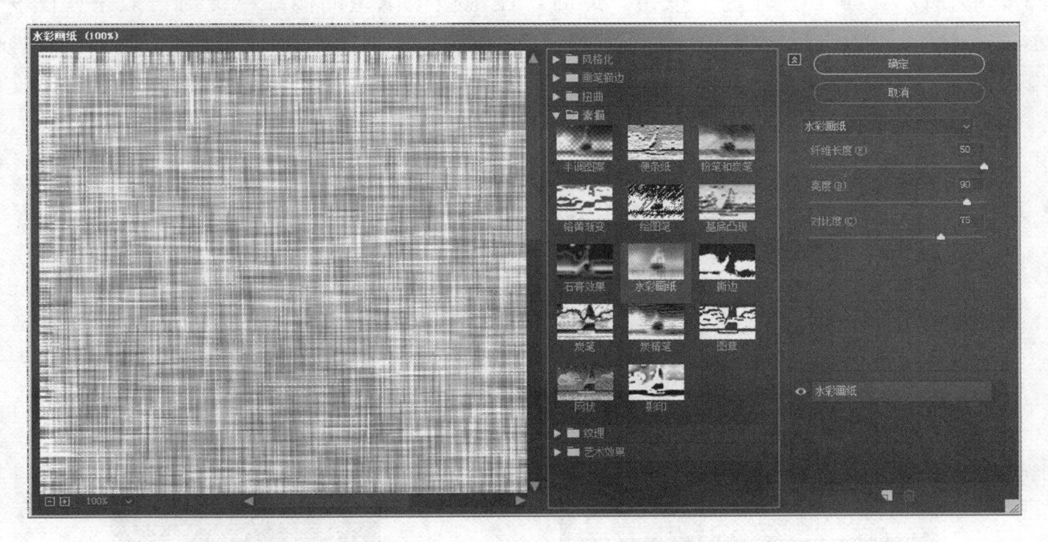

图 9-43　在“图层 1”上生成纵横交错的灰色织布纹理

7）在“图层”面板中将“图层 1”的“混合模式”设置为“线性加深”，将“填充”设置为 40%，则两个图层上的纤维组织图像会自然地融合在一起，放大局部后可看到线条清晰、

明暗变化丰富的布纹效果，如图 9-44 所示。

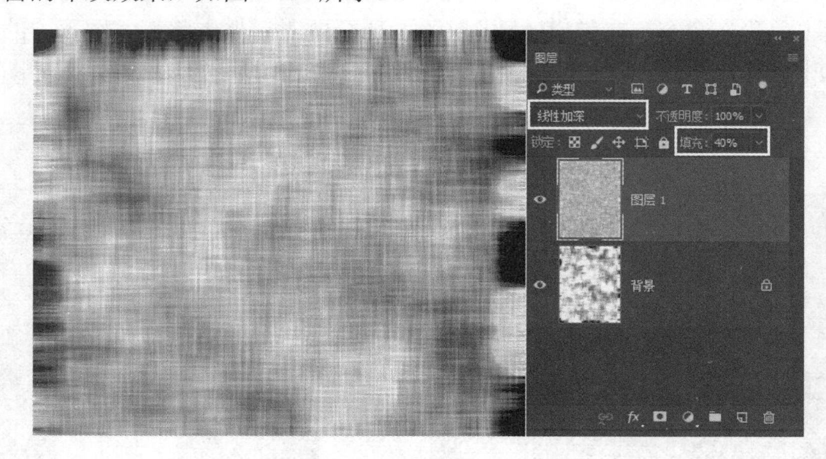

图 9-44　将“图层 1”的“混合模式”设置为“线性加深”，“填充”设置为 40%

8）图像四周参差不齐的黑色部分是多余的，要在不改变图像整体尺寸的前提下将黑色部分去除。方法：在“图层”面板中双击背景层，将其转化为普通图层“图层 0”。然后按住〈Shift〉键将背景层和“图层 1”一起选中。接着，按快捷键〈Ctrl+T〉应用“自由变换”命令，在按住〈Shift〉键的同时拖动控制框边角的手柄，使图像进行等比例缩放，让边缘的黑色区域超出画面外，调整后的效果如图 9-45 所示。

9）在纹理中添加渐变颜色。方法：在“图层”面板下部单击 （创建新的填充或调整图层）按钮，从弹出的快捷菜单中选择“渐变映射”命令，然后在弹出的“属性”对话框中单击如图 9-46 所示的渐变颜色按钮，再在“调整”面板中选择“紫色—橙色”渐变，如图 9-47 所示，单击“确定”按钮。此时，图像被很浓重的橘红色覆盖，效果如图 9-48 所示。

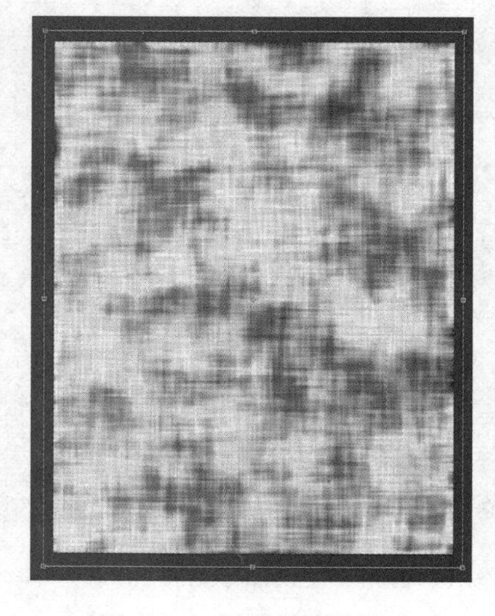

图 9-45　调整后的效果

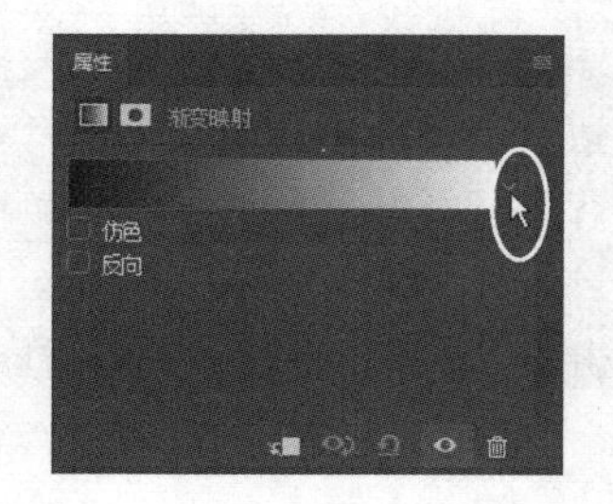

图 9-46　“属性”对话框

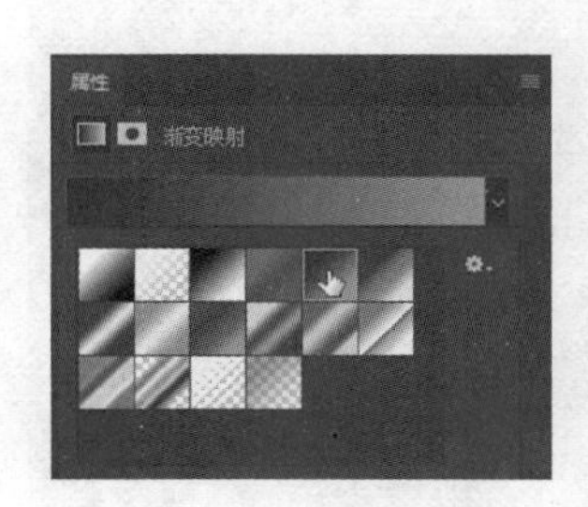

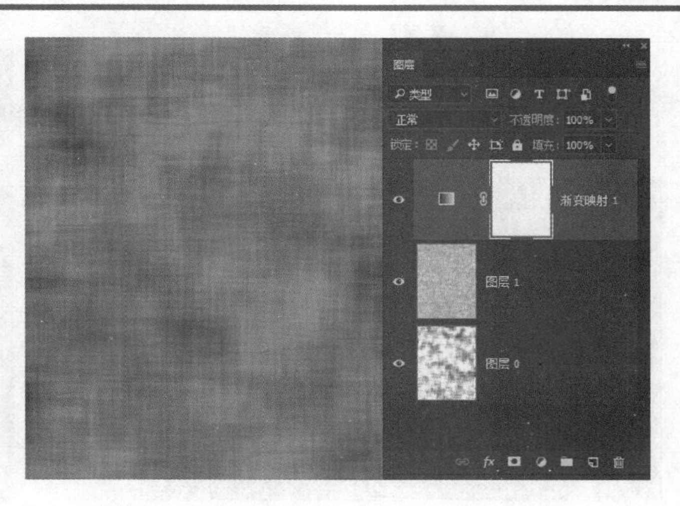

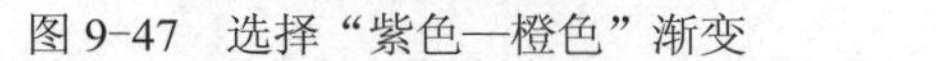
图 9-47　选择“紫色—橙色”渐变

图 9-48　自动生成了一个新图层“渐变映射 1”

提示：在图像上应用“渐变映射”命令后，“图层”面板中自动生成了一个新的调整图层，名为“渐变映射 1”。

10）在“图层”面板中选择“渐变映射 1”层，将其“混合模式”设置为“颜色加深”“填充”、设置为 75%，如图 9-49 所示。此时，渐变颜色渗透到了纤维内，画面中本来很强烈的橘红色被改变为一种棕褐色调。

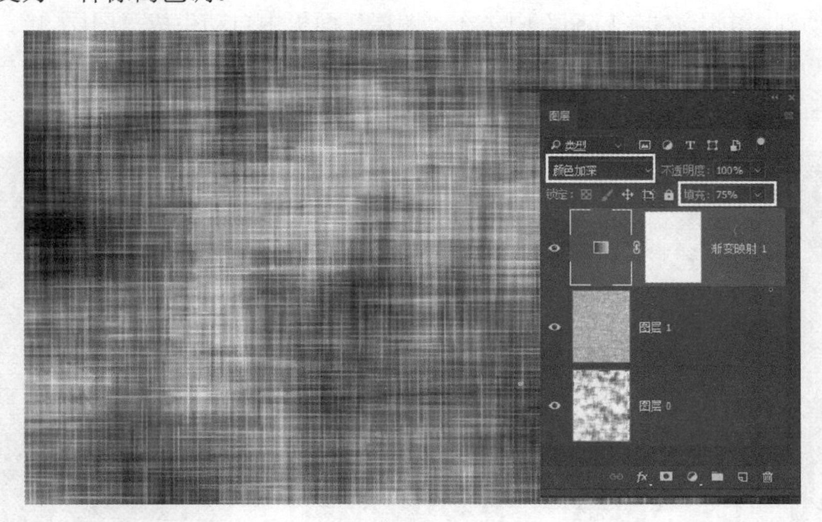

图 9-49　将“渐变映射 1”层的“混合模式”设置为“颜色加深”、“填充”设置为 75%

11）现在看来，纹理的颜色稍显浓重，而且对比度过高。在“图层”面板中选择“图层 0”，然后执行菜单中的“图像 | 调整 | 曲线”命令，在弹出的对话框中调节出如图 9-50 所示的曲线形状，以使暗调减弱一些，中间调稍微提亮。调节完后单击“确定”按钮，制作完成的纤维纹理效果如图 9-51 所示。最后，按快捷键〈Shift+Ctrl+E〉将所有图层合并为一个图层，并更名为“织布纹理”。

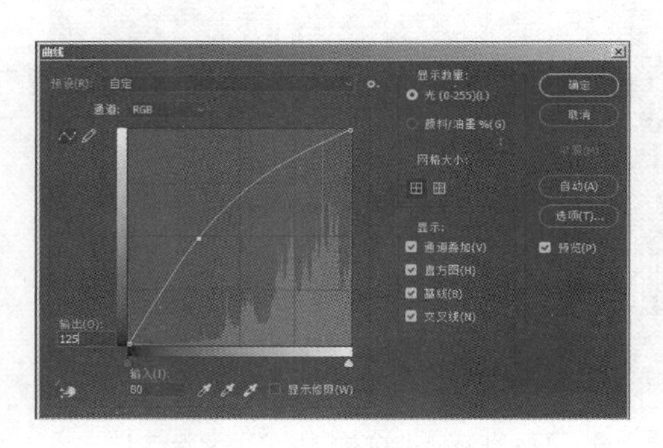

图 9-50　在“曲线”对话框中降低对比度

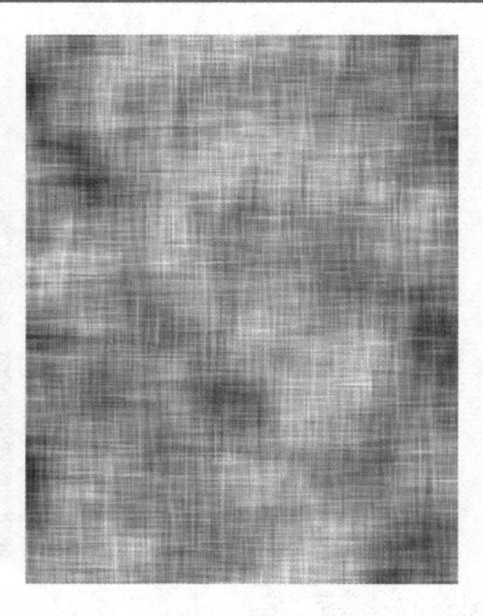

图 9-51　制作完成的纤维纹理效果

12）处理海报的主体部分——新娘图像逆光的剪影效果。先执行菜单中的“文件｜打开”命令，打开如图 9-52 所示的网盘中的“素材及结果\9.2 电影海报效果\新娘侧影.tif”文件，然后利用工具箱中的（魔棒工具）制作新娘图像背景的选区（仅选取人物外轮廓）。接着在魔棒工具选项栏中单击（添加到选区）按钮，设置“容差”为 30。

13）按快捷键〈Ctrl+Shift+I〉反转选区，然后选择工具箱中的（移动工具）将选中的新娘图像拖动到“电影海报-1.psd”中，在“图层”面板中自动生成“图层 1”。接着，按快捷键〈Ctrl+T〉应用“自由变换”命令，在按住〈Shift〉键的同时拖动控制框边角的手柄，使图像等比例缩小，并将其移动到如图 9-53 所示的画面居中的位置。

图 9-52　“新娘侧影.tif”图片

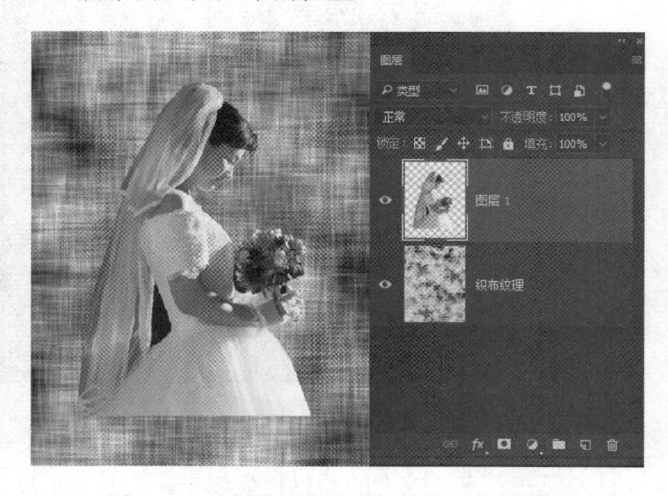

图 9-53　将新娘图像放置到图像居中的位置

提示：“图层 1”位于图层“织布纹理”上面。

14）由于图片中的人物婚纱为白色，阶调偏高。因此，在将其处理成黑色的剪影轮廓

之前，必须先对图像中间调和暗调进行压缩。方法：执行菜单中的“图像 | 调整 | 曲线”命令，在弹出的对话框中调节出如图 9-54 所示的曲线形状，以使图像中间调和暗调都加重一些。调节后单击“确定”按钮，则图像原来较弱的中间调部分呈现出丰富的细节，效果如图 9-55 所示。

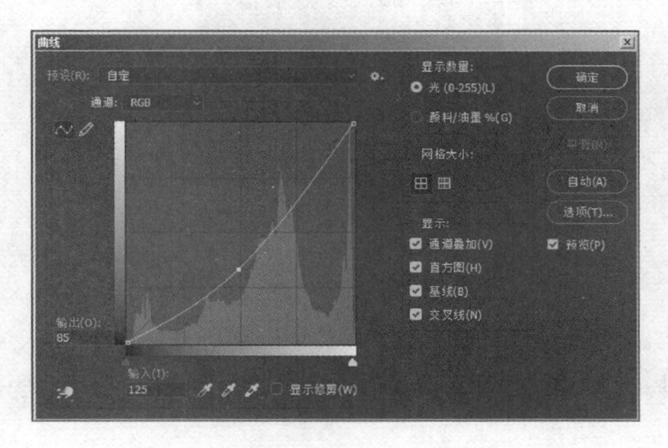

图 9-54　在“曲线”对话框中压缩中间调和暗调　　图 9-55　中间调和暗调被加重后的人物图像

15）执行菜单中的“图像 | 调整 | 阈值”命令，弹出“阈值”对话框，如图 9-56 所示，设置阈值色阶为 190，单击“确定”按钮。此时，图像变为如图 9-57 所示的黑白效果，人像左侧背光部分变成大面积的黑色，但要注意保持人像脸部原有的光影效果。

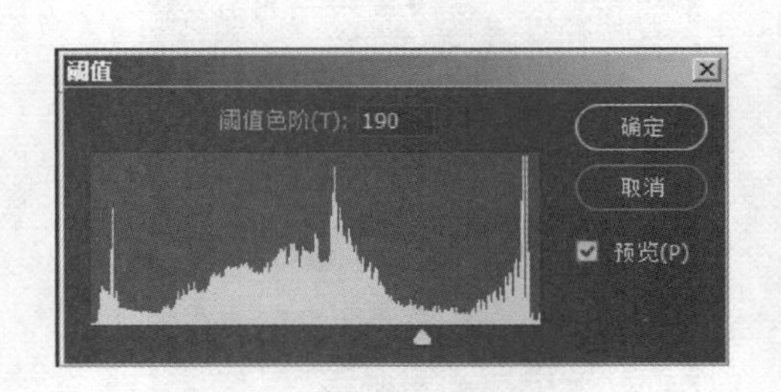

图 9-56 “阈值”对话框　　图 9-57　图像变为黑白效果

16）现在图像中的主要问题有两个：一是人像纵向长度不够，需要补足人物下部轮廓；二是由于婚纱形状的原因，造成剪影外形显得有些臃肿，需要对图像进行后期修整。选择工具箱中的（钢笔工具），在其设置栏内选择，绘制如图 9-58 所示的路径形状，将人物裙装的外轮廓进行重新定义。然后，执行菜单中的“窗口 | 路径”命令调出“路径”面板，将绘制完成的路径存储为“路径 1”。

图 9-58　应用钢笔工具对人物裙装的外轮廓进行重新定义

17）在“路径”面板中单击并拖动“路径 1”到面板下部的 （将路径作为选区载入）图标上，将路径转换为浮动选区。然后，将工具箱中的前景色设置为黑色，按快捷键〈Alt+Delete〉将选区填充为黑色。

18）按快捷键〈Ctrl+Shift+I〉反转选区，然后选择工具箱中的 （橡皮擦工具），将人物新定义的轮廓之外的部分都擦除，如图 9-59 所示。

提示：如果擦除后对新轮廓的形状仍然不满意，可以在“路径”面板中单击“路径 1”，利用工具箱中的 （直接选择工具）拖动节点以重新调整路径形状。

最后按快捷键〈Ctrl+D〉取消选区，效果如图 9-60 所示，可见，人物下部轮廓被补足，剪影外形也得到了修整。

图 9-59　将人物新定义的轮廓之外的部分都擦除

图 9-60　最后修改完成的剪影外形效果

19）现在人物剪影图像中的白色与暖色调的背景色很不协调，需要对它进行上色，将白色区域改成橘黄色调。方法：执行菜单中的“图像 | 调整 | 色相/饱和度”命令，在弹出的对话框中如图 9-61 所示设置参数。选中对话框右下角的“着色”复选框，然后将色

相调整为橘黄色调，可同时提升色彩饱和度与降低明度，使图像中的白色被处理为一种浓重的橙黄色，从而与背景色形成协调的关系。最后，单击“确定”按钮，效果如图 9-62 所示。

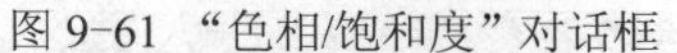
图 9-61 “色相/饱和度”对话框　　图 9-62　图像中的白色被处理为一种浓重的橙黄色

20）对背景的光效进行处理。首先，要将背景图像四周调暗。方法：在“图层”面板中选中“织布纹理”层，然后选择工具箱中的 （套索工具），在套索工具设置栏中将“羽化”值预设为 0 像素，圈选如图 9-63 所示的区域，则基本选区制作完成。接下来对选区进行进一步的优化处理。在设置栏中可以看到有一个 选择并遮住... 按钮，单击该按钮然后在如图 9-64 所示的“属性”面板中可以为选区进行更多的精细调整，如羽化选区、调节选区平滑度、移动边缘等，调节完成后单击“确定”按钮，优化过的选区将出现在图像中。

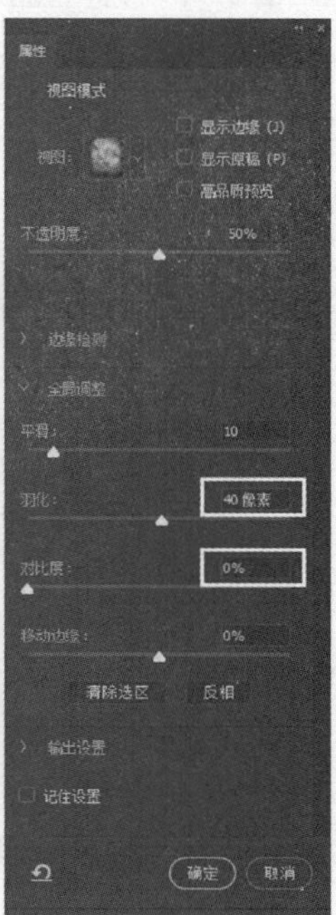

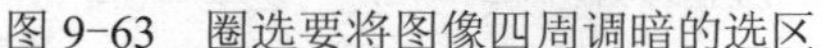
图 9-63　圈选要将图像四周调暗的选区　图 9-64　在“调整边缘”对话框中为选区进行更多的精细调整

21）按快捷键〈Ctrl+Shift+I〉反转选区，然后执行菜单中的“图像｜调整｜曲线”命令，在弹出的“曲线”对话框中调节出如图 9-65 所示的曲线形状，使图像中间调和亮调都大幅度加重。此时，会发现图像颜色随之变得灰暗。接着在“通道”下拉列表框中，先选择“红”通道，增加亮调部分的红色，如图 9-66 所示。再选择“蓝”通道，将亮调部分稍微减弱，以使图像再偏一点黄橙色调。最后，回到 RGB 主通道，此时在 RGB 模式下，红、绿、蓝 3 种颜色的曲线会同时出现在曲线中间的显示框里。最后单击“确定”按钮，则图像的边缘一圈会变暗，效果如图 9-67 所示。

22）图像边缘变暗后，接下来要使人物周围出现强光的效果，先圈选出需要调亮的区域。方法：在“图层”面板中选中“织布纹理”层，应用和步骤 20 ）相同的方法，先圈选出如图 9-68 所示的图像中部区域，然后在“属性”面板对话框中对选区进行更多的精细调整（可设置与图 9-64 相同的参数）。

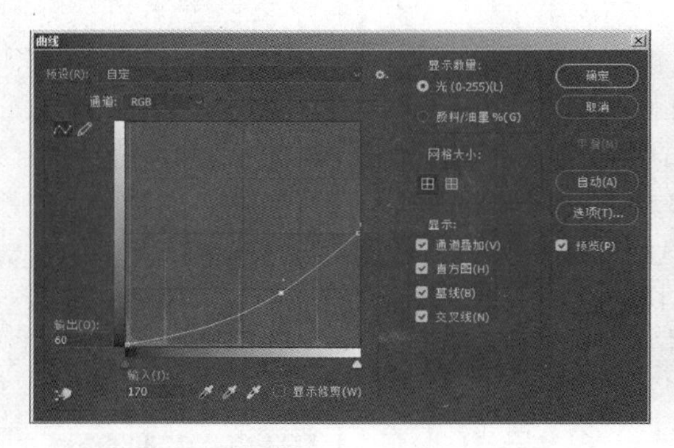

图 9-65　调节曲线使图像中间调和亮调都大幅度加重

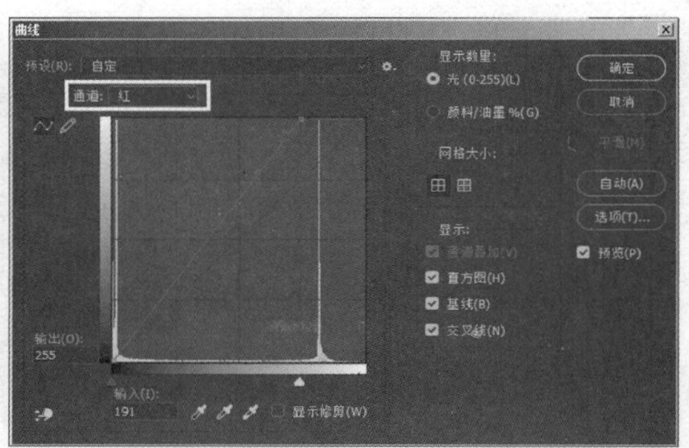

图 9-66　单独调节“红”通道和“蓝”通道，改变图像颜色

图 9-67　图像四周边缘变暗后的效果

图 9-68　圈选图像中部需调亮的部分

23）制作人物周围强光照亮的效果，由于后面的步骤对背景纹理还要进一步进行处理，所以最好将此步加亮的效果放在一个可编辑的调节层上。方法：在“图层”面板下部单击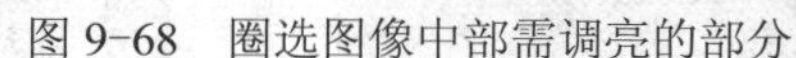

（创建新的填充或调整图层）按钮，从弹出的快捷菜单中选择“曲线”命令，接着在弹出的“属性”面板中分别调整“RGB”和“蓝”通道的曲线形状，如图 9-69 所示，使选区内图像的暗调和中间调大幅度提亮，另外还可以调整“蓝”通道的曲线，以避免图像亮调偏冷色。单击“确定”按钮，“图层”面板中增加了一个名为“曲线 1”的调节层，人物周围图像出现了如图 9-70 所示的光效。

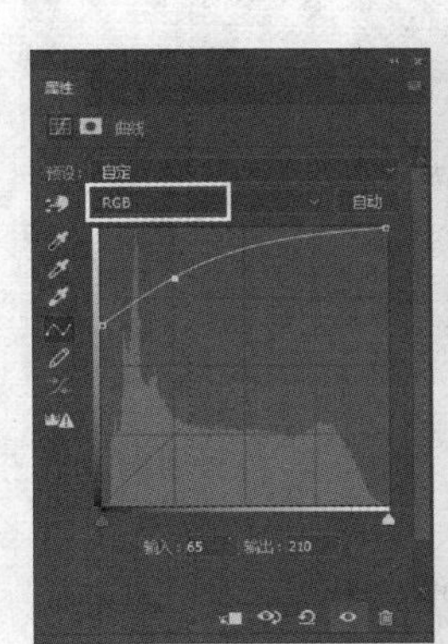

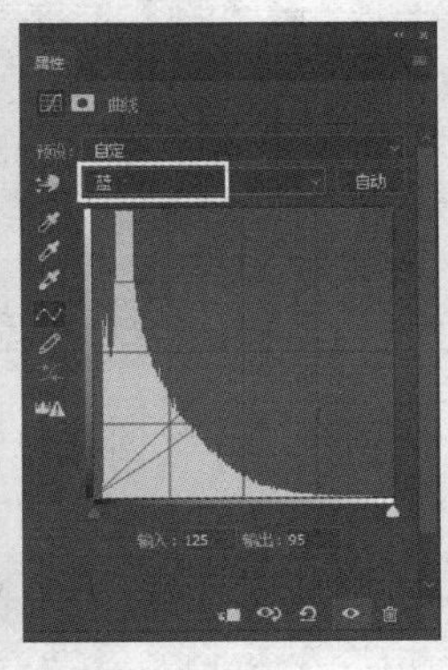

图 9-69　提亮图像暗调与中间调

图 9-70　通过调节层使人物周围出现强光照射的效果

24）为了使整张海报增加一种怀旧的感觉，除了前面所创造的黄褐色调以及沉静的黑色人物剪影之外，还要在背景织布纹理图像中增加纸张破损与撕裂的边缘效果，这样也可以为画面添加微妙的层次感。单击“图层”面板下方的（创建新图层）按钮创建“图层 2”，将“图层 2”置于“图层 1”的下面，并单击“图层 1”前的（指示图层可视性）图标，将该层暂时隐藏。

然后，设置工具箱中的前景色为“黑色”、背景色为“白色”，按快捷键〈Ctrl+Delete〉将“图层 2”全部填充为白色。

25）定义撕纸边缘的基本形状。方法：选择工具箱中的（矩形工具），在其设置栏内选择 像素 ，然后拖动鼠标在白色背景中绘制一个如图 9-71 所示的黑色长方形。接着，执行菜单中的“滤镜 | 像素化 | 晶格化”命令，然后在弹出的对话框中如图 9-72 所示设置参数，即将“单元格大小”设置为 40。单击“确定”按钮后，黑色图形的边缘出现了如图 9-73 所示的不规则锯齿形状。

26）选择工具箱中的（魔棒工具），制作“图层 2”中白色区域的选区，在魔棒工具选项栏中设置“容差”为 30。然后，按〈Delete〉键将白色区域删除，显示出下面图层的内容。接着，按快捷键〈Ctrl+Shift+I〉反转选区。

27）由于只需要保留撕纸边缘的部分，对中间大面积区域要进行删除，并与背景图像自然融合，先定义边缘保留的宽度。方法：执行菜单中的“选择 | 修改 | 收缩”命令，在弹出的“收缩选区”对话框中如图 9-74 所示设置参数，将选区向内收缩 45 像素，单击“确定”按钮。

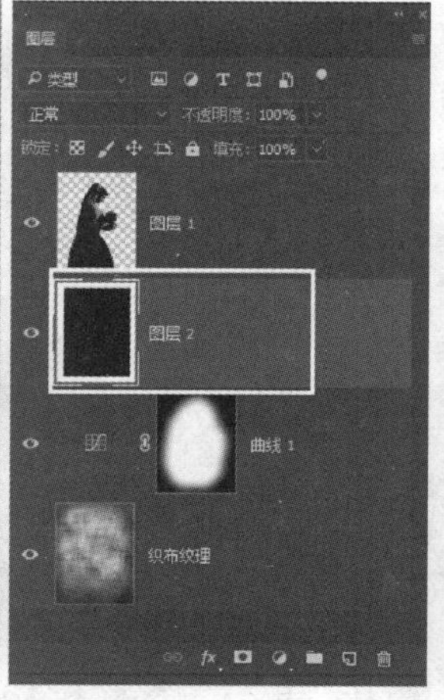

图 9-71　在“图层 2”上绘制一个黑色长方形

图 9-72　“晶格化”对话框

图 9-73　黑色图形的边缘出现了不规则锯齿形状

图 9-74　使选区向内收缩 45 像素

28）在设置栏中单击按钮，然后在“属性”面板中设置参数，如图 9-75 所示，对选区边缘进行羽化和平滑化处理，单击“确定”按钮。然后按〈Delete〉键将选区内的黑色部分删除，并将“图层”面板上的“填充”项设置为 50%。最后，按快捷键〈Ctrl+D〉取消选区。此时，“图层 2”上只剩下半透明的锯齿边缘，效果如图 9-76 所示。

29）调整撕纸边缘图形的大小和位置，使其尽量接近画面边缘位置。之后，为了使撕纸边缘的视觉效果稍微弱化一些，可以进行轻度的模糊处理。方法：执行菜单中的“滤镜 | 模糊 | 高斯模糊”命令，在弹出的“高斯模糊”对话框中如图 9-77 所示进行设置，然后单击“确定”按钮，效果如图 9-78 所示。

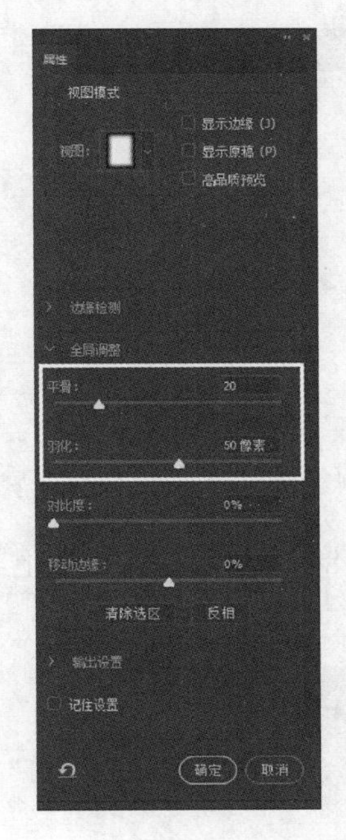

图 9-75　“调整边缘”对话框

图 9-76　“图层 2”上半透明的锯齿边缘效果

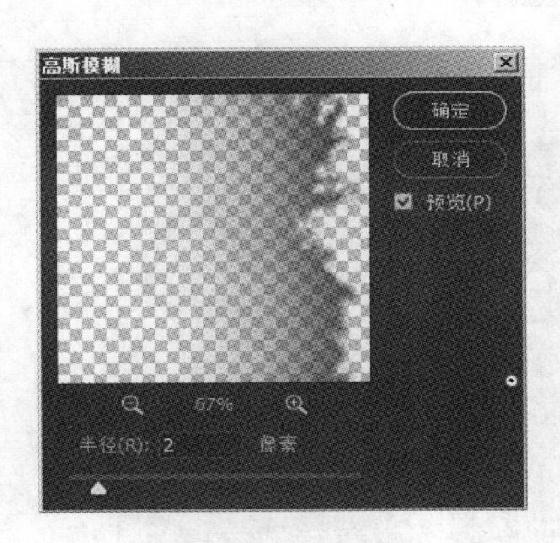

图 9-77　设置“高斯模糊”参数

图 9-78　“高斯模糊”效果

30）现在制作完成的纸张破损与撕裂的边缘效果，局部还显得生硬，下面修整边缘形状并添加生动的细节，这一步骤非常重要。方法：选择工具箱中的（橡皮擦工具），在其工具设置栏中设置如图 9-79 所示的较小笔刷点。然后用工具箱中的（缩放工具）放大图像左上角的局部区域，接着进行局部擦除，在擦除过程中可以根据裂边的走向和形状，不断更换笔刷的大小。这一步骤具有较大的主观性和随意性，读者可根据自己的喜好对边缘进行修整。

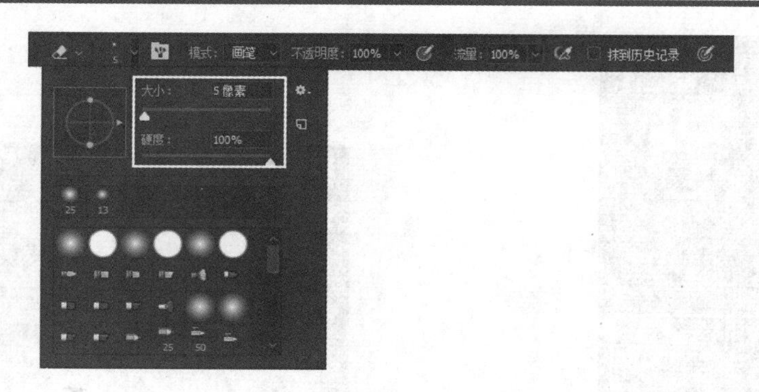

图 9-79　在设置栏内设置较小的笔刷

通过图 9-80 可对比修整细节前后的局部边缘效果。图 9-81 为修整完成后的上部边缘效果与放大后的左下角效果，供读者自己制作时参考。

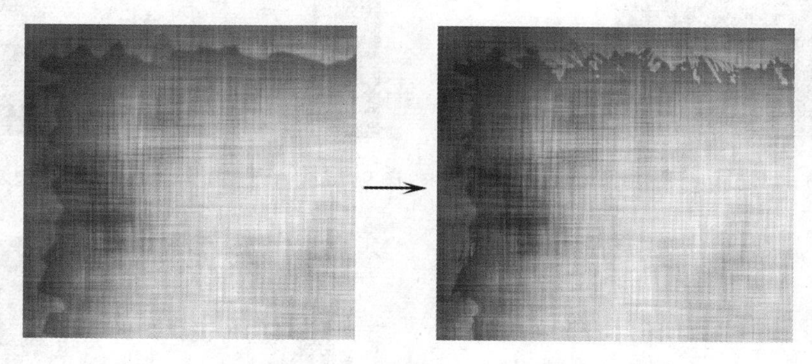

图 9-80　用橡皮擦工具修整撕裂边缘，以增添丰富生动的细节

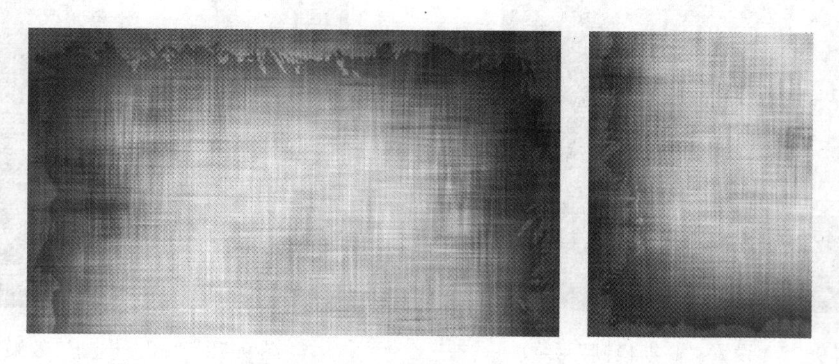

图 9-81　修整完成后的上部边缘效果与放大后的左下角效果

31）在“图层”面板中选中“图层 1”，并将“图层 1”前的 （指示图层可视性）图标打开，恢复该层的显示。然后调整人物剪影与背景图像间的相对位置，整体构图如图 9-82 所示。

32）执行菜单中的“文件｜打开”命令，打开如图 9-83 所示的网盘中的“素材及结果\9.2 电影海报效果\落日图片.tif”文件。下面将该图片与人物剪影融为一体。方法：按快捷键〈Ctrl+A〉将图片全部选中，然后按快捷键〈Ctrl+C〉将其复制到剪贴板中。接着，选中“电影海报-1.psd”，在“图层”面板中按住〈Ctrl〉键单击“图层 1”名称前的缩略图，得到新娘侧影的选区。

图 9-82　整体构图

图 9-83　“落日图片.tif”图片

33）按快捷键〈Alt+Shift+Ctrl+V〉将刚才复制到剪贴板中的内容粘贴到新娘侧影的选区内，在“图层”面板上会自动生成“图层 3”。然后用工具箱中的（移动工具）将贴入的落日图片向上移动至如图 9-84 所示的位置。接着，再次按快捷键〈Alt+Shift+Ctrl+V〉，将复制的落日图片再粘贴进来一份，在“图层”面板上会自动生成“图层 4”，将其向下移动至如图 9-85 所示的位置。

图 9-84　贴入第一张落日图片生成“图层 3”

图 9-85　贴入第二张落日图片生成“图层 4”

34）现在 3 幅图拼接的边界显得非常生硬，需要对它们进行淡入/淡出融合，先来处理人物剪影与“图层 3”的关系。方法：在“图层”面板中选中“图层 3”，然后选择工具箱中的（套索工具），在套索工具设置栏中将“羽化”值预设为 40 像素，圈选出图 9-86 左图所示的范围，接着按〈Delete〉键删除选区内的图像，得到图 9-86 右图所示的效果，可见，“图层 3”中的落日图片与人物剪影中原有的层次自然地融合在一起。

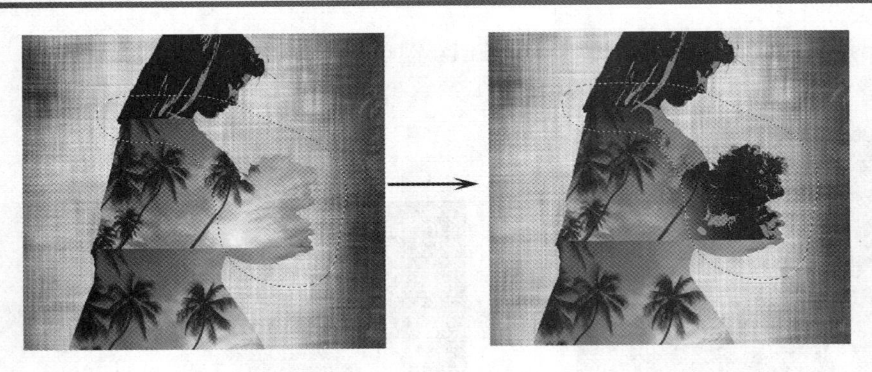

图 9-86　使“图层 3”中的落日图片与人物剪影自然地融合在一起

35）处理“图层 3”与“图层 4”间的关系。方法：在“图层”面板中选中“图层 4”，圈选出如图 9-87 左图所示的图像上部的区域（也就是上下两张图中间衔接的部位），同样按〈Delete〉键删除选区内的图像，将上下两张落日图片中间清晰的接缝消除，效果如图 9-87 右图所示。然后按快捷键〈Ctrl+E〉将“图层 3”和“图层 4”拼合为一层，此时会弹出如图 9-88 所示的对话框，询问在合并图层时是否应用图层蒙版，单击“应用”按钮，并将合成后的新图层命名为“图层 3”，此时图层分布如图 9-89 所示。

图 9-87　使“图层 3”和“图层 4”中的落日图片消除边界

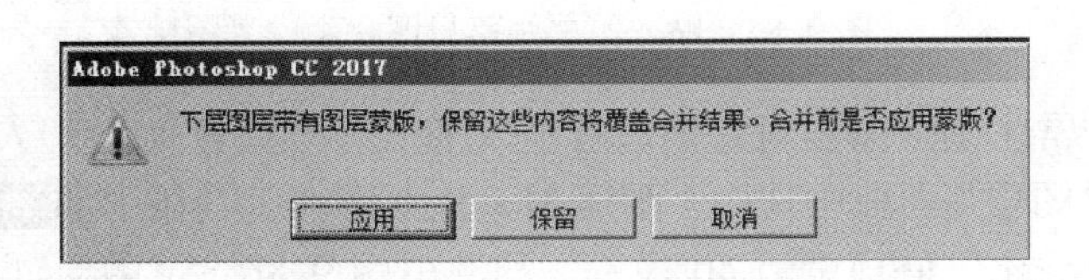

图 9-88　拼合“图层 3”和“图层 4”时弹出的询问对话框

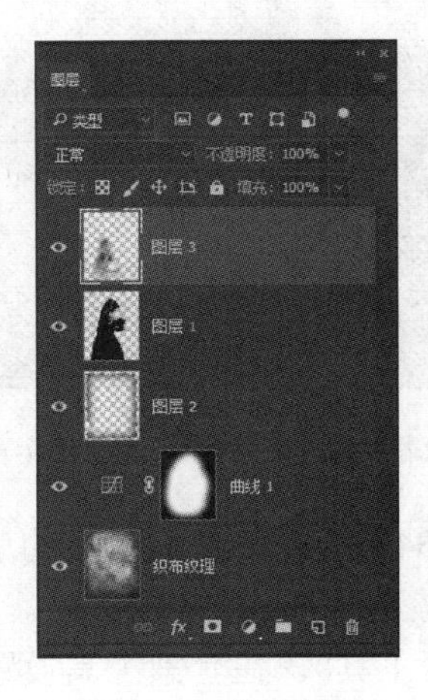

图 9-89　图层分布

36）修整边缘细节，使衣裙边缘的落日图像逐渐隐入到黑色之中。方法：利用工具箱中的（套索工具），在套索工具设置栏中将“羽化”值设置为 40 像素。然后圈选出新娘衣裙边缘的区域，按〈Delete〉键删除选区内的图像，使人物衣裙边缘图像逐渐变暗，从图 9-90 中可以看出调节前后的对比效果。

图 9-90　使衣裙边缘的落日图像逐渐隐入到黑色之中

37）人物衣裙边缘融入到黑色中后，与织布纹理的背景对比增强，为了使整张画面的色调沉稳而协调，对下部区域背景图像也需要相应地加暗。方法：在“图层”面板中选中“织布纹理”层，然后利用工具箱中的（渐变工具），在渐变工具设置栏中将“不透明度”设置为 60%，接着从画面下端到画面的中间部位应用从“黑色”至“透明”的径向渐变效果（按住〈Shift〉键可使渐变在垂直方向上进行）。该种半透明渐变使得织布纹理下端明显变暗，效果如图 9-91 所示。

图 9-91　应用从“黑色”至“透明”的径向渐变效果

38）至此，海报图像的处理基本完成，下面来制作标题文字。方法：使用工具箱中的（横排文字工具），分别输入“THE”“BRIDE OF”“MONTANA”3 段影片标题文字，此时会生成 3 个独立的文本层，如图 9-92 所示。

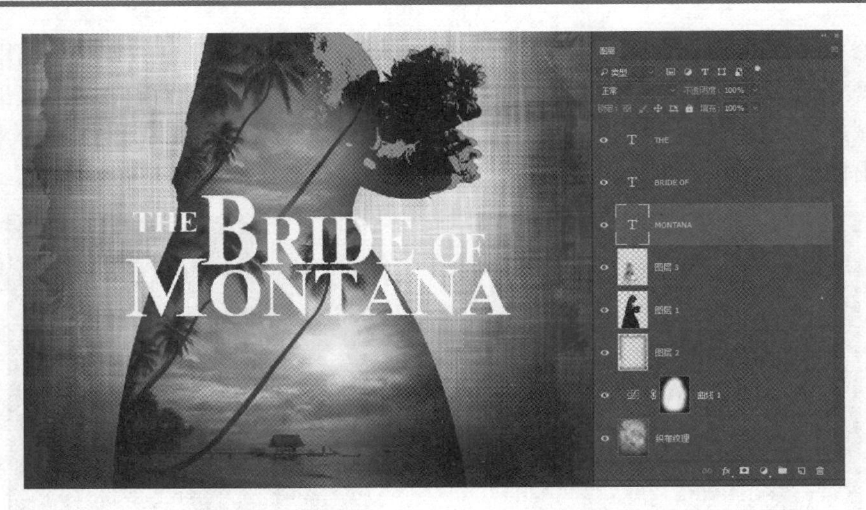

图 9-92　输入海报标题文字，生成 3 个独立的文本层

39）选中文本层“THE”，然后利用 T（横排文字工具）将该单词选中，并在工具设置栏中设置“字体”为“Times New Roman”、“字体样式”为“Bold”、“字体大小”为 12.5 点、文本颜色为白色。使用同样的方法，设置其他文本的“字体”均为“Times New Roman”、“字体样式”为“Bold”、“文本颜色”为白色。分别设置“字体大小”如下：

文本“BRIDE OF”中，字母“B”的大小设置为 43 点；字母“RIDE”的大小设置为 29 点；字母“OF”的大小设置为 18 点；

文本“MONTANA”中，字母“M”的大小设置为 35 点；字母“ONTANA”的大小设置为 27.5 点。

40）为标题文字添加投影及发光等特效。选中“MONTANA”文本层，然后单击“图层”面板下部的 fx（添加图层样式）按钮，在弹出的菜单中选择“外发光”命令，接着在弹出的“图层样式”对话框中设置如图 9-93 所示的参数。文字“MONTANA”周围出现了深灰色的光晕，从而将白色文字从较亮的橙色背景中衬托出来，如图 9-94 所示。

提示：“外发光”颜色选择黑色。

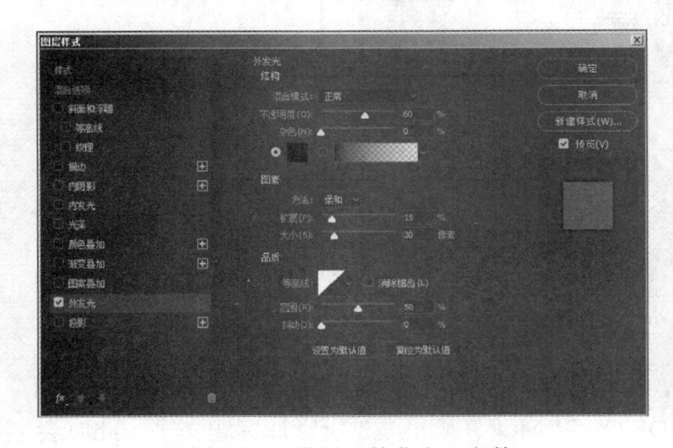

图 9-93　设置“外发光”参数

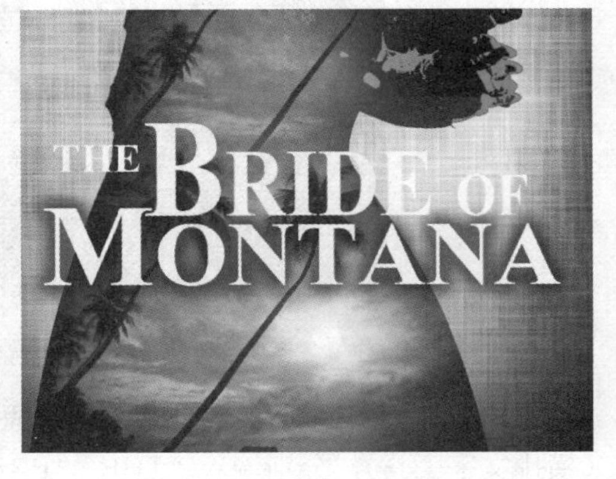

图 9-94　文字周围出现深灰色的外发光效果

41）此时只有灰色的外发光，文字立体效果的层次感明显不够，因此需在文字的右下方再添加一次投影效果。方法：在“图层样式”对话框的左侧列表中选中“投影”复选框，设置如图 9-95 所示的参数，添加不透明度为 80% 的黑色投影，效果如图 9-96 所示。

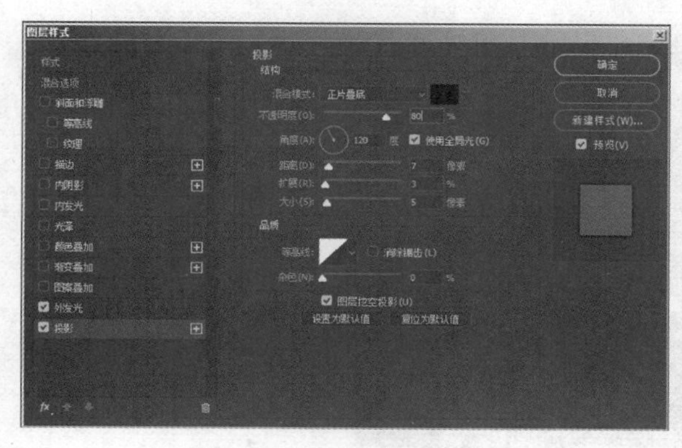

图 9-95　设置“投影”参数

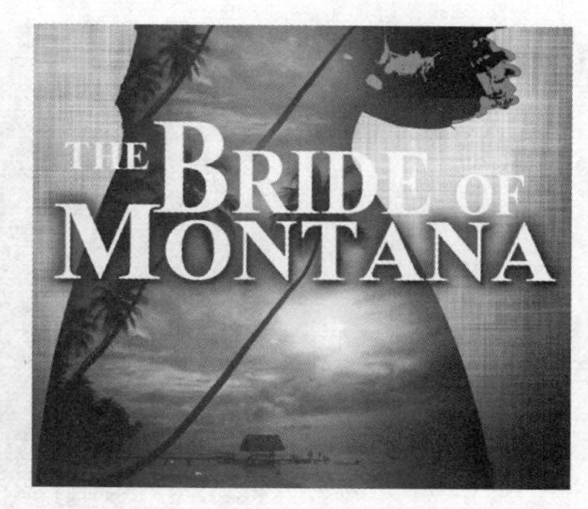

图 9-96　在文字外发光之上添加右下方的投影效果

42）选中“BRIDE OF ”文本层，参考前面“MONTANA ”文本层中设置的图层样式参数，为“BRIDE OF”层也添加同样的外发光和投影。对于“THE”文本层，由于其中的文字字号较小，仅设置“外发光”样式即可，可参考图 9-97 所示的参数进行设置。

43）在“图层”面板上将“MONTANA ”文本层拖动到“BRIDE OF ”文本层的上面，并将单词“MONTANA ”用工具箱中的（移动工具）向上稍微移动一点距离，使其与单词“BRIDE”发生部分重叠，这样两行带投影的文字将错落有致地排列，产生如图 9-98 所示的立体层次感。

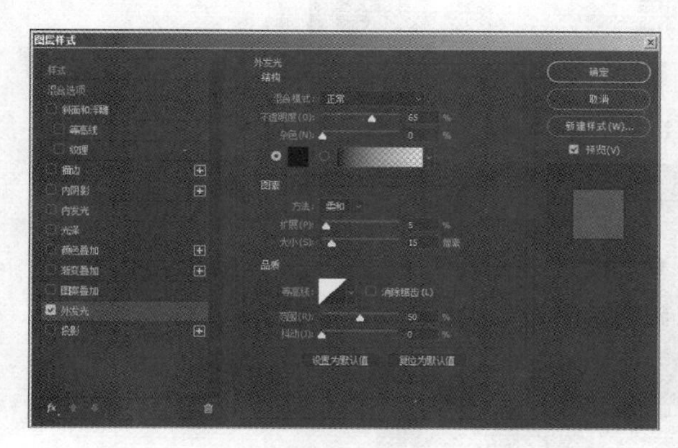

图 9-97　设置“外发光”参数

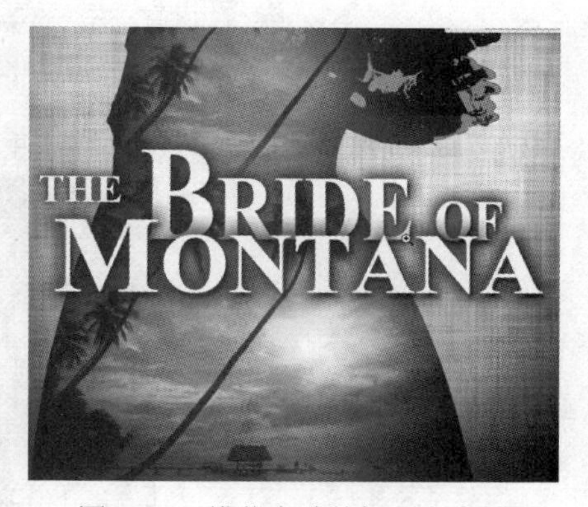

图 9-98　错落有致的标题文字效果

44）使用工具箱中的（横排文字工具）分别输入“ROBERT BROSNAN”和“JONATHAN RUSH ”两段文本，然后在工具设置栏中设置“字体”为“Arial”、“字体样式”为“Bold”、“字体大小”为 7 点、文本颜色为白色、“行距”为 8 点，并将“图层”面板上两个文本层的“不透明”都设置为 70%。

45）为“ROBERT BROSNAN”和“JONATHAN RUSH”两段文本分别添加投影效果。方法：选中“ROBERT BROSNAN”文本层，然后单击“图层”面板下部的（添加图层样式）按钮，在弹出的菜单中选择“投影”命令，接着，在弹出的“图层样式”对话框中如

图 9-99 所示设置参数。此时，文字斜右下方出现了较模糊的带有一定偏移距离的虚影。为“JONATHAN RUSH”文本层也设置相同的图层样式参数，添加投影后的文字效果如图 9-100 所示。

提示：要使文字居中对齐，可单击文本工具选项栏中的 ▤（居中对齐文本）按钮。

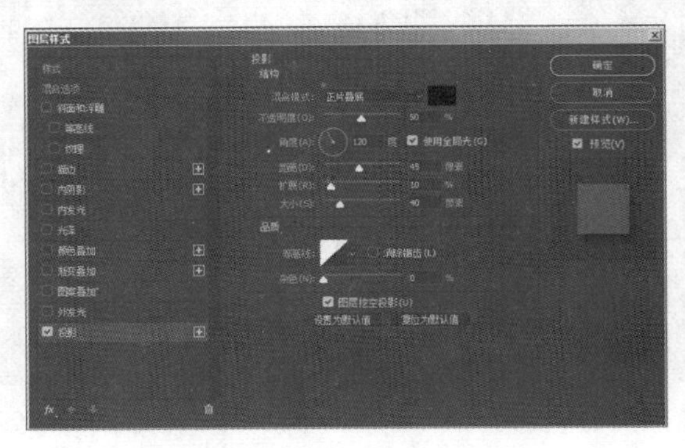

图 9-99　设置“投影”参数

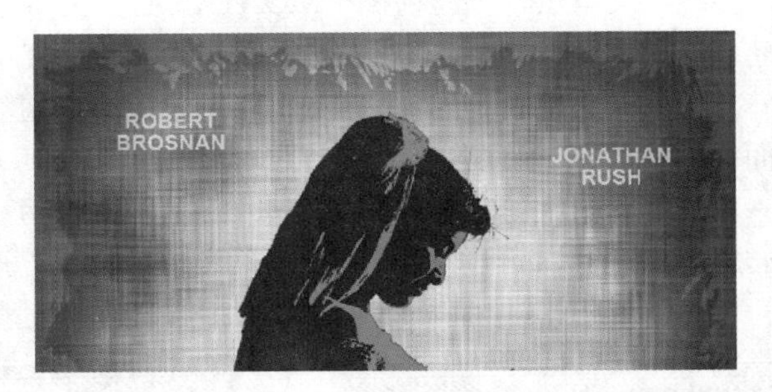

图 9-100　文字添加了向斜右下方偏移一段距离的投影效果

46）至此，整个海报制作完成，最终效果如图 9-101 所示。

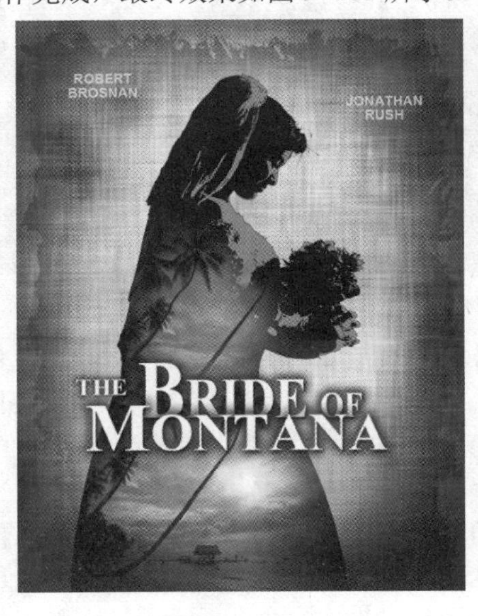

图 9-101　电影海报最终效果

9.3　人物彩妆效果

要点：

本例将为一个素颜的人物添加魅惑的彩妆效果，效果如图 9-102 所示。通过本例的学习，读者应掌握运用画笔工具、滤镜、局部着色，以及混合模式表现出人物彩妆质感的技巧。另外，在制作时，读者需要总体考虑彩妆夸张的颜色设计，如眼影、腮红和唇彩等的色彩搭配。

图 9-102　人物彩妆效果

操作步骤：

1）打开网盘中的“素材及结果\9.3 人物彩妆效果\人物.jpg”文件，如图 9-103 所示。

2）首先绘制人物眼部的彩妆效果。方法：单击“图层”面板下方的（创建新图层）按钮，新建一个名称为“右上眼影”的图层，如图 9-104 所示。然后将“前景色”设置为橘红色，参考色值：CMYK（0，75，95，0），再选择工具箱中的（画笔工具），并在画笔工具的设置面板中设置画笔的大小和硬度，如图 9-105 所示。接着在人物右眼的上眼皮部位根据眼部轮廓绘制一层橘红色，如图 9-106 所示。之后再将“前景色”设置为明黄色，参考色值：CMYK（0，5，95，0），并调整画笔的大小为 20 像素，在上眼皮部位再添加一层黄色，效果如图 9-107 所示。最后选择工具箱中的（涂抹工具），并在工具设置栏中设置其各项参数，如图 9-108 所示，在黄色和橘红色的交接部分进行适当的涂抹，使两个颜色自然的融合，效果如图 9-109 所示。

图 9-103　人物.jpg

图 9-104　新建“右上眼影”图层

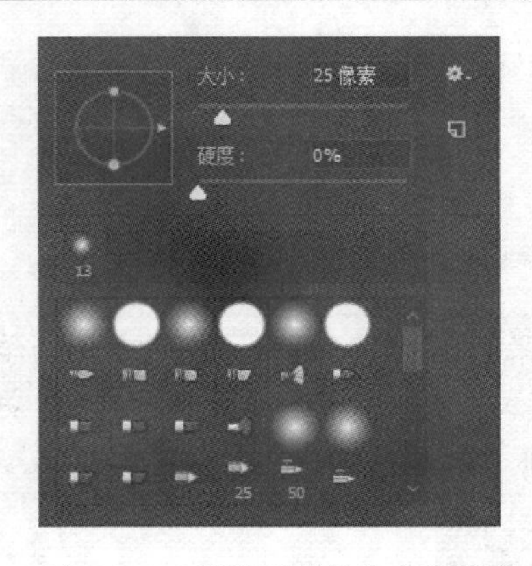

图 9-105　设置画笔的大小和硬度

图 9-106　利用“画笔工具”在上眼皮绘制一层橘红色

图 9-107　在上眼皮添加一层黄色

图 9-108　在工具设置栏中设置涂抹工具的各项参数

图 9-109　利用“涂抹工具”在黄色与橘红色之间进行涂抹

3）接下来将上眼皮眼影的鲜艳颜色与皮肤进行融合。方法：首先选择“右上眼影”图层，在“图层”面板中将其“混合模式”设置为“颜色加深”，如图 9-110 所示，此时会产生油彩涂在眼皮上的效果，如图 9-111 所示。然后选择工具箱中的（涂抹工具），在上眼影部分进行适当的修饰，直到满意为止，效果如图 9-112 所示。

提示： 在利用（涂抹工具）进行修饰的过程中，应根据需要不断调整其大小和流量，以便得到更加细腻逼真的效果。

图 9-110　将“右上眼影”图层的“混合模式”设置为“颜色加深”

图 9-111　改变图层“混合模式”后的效果

图 9-112　利用“涂抹工具”对眼影进行修饰

4）同理，绘制出人物左眼上眼皮的眼影和两只眼睛下方眼影的效果，颜色可由读者自行选择，在此不再赘述，描绘完成的效果如图 9-113 所示，此时的图层分布如图 9-114 所示。

图 9-113　人物眼部彩色眼影效果

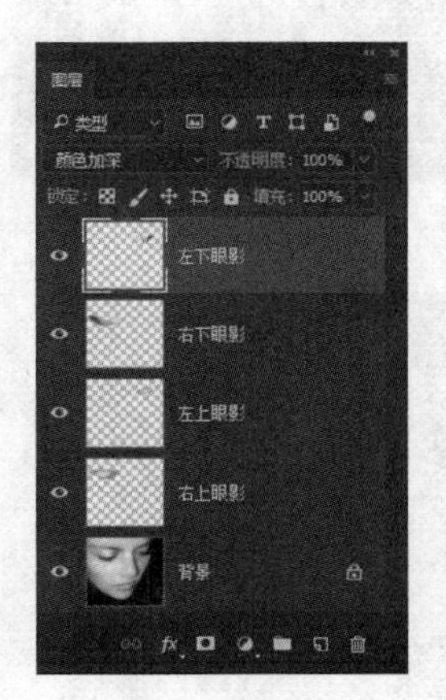

图 9-114　图层分布

5）眼影内一般还有一些星星点点闪烁的荧光粉，下面就来制作这种小颗粒闪烁的效果。方法：首先新建一个名称为“闪光效果”的图层，然后选择工具箱中的（钢笔工具），并在设置栏中选择 路径 ，接着在画面中沿右眼眼影的轮廓绘制一个闭合路径，如图 9-115 所示，再按〈Ctrl+Enter〉组合键将路径转换为选区。接下来选择工具箱中的（矩形选框工具），在选区中单击鼠标右键，在弹出的快捷菜单中选择“羽化”命令，并在弹出的“羽化选区”对话框中设置“羽化半径”为“10 像素”，如图 9-116 所示，然后单击“确定”按钮。最后将选区填充为黑色，效果如图 9-117 所示。

图 9-115　沿眼影轮廓绘制一个闭合路径

图 9-116　设置“羽化半径”

图 9-117　填充黑色的效果

6）接下来，执行菜单中的“滤镜 | 杂色 | 添加杂色”命令，在弹出的“添加杂色”对话框中设置参数，如图 9-118 所示，然后单击“确定”按钮，此时黑色上会出现杂色点，效果如图 9-119 所示。接着将“闪光效果”图层的“混合模式”设置为“颜色减淡”，如图 9-120 所示，此时黑色的部分变为透明，眼影上会呈现出细微的闪光点效果，如图 9-121 所示。

图 9-118　在“添加杂色”对话框中设置参数

图 9-119　添加杂色后的效果

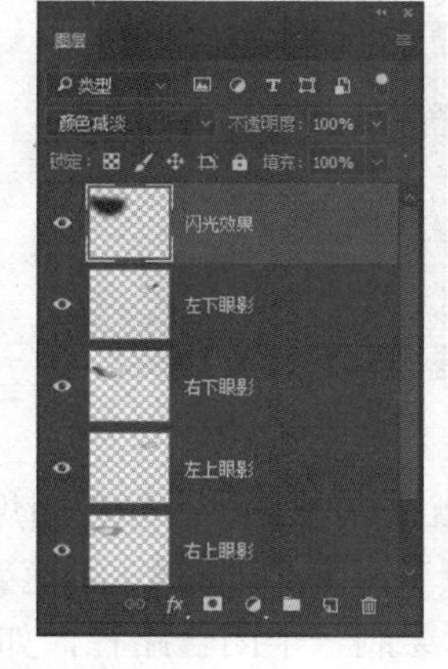

图 9-120　将“闪光效果”图层的“混合模式”设置为“颜色减淡”

图 9-121　眼影上荧光粉闪烁的效果

7）将眼影油彩之外的荧光点去除。方法：单击“图层”面板下方的■（添加图层蒙版）按钮，并用不透明度为 30% 的黑色画笔在蒙版上进行涂抹，从而将彩色眼影之外的部分进行遮盖，并使彩色眼影的闪亮效果更逼真自然，效果如图 9-122 所示，此时图层分布如图 9-123 所示。

图 9-122　利用蒙版进行遮盖的效果

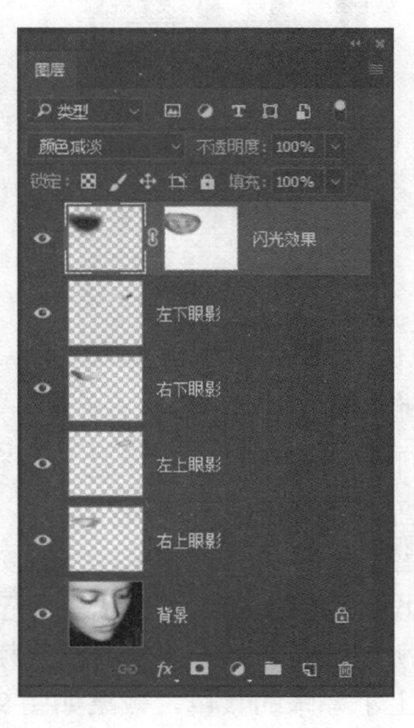

图 9-123　图层分布

8）同理，为人物左眼的眼影添加荧光粉闪亮的效果，如图 9-124 所示。

9）下面为人物的面部添加腮红效果。方法：首先新建一个名为“腮红”的图层。然后选择工具箱中的■（画笔工具），将其“不透明度”设置为 30%，并根据需要调整画笔的大小，接着在人物的脸部进行涂抹，并将图层的“混合模式”设置为“颜色”，如图 9-125 和图 9-126 所示。最后对细节部分进行修整，此时人物脸部的腮红效果如图 9-127 所示。

图 9-124　为人物左眼眼影添加闪亮效果

图 9-125　添加腮红效果

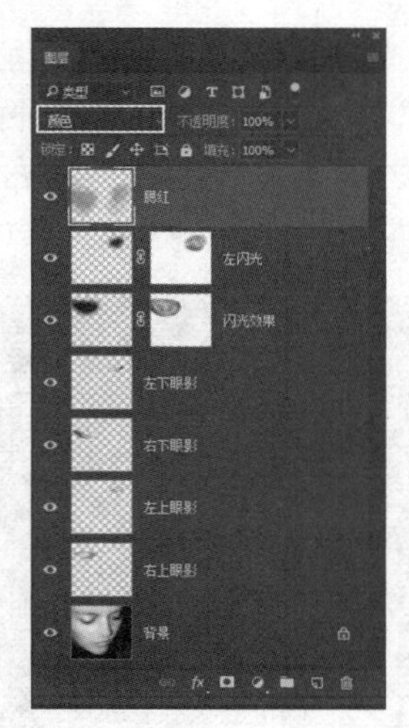

图 9-126 将“腮红”图层的“混合模式”改为“颜色”

图 9-127 修整后的腮红效果

10）下面再为人物添加个性的唇彩效果。方法：首先新建一个名称为“唇彩”的图层。然后选择工具箱中的（钢笔工具），再在设置栏中选择路径，沿人物嘴唇的轮廓绘制一个闭合路径，如图 9-128 所示。接着按〈Ctrl+Enter〉组合键将其转换为选区，并将选区的“羽化半径”设置为 2 像素，再将其填充为紫色，参考色值：CMYK（90，75，0，0），效果如图 9-129 所示。最后将图层的“混合模式”设置为“正片叠底”，如图 9-130 所示，此时人物的嘴唇涂上了夸张的紫色，效果如图 9-131 所示。

图 9-128 沿嘴唇轮廓绘制一个闭合路径

图 9-129 将选区填充为紫色效果

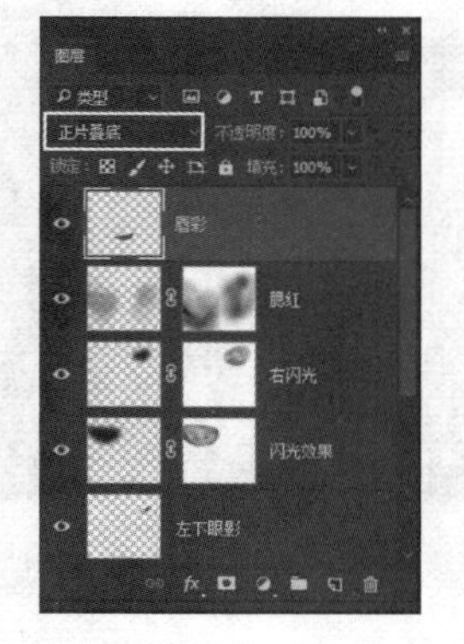

图 9-130 将“唇彩”图层的混合模式改为“正片叠底”

图 9-131 人物嘴唇上色效果

11）此时会发现人物嘴唇的高光部分被遮盖了，下面就来制作唇彩上的高光效果。方法：首先在按住〈Ctrl〉键的同时，单击“唇彩”图层的缩览图，将其作为选区载入，然后选择“背景”图层，按〈Ctrl+J〉组合键将背景中人物的嘴唇部分复制出来，形成“图层 1”（其原理是将“背景”图层中人物的嘴唇部分复制为一个新的图层），接着将其拖至“图层”面板顶部，如图 9-132 所示。再执行菜单中的“图像 | 调整 | 阈值”命令，在弹出的“阈值”对话框中设置参数，如图 9-133 所示，单击“确定”按钮。最后将图层的“混合模式”设置为“滤色”，如图 9-134 所示，此时人物的唇部就会出现闪烁的高光效果，如图 9-135 所示。

图 9-132　将“背景”图层中人物的嘴唇部分复制为“图层 1”

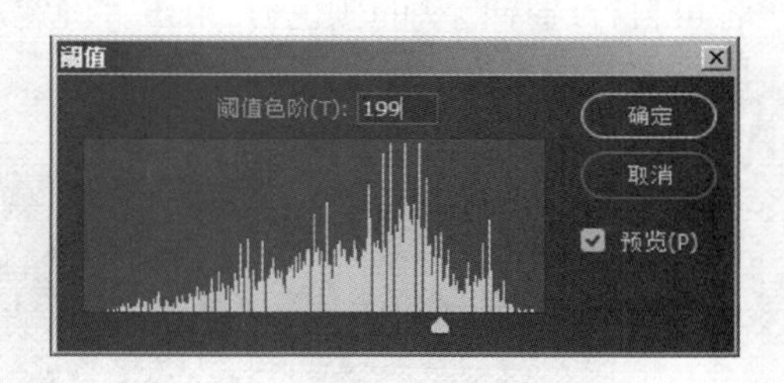

图 9-133　调整“阈值色阶”参数

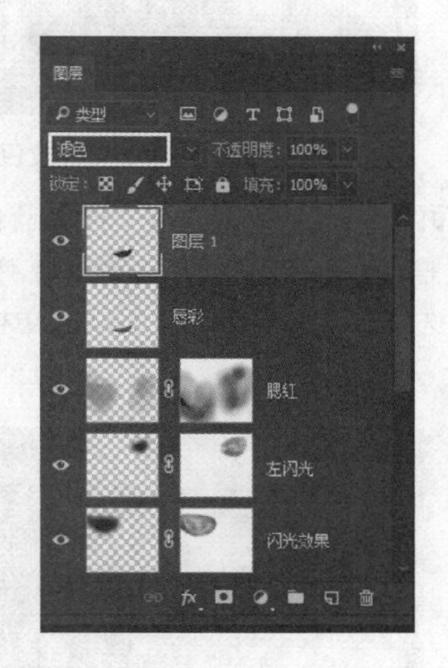

图 9-134　将“图层 1”的“混合模式”设置为“滤色”

图 9-135　人物嘴唇的高光效果

12）现在人物唇部的高光过于强烈，而且与嘴唇轮廓也不吻合，需要继续对其进行修整，并将图层的“不透明度”稍微降低一些，修整后的效果如图 9-136 所示。

图 9-136 降低“不透明度”后的效果

13）为了使人物的妆容看上去更加另类和具有张力，下面将人物的上下唇绘制成不同的颜色。方法：首先选择“唇彩”图层，然后利用工具箱中的（钢笔工具）沿上嘴唇轮廓绘制一个闭合路径，再按〈Ctrl+Enter〉组合键将其转换为选区。接着执行菜单中的“图像 | 调整 | 色相/饱和度”命令，在弹出的“色相/饱和度”对话框中设置参数，如图 9-137 所示（读者可自行选择喜欢的颜色），单击“确定”按钮，此时人物上嘴唇的颜色已经变成了黄色，如图 9-138 所示。

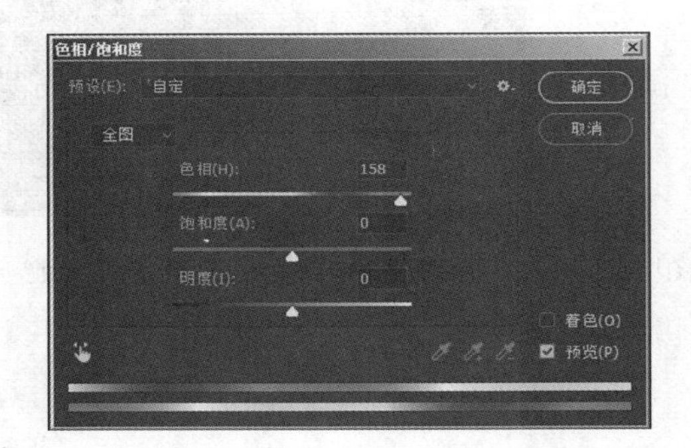

图 9-137 在“色相/饱和度”对话框中设置参数

图 9-138 上唇颜色变为黄色

14）为了使人物整体看上去更加冷艳，下面将画面的整体色调调整为一种偏蓝色。方法：首先选择“背景”图层，然后执行菜单中的“图像 | 调整 | 色相/饱和度”命令，在弹出的“色相/饱和度”对话框中设置参数（注意选中“着色”复选框），如图 9-139 所示，单击“确定”按钮，此时画面效果如图 9-140 所示。

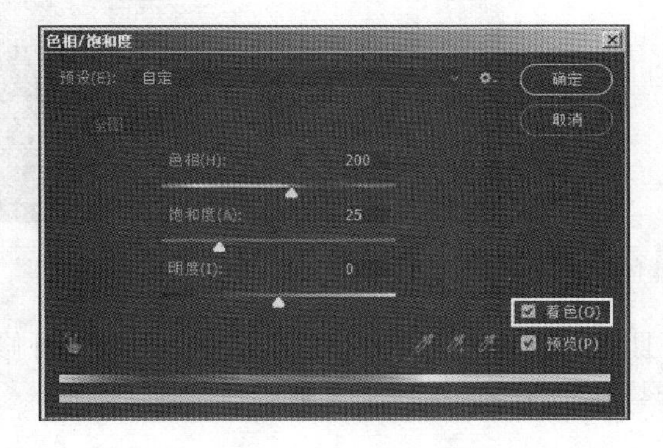

图 9-139 在“色相/饱和度”对话框中设置参数

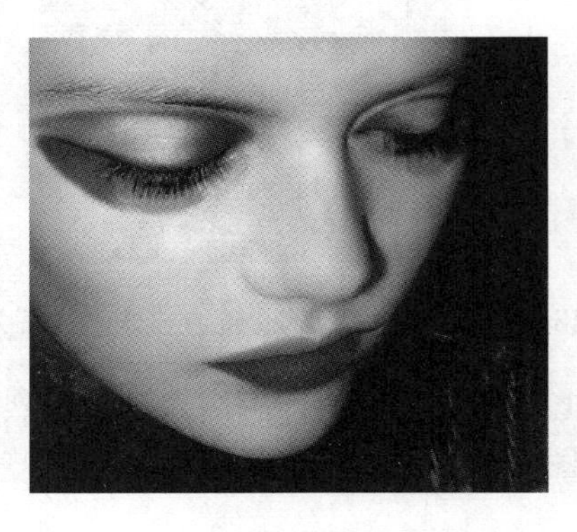

图 9-140 调整整体色调后的效果

15）执行菜单栏中的“文件 | 打开”命令，打开网盘中的“素材及结果\9.3 人物彩妆效果\彩妆.png”文件，将“彩妆”素材复制粘贴到“人物.jpg ”文件中，放置在图像的右下角，并利用 T （横排文字工具）在画面的右下角输入相关文字。至此本例制作完毕，最终画面效果如图 9-141 所示。

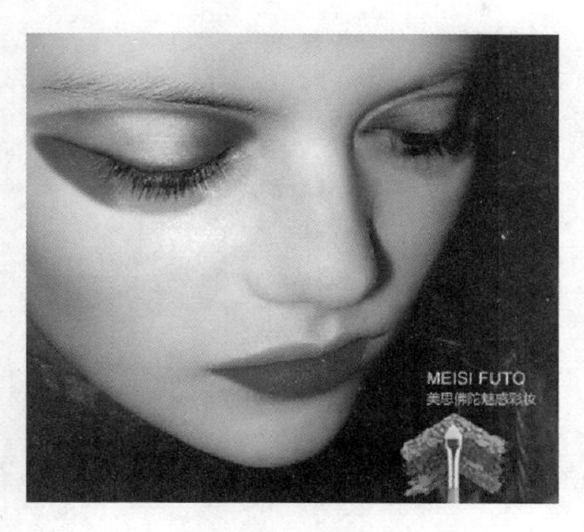

图 9-141　最终效果

9.4　课后练习

1）利用图层、滤镜等知识，制作如图 9-142 所示的电影海报效果。

2）利用图层、路径和滤镜等知识，制作如图 9-143 所示的西红柿效果。

图 9-142　电影海报效果

图 9-143　西红柿效果